写真で見る有機分子触媒の世界

Graphical Abstracts

R'–N(H)–R"　H_2O　E^+　H_2O　E　R

▲ エナミン機構

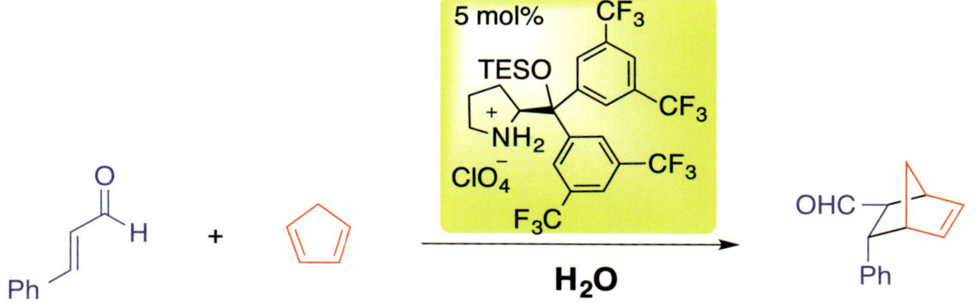

▲ Jørgensen–林触媒を用いた水中での不斉 Diels–Alder 反応

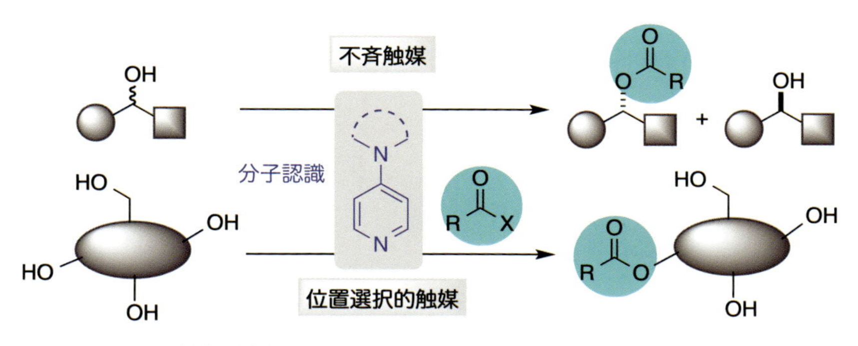

▲ 触媒の精密分子認識

触媒の精密分子認識により，基質の絶対配置の識別による速度論的分割や，
糖類などのポリオール系化合物への位置選択的なアシル基導入が可能になる.

4章
→ p.64

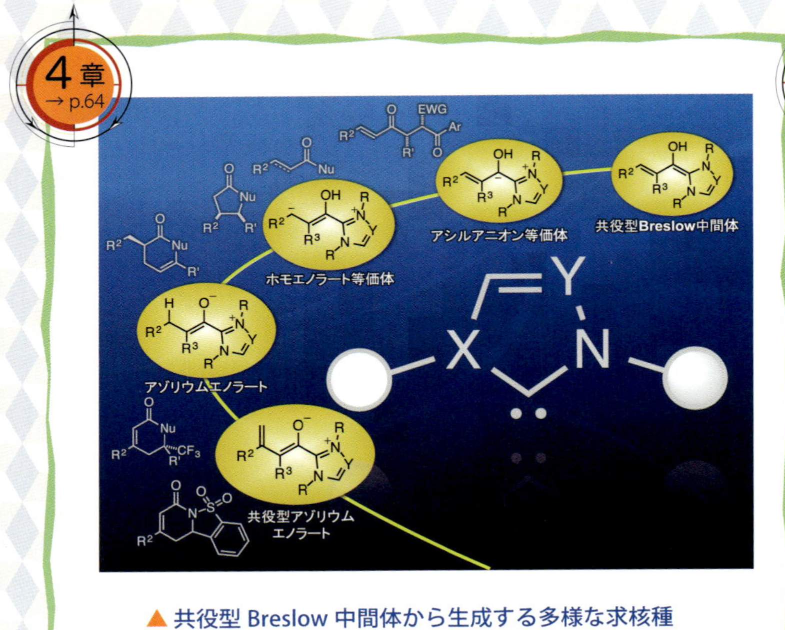

▲ 共役型 Breslow 中間体から生成する多様な求核種

7章
→ p.90

▲ キラルリン酸

5章
→ p.74

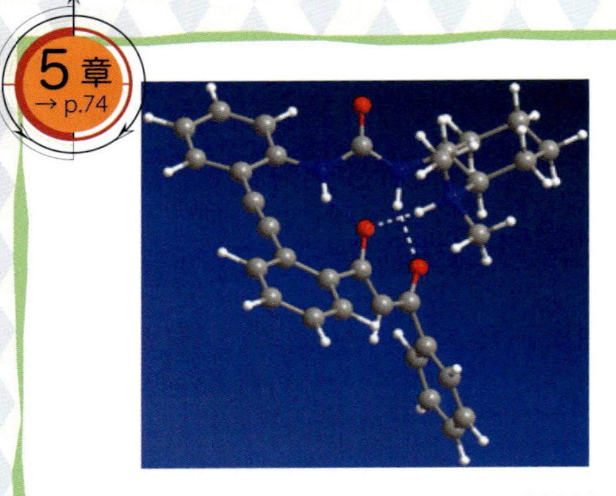

▲ 触媒によって活性化された求核剤の様子を X 線結晶解析で捉えた図

8章
→ p.99

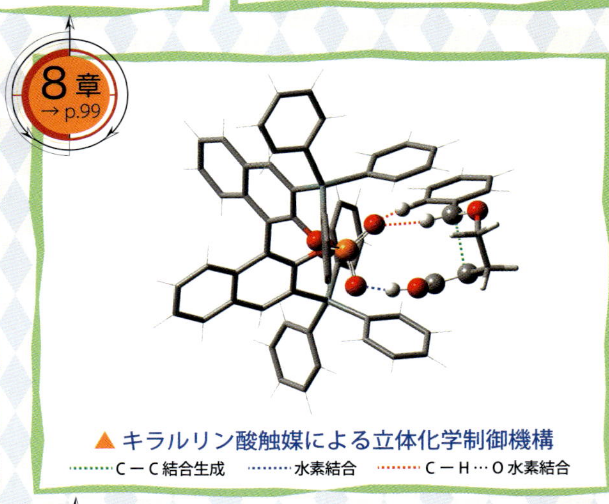

▲ キラルリン酸触媒による立体化学制御機構

C－C 結合生成　水素結合　C－H…O 水素結合

6章
→ p.83

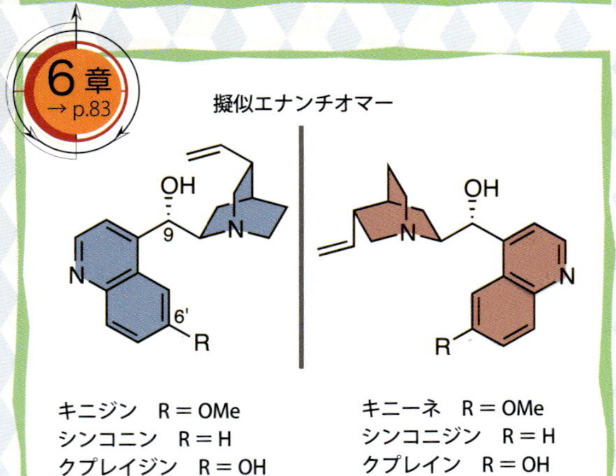

▲ シンコナアルカロイド

9章
→ p.109

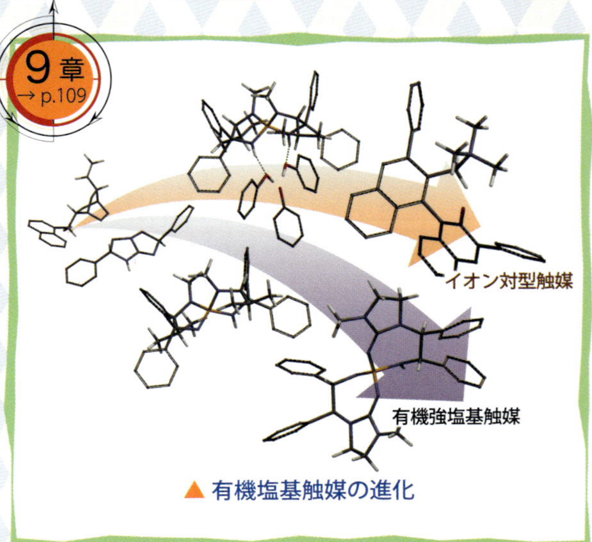

▲ 有機塩基触媒の進化

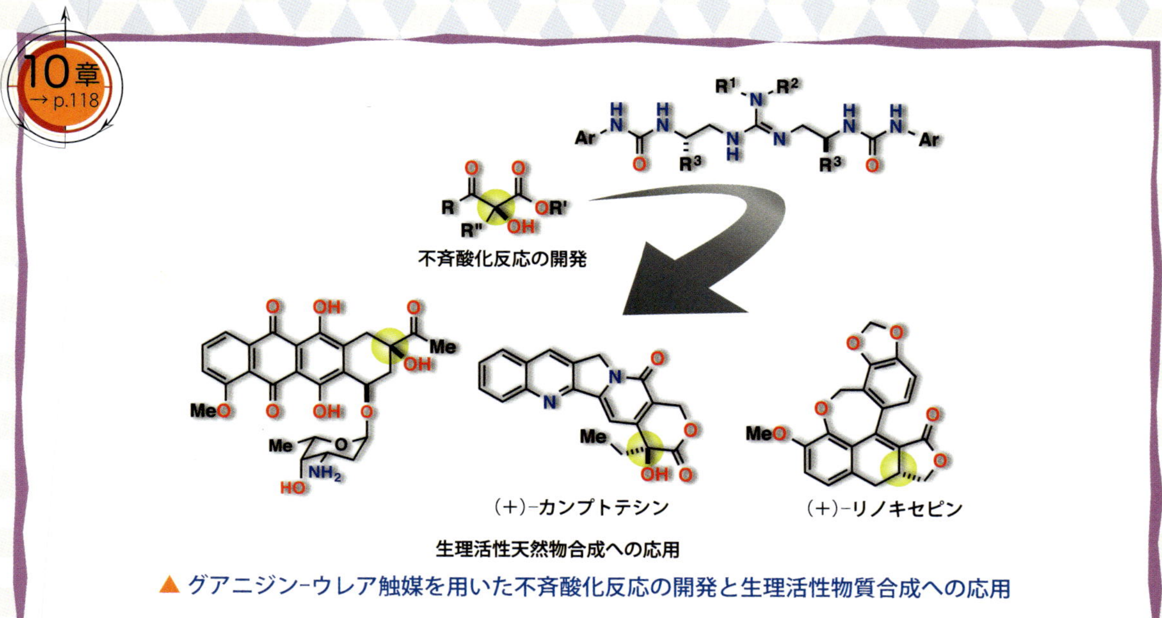

▲ グアニジン-ウレア触媒を用いた不斉酸化反応の開発と生理活性物質合成への応用

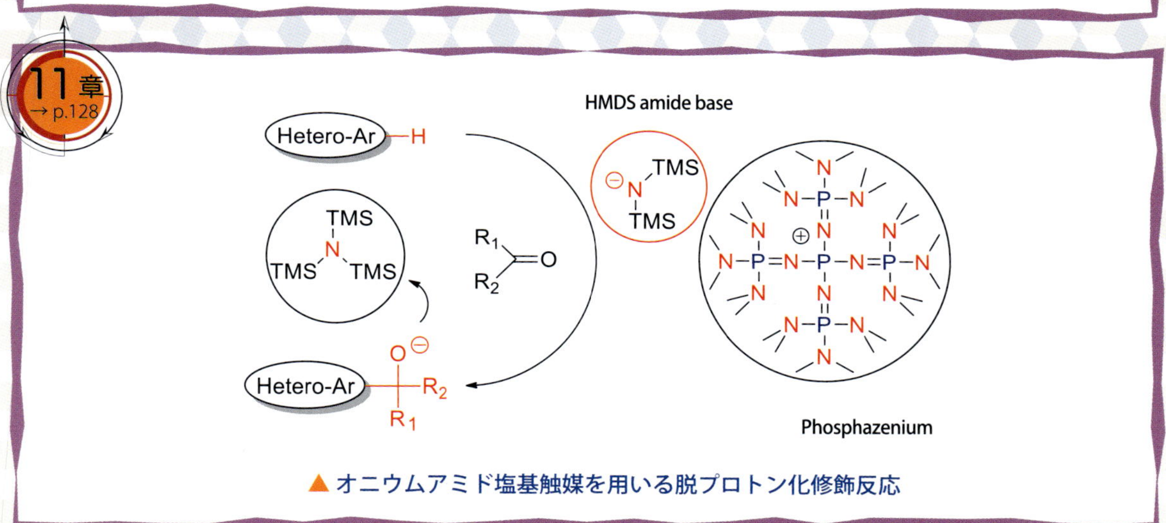

▲ オニウムアミド塩基触媒を用いる脱プロトン化修飾反応

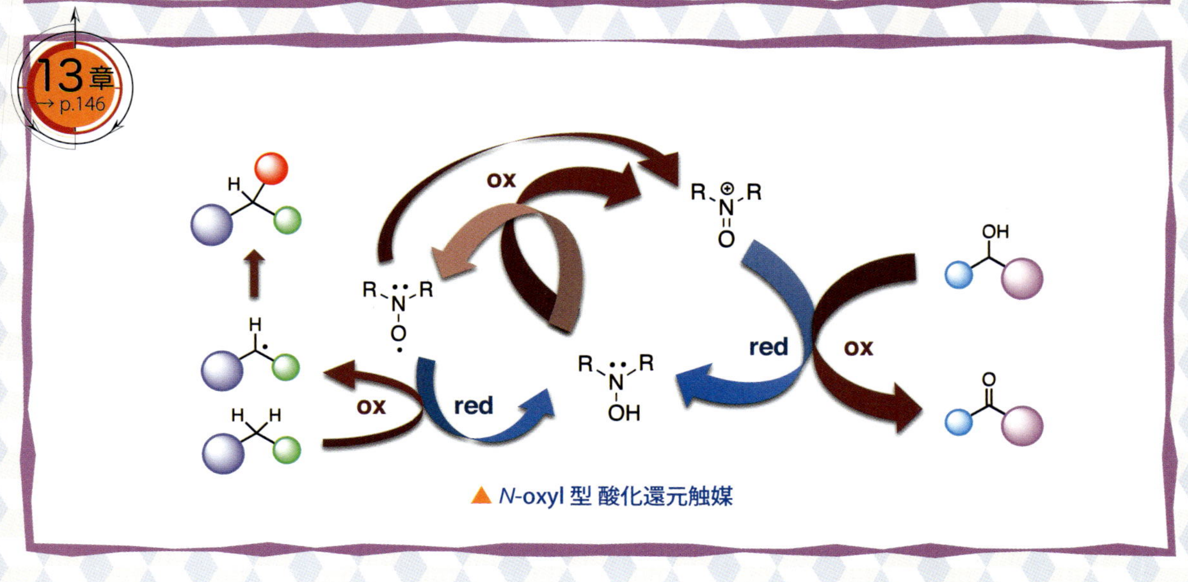

▲ *N*-oxyl 型 酸化還元触媒

12章 → p.138

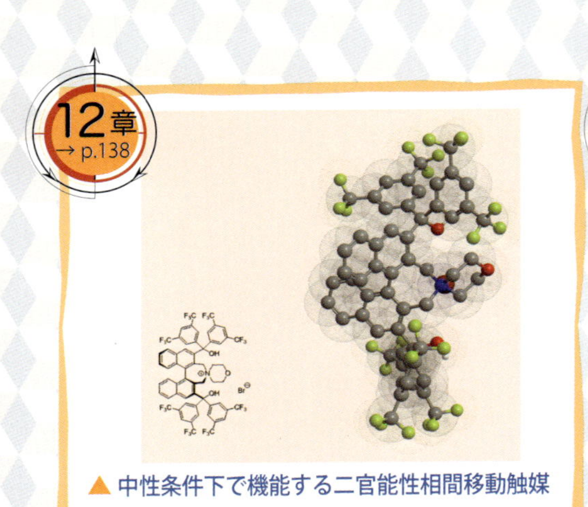

▲ 中性条件下で機能する二官能性相間移動触媒

14章 → p.157

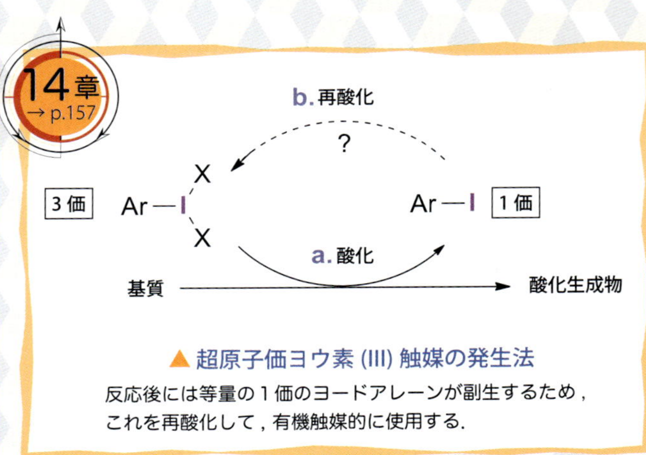

▲ 超原子価ヨウ素 (III) 触媒の発生法

反応後には等量の１価のヨードアレーンが副生するため，これを再酸化して，有機触媒的に使用する．

15章 → p.167

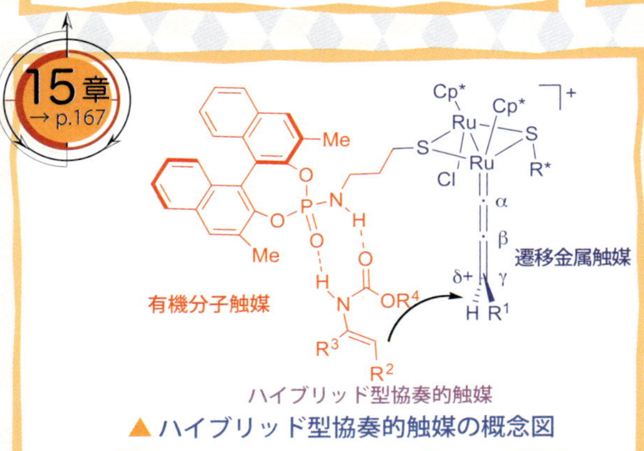

▲ ハイブリッド型協奏的触媒の概念図

16章 → p.177

▲ ラボスケールでの光反応の様子

17章 → p.185

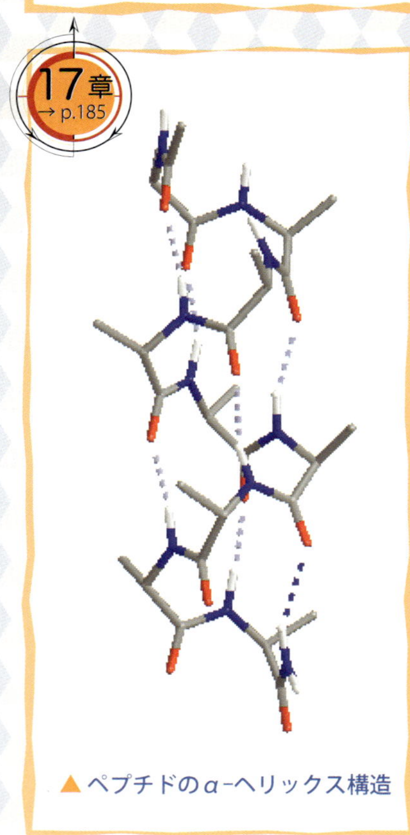

▲ ペプチドの α-ヘリックス構造

18章 → p.195

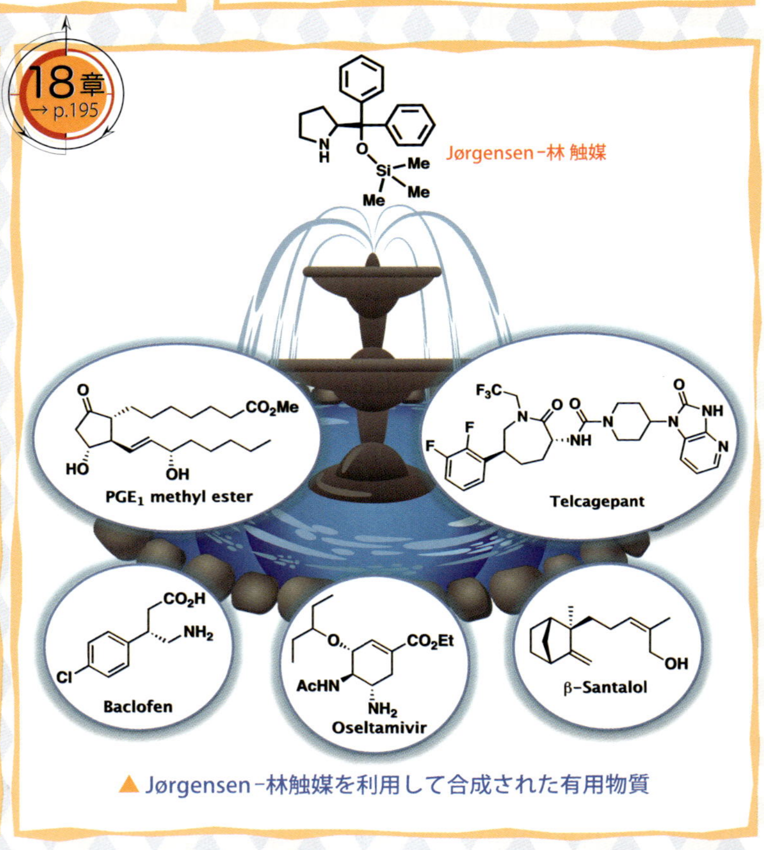

▲ Jørgensen-林触媒を利用して合成された有用物質

22

The Chemistry of Organocatalysis

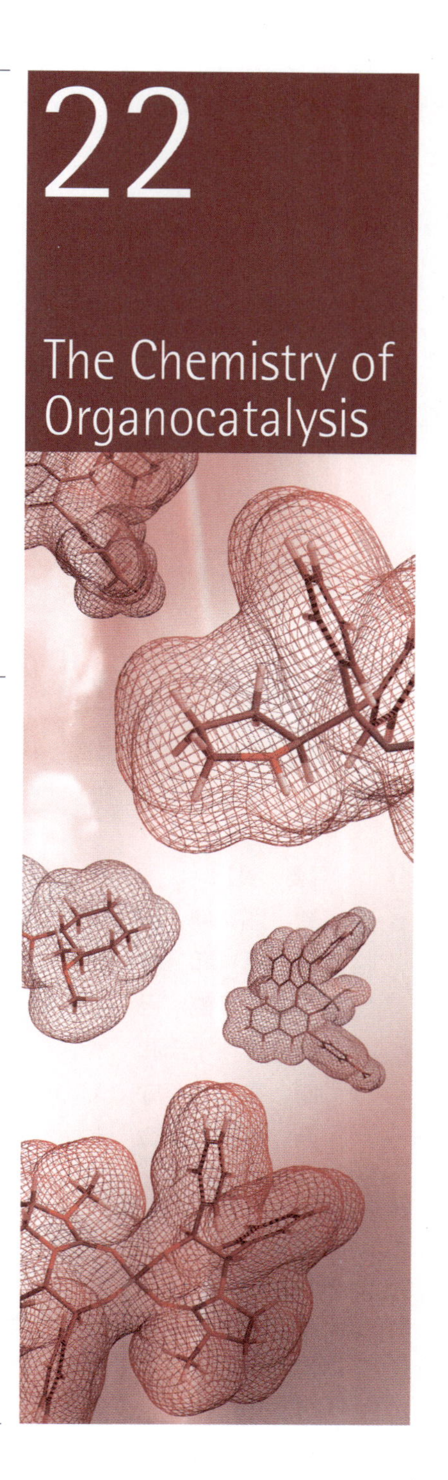

有機分子触媒の化学

モノづくりのパラダイムシフト

日本化学会 編

化学同人

『ＣＳＪカレントレビュー』編集委員会

総説集『CSJ カレントレビュー』刊行にあたって

これまで㈳日本化学会では化学のさまざまな分野からテーマを選んで，その分野のレビュー誌として『化学総説』50巻，『季刊化学総説』50巻を刊行してきました．その後を受けるかたちで，化学同人からの申し出もあり，日本化学会では新しい総説集の刊行をめざして編集委員会を立ちあげることになりました．この編集委員会では，これからの総説集のあり方や構成内容なども含めて，時代が求める総説集像をいろいろな視点から検討を重ねてきました．その結果，「読みやすく」「興味がもてる」「役に立つ」をキーワードに，その分野の基礎的で教育的な内容を盛り込んだ新しいスタイルの総説集『CSJ カレントレビュー』を，このたび日本化学会編で発刊することになりました．

この『CSJ カレントレビュー』では，化学のそれぞれの分野で活躍中の研究者・技術者に，その分野を取り巻く研究状況，そして研究者の素顔などとともに，最先端の研究・開発の動向を紹介していただきます．この1冊で，取りあげた分野のどこが興味深いのか，現在どこまで研究が進んでいるのか，さらには今後の展望までを丁寧にフォローできるように構成されています．対象とする読者はおもに大学院生，若い研究者ですが，初学者や教育者にも十分読んで楽しんでいただけるように心がけました．

内容はおもに三部構成になっています．まず本書のトップには，全体の内容をざっと理解できるように，カラフルな図や写真で構成されたGraphical Abstractを配しました．

それに続くPart Ⅰでは，基礎概念と研究現場を取りあげています．たとえば，インタビュー（あるいは座談会），そして第一線研究室訪問などを通して，その分野の重要性，研究の面白さなどをフロントランナーに存分に語ってもらいます．また，この分野を先導した研究者を紹介しながら，これまでの研究の流れや最重要基礎概念を平易に解説しています．

このレビュー集のコアともいうべきPartⅡでは，その分野から最先端のテーマを12〜15件ほど選び，今後の見通しなどを含めて第一線の研究者にレビュー解説をお願いしました．この分野の研究の進捗状況がすぐに理解できるように配慮してあります．

最後のPart Ⅲは，覚えておきたい最重要用語解説も含めて，この分野で役に立つ情報・データをできるだけ紹介します．「この分野を発展させた革新論文」は，これまでにない有用な情報で，今後研究を始める若い研究者にとっては刺激的かつ有意義な指針になると確信しています．

このように，『CSJ カレントレビュー』はさまざまな化学の分野で読み継がれる必読図書になるように心がけており，年4冊のシリーズとして発行される予定になっています．本書の内容に賛同していただき，一人でも多くの方に読んでいただければ幸いです．

今後，読者の皆さま方のご協力を得て，さらに充実したレビュー集に育てていきたいと考えております．

最後に，ご多忙中にもかかわらずご協力をいただいた執筆者の方々に深く御礼申し上げます．

2010年3月

編集委員を代表して
大倉　一郎

はじめに

「有機分子触媒」は，高価あるいは残留毒性が高い金属を使わずに有機反応を促進することから，触媒の取扱いの容易さとともに，環境負荷の軽減やレアメタルの枯渇あるいは高騰といった社会的な問題に応えうる技術として元素戦略の観点からも注目を集め，2000年を前後して急速な展開を遂げている研究分野である．日本発のオリジナルな有機分子触媒も数多く，ユニークな分子設計に基づく触媒開発から触媒反応系の開拓まで，世界を先導する多くの研究が日本でなされている．これらの先導的な研究を紹介した書籍『進化を続ける有機触媒：有機合成を革新する第三の触媒』が，丸岡啓二教授（京都大学大学院理学研究科）の監修のもと2009年7月に本書の出版元である化学同人から刊行されているが，有機分子触媒の化学は日進月歩で発展し続けており，7年を経たことで長足の進展を遂げている．本書はこのような背景のもと，有機分子触媒に関する基礎を改めて概観し，最先端研究のエッセンスを第一線で活躍するアカデミアの皆さんに紹介していただくことで，有機分子触媒の開発研究における醍醐味と面白さを研究者，学生の皆さんに伝えることを目的に編まれたものである．

本書は既刊の『CSJカレントレビュー』シリーズの編集方針を踏襲し，Part Ⅰで有機分子触媒の基礎を概観するとともに，その特徴を生体触媒（酵素），金属錯体触媒との比較から，第三の触媒として位置づけられる所以をわかりやすく解説していただき，Part Ⅱでは，研究者ご自身が携わっている有機分子触媒ごとに，その開発の契機となった研究から，世界における開発研究の動向，日本の誇る「有機分子触媒」の最前線を紹介していただき，研究への熱い取り組みを執筆いただいた．これまでの研究基盤を概観し，基礎から最先端まで総括的な構成とすることで，有機分子触媒の必読書を目指すとともに，今後に向けての展望を取り上げ，その取り組みがなされることで，有機分子触媒の開発研究に新しい潮流が生まれ，世界を先導する日本初の研究が発信されることを強く願っている．

最後に，お忙しいなか，本書へのご執筆，インタビューを快くお引き受けいただいた先生方に編者を代表して深くお礼申し上げます．また，本書がここに発刊を迎えることができましたのは，化学同人の栫井文子氏，佐久間純子氏の熱意とご尽力，特に丁寧かつ細やかな心遣いのもとになされた編集の賜であり，ここに心より感謝いたします．

2016年9月

「有機分子触媒の化学」編集WGを代表して
寺田　眞浩

CSJ Current Review

CONTENTS

Part I 基礎概念と研究現場

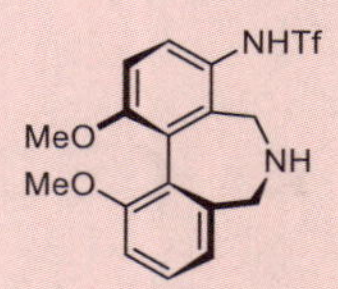

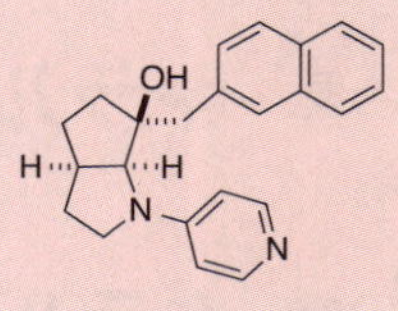

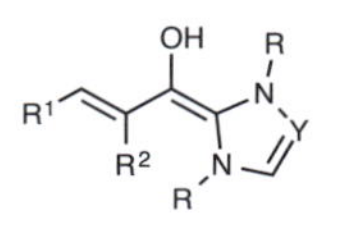

CONTENTS

Part II 研究最前線

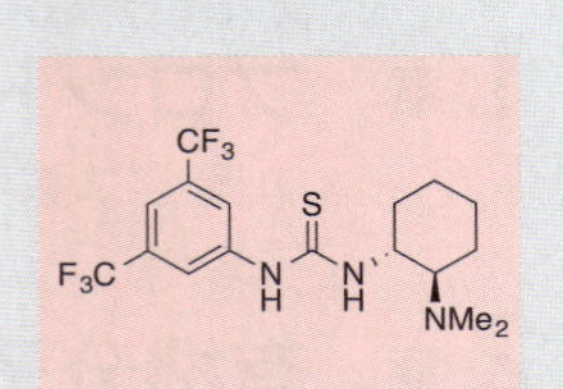

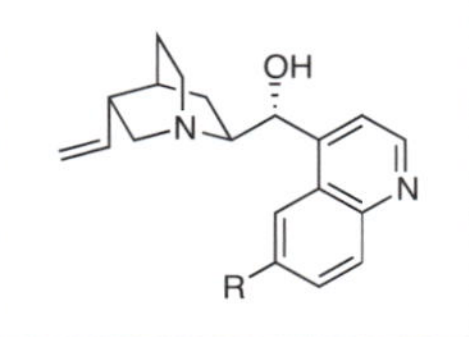

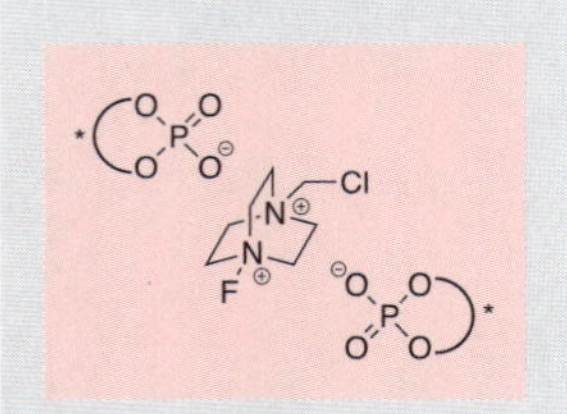

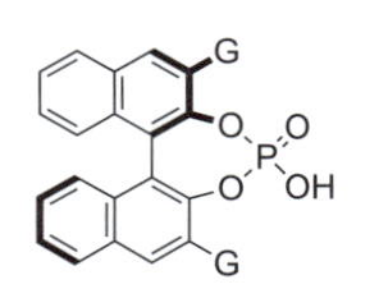

CONTENTS

Part II　研究最前線

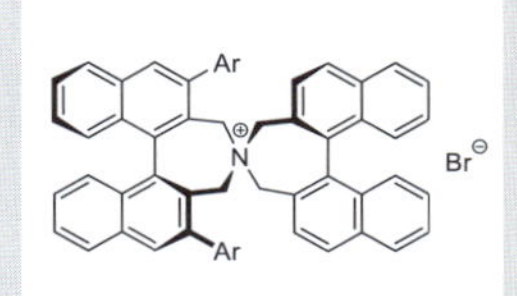

CONTENTS

Part III　役に立つ情報・データ

★本書の関連サイト情報などは，以下の化学同人 HP にまとめてあります．
→http://www.kagakudojin.co.jp/special/csj/index.html

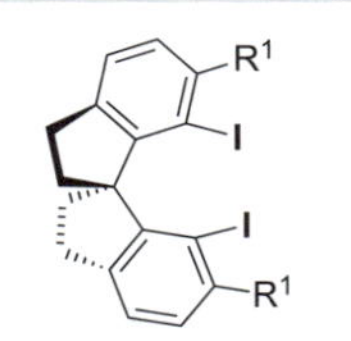

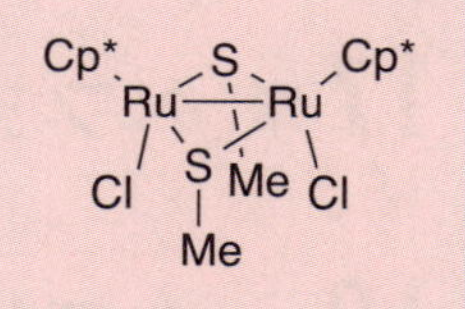

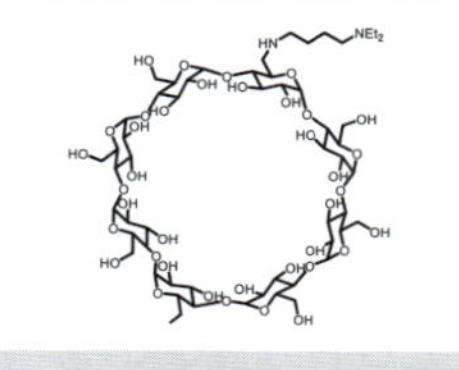

CSJ Current Review

Part I

基礎概念と研究現場

PHOTO：isak55/Shutterstock.com

（左より）大井 貴史 教授（名古屋大学），丸岡 啓二 教授（京都大学），寺田 眞浩 教授（東北大学，司会）

有機分子触媒研究の魅力を語る

Profile

丸岡　啓二（まるおか　けいじ）
京都大学大学院理学研究科教授．1953 年　三重県生まれ．1980 年　ハワイ大学大学院化学科博士課程修了．Ph. D. 名古屋大学助手，同講師，同助教授，北海道大学教授を経て，2000 年より現職．現在のおもな研究テーマは，「有機触媒化学の開拓」「二点配位型ルイス酸の化学」

大井　貴史（おおい　たかし）
名古屋大学トランスフォーマティブ生命分子研究所教授．1965 年　愛知県生まれ．1994 年　名古屋大学大学院工学研究科博士後期課程修了．博士（工学）．北海道大学助手，同講師，京都大学助教授を経て，2006 年名古屋大学教授，2013 年より現職．現在のおもな研究テーマは，「有機イオン対触媒の設計に基づく新規分子変換反応の開発」

寺田　眞浩（てらだ　まさひろ）
東北大学大学院理学研究科教授．1964 年　東京都生まれ．1989 年　東京工業大学大学院理工学研究科博士課程中途退学．博士（工学）．東京工業大学助手，東北大学助教授を経て，2006 年より現職．現在のおもな研究テーマは，「新規触媒設計による選択的かつ効率的分子変換反応の開発」

さらなる広がりをみせる有機分子触媒

有機分子触媒は触媒としての扱いやすさとともに，環境負荷の軽減やレアメタルの枯渇あるいは高騰といった社会問題に応えうる技術を生み出す触媒として，元素戦略の観点からも注目を集め，急速な展開を遂げている研究分野である．また近年は，酸化反応や芳香族カップリング反応など有機分子触媒の適用範囲はますます幅広く多彩になり，「有機分子触媒」の従来の枠組みを超えた反応系が実現されつつある．今回は丸岡啓二先生，大井貴史先生，寺田眞浩先生にお集まりいただき，有機分子触媒をとりまく現状，日本と世界の動向，そして，この分野の将来展望について語っていただきました．

1 研究の背景と意義

有機化学の原点に直接結びついているところがこの分野の魅力

寺田　丸岡先生の編集のもと，『〈化学フロンティア〉進化を続ける有機触媒：有機合成を革新する第三の触媒』が 2009 年に刊行されました．このときから有機分子触媒の分野はどう変わったか．研究の背景や意義は 2009 年とそれほど大きく変わらないでしょうか．

丸岡　そうですね．意義はそれほど変わらないように思います．

寺田　希少金属を使わない，生成物に対する金属の混入が避けられるとか，扱いやすさなどの点は基本的には変わらない．では，なぜこのように発展してきたのでしょう．

丸岡　有機金属触媒に比べ，有機分子触媒は使える原子の数が限られています．有機金属触媒は金属を変えれば新しいものが何とかできる．それに比べると，有機元素はあまり選択肢がないので，その分アイデアで勝負になります．

寺田　単に既存のものを組み合わせた延長線上での考えでは，新しい有機分子触媒は生まれないと．

大井　ええ．有機分子を触媒として反応を開発することになるので，どの分子に着目し，どういった構造を提案して，そこからどういう反応性と選択性を引き出したいか．それぞれの研究者の特徴がはっきり出るようになりますね．ある意味，有機化学の原点ともいえる魅力と直接結びついていることが，有機分子触媒の開発とその応用研究の醍醐味だと思います．

寺田　研究者の想いがそのまま形になる．

大井　自分なりの分子をつくり，それを触媒として働かせてみるのが，有機分子触媒の魅力でしょう．

寺田　あとは，自在に分子を組み立てられるという，パーツを組み合わせる妙でしょうか．その辺が研究者の発想の豊かさにつながるのでしょう．自分の考えを形にして示すという点でも，面白さにつながるわけですね．

2 日本と世界の研究動向

寛大な環境が研究を発展させる土壌を生む

寺田　日本はこの分野にかなり多くの研究者が参入しています．オリジナルの触媒が日本にはたくさんそろっているのも特徴．それぞれ一線級の研究者が，自分の触媒を活用して研究しているという印象です．世界と比べて，日本の立ち位置はどうでしょうか．

大井　アメリカに遅れているとは思いませんし，むしろ先端を争っているのでは．ただ，爆発的に新しい方向を切り拓き，その分野をリードしていく研究は，アメリカで生まれているように感じます．

寺田　たとえば，D. W. C. MacMillan（プリンストン大学）の光触媒でしょうか．

丸岡　アメリカの研究者にも二通りいて．いわゆるグラントを取っている人は，最初に詳しいプロポーザルを書いて，それを実証する繰返し．自転車操業的なところもあって，なかなか目を見張るような新しいことが出にくい．MacMillanが面白い論文を出しているのは，メルク社から莫大な支援を受けていて，必ずしもプロポーザルを書かなくてもいい立場だからでは．自分がやりたいことを，あらかじめ細かく決めずに進められるわけです．その分，彼は日本の研究者の立場に近い．日本も，5年で結果が出る保証がなくても科研費で採択される．そういう土壌があると，難しいテーマもチャレンジしやすい．

寺田　寛大な環境が研究を発展させる土壌を生んでいると．

丸岡　アメリカはそういう自由な研究が思い切ってできる人と，そうじゃない人に分かれている気がしますね．

寺田　なるほど．確かに日本の場合はプロポーザルに堅実性がやや欠けても，独創性や革新性を重視するところがあります．

大井　書くプロポーザルの分量も違いますしね．

寺田　ええ．かなり完成度の高いプロポーザルを要求されると，既知の範囲から少し出る程度の，「これをやればこれができる」といった予測を書くことしかできない．その意味では，いまの日本のグラントを得るシステムは，それほど悪くはない．

丸岡　そう思います．世界の動向という意味で，やはり目を離せないのは中国でしょう．寺田先生がエディターをされている王立化学会の *Organic Chemistry Frontiers* の論文はどうですか．

寺田　*Organic Chemistry Frontiers* のうち，有機分子触媒は2割ぐらいでしょうか．どちらかというとC–H活性化が非常に多い印象．やはり，新規な有機分子触媒を設計開発し，その特徴を活かした反応系の開拓が研究の醍醐味ですが，時間がかかる．時間をかけた分だけ，オリジナリティーの高い触媒なり，反応系なりが開発できるというのはあるのでしょうが，中国の研究者にはその時間をとる余裕がないように感じられます．

丸岡　大井先生は *ACS Catalysis* の編集委員をされていますよね．あれには有機分子触媒の論文が出ていますか．

大井　それほど多くないですね．これまでは均一系の分子触媒での有機化学反応という論文自体少なかった．ここに来て不均一系の固体触媒の論文と，均一系の分子触媒の論文の数がようやく同程度になってきました．

寺田　丸岡先生は *Tetrahedron Letters* を編集されています．

丸岡　日本と韓国，台湾の担当なので，中国は別です．だから，中国の動向はあまりわかりません．

寺田　中国で，目立つ有機分子触媒の研究者はだいぶ限られているように感じます．

大井　地に足をつけてオリジナルな化学を育て，しっかりと筋のある研究をしようという感じがあまりしません．どんどん移り変わっている印象が強い．

丸岡　中国は毎年，学科や大学から評価されるので，かなりインパクトファクターを気にしながら論文を出しています．ランク別の論文数で評価されるわけです．だから，短期間でいい成果が出る研究をせざるをえない．逆に，そういった競争があるから内容はともかく，よいジャーナルに出そうというハングリー精神はすごいです．

寺田　確かに強烈ですね．

丸岡　いまの若い人は，このハングリー精神を中国から学ぶべきじゃないかな．やり方をまねるのではなく，いい論文に出そうという意気込みが必要．

大井　しゃにむに研究している感じですよね．そういった切迫感が日本では少し減ってきているのかもしれません．

丸岡　アメリカがグラントを得ることで緊張感を保っているのと同様に，中国は大学などでの評価が若い人の緊張感とハングリー精神を保っている．

3 この分野のブレークスルー

現状ではまだ足踏み状態かな

寺田　チャレンジングなことができるという，現行の日本のグラントのシステムは，いまの豊富な研究実績を産む土壌になっているかもしれません．そのなかで，ここ 3～4 年で目立つ有機分子触媒のブレークスルーはありますか．

大井　ラジカル反応の一つの方向性が見えつつあります．丸岡先生は非常に先駆的な仕事をされていますが．光レドックス触媒はいまのところ，以前からあるルテニウムやイリジウムなどのポリピリジル錯体が中心なので，それが反応機構にかかわってくるとなると，果たして有機分子触媒といってよいのかという向きもあるかもしれません．もうひとつ，酸化還元でも触媒が出てきています．また個人的には，D. Toste（カリフォルニア大学バークレー校）がやっているような触媒量のキラルなアニオンで，溶媒に溶けにくい有機塩からカチオン種を拾ってきて，それと求核種が反応するタイプの触媒作用が出てきたのは面白いと思っています．

寺田　そうですね．相間移動触媒

アニオン相間移動触媒
有機溶媒に可溶な有機アニオンの塩で，キラルなリン酸ジエステルの金属塩が代表的である．難溶性の有機カチオンの塩とのイオン交換によってカチオン種を可溶化し，求核種との反応を促進すると同時に立体化学も制御できる．

(phase-transfer catalysts)も，昔はカチオンだけでしたが，いまはアニオンでもできるようになった．

大井　純粋なカチオンではありませんが，そういった活性種を制御できるようになってきたという点で，かなり印象的なケミストリーです．

寺田　確かに．アニオンでキラルな相関移動触媒ができるようになったのは，大きなブレークスルーですね．

丸岡　これまで誰も成し得なかったことを何らかの方法でぶち破り，それを契機にいろいろな人がその分野に参入し，追随していくかたちがブレークスルーの本質だと思います．そう考えると，現状ではまだ足踏み状態かな．

寺田　有機分子触媒が出てきたときのブレークスルーに比べると，インパクトが弱いということですね．

丸岡　アトラクティブな状況から見ると，ちょっと少ない．でも，ラジカルや光レドックス触媒は，最近のブレークスルーでしょう．

寺田　ブレークスルーではないかもしれませんが，計算化学が発展して，さまざまな解析が可能になっています．とくに水素結合が関与する系ですね．どうして選択性がかかるのかという問いに対して，答えが少しずつ出せるようになってきた．原理や基礎がわかると，次につながって，ジャンプアップのきっかけになるかもしれない．

丸岡　まだ実用化レベルではありませんが，方向性としては新しいと思います．ただ，研究者が非常に少ないのはちょっと問題かもしれない．

寺田　とくに日本は少ないですよね．ブレークスルーとしては，ラジカル，光レドックス触媒，アニオン相間移動触媒，この辺ですかね．確かに，2009 年の時点では，アニオン相間移動触媒は出ていませんでしたし，光レドックス触媒はこの 5 年間で大きな成果が出てきた．

大井　アニオン相間移動触媒は 2011 年以降ですね．それ以前は，明確な概念や立体選択的な反応もなかったと思います．

丸岡　しかも，これまで金の研究していたToste のような有機金属化学者が新しい発想を持ち込んだ．そういう意味では，大きく変わりつつあるのかもしれません．

寺田　いろいろなバックグラウンドをもつ研究者が参入してきている．

大井　Toste の場合，アイデア自体は金属触媒だったわけですね．金の研究から生まれた．

寺田　カチオンをカウンターアニオンで制御しようという考えがあったからですよね．

大井　キラルな金触媒で立体化学を高度に制御できることを示したのはToste の功績で，新しい概念を与えたといえるでしょう．

丸岡　非常に柔軟ですよね．MacMillan も光レドックス触媒を研究していて，いつのまにか金属と非常に相性のよい系を組み合わせた反応を進めています．必ずしも有機分子触媒にこだわる必要はないのかもしれない．

4 何が研究のボトルネックか

新しい基本触媒骨格をどう編み出すか

寺田　有機分子触媒をツールとして使う流れに移っていくのでしょう．有機分子触媒研究は，いま何が難しいのか，どう解決すれば大きな流れにつながるのか．

大井　この分野のケミストリーを系統的に理解するのは難しいと思います．有機分子ゆえ，基質と同じように生成物との相互作用も支配的にならざるをえません．それも考えて高い活性をもつ触媒をつくり，反応系をどう構築するかが課題です．もうひとつ，この分野は酸塩基の化学で発展してきている．分子の官能基によって pK_a はおのずと決まり，活性種を発生させるための手段は限られているので，触媒の力で新しい反応性をどう切り拓くかが大きな鍵でしょう．酸化還元触媒，ラジカル反応などもそうですね．

丸岡　有機金属触媒は，金属の種類と配位子の組合せでいろいろなことが可能になった．有機分子触媒は有機分子なので，そういう組合せはなく，骨格構造自体が重要になる．その核となる骨格（privileged structure）を若い人が提案してくれれば．先ほど，最近のブレークスルーであがったものは，新しい privileged structure が見つかったわけではないので．

寺田　既存の有機分子触媒の使い方のバリエーションが増した，あるいは反応系の開拓が進んだ，といった展開が主で，有機分子触媒の基本骨格に改革をもたらしたというわけではありません．

丸岡　新しい基本触媒骨格をどう編み出すか．若くて発想の自由な人には，ぜひチャレンジしてほしい．

寺田　金属の場合は配位子と金属の組合せで共有結合をつくらなくていいという意味では，バリエーションが生まれやすい．逆に，配位子の解離であったり，生成物を取り込んだりという問題も起こす．有機分子触媒は共有結合でつくるので，こうした問題が起こりにくい利点はありますが，骨格のバリエーションを生むうえで足枷（あしかせ）にもなっているように思います．

大井　一方で，分子の集合体をどう扱うかは，議論すべきでしょうね．

寺田　大井先生は超分子触媒を研究されていますよね．

大井　ええ．超分子を利用すると，ある程度の制限された反応場をつくるのに有効ではないかと．骨格をしっかりと大掛かりにつくり込むのはかなり難しいし，柔軟性も犠牲になると思います．

寺田　結局，あるひとつの反応にしか使えないものになる．

大井　ええ．先ほど丸岡先生がおっしゃったように，privileged structure ができたときに，そうした知見を活か

したいわけです．非常にいい分子が見つかって，その作用機序を提案し，反応機構を解析していくと，それは必ずしも単一分子の反応ではなく，複数の触媒分子間の相互作用が鍵となることもある．その結果つくられる反応場が重要であることを逆手に取り，あらかじめ分子がどう集まるかを考え，難しい反応を解決する手段にするのは大切な視点だと思います．

寺田　産業界から要望される触媒量の低減は，かなり大きな課題でしょう．機構と機能がわかれば，将来的には活性を上げられるチャンスはあるかもしれない．実際，大井先生のフェノール複合体も，超分子を形成することで機能が発現した例ですよね．

大井　たまたまですが．

寺田　それを予測するのは，まだ難しい．現象を見て，「これはおかしいぞ，ひょっとして」といまは見つけている状況です．そういう意味で，反応機構を真剣に研究するのはとても大事．とくに反応速度論とか立体化学制御機構．E. N. Jacobsen（ハーバード大学）も反応速度論の下地があったからこそ，触媒分子を二量化して高活性触媒の開発へと結びつけたわけですから．その意味では，もう少し基礎研究に注力して現象を解明することが，次のブレークスルーへとつなぐためにも大事でしょう．

大井　実際には非常に難しいですが．

寺田　現状では反応機構を完全に解明することはとても難しい．きっと９割方こうだろうというところまで．すると，時間をかけたわりには質の高いジャーナルに出せなかったり，学生のモチベーションが少し下がったり….

丸岡　以前の日本は，個人の興味というか個人プレーが多かった．有機金属などもそうでしょう．ただ，個人でいろいろな実験事実を積み重ねていくと，反応機構がどう進むかが，だんだん明確になっていく．その意味では，共同研究の形をとらなくてもよいのかもしれない．

寺田　おっしゃるとおりです．これは面白いと思って突き詰めて進めた結果ですよね．林 民生先生（京都大学名誉教授）は解明した反応機構をもとに，新たな研究の展開へとつなげられていますが，林先生のようなスタイルをとる有機分子触媒の研究者はあまりいない．単に選択性を出すことに注力してしまう．なぜ起こるかという視点から，次の流れにつなぐのは，なかなかできません．

大井　開発競争が厳しくて落ち着いて研究できないという側面があるのかもしれません．

丸岡　昔に比べるとやはり，日本は科研費が結構自由がきくと言いながら，やはり評価，業績が主ですよね．

寺田　今後，評価システムが変わると，業績や論文数だけで見られる可能性もあります．

丸岡　研究者自身，もう少し要求しなければいけないのかもしれない．言われっぱなしじゃなくて．

大井　よい論文を発表することに対する評価ですね．生物学の分野では，かなり議論されているそうです．10年，20年前に比べて，ひとつの研究をまとめ，あるレベルのジャーナルに掲載されるまでにかかる労力が莫大なものになっています．ジャーナルも増え，エディターもほかのジャーナルとの差別化を明確にするために規準を高く設定するので，レフリーの要求も厳しくなり，それに応えないと掲載されない．一人のPh. D.の学生がしっかりした形で最初の論文を発表するまでに必要な時間と労力は大変なものです．そういった状況が，化学のほうにも波及するのではないでしょうか．

寺田　確かに．サポーティングインフォメーション用のデータを全部そろえていないと，リジェクトされます．

大井　ええ．エディターを通じてのレフリーとのやりとりは，「本当にその反応機構で進んでいるのか」というところまで行く．これを研究者がどう考えていくかですね．

寺田　それは本当に感じます．結局，人海戦術で研究できるところが勝つことになりかねない．人手がたくさんある研究室はどんどん進められる．日本は学生数が減っていますし，ドクター進学者数もいまいち伸びない．人を思うように割けない現実を直視すると，なかなか厳しい．

丸岡　しかし研究のレベルが上がれば，そうならざるをえない．よい研究とよい教育は必ずしも同じベクトルを向いていないということ．

寺田　われわれが学生のころから比べると，一人の学生が出す論文数は明らかに減ってきています．

大井　それが議論されている理由は，一番核心となる新しい知見がコミュニティーに知られるまでに時間がかかりすぎるからでしょう．本当にコミュニティーにとってプラスなのかという議論です．そういうもろもろのプレッシャーが強まることが，本当にその分野の発展にプラスなのかという議論なのだと思います．

丸岡　確かに，生物に比べると化学のほうが証明しやすい．

寺田　これとこれを混ぜればこれができますという，わかりやすさですかね．

丸岡　有機分子触媒は反応機構の証明が非常に大変だし，時間がかかる．新反応だと，この生成物ができました．天然物合成だとこの最終天然物ができました．結果自体は正しいですから，そういう意味では，分野によるという気はします．

5 今後の展望と未来予測

何が起こっているのかを深く理解することが次につながる

寺田　今後，有機分子触媒はどこへ向かうのでしょう．

大井　触媒にフォーカスすると，卓越した機能をもつ触媒がいくつかあって，複数の触媒を活かし，分子の形を組み替える上での制約を超えるための方法をいかに見つけるかが重要でしょう．また，できるだけ簡単な分子をパーツにして集合体を形成させ，有効な反応場つくり出していくという，その二つのアプローチが大切になってきます．もうひとつ，計測化学の研究者や物理学者ともう少し連携することが重要です．たとえば，アニオンやカチオン，ラジカルなどの活性種を物理の観点でとらえ，それらを見るための分析手法に長けている研究者やNMRなどの機器に詳しい研究者の力が必要になると思います．本当の活性種はそれで間違いないのかと問われたとき，他の分野で使われている観測方法をうまく化学に取り入れて確かめ，本当に何が起こっているかを深く理解することが次のステップにつながるのではないでしょうか．

丸岡　機器が発達していますからね．以前は取りこぼしていたけれど，いまなら捕捉できるものが多いのかもしれない．

寺田　ええ．質量分析(MS)が発達しました．

丸岡　MSで見てみたら，あるじゃないか，みたいな．

寺田　確かに，分析して真の活性種をつきとめたり，何が起こっているかを可視化したりするのは重要．これまでは先入観で反応機構を見ていたところがあるので．いま課題になっている触媒活性も，まったく違う観点からヒントが得られ，クリアできる可能性がある．選択性を決める計算を取り入れたおかげで，以前は立体障害で説明するのが定番でしたが，いまは相互作用が多いものほど安定化されることがわかってきた．引力相互作用(attractive interaction)というのでしょうか．

大井　いろいろな相互作用が同時に起こっているということですね．

寺田　はい．酵素による基質の取り込みやゲスト-ホストの関係と同様に，複数の相互作用が起こることによって，相互作用点が多いほど安定化される系がかなりあることがわかってきました．水素結合の系だから起こりやすいのかもしれません．こうした反応機構については，計算機を活用することで，実は間違っていたり，いままでと違う解釈ができたりするのかもしれない．

丸岡　そのへんが少し変わりつつありますね．

寺田　最近，触媒の設計に，計算機を利用しています．これまでの蓄積もあるので，どの置換基をいれると選択性がかかるかを予測できるものもある．これまでトライ・アンド・エラーで触媒をつくり，活性を試すという研究の流れがありましたが，それをやめてみることにしました．これからは計算機で理論面を補強しながら触媒を設計するという流れに少し近づくかもしれない．創薬の世界では，ドラッグデザインなどがすでに進められていますが，有機反応で実践されていなかったのは

少し不思議です．ただ，このケースが使えるのは，反応機構はこれだろう，と予測できる系に限られるかと思いますが．計算化学が発達したおかげで，いろいろなことが実現できるようになりました．

丸岡　今後は，たとえば金属触媒との組合せ，あるいは有機触媒どうしの組合せ，そういったいろいろな組合せが，有機分子触媒自体の発展とともに進んでいくのではないかと．僕も寺田先生と同じ，コンピュータの発達にかなり支えてもらう必要があると思います．とくに，トライ・アンド・エラーで触媒を構築していると膨大な時間がかかる．ある程度基本骨格をコンピュータでシミュレーションして，あとはピンポイントで官能基を変えていくやり方であれば，巨大分子の触媒をつくることもできる．僕は最近，諸熊奎治先生と共同研究をしています．これまでの成果として，水中でエナミン触媒を使ってアルドール反応をすると，反応が加速されるというのを計算で遷移状態，中間体のシミュレーションをすることで，水のどの部分がどう効いているかを明らかにできた．さらに，水ではなく，たとえばジオールに置き換えればもっと加速するのか，そういう研究を論文にしました*．つまり，コンピュータで遷移状態を明らかにし，それを次の研究に役立てるという，より積極的な使い方に変わればいいのではないかと．そういう意味では，コンピュータとの組合せは，かなり将来性があると思います．

寺田　実験化学を理解しつつ，一緒にやっていただける計算化学の研究者が必要．

丸岡　歩み寄りの努力は，実験化学者の側でも必要でしょうね．

寺田　実は私自身もコンピュータで少し計算しますが，自分で計算するようになると理解が進むし，計算化学の研究者と話をしても，ディスカッションが成り立つ．

丸岡　いま，ラジカル化学を研究していますが，この分野はこれまでそんなに研究されていなかったから，中間体を描いてどう反応が進むかがさっぱりわからない．だけど，ラジカルの構造を計算してもらうと，そのラジカルが次に何を引き抜くかがすぐに計算で出ますよね．非常に重要なツールだと思います．

寺田　ツールとしての計算機の利用は今後さらに進みそうですね．そうすると，新しい方向性として，計測化学の研究者や物理学者，計算化学者といった異分野の研究者との連携が今後は重要になってきそうです．異分野との融合がさらなる学問の深化へとつながる鍵ということでしょうか．一方で，産業への応用も欠くことはできませんが，豊富な研究実績が 5 年後，10 年後に花開くことをおおいに期待したいところです．今日はお忙しいところを有難うございました．

* S. A. Moteki, H. Maruyama, K. Nakayama, H.-B. Li, G. Petrova, S. Maeda, K. Morokuma, K. Maruoka, "Positive Effect of Water in Asymmetric Direct Aldol Reactions with Primary Amine Organocatalyst: Experimental and Computational Studies," *Chem. Asian J.*, **10**, 2112 (2015).

Chap 2
Basic Concept-1

そもそも有機分子触媒とは？

寺田 眞浩
（東北大学大学院理学研究科）

1 はじめに

「有機分子触媒（あるいは有機触媒，organocatalyst）」は[1]，金属元素を含まない炭素，酸素，窒素などの典型元素から構成され，有機反応の触媒として機能する低分子量の有機化合物のことを指す．これまでも有機反応に低分子量の有機化合物を触媒として用いる例はあり，たとえば，*p*-トルエンスルホン酸などのBrønsted酸触媒は有機反応において最も汎用されている触媒（有機小分子）の一つである．これら従来の有機小分子触媒に対し，有機合成化学におけるキーワードとして定着した「有機分子触媒」は，精巧な分子設計のもとに選択性（立体選択性，位置選択性，官能基選択性など）の制御を目的として開発された触媒機能をもつ有機小分子の総称である．

多くの場合，生成物のキラリティの制御を目的とした不斉触媒を指す．一方で，不斉触媒による有機化合物のエナンチオ選択的な合成は，1970年代から現在に至るまで大きく発展を遂げてきた．その立役者となってきたのが生体触媒（酵素など）や金属錯体に不斉配位子を導入した不斉金属錯体触媒である．この不斉触媒の開発研究に大きな変革をもたらしたのが，2000年を前後してにわかに脚光を浴びた「有機分子触媒」である．ここでは生体触媒，金属錯体触媒に次ぐ第三の触媒として注目されるようになった「有機分子触媒」について，その背景と先駆けとなった研究から，有機分子触媒の分類と特徴，現在展開されている研究の基礎と位置づけられる例を概観する．

2 有機分子触媒が注目されるわけは？

なぜ「有機分子触媒」が注目されるのか．その背景には図1にまとめて示した「有機分子触媒」の特徴が大きくかかわっている．このように「有機分子触媒」は，高価あるいは残留毒性が高い金属を使わずに有機反応を促進することから，触媒の扱いやすさとともに，環境負荷を減らし，レアメタルの枯渇あるいは高騰といった社会的な問題に応えうる技術として，元素戦略の観点からも注目を集めるようになった．

3 有機分子触媒の先駆け

「有機分子触媒」の爆発的な展開のきっかけとなったのが，ListならびにBarbasらにより2000年に報告されたアルドール反応である（図2a）[2]．プロリン（**1**）を触媒として用いる分子内アルドール反応は1970年初頭にすでに報告されており，この報告は分子間アルドール反応への焼き直しであったが，不斉金属錯体触媒が主流となっていた当時の不斉触媒反応の開発研究に多大なインパクトを与えた．プロリン（**1**）のアミノ基がケトンに求核攻撃したのち，エナミン活性中間体**A**を生成し，この**A**が求核種となりアルデヒドとのアルドール反応が進行する[3]．ときをほぼ同じくしてMacMillanらは天然アミノ酸より容易に誘導されるイミダゾリジノン（**2**）がDiels–Alder反応の有効な不斉触媒として機能することを報告した（図2b）[4]．これまでDiels–Alder反応の不斉触媒としては不斉金属錯体，いわゆる不斉ルイス酸触媒の独壇場であったが，これに対し，MacMillanらは，金属錯体を使わない触媒反応であることを，新たなキーワード「有機（分子）触媒（原著ではorganocatalysis）」で印象づけ，有機分子触媒の先鞭をつけた．この有機分子触媒の特徴はカルボニル基の活性化にイミニウムイオン**B**の形成を活用し

1．触媒分子が共有結合により構築されており，化学的に安定であるため，回収や再利用が容易
2．触媒分子が空気や水に対して安定なため，反応の際に特殊な技術が不要で手軽
3．金属錯体触媒に比べ安価で，多くの場合，触媒分子の合成に特殊な実験技術や設備が不要
4．有機分子触媒反応の組み合わせによる連続反応で複雑な化合物をワンポットで一挙に構築可能
5．金属錯体触媒の場合は生成物への金属の混入が問題視されるが，有機分子触媒では不問
6．レアメタルの枯渇などの問題を回避するための元素戦略技術として有望

図 1　有機分子触媒の特徴

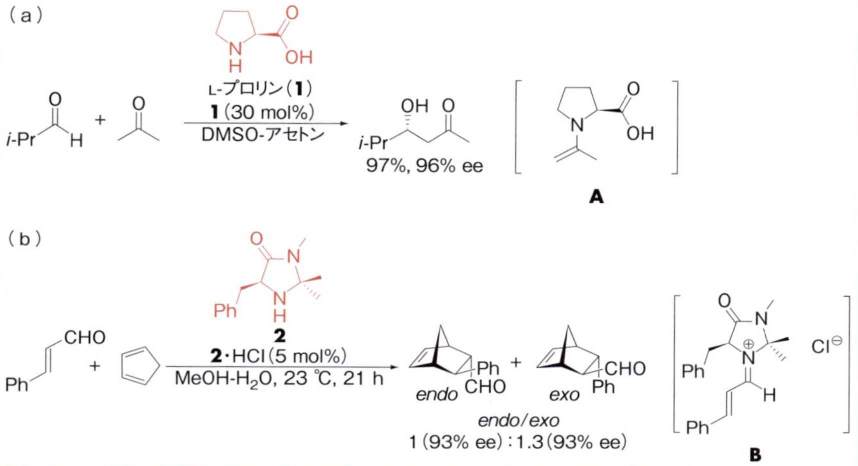

図 2　有機小分子を触媒として用いた不斉合成
（a）プロリン（**1**）を不斉触媒として用いたアルドール反応，（b）イミダゾリジノン（**2**）を不斉触媒として用いた Diels–Alder 反応．

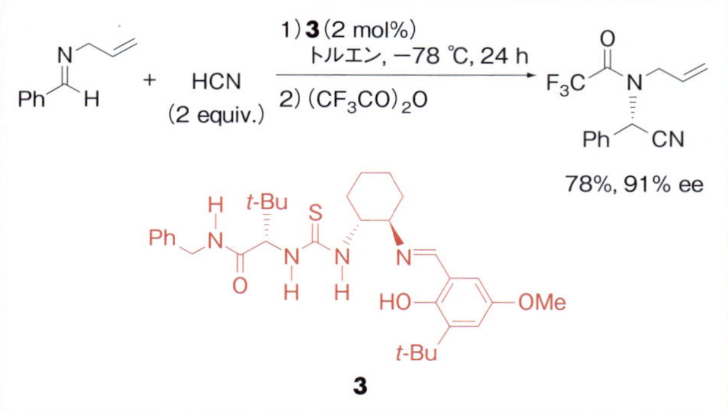

図 3　水素結合を介して反応基質を活性化する有機分子触媒の例

ている点である(イミニウム機構：iminium catalysis).このイミニウム機構は図 2a のエナミン形成に基づく求核剤の活性化機構(エナミン機構：enamine catalysis)とともに，有機分子触媒による反応基質の活性化において根幹をなす方法論となっている[5].

上述の二つの有機分子触媒は反応基質と共有結合を形成することで活性化し，反応の促進に寄与している．これに対し，水素結合を介して反応基質を活性化する有機分子触媒(**3**)が 1998 年に Jacobsen らによって報告された(図 3)[6]．チオウレアを酸性官能基として導入した有機分子触媒(**3**)はアミノ酸ならびにジアミンを不斉源としており，イミンとシアン化水素の Strecker 反応において高いエナンチオ選択性が達成された．この触媒の開発の経緯がコンビナトリアルケミストリーを駆使した不斉金属錯体による不斉触媒反応の探索研究の過程であったことは興味深いが，その後，Jacobsen らにより多彩な誘導体が開発され，さまざまな反応の不斉触媒として用いられている[7]．ここで酸性官能基として導入したチオウレアは反応基質と水素結合を介して相互作用し活性化することが明らかにされており，この官能基を導入した有機分子触媒は水素結合供与触媒とも称され，触媒分子の設計における重要な官能基としてその後の研究に大きな影響を及ぼした.

一方，丸岡らは，1999 年に軸不斉ビナフチル骨格をもつ不斉相間移動触媒(**4**)の開発に成功した(図 4)[8]．これまでの不斉相間移動触媒は，天然物であるシンコナアルカロイド(cinchona alkaloid)から誘導していたが，適用範囲，選択性は必ずしも十分とはいえなかった．これに対し，丸岡らが設計開発した不斉相間移動触媒(**4**)は，対象とする反応に即した構造修飾をすることで，その後，多くの不斉触媒反応の開発へとつながった.

これら一連の研究がきっかけとなり，触媒の入手しやすさや実験操作の簡便さも拍車をかけ，その後，多くの研究者が参入し，「有機分子触媒」の開発研究が怒涛のごとく進められた．研究者を魅了した「有機分子触媒」の特徴の一つに，従来の金属錯体や生体触媒にはみられない連続反応(ドミノ反応)をあげることができる．一つの有機分子触媒を用いるだけで，多段階の有機反応をワンポットで行えるため，単純な出発物質から複雑な生成物が得られ，しかも反応の後処理に伴う廃棄物の削減にもつながるなど，グリーンなイメージも研究者の関心を寄せる要因となった．その代表例として Enders らが報告した多成分ドミノ反応がある[9]．プロリノール触媒(**5**)存在下に，3 種類の反応基質を一度に混ぜることで，四つの連続した不斉中心をもつ環状生成物が高立体選択的に得られる(図 5)．三つの基質の微妙な反応性の違いと有機分子触媒の触媒機能，すなわちエナミン機構(図 2a に示した活性化)とイミニウム機構(図 2b に示した活性化)を巧みに組みあわせることではじめて達成される反応である.

4 有機分子触媒の分類

これら一連の研究を契機として飛躍的な発展をみせている有機分子触媒は，導入されている官能基が同じでもその触媒機能が異なる場合がある．反応基質の活性化にかかわる官能基は，その化学的性質によりおもに 4 種に分類される.

(1) 酸性官能基：リン酸，スルホンアミド，カルボン酸，フェノール，アルコール，チオウレア，ウレア，スクアラミドなど
(2) 塩基性官能基：アミン，グアニジン，ホスファゼンなど
(3) 求核性官能基：アミン，含窒素複素芳香環，ホスフィン，カルベンなど
(4) 有機カチオン種：アンモニウム塩，グアニジニウム塩，ホスホニウム塩など

これらの官能基を有機分子触媒に一つ導入した**単官能基型触媒**と，二つ(もしくは三つ以上)の官能基を導入した多官能性有機分子触媒に大別される．さらに，多官能性有機分子触媒には，酸性官能基と塩基性(求核性)官能基を組みあわせた**複合官能基型触媒**と，同じ性質をもつ官能基を二つ(もしくは三つ以上)導入した**多官能基型触媒**に細分化できる．なかでも複合官能基型触媒は，二つの性質の異なる官能基を組みあわせる例が大半を占めており，これらは二官能基型(bifunctional)触媒とよばれ，有機分子触媒を開発するうえで最も重要な設計指針となっている．いずれにしても，高機能な有機分子触媒を設計開発するうえでは，不斉源となる母骨格にこれ

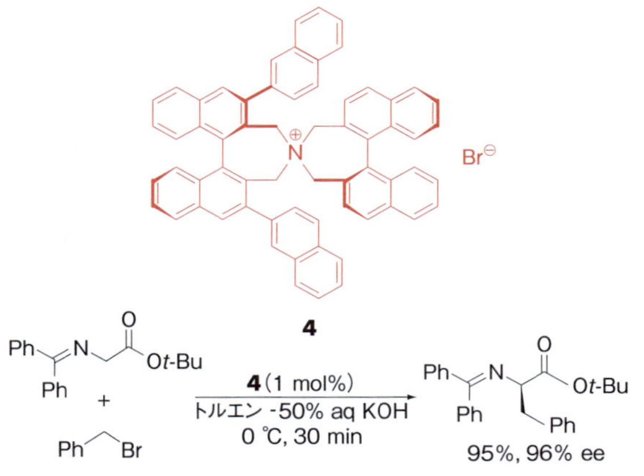

図 4　不斉相間移動触媒による Schiff 塩基の不斉アルキル化反応

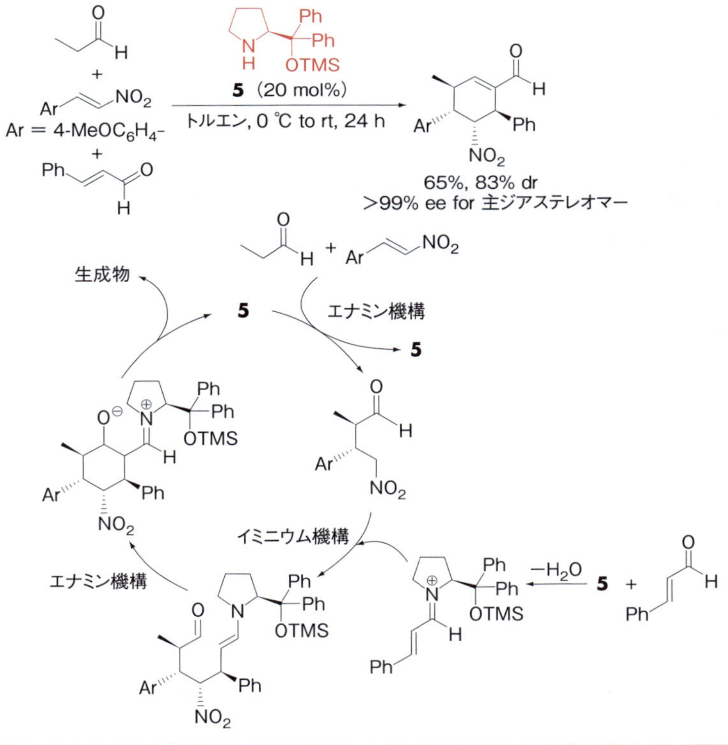

図 5　有機分子触媒（ジフェニルプロリノールシリルエーテル）によるドミノ反応

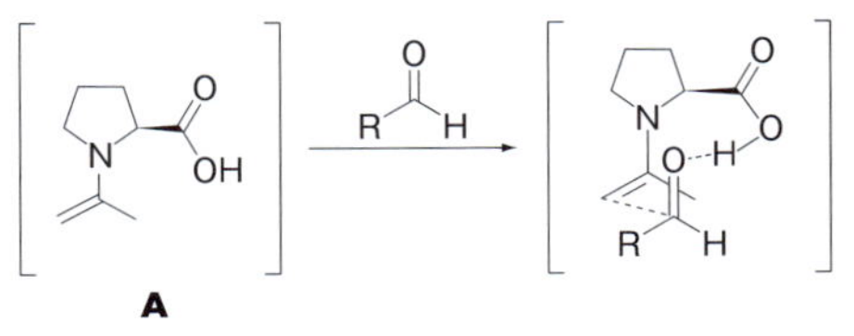

図 6　プロリン触媒（1）の活性化機構

らの官能基をいかに適切に配置するかが鍵となる．

一方，キラルな母骨格に組み込まれたこれらの官能基による触媒機構は，有機分子触媒と反応基質が共有結合を形成して活性化する場合と，水素結合を介して活性化する場合の2種に大別される．これらの二つの結合形成を併せもつ有機分子触媒も多くあり，特徴的な(不斉)反応場の構築を目的としてさまざまな工夫のもとに触媒分子が設計されている．金属錯体触媒がおもに配位結合による反応基質との相互作用を起点として活性化するのに対し，共有結合あるいは水素結合を介して活性化している点が，有機分子触媒の特徴としてあげられる．

以下，現状の研究の基礎となっているおもな有機分子触媒の例を，活性化機構の違い(共有結合と水素結合)と官能基の導入数に基づき分類するが，共有結合と水素結合を併せもつ活性化機構を備えた有機分子触媒は共有結合を形成する例として紹介する．なお，紙面の都合上，ごく一部しか紹介できないため，詳細はPart IIの各章をご覧いただきたい．

5 有機分子触媒が反応基質と共有結合を形成して活性化する場合

5-1 複合官能基型触媒(共有結合形成)

有機分子触媒の爆発的な研究のきっかけとなった図2aに示すプロリン(**1**)が，反応基質と共有結合を形成する複合官能基型触媒の代表例である．ピロリジン骨格のアミン部を求核性官能基とするこの触媒は，アミンとケトンからエナミン**A**が生成することで反応を促進しており，触媒と反応基質が共有結合を形成することで活性中間体を生じることが特徴である(図6)．一方，プロリン(**1**)のカルボン酸はアルデヒドと水素結合を形成することで活性化するとともに高度な立体化学制御を実現するうえで重要な役割を果たしている．こうした求核性官能基と酸性官能基を組みあわせた複合官能基型触媒は，酸性官能基の選択肢が多く，母骨格との組みあわせから多種多様な触媒が設計開発されている．

たとえば，林らにより開発されたピロリジン骨格上にシロキシ基を導入した触媒(**6**)は，水存在下で高い立体化学制御能を発揮することが報告されており，興味深い(図7)[10]．水中での有機反応は近年注目を集めているが，無溶媒やDMF(*N*, *N*-dimethylformamide)中よりも，水存在下で高い触媒活性と選択性が達成されており，有機分子触媒の高機能化は触媒の分子設計だけによらず，反応メディアの工夫によってもなされると知っておきたい．

複合官能基型触媒に導入する酸性官能基はカルボン酸にかぎらず，アミド，ウレアあるいはチオウレアなどのN–Hを利用した報告が数多くあり，スルホンアミドを酸性官能基として導入した例も報告されている(図8)．丸岡らは酸性官能基としてスルホンアミドを触媒分子内の適切な位置に導入することでシン体を与える複合官能基型触媒(**7**)の開発に成功している[11]．図2ならびに図7に示すプロリンならびにその誘導体を用いた交差アルドール反応では，一般にアンチ体が主生成物であるのと対照的であり，触媒分子設計によって従来にない立体化学制御を実現した好例である．

求核性官能基を導入し，反応基質と共有結合を形成して活性化する触媒は，アミンの他にもいくつか報告されている．DMAP(4-dimethylaminopyridine)などの求核性官能基をもつ含窒素複素芳香環は，アシル化反応の触媒として合成化学に汎用されてきたが，DMAP骨格やイミダゾールなどの求核性官能基を導入した不斉有機分子触媒の開発も精力的に展開されている．なかでも4-ジアルキルアミノピリジンを基本骨格とする誘導体はアシル化反応の機能性触媒として開発されている．川端らは，天然アミノ酸であるトリプトファンを側鎖に導入した有機分子触媒(**8**)を設計開発し，グルコース誘導体の4位第二級ヒドロキシ基の選択的なアシル化に成功した(図9)[12]．このグルコース誘導体は第一級ヒドロキシ基を含む四つのヒドロキシ基をもつが，4位第二級ヒドロキシ基にのみアシル化が進行し，立体的に有利な第一級ヒドロキシ基や他の第二級ヒドロキシ基がアシル化された生成物はまったく副生しない．

5-2 単官能基型触媒(共有結合形成)

共有結合を形成する単官能基型触媒の代表例として，図2bに紹介したイミダゾリジノン(**2**)ならびにプロリンから誘導される図5に示したジフェニルプロリノールシリルエーテル(**5**)がある．いずれも求核性をもつアミノ基が反応基質のカルボニル炭素

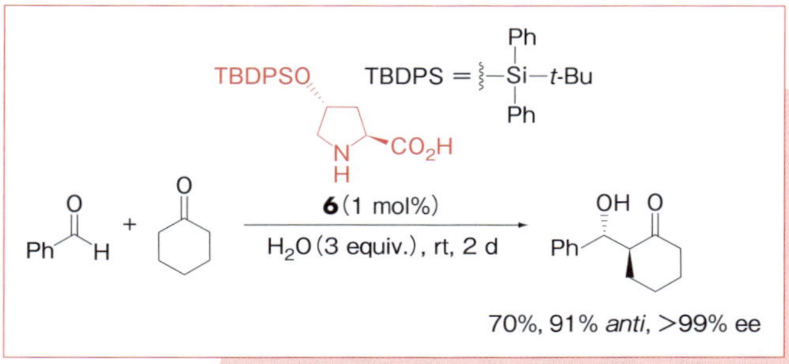

TBDPSO　TBDPS = —Si(Ph)(Ph)—*t*-Bu

CO_2H

N H

Ph H (O) + (O) → **6**（1 mol%） H_2O（3 equiv.）, rt, 2 d → Ph (OH O)

70%, 91% *anti*, >99% ee

図 7　プロリン誘導体によるアルドール反応

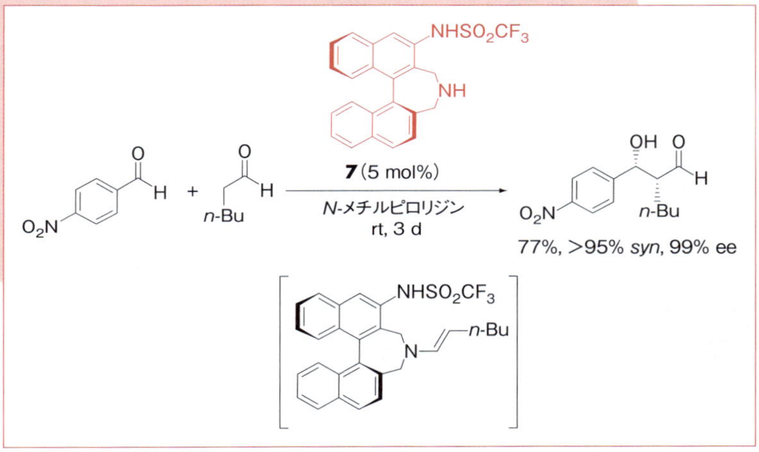

$NHSO_2CF_3$

NH

O_2N (H) + (H) *n*-Bu → **7**（5 mol%） *N*-メチルピロリジン rt, 3 d → O_2N (OH O H) *n*-Bu

77%, >95% *syn*, 99% ee

[$NHSO_2CF_3$ N *n*-Bu]

図 8　スルホンアミド／アミン複合官能基型触媒によるアルドール反応

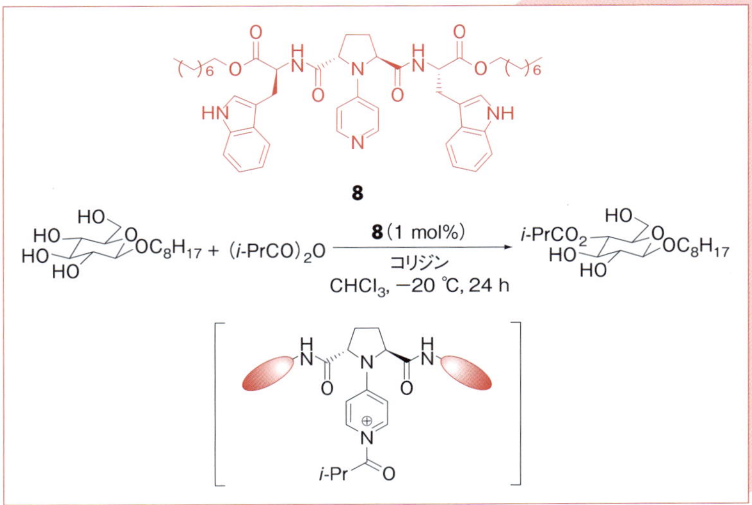

8

HO HO HO HO OC_8H_{17} + (*i*-PrCO)$_2$O → **8**（1 mol%） コリジン $CHCl_3$, −20 ℃, 24 h → *i*-PrCO_2 HO HO HO OC_8H_{17}

[H N N H N ⊕ N *i*-Pr O]

図 9　4-ジアルキルアミノピリジンを基本骨格とする不斉アシル化触媒

へ求核攻撃することで活性化が開始するが，その後の触媒機能は反応基質に応じ，イミニウム機構あるいはエナミン機構に基づいて反応促進に関与する．これらの機構とは異なり，共有結合を形成する単官能基型触媒の例として，カルベン触媒がある．含窒素複素環カルベンは窒素により安定化された一重項カルベンで，求核性をもつことが知られていた．不斉有機分子触媒としての分子設計は，1996 年まで遡る[13]．トリアゾリウム塩を塩基で処理することで生じるカルベンは，含窒素複素環カルベンのなかでも求核性の鍵官能基として多くの触媒が設計開発されている．Rovis らは，多環性トリアゾリウム塩(**9**)を塩基処理し系中で発生させたカルベン(**10**)を不斉触媒とすることで，エナンチオ選択的な分子内 Stetter 反応の開発に成功している(図 10)[14]．カルベン触媒による活性化は，カルボニル基の極性転換による分子変換が可能となるため，特徴的な触媒反応系が開拓されている．

6 有機分子触媒が反応基質と水素結合を介して活性化する場合

6-1 複合官能基型触媒(水素結合形成)

有機分子触媒が水素結合を介して反応基質を活性化する場合，比較的自由度の高い水素結合が関与する．したがって，制御された反応場を構築するためのさまざまな工夫が必要となる．その最も代表的な方法論が，酸性官能基と塩基性官能基を適切な位置関係で触媒分子に導入する Bifunctional 触媒である．

代表的な酸性官能基として，1998 年に Jacobsen らによってはじめて不斉有機分子触媒に用いられたチオウレアがある(図 3)[6]．竹本らはチオウレアが優れた酸性官能基(水素結合ドナー)として機能することを活用し，これに塩基性官能基であるアミンを組みあわせることで，複合官能基型触媒(**11**)の開発に成功した(図 11)[15]．この報告を契機に，チウレアを酸性官能基とする複合官能基型触媒が多数報告されるようになった．とくに，天然物であるシンコナアルカロイドに(チオ)ウレアを導入した触媒(**12**)はその誘導体を含め，多くの研究者が用いている．また，二つの水素結合ドナーが隣接するチオウレアの構造的な特徴に着目し，スクアラミドを酸性官能基としてもつ複合官能基型触媒(**13**)が Rawal らによって開発されている[16]．

チオウレアならびにウレアの他にも複合官能基型触媒へ酸性官能基として導入されている例に，フェノール性ヒドロキシ基がある．Deng らは，天然物であるシンコナアルカロイドから容易に誘導される触媒(**14**)を開発し，α, β-不飽和アルデヒドと 1,3-ジカルボニル化合物との Michael 付加反応(図 12)[17]をはじめとするさまざまな有機反応の不斉触媒化に成功している．天然物であるシンコナアルカロイドの骨格をうまく活用し，キニジンならびにキニーネの 6 位のメトキシ基を脱メチル化し，フェノール性ヒドロキシ基とすることで，水素結合ドナーとして機能するよう工夫されている点が優れている．この脱メチル化によるフェノール性ヒドロキシ基の活用は畑山らの触媒設計が原型となっている[18]．

6-2 多官能基型触媒(水素結合形成)

同じ性質をもつ官能基を複数組みあわせた多官能基型触媒には，酸性官能基を組みあわせた例がいくつか報告されている．その先駆的な研究となったのが Rawal らにより報告されたジオール誘導体(**15**)である[19]．脂肪族ジオールである TADDOL (tetraaryl-1,3-dioxolane-4,5-dimethanol) (**15**)を用いることでアルデヒドと活性化されたジエンとのヘテロ Diels-Alder 反応の不斉触媒化を報告した(図 13)．X 線構造解析から活性化の機構が一方のアルコールが他方と相互作用した単座配位 **C** でアルデヒドを活性化するとしている点は興味深い．その後，酸性官能基としてカルボン酸，リン酸，スルホン酸を二つ同一分子に組みこんだ触媒が報告されている．二つの酸性官能基が分子内水素結合することで，これらの酸性官能基の配向制御とともに酸性度の向上も意図された分子設計となっている．

6-3 単官能基型触媒(水素結合形成)

複合官能基型あるいは初期の多官能基型触媒に導入されていた酸性官能基(チオウレア，フェノールならびに脂肪族アルコール)の酸性度は低く，これまでカルボン酸以上に強い酸性官能基を導入した報告例はトリフルオロメタンスルホンアミドなどごく限られている．これに対し，単官能基型触媒では強

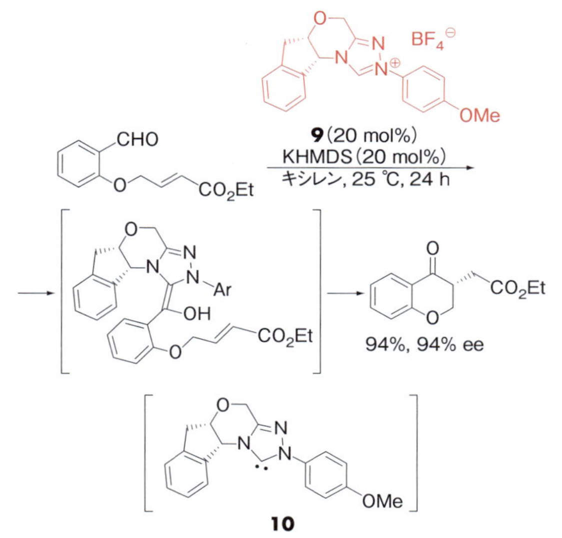

$BF_4^{\ominus}$

OMe

CHO

CO_2Et

9 (20 mol%)
KHMDS (20 mol%)
キシレン, 25 ℃, 24 h

Ar

OH

CO_2Et

O

CO_2Et

94%, 94% ee

OMe

10

図 10　カルベン触媒による分子内不斉 Stetter 反応

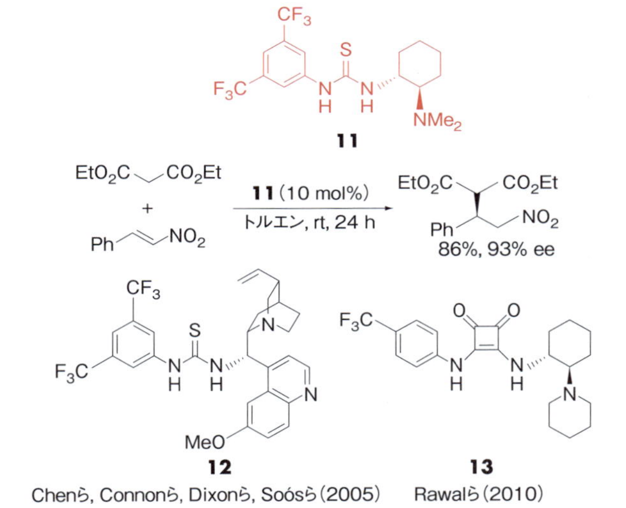

CF_3

S

F_3C

NH　NH

NMe_2

11

EtO_2C　CO_2Et
+
Ph　NO_2

11 (10 mol%)
トルエン, rt, 24 h

EtO_2C　CO_2Et
Ph　NO_2
86%, 93% ee

CF_3

F_3C

MeO

12
Chenら, Connonら, Dixonら, Soósら (2005)

F_3C

13
Rawalら (2010)

図 11　チオウレアならびにスクアラミドを酸性官能基とする複合官能基型触媒の例

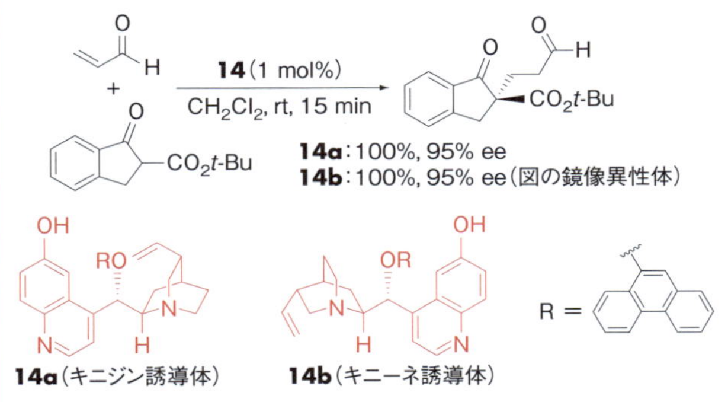

O
H
+
O
CO_2t-Bu

14 (1 mol%)
CH_2Cl_2, rt, 15 min

CO_2t-Bu

14a：100%, 95% ee
14b：100%, 95% ee（図の鏡像異性体）

OH　RO　OR　OH

R =

14a（キニジン誘導体）
14b（キニーネ誘導体）

図 12　フェノール性ヒドロキシ基を酸性官能基とする複合官能基型触媒の例

い酸性官能基を導入した触媒分子設計が報告されている．2004 年に秋山[20]ならびに寺田[21]らにより独立に報告されたビナフトールを不斉源とするキラルリン酸(**16**)は，強い酸性官能基を導入した有機分子が不斉触媒として機能することを示したはじめての例である(図 14)．

pK_a はおよそ 1 ～ 2 (水中)と見積もられているが，このリン酸触媒(**16**)は最も多彩な有機反応の不斉触媒化に用いられている有機分子触媒の一つである[22]．例として秋山らの逆電子要請型 Diels–Alder (Povarov)反応によるテトラヒドロキノリン誘導体の不斉合成(図 14a)[23]，ならびに，寺田らによるアザ–Petasis–Ferrier 転位反応によるβ–アミノアルデヒドの不斉合成を示した(図 14b)[24]．リン酸のヒドロキシ基(OH 基)は活性化の起点となる酸性部位(水素結合ドナー)として，一方，ホスホリル酸素(P=O)は塩基性部位(水素結合アクセプター)として機能し，官能基としては単一ではあるが，酸・塩基(水素結合ドナー・アクセプター)を併せもつ官能基として機能していることが計算化学からも明らかにされている．図 14c にアザ–Petasis–Ferrier 転位の機構を示したが，リン酸のヒドロキシ基(OH 基)とホスホリル酸素が二官能基的に機能することで **D** と **E** を経由して円滑な結合の組み換えがなされていることがわかる．リン酸触媒の酸性度の向上に基づく基質適用範囲の拡充も試みられており，リン酸のヒドロキシ基をトリフリルイミドに置き換えた触媒(**17**)あるいはビナフタレン環上の水素をフッ素で置き換えたリン酸触媒(**18**)などが開発されている(図 15)．

こうした単官能基型の酸触媒に対し，塩基性官能基を導入した単官能基型触媒も報告されている．有機塩基の代表格はアミンであるが，こうした一般的な有機塩基では塩基性が不十分なため，これらの塩基を単官能基型触媒へと適用した例はごく限られている．そのため，強い塩基性を示すグアニジンやホスファゼンなどの有機強塩基を導入した有機分子触媒が設計開発されている．

グアニジンはそのプロトン化体の共鳴構造により，カチオンが三つの窒素上に非局在化するため強塩基性を示す有機塩基である．寺田らはこの強塩基性を示すグアニジンに軸不斉を導入した不斉グアニジン触媒(**19**)を設計開発し[25]，アゾジカルボキシラートによる非対称 1,3–ジカルボニル化合物のアミノ化反応の優れた不斉触媒となることを報告した(図 16)．グアニジンのイミン窒素は(C=N)は活性化の起点となる塩基性部位(水素結合アクセプター)として，一方，NH 基は酸性部位(水素結合ドナー)として機能し，グアニジンは官能基としては単一ではあるが，酸・塩基(水素結合ドナー・アクセプター)を併せもつ官能基として機能している．この他にも[26]，環構造の異なる軸不斉グアニジン(**20**)が寺田らによって[27]，また，Tan らは，Corey らにより開発された[3.3.0]双環性不斉グアニジン触媒(**21**)を用いて触媒反応系を開拓した[28]．

ホスファゼンはトリアミノイミノホスホランを単位構造としてもつ有機超強塩基の総称である[29]．この単位構造をうまく組み込んだ超強塩基性の有機分子触媒が大井らにより設計開発されている[30]．前駆体となるホスホニウム塩(**22**)にアルコキシド塩基である *t*–BuOK を系中で作用させて生じた不斉ホスファゼン触媒(**23**)を用いて，ニトロアルカンとアルデヒドとの Henry 反応の不斉触媒化に成功した(図 17)．従来のアキラルなホスファゼンでは，窒素上の置換基はすべてアルキル基が導入されていたが[29]，大井らの触媒設計では一部をプロトンに置き換えることで，反応基質と水素結合を介して相互作用することが高選択性の鍵となっている．

超強塩基性官能基を導入した有機分子触媒は 2012 年に Lambert らによりシクロプロペニルイミンを塩基性官能基とする触媒(**24**)が[31]，2013 年には Dixon らによって，イミノホスホランを塩基性官能基とする触媒(**25**)が相次いで報告された[32]．これらの触媒は，**24** はアルコールを，**25** はチオウレアを酸性官能基として導入しており，前述の分類に従えば複合官能基型触媒に該当するが，いずれも塩基性官能基のプロトン化により安定なカチオン種を生じることが超強塩基性を示す所以となっている．とくに **24** はイミン窒素上のプロトン化により芳香族カチオン種であるシクロプロペニウムイオンの生成を駆動力とした分子設計となっており，興味深い．

さらなる超強塩基性の獲得を目的とした有機分子触媒が寺田らにより報告されている[33]．イミノホスホランに共役系を拡張するようにグアニジンを二つ導入したビス(グアニジノ)イミノホスホラン

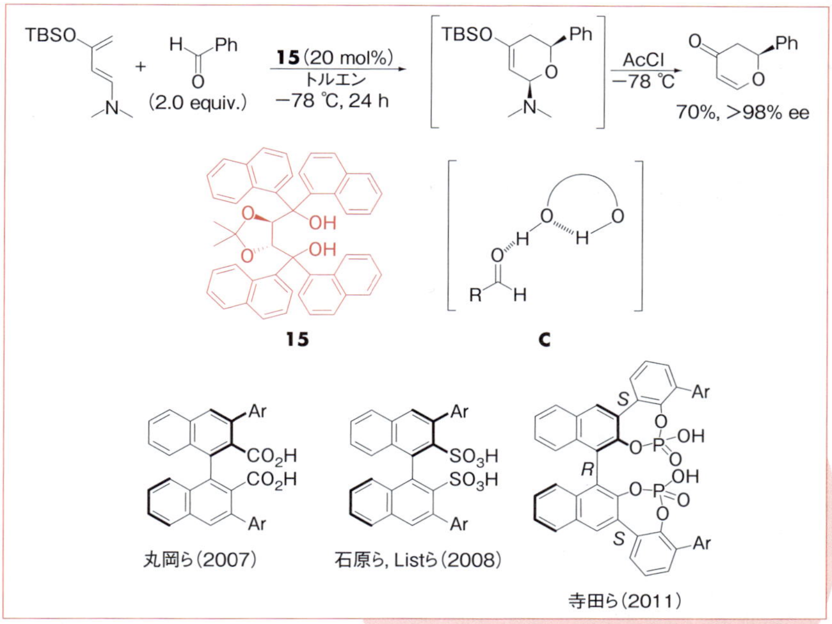

図 13　酸性官能基を二つ導入した多官能基型触媒の例

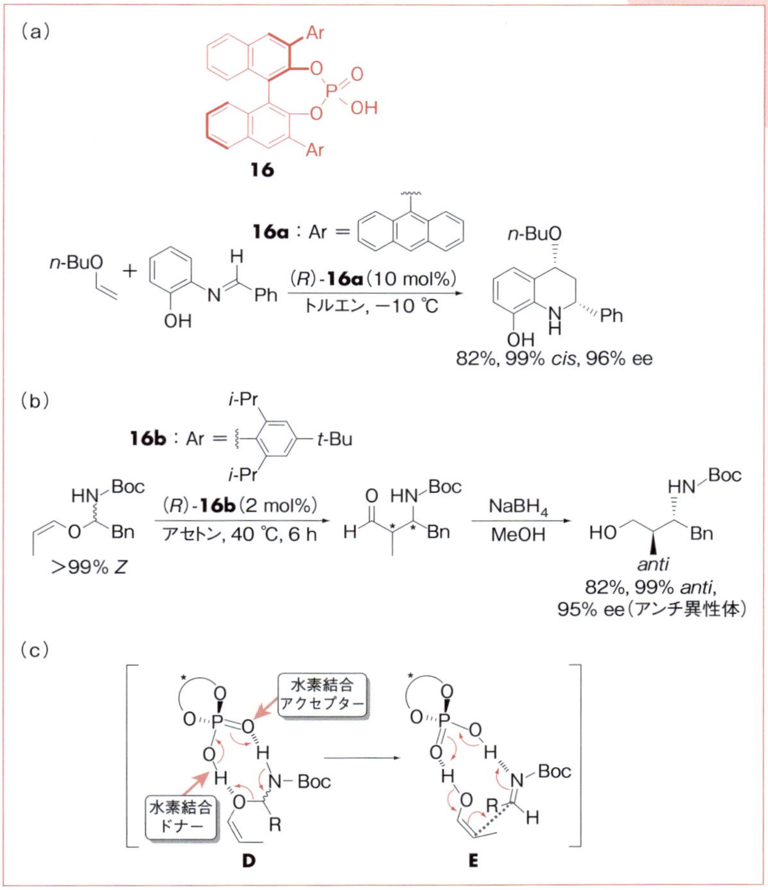

図 14　酸性官能基をもつ単官能基型触媒の例：キラルリン酸触媒

(**26**)は，プロトン化により生じる共役酸(カチオン)の安定化を図る分子設計となっており，従来の不斉有機分子触媒では活性化が困難であったプロ求核剤の活性化に有効であることが示されている．

7 有機分子触媒の展望

環境に優しい物質生産への取り組みが進む中，グリーンケミストリーの観点から有機分子触媒はこれに応え得るツールとして期待感を抱いて注目されている．ここでは代表的な「有機分子触媒」を用いた不斉炭素–炭素結合生成反応を中心に紹介してきたが，現在，有機分子触媒による反応開発は，炭素–ヘテロ元素結合生成反応はもちろん，酸化や還元反応など多岐に渡る．多様な有機分子触媒が開発され，新たな触媒反応系の開拓もなされるなど，学術界における目覚しい発展は目を見張るものがある．一方で，産業界への応用はまだ途に就いたばかりである．触媒活性の向上による触媒量の低減など，克服すべき問題も残されているが，有機分子触媒として注目を浴びるようになった2000年からおよそ15年の月日が経ち，実験ならびに計算化学による反応解析や機構解明によって多くの知見が蓄積されるに至っている．これらの知見を活かして実用化への道を切り開くことが今後の課題となってくるであろう．

◆ 文　献 ◆

[1] 総説：柴﨑正勝 監修，『有機分子触媒の新展開』，シーエムシー出版（2006）．P. I. Dalko, Ed.: Enantioselective Organocatalysis: Reactions and Experimental Procedures, Wiley–VCH（2007）．丸岡啓二 編，『進化を続ける有機触媒：有機合成を革新する第三の触媒』，化学同人（2009）．"Science of Synthesis, Asymmetric Organocatalysis 1, Lewis Base and Acid Catalysts," ed. by B. List, Georg Thieme Verlag KG（2012）．"Science of Synthesis, Asymmetric Organocatalysis 2, Brønsted Base and Acid Catalysts, and Additional Topics," ed. by K. Maruoka, Georg Thieme Verlag KG（2012）．

[2] B. List, R. A. Lerner, C. F. Barbas, III, *J. Am. Chem. Soc.*, **122**, 2395（2000）．

[3] 総説：S. Mukherjee, J. W. Yang, S. Hoffmann, B. List, *Chem. Rev.*, **107**, 5471（2007）．

[4] K. A. Ahrendt, C. J. Borths, D. W. C. MacMillan, *J. Am. Chem. Soc.*, **122**, 4243（2000）．

[5] 総説：B. List, *Chem. Commun.*, **2006**, 819.

[6] M. S. Sigman, E. N. Jacobsen, *J. Am. Chem. Soc.*, **120**, 4901（1998）．

[7] 総説：M. S. Taylor, E. N. Jacobsen, *Angew. Chem., Int. Ed.*, **45**, 1520（2006）．

[8] T. Ooi, M. Kameda, K. Maruoka, *J. Am. Chem. Soc.*, **121**, 6519（1999）．

[9] D. Enders, M. R. M. Hüttl, C. Grondal, G. Raabe, *Nature*, **441**, 861（2006）．

[10] Y. Hayashi, T. Sumiya, J. Takahashi, H. Gotoh, T. Urushima, M. Shoji, *Angew. Chem., Int. Ed.*, **45**, 958（2006）．参照：N. Mase, Y. Nakai, N. Ohara, H. Yoda, K. Takabe, F. Tanaka, C. F. Barbas, III, *J. Am. Chem. Soc.*, **128**, 734（2006）．

[11] T. Kano, Y. Yamaguchi, Y. Tanaka, K. Maruoka, *Angew. Chem., Int. Ed.*, **46**, 1738（2007）．

[12] T. Kawabata, W. Muramatsu, T. Nishio, T. Shibata, H. Schedel, *J. Am. Chem. Soc.*, **129**, 12890（2007）．

[13] 総説：D. Enders, O. Niemeier, A. Henseler, *Chem. Rev.*, **107**, 5606（2007）．N. Marion, S. Díez–González, S. P. Nolan, *Angew. Chem., Int. Ed.*, **46**, 2988（2007）．

[14] M. S. Kerr, J. Read de Alaniz, T. Rovis, *J. Am. Chem. Soc.*, **124**, 10298（2002）．

[15] T. Okino, Y. Hoashi, Y. Takemoto, *J. Am. Chem. Soc.*, **125**, 12672（2003）．

[16] Y. Zhu, J. P. Malerich, V. H. Rawal, *Angew. Chem., Int. Ed.*, **49**, 153（2010）．

[17] F. Wu, R. Hong, J. Khan, X. Liu, L. Deng, *Angew. Chem., Int. Ed.*, **45**, 4301（2006）．

[18] Y. Iwabuchi, M. Nakatani, N. Yokoyama, S. Hatakeyama, *J. Am. Chem. Soc.*, **121**, 10219（1999）．

[19] Y. Huang, A. K. Unni, A. N. Thadani, V. H. Rawal, *Nature*, **424**, 146（2003）．

[20] T. Akiyama, J. Itoh, K. Yokota, K. Fuchibe, *Angew. Chem., Int. Ed.*, **43**, 1566（2004）．

[21] D. Uraguchi, M. Terada, *J. Am. Chem. Soc.*, **126**, 5356（2004）．

[22] T. Akiyama, *Chem. Rev.*, **107**, 5744（2007）．M. Terada, *Synthesis*, **2010**, 1929. D. Kampen, C. M. Reisinger, B. List, *Top. Curr. Chem.*, **291**, 395（2010）．D. Parmar, E. Sugiono, S. Raja, M. Rueping, *Chem. Rev.*, **114**, 9047（2014）．

[23] T. Akiyama, H. Morita, K. Fuchibe, *J. Am. Chem. Soc.*, **128**, 13070（2006）．

[24] M. Terada, Y. Toda, *J. Am. Chem. Soc.*, **131**, 6354（2009）．M. Terada, T. Komuro, Y. Toda, T. Korenaga, *J. Am. Chem. Soc.*, **136**, 7044（2014）．

[25] M. Terada, M. Nakano, H. Ube, *J. Am. Chem. Soc.*, **128**, 16044（2006）．

[26] 総説：D. Leow, C.-H. Tan, *Chem. Asian J.*, **4**, 488（2009）．

[27] M. Terada, H. Ube, Y. Yaguchi, *J. Am. Chem. Soc.*, **128**, 1454（2006）．

[28] J. Shen, T. T. Nguyen, Y.-P. Goh, W. Ye, X. Fu, J. Xu, C.-H. Tan, *J. Am. Chem. Soc.*, **128**, 13692（2006）．参照：E. J. Corey, M. J. Grogan, *Org. Lett.*, **1**, 157（1999）．

[29] 総説：Y. Kondo, Superbases for Organic Synthesis, T. Ishikawa, Ed., John Wiley & Sons（2009）, pp. 145.

[30] D. Uraguchi, S. Sakaki, T. Ooi, *J. Am. Chem. Soc.*, **129**, 12392（2007）．

[31] J. S. Bander, T. H. Lambert, *J. Am. Chem. Soc.*, **134**, 5552（2012）．

[32] M. G. Núñez, A. J. M. Farley, D. J. Dixon, *J. Am. Chem. Soc.*, **135**, 16348（2013）．

[33] T. Takeda, M. Terada, *J. Am. Chem. Soc.*, **135**, 15306（2013）．

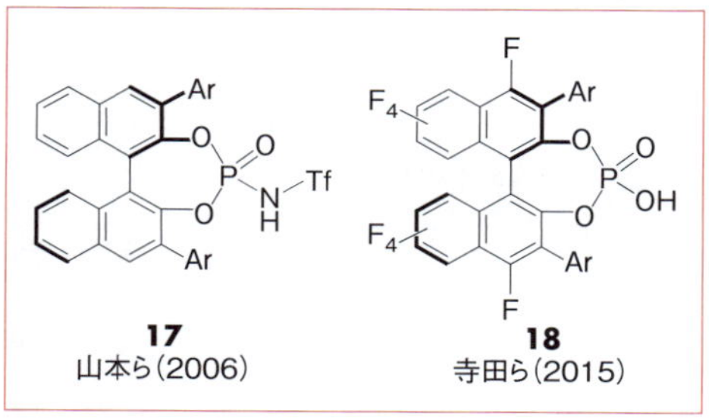

17
山本ら（2006）

18
寺田ら（2015）

図 15　リン酸の酸性度の向上を目的とした有機分子触媒の例

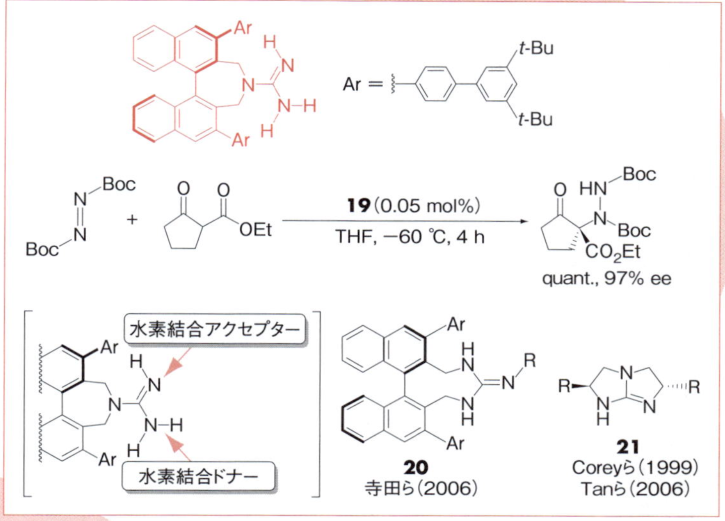

Ar =

19（0.05 mol%）
THF, −60 ℃, 4 h
quant., 97% ee

水素結合アクセプター
水素結合ドナー

20
寺田ら（2006）

21
Coreyら（1999）
Tanら（2006）

図 16　強塩基性官能基をもつ単官能基型触媒の例：グアニジン触媒

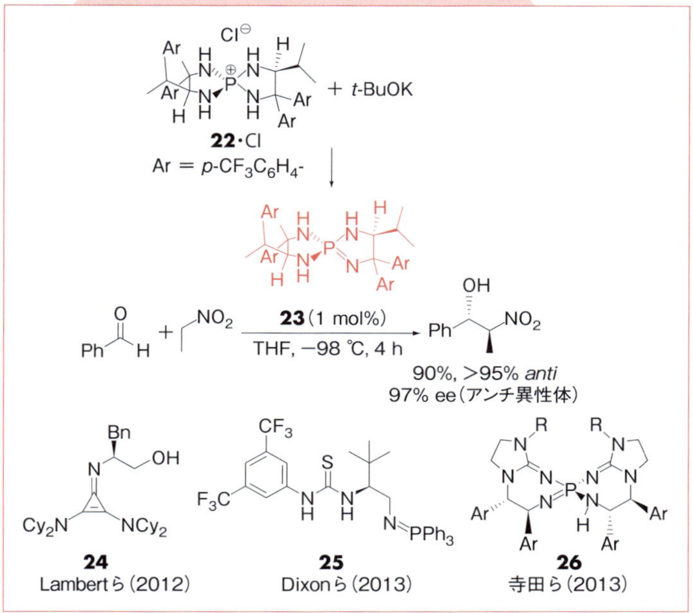

22・Cl
Ar = p-$CF_3C_6H_4$-
+ t-BuOK

23（1 mol%）
THF, −98 ℃, 4 h
90%, >95% *anti*
97% ee（アンチ異性体）

24
Lambertら（2012）

25
Dixonら（2013）

26
寺田ら（2013）

図 17　超強塩基性官能基をもつ有機分子触媒の例

Chap 2
Basic Concept-2

酵素と有機分子触媒

田中　富士枝
（沖縄大学科学技術大学院大学）

1 はじめに

「有機分子触媒」は，一般的には，触媒機能を示す低分子の有機化合物，あるいは，それらの触媒分子による触媒現象や触媒機能を意味する言葉として使用されることが多い．しかし，天然の酵素や改変した酵素も有機分子であり，触媒機能を示すので，分子の大きさにこだわらなければ，酵素も有機分子触媒である．分子の歴史を考慮すると，むしろ酵素は有機分子触媒の元祖であり手本ともいえる．触媒分子ごとに触媒機構は異なるが，触媒機能が発現されるしくみは，酵素であっても化学合成した低分子の有機触媒であっても同じである．ただ，高分子のタンパク質と低分子有機化合物とでは，その創製戦略や合成法，取扱い方法，利用可能な範囲などが異なる．本章では，上で述べた一般的な意味での比較的低分子の「有機分子触媒」の特徴や利点，応用性，可能性，起源などを，天然の酵素や改変酵素，また人工的に創製するタンパク質触媒などと比較しながら述べる．

2 意図する反応を加速する触媒を得る方策

酵素は生物の生命活動にかかわる分子の合成や代謝，分解などに関与している．多くの酵素は，穏和な条件下，高い基質特異性や高い立体選択性により，目的生成物を与える反応を加速する．このような酵素の触媒機能を，人間が意図する分子変換反応を実施するために自在に創りだすことは，古くから科学者の願いであったと思う．ある酵素が加速する反応を行う際に，その酵素を入手できるのなら，それをそのまま活用すればよい．しかし，人間が必要とする分子や分子変換反応は多種多様であり，これまでに知られている酵素をそのまま活用できない場合がほとんどである．

意図する反応を加速する触媒を得るための方策には，（1）天然の酵素を探す[1]，（2）遺伝子組換えなどにより既知の酵素を改変する，あるいは酵素のアミノ酸配列の一部をランダム化したライブラリーを作製し，意図する活性を示すものを選択する（directed evolution）[2]，（3）抗体の多様性（多様な分子のそれぞれに高い結合活性を示す抗体タンパク質が得られること）を利用し，抗体の抗原結合部位に意図する触媒活性をもたせた抗体タンパク質，抗体触媒を創製する[3]，（4）三次構造をとるタンパク質を土台（scaffold）とし（抗体である必要はない），コンピュータにより意図する触媒活性部位を設計し，人工酵素を創製する[4]，（5）触媒機能を示す比較的小さい有機分子，つまり有機分子触媒を創製する，などがある．

これらのうち，タンパク質にかかわる（1）から（4）では，有機合成化学で一般的に用いられる手法だけでなく，DNA を取り扱うこと，遺伝子組換え技術を用いること，また，大腸菌や細胞などを用い，DNA 配列に対応するアミノ酸配列をもつタンパク質を産生させることなど，分子生物学やタンパク質工学で用いられる手法も必要である．

（1）から（4）が可能となったのは，遺伝子組換え技術や，高分子であるタンパク質を分子レベルで解析する技術などの進歩によるところが大きい．一方，1960 年代にはすでに，ピロリジン–酢酸を触媒とする反応や，アミノ酸を触媒とする不斉合成反応などが報告されていたにもかかわらず，（5）の有機分子触媒が多種創られ，幅広い種類の反応に使われるようになったのは，（2）や（3）のタンパク質触媒が創

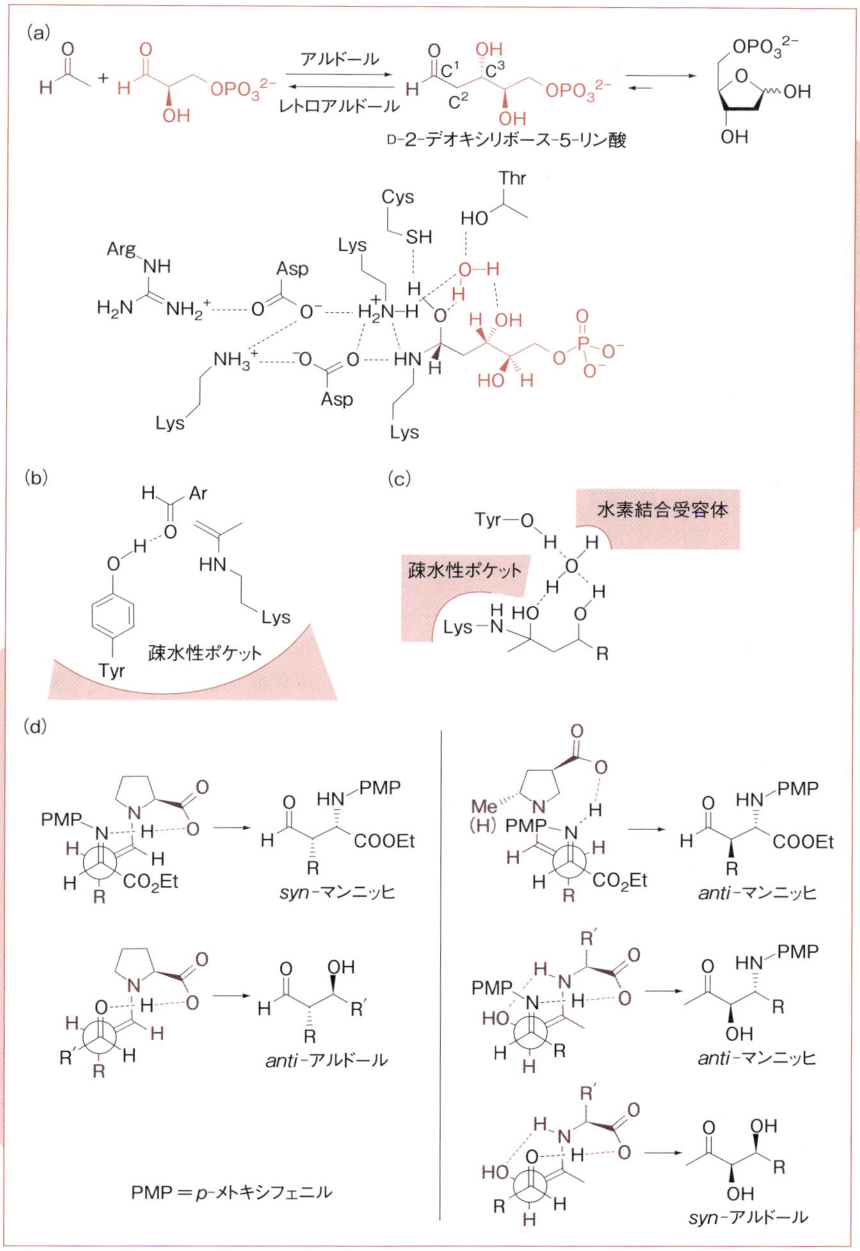

図1 酵素，人工タンパク質触媒，有機分子触媒が用意する相互作用の例

アミノ基を必須触媒官能基とする触媒の比較．（a）アルドラーゼ酵素 D-2-デオキシリボース-5-リン酸アルドラーゼ（アミノ酸残基 260，分子量約 28,000）が触媒する反応と，その酵素がレトロアルドール反応の基質とカルビノールアミンを生成したコンプレックスのX線結晶構造解析において観測された相互作用の模式図．相互作用は基質の C^1-C^3 の部分に関するところのみを文献5の図より抽出し簡略化．（b）抗体触媒 33F12 の活性部位におけるアルドール反応の遷移状態の模式図．文献6のタンパク質のX線結晶構造解析結果に反応の遷移状態モデルをドッキングしたものから簡略化．（c）コンピュータによりレトロアルドール活性を有する人工酵素（タンパク質触媒）を設計する際に用いられ，触媒部位に組み込まれた触媒設計モチーフの一つ[4a]．この触媒モチーフからは実際に触媒が得られた．（d）有機分子触媒が用意する相互作用の例．アルドール反応およびマンニッヒ反応の遷移状態と得られる生成物[7]．プロリンの分子量は 115.

られるようになった時期よりも後である．

図1に，酵素の活性部位の相互作用ネットワークや有機分子触媒の遷移状態における相互作用について，アミノ基を必須の触媒官能基とし，エナミンやイミニウムイオンを生成して反応を加速する場合の例を示した[4~7]．また，酵素やタンパク質触媒と有機分子触媒のおおまかな比較を表1に示した．

酵素とその基質や基質類似分子，あるいは遷移状態モデル分子などとのコンプレックスのX線結晶構造解析の論文を見ると，多くの相互作用が観測，示唆されていることが多い[5]（図1a）．従来，酵素が穏和な条件下，高い触媒活性および高い選択性により目的生成物を与えるのは，多数の複雑な相互作用のためであると，多くの場合，考えられていた．しかし，人工酵素としての（3）の抗体触媒の創製研究などから，触媒機能をもたらすために必須な相互作用の数は，それほど多くないとわかった[3, 6]（図1b）．そして，限られた数の相互作用で触媒機能を発揮できるならば低分子の有機化合物を用い，反応を加速できるはずであるという考えにつながり，（5）の「有機分子触媒」が盛んに研究されるようになった．

もちろん，研究者により有機分子触媒研究を開始した理由は多様であろう．ただ，酵素のような触媒を目指すことが，「有機分子触媒」研究事始めの原動力の一つであったことには間違いない．下で述べるように，「有機分子触媒」は，酵素を超えた，あるいは酵素とは異なる利便性，応用性を示す．安全や環境調和に対する時代の要請とも合致し，多くの有機分子触媒が開発されるとともに，有機分子触媒を用いる多様な分子変換反応が開発されてきている．

3 触媒の構造と触媒設計および触媒合成

反応を加速するには，その反応の遷移状態に達するために要するエネルギーを低下させる必要がある．酵素は，まず基質に結合し，ついで遷移状態に至る場合も多くあるが，基質にも遷移状態にも同等に結合するのであれば，反応加速にはつながらない．酵素でも有機分子触媒でも，触媒機能をもたらすには，反応加速につながる相互作用が必要である．

多くの酵素は，通常の20種のアミノ酸のポリペプチド鎖，およびその側鎖に存在する官能基により，反応加速に必要な相互作用を用意する．補酵素を活用する酵素もあるが，20種のアミノ酸のポリマーで触媒反応に必要な相互作用を発現させるためには，適切な三次構造が必要であると考えられる．三次構造をとることにより，アミノ酸側鎖官能基やアミド結合の位置関係が決まり，疎水場などの環境も用意され，アミノ酸側鎖官能基の pK_a 値が変わり，それに伴い反応性も変化し，触媒活性部位が形成される．また，その触媒活性部位は，基質の結合や触媒反応の進行，生成物の放出などに応じて動く必要もある．ある一定以上の大きさのアミノ酸のポリペプチド（タンパク質）の場合，意図する反応を触媒するために適切なアミノ酸配列や三次構造を，まったく何もないところから設計するのは，現段階では非常に困難である．

一方，有機分子触媒は，合成で得られるものでは，原料を自由に選ぶことができる．合成では，置換基を変えて酸性度やかさ高さを調節したり，基本骨格や置換基の結合位置などを変えて触媒に必要な官能基間の距離を調節したりできる．つまり，有機化学，合成化学の力により，意図する生成物を高選択的に与えるための触媒機能に必要な相互作用をもたらす，比較的小さい分子を創ることが可能である．触媒設計や反応の遷移状態を考察する際も，低分子触媒では，実験結果の解析と併せ，紙にペンで遷移状態の図を書き比べながらの検討も有用である．もちろん，計算化学で得られる情報を取り入れ，設計することや考察することもできる．

多様な触媒分子を開発するうえで，いろいろな構造をもつ分子を合成できることは重要な利点である．入手しやすい天然化合物を基本構造とする触媒も，合成化学の力で誘導体化し，触媒の多様性や可能性を広げられる．また触媒は，反応に用いる際に，必ずしも一分子となるように合成しておく必要はない．2種以上の分子を同時に用い，触媒機能を発現させることもできる．反応系中で，複数の触媒成分が，触媒成分間および基質と適切に相互作用し，遷移状態を安定化するように工夫し，反応加速を実現することも可能である．このようなシステムを用いると，一分子中にすべての触媒機能に必要な構造単位を含む複雑な構造の触媒分子を合成する手間を省ける．また，反応の可能性を拡張することにもつながる．たとえば筆者らは，3種の化合物を同時に触媒とし

表 1　酵素，タンパク質触媒と有機分子触媒の比較

	酵素，タンパク質触媒	有機分子触媒
分子サイズ	大	小
構造	おもに 20 種のアミノ酸のポリペプチド．折り畳まれて活性部位を形成	多様であり，制限なし
由来	天然物，遺伝子操作により天然物を改変したもの，ライブラリーを用い標的反応のために人工的に進化させたもの，人工的に設計したものなど	天然物，天然物誘導体，化学合成物，分子設計に基づき化学合成したものなど
触媒の設計	もとになる酵素，あるいは，三次構造をとるタンパク質の情報が必要	自由に設計でき，制限なし
触媒機能を用意する相互作用	酵素では多数のアミノ酸残基がかかわる相互作用ネットワークを形成．人工的に創製したタンパク質触媒では，比較的限られた数のアミノ酸残基が関与	比較的限られた数の相互作用により触媒機能が用意される．基質中の同一の官能基の位置選択的反応などでは，触媒機能用相互作用に加え，反応位置を指定するための相互作用が用意される場合もある
触媒機能の機構の例	プロトン化や水素結合により，反応する構造単位や官能基を活性化する．非共有結合および共有結合生成により反応活性種を生成する．反応点同士を結合生成などに適する位置に配置する	プロトン化や水素結合により，反応する構造単位や官能基を活性化する．非共有結合および共有結合生成により反応活性種を生成する．反応点同士を結合生成などに適する位置に配置する
基質応用性	基質が狭い範囲に限定されるものと，幅広い基質応用性を示すものの両方がある．基質応用性や立体選択性は個々の触媒により異なる	一般的に幅広い基質応用性（一連の類似基質に利用可能）．幅広い一連の基質に対し高い立体選択性を示すことも可能
触媒反応条件	触媒機能を示す至適条件は触媒や反応の種類に依存する．温度，溶媒の種類，pH など，限定される条件を必要とする場合が多い	触媒機能を示す至適条件は触媒や反応の種類に依存する．検討可能な条件の範囲に制限なし
触媒の安定性	溶媒，熱，pH 変化，撹拌などにより構造が壊れる可能性あり．壊れた構造は元に戻らない場合も多い	溶媒，pH 変化などによりコンフォメーションが変化する可能性あり．その変化は多くの場合可逆的
他分子と組み合わせての使用	触媒活性を示すために，金属補酵素や有機補酵素を必要とするものがある	2 種以上の分子を組み合わせ，触媒システムとすることがある（することができる）

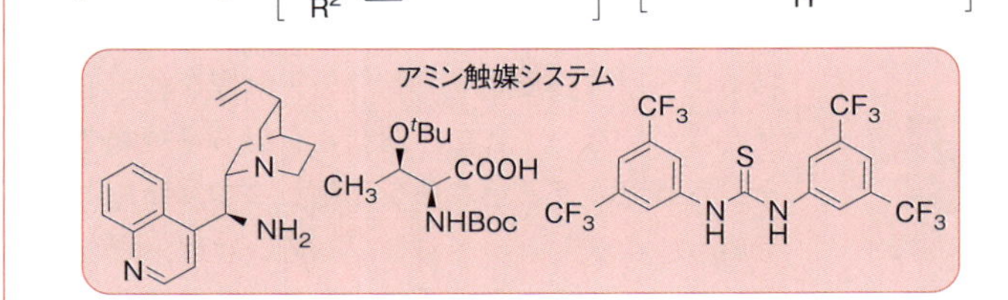

図 2　3 種の化合物からなる有機分子触媒システムを用いた分子変換反応の例[8]

て用いる高立体選択的反応を報告している[8](図2).

4 触媒反応と反応場

必要な分子の合成が目的である場合には，触媒や反応に応じ，適切な溶媒などの条件を選択できる．一方，分子変換反応を，生体内や細胞内，生体分子の存在下で行う，あるいは，水性緩衝液中などのある一定条件下でのみ安定に取り扱える生体分子を基質として行う場合には，反応場は定められている．それらの反応では，指定の環境下で機能する触媒を用いる必要がある．触媒機能にかかわる官能基は，反応場あるいは溶媒により，その酸性度などが変わるため，プロトン化の状態などが影響を受け，反応性が変わる．たとえばカルボン酸は有機溶媒中では酸として機能するかもしれないが，中性の水性緩衝液中では，おもにカルボキシラートイオンとして存在し，酸としては機能しないかもしれない．したがって，有機溶媒中で有用な触媒を，水性緩衝液中で用いても，触媒機能を示さない可能性が高い．

また生体内や細胞内での反応の場合には，基質分子以外に多様な生体分子が存在する．そのなかで基質分子の反応を触媒するには，単にその環境下で触媒機能を示すだけでなく，基質選択性（基質特異性）を備えている必要があるかもしれない．

現段階でこれらに適するのは，多くの場合，酵素あるいはタンパク質触媒である．たとえば，現在のところ，DNAの増幅反応（polymerase chain reaction；PCR）や二本鎖DNAの位置選択的切断（制限酵素による反応），その切断部位の結合反応（リガーゼによる反応）などは，酵素の独壇場である．タンパク質のアミド結合の位置選択的加水分解反応を触媒する際にも酵素が用いられている．

現段階では酵素が必要と考えられる，大きめの分子サイズの生体分子を基質とする特定の反応場での反応であっても，将来，工夫次第では低分子の有機分子触媒で行えるようになる可能性は十分ある．

5 有機合成に用いられる酵素と有機分子触媒

一般的に酵素が触媒として使われてきた反応には，生物の代表的代謝物や比較的小さい生体構成成分を基質とし，酵素を用いない場合には，その反応性の制御が比較的難しい反応などが含まれている．たとえば，ピルビン酸（2-oxopropionic acid）を直接求核剤とする反応（反応系中でエノラートやエナミンを生成し，それらを求核剤とする反応）や，アミノ酸や糖の合成反応，無保護の糖を基質とする反応などである[1]．これらの反応も，現在では有機分子触媒を用いる方法で行うことができる．

たとえば筆者らは，ピルビン酸エステルを直接求核剤とする有機分子触媒反応を開発し，多様な分子を合成することに成功している[9](図3)．またアミノ酸や糖の合成も，保護基を使用する場合もあるが，有機分子触媒反応により達成されている[7a, 10](図4)．有機分子触媒を用いることにより，酵素の基質特異性に左右されず，酵素触媒で合成できる範囲を超え，多様な一連の分子を合成できる．

また市販の有機合成用酵素が得意としてきた反応には，アルコールやアミンのアシル化反応，エステル加水分解反応などがある[2]．これらの反応により，メソ化合物のエナンチオ選択的非対称化反応（enantioselective desymmetrization），複数存在する同一官能基を区別する位置選択的反応，また，ラセミ体の速度論的光学分割（kinetic resolution），ラセミ化触媒と組み合わせた動的速度論的光学分割（dynamic kinetic resolution）などが行われている[2]．これらの酵素で行われる反応の多くは，現在では有機分子触媒を用いて実施できる．比較的小さい分子だけでなく，分子量2000程度の基質の場合にも，分子量600程度の有機分子触媒を用い，位置選択的反応などが達成されている[11]．酵素よりはるかに小さい有機分子触媒であっても，触媒機能発現のための相互作用に加え，反応位置を指定するための相互作用が用意できている．

6 おわりに

従来，酵素であるからこそ可能と考えられてきた多くの分子変換反応を，有機分子触媒を利用して行えるようになってきた．酵素と有機分子触媒のそれぞれが得意とするところを活用しつつ，新たに戦略を練り，工夫し，チャレンジしていけば，現在できないことを，できるように変えられるはずである．

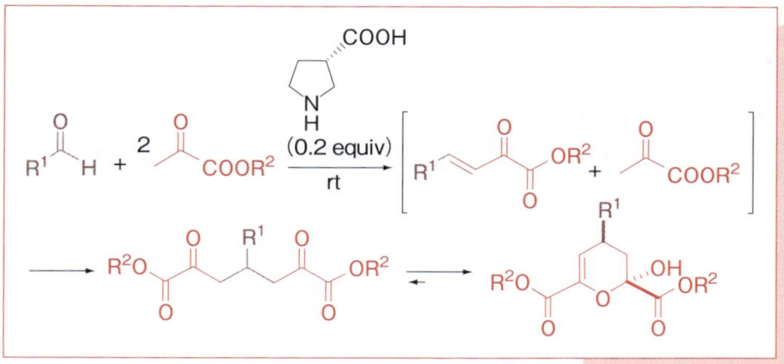

図 3 ピルビン酸エステルを直接求核剤とする有機分子触媒反応の例[9]

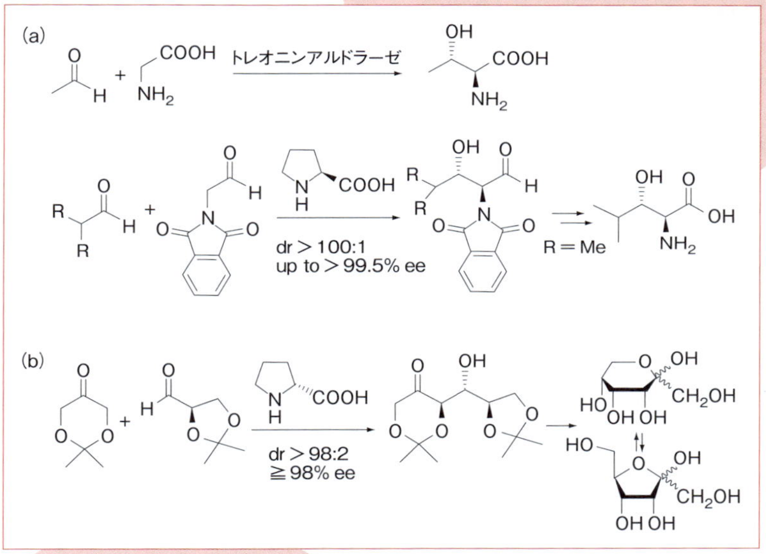

図 4 有機分子触媒によるアミノ酸や糖の合成の例

（a）酵素トレオニンアルドラーゼの反応[1a]と有機分子触媒を用いるヒドロキシアミノ酸誘導体の合成[10a]．（b）有機分子触媒によるプシコース（D-psicose）の合成[10b]．

◆ 文 献 ◆

［1］（a）T. Kimura, V. P. Vassilev, G.-J. Shen, C.-H. Wong, *J. Am. Chem. Soc.*, **119**, 11734（1997）;（b）C.-H. Wong, E. Garcia-Junceda, L. Chen, O. Blanco, H. J. M. Gijsen, D. H. Steensma, *J. Am. Chem. Soc.*, **117**, 3333（1995）.

［2］M. T. Reetz, *J. Am. Chem. Soc.*, **135**, 12480（2013）.

［3］F. Tanaka, *Chem. Rev.*, **102**, 4885（2002）.

［4］（a）L. Jiang, E. A. Althoff, F. R. Clemente, L. Doyle, D. Rothlisberger, A. Zanghellini, J. L. Gallahe, J. L. Betker, F. Tanaka, C. F. Barbas, D. Hilvert, K. N. Houk, B. Stoddard, D. Baker, *Science*, **319**, 1387（2008）;（b）G. Kiss, N. Celebi-Olcum, R. Moretti, D. Baker, K. N. Houk, *Angew. Chem., Int. Ed.*, **52**, 5700（2013）.

［5］A. Heine, G. DeSentis, J. G. Luz, M. Mitchell, C.-H. Wong, I. A. Wilson, *Science*, **294**, 369（2001）.

［6］X. Zhu, F. Tanaka, Y. Hu, A. Heine, R. Fuller, G. Zhong, A. J. Olson, R. A. Lerner, C. F. Barbas, I. A. Wilson, *J. Mol. Biol.*, **343**, 1269（2004）.

［7］（a）H. Zhang, S. Mitsumori, N. Utsumi, M. Imai, N. Garcia-Delgado, M. Mifsud, K. Albertshofer, P. H.-Y. Cheong, K. N. Houk, F. Tanaka, C. F. Barbas, *J. Am. Chem. Soc.*, **130**, 875（2008）;（b）S. S. V. Ramasastry, H. Zhang, F. Tanaka, C. F. Barbas, *J. Am. Chem. Soc.*, **129**, 288（2007）.

［8］（a）H.-L. Cui, F. Tanaka, *Chem. Eur. J.*, **19**, 6213（2013）;（b）H.-L. Cui, P. V. Chouthaiwale, F. Yin, F. Tanaka, *Asian J. Org. Chem.*, **5**, 153（2016）.

［9］P. Chouthaiwale, F. Tanaka, *Chem. Commun.*, **50**, 14881（2014）.

［10］（a）R. Thayumanavan, F. Tanaka, C. F. Barbas, *Org. Lett.*, **6**, 3541（2004）;（b）D. Enders, C. Grondal, *Angew. Chem., Int. Ed.*, **44**, 1210（2005）;（c）S. S. V. Ramasastry, K. Albertshofer, N. Utsumi, F. Tanaka, C. F. Barbas, *Angew. Chem., Int. Ed.*, **46**, 5572（2007）.

［11］S. Han, S. Miller, *J. Am. Chem. Soc.*, **135**, 12414（2013）.

Chap 2
Basic Concept-3

金属触媒と有機分子触媒の違い

小島 正寛・金井 求
（東京大学大学院薬学系研究科）

0 はじめに

有機合成化学の発展において，有機金属化学の貢献は大きい．近年の有機合成化学分野のノーベル化学賞を見ると，不斉水素化および酸化（2001年），アルケンメタセシス（2005年），パラジウム触媒を用いるクロスカップリング反応（2010年）と，いずれも金属触媒反応に与えられている．現在でも，不斉反応分野では光学活性な金属錯体を触媒として用いた反応が盛んに研究されている．また，ここ20年ほどは不活性な炭素–水素結合の直截的変換（いわゆるC–H官能基化反応[1]）が一大研究領域となり，ここでも金属触媒が中心的な役割を果たしている．

金属触媒の特徴として，次の2点があげられる．

（1）触媒により，反応性の低い分子からメタルエノラートや有機金属化合物といった高反応性中間体が生成することで，効率的に反応が進行する．

（2）遷移金属中心が酸化還元能をもち，基質の酸化還元を伴う変換を円滑に進行させる．

しかし同時に，次のような課題があった．

（i）反応活性種が水や酸素の失活を受けやすく，またアミノ基やヒドロキシ基などの配位性官能基への耐性が低い．したがって，厳密な反応条件の制御が必要である場合が多い．

（ii）一般的に金属は高価であり，毒性をもつことが多いために，目的物からの分離に細心の注意を払う，すなわちそのためのコストが必要となる．

近年，金属を含まない有機分子触媒が，金属触媒に比肩する，あるいは時により優れた性能を示すことがわかってきた．本章では，触媒的不斉アルドール反応を例に有機分子触媒と金属触媒の機構上の違いについて考察し，次に有機分子触媒の特性を活かした反応について概観する．とくに，酸化還元を経る触媒反応はこれまで遷移金属触媒の得意分野であったが，有機分子触媒の適用も顕著に拡張しつつあるので，併せて紹介する．最後に，有機分子触媒の高い安全性と化学選択性を活かした将来の可能性として，疾患治療への応用を目指した研究を紹介する．

1 不斉反応における展開

触媒的不斉アルドール反応は，医薬リードの合成に有用である．1990年代まではシリルエノールエーテルを用いる不斉向山アルドール反応の研究が主流であったが，1997年，柴崎らによるヘテロビメタリック錯体の触媒作用の発見により，単純ケトンを炭素求核剤として用いる直接的不斉アルドール反応の端緒が開かれた[2]．反応機構としては，金属触媒中の希土類がルイス酸として求電子剤であるアルデヒドを活性化すると同時に，リチウムフェノキシドがブレンステッド塩基としてケトンからエノラートを生成し，キラルな環境で求電子剤と求核剤の双方が活性化されることでエナンチオ選択的な炭素–炭素結合形成が進行すると提唱されている（図1）．

2000年にListらはアミノ酸の一種であるプロリンを触媒量用い，金属を用いなくても同様の不斉アルドール反応が進行することを報告した[3]．これは，触媒的不斉アルドール反応における有機分子触媒の有用性を示した画期的な報告であった．プロリンのアミン部位がケトンと反応して活性求核剤としてエナミンを生成し，同時にプロリンのカルボキシ基が

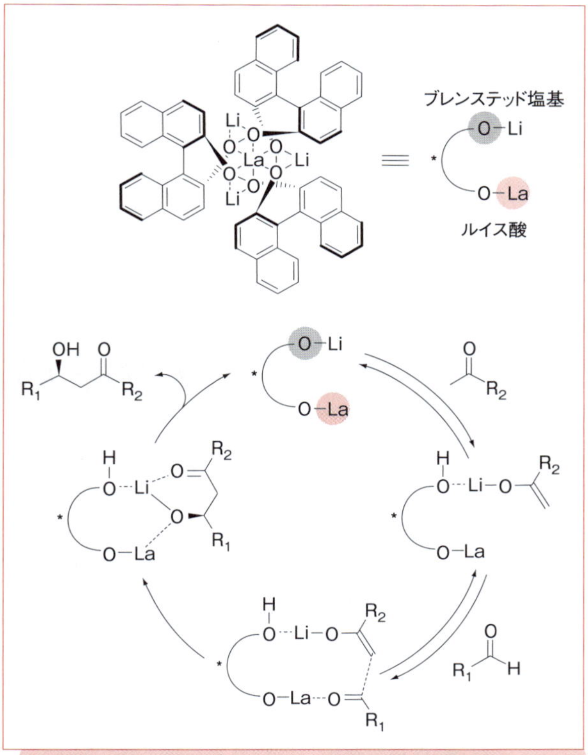

図1　ヘテロビメタリック錯体の反応機構

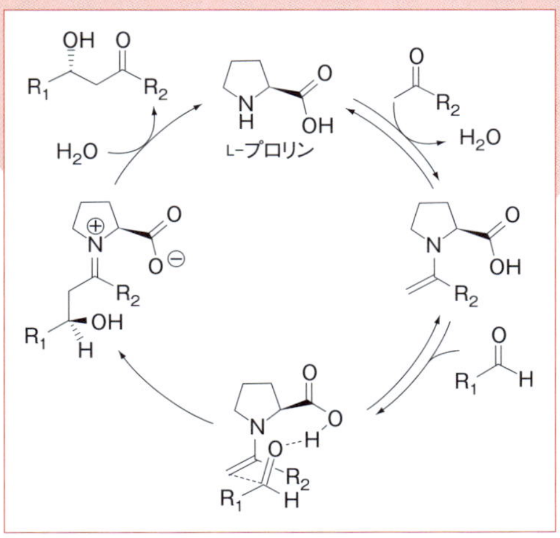

図2　プロリン触媒の反応機構

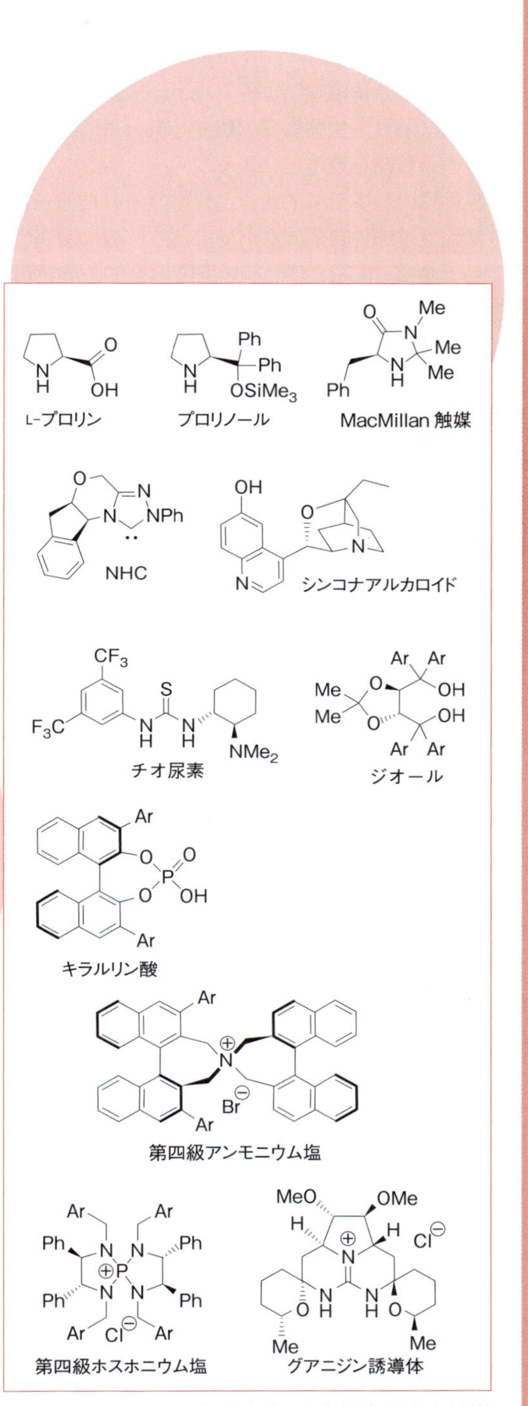

図3　エナンチオ選択的炭素-炭素結合形成を触媒する有機分子の例

ブレンステッド酸として求核剤であるアルデヒドのカルボニル基の求電子性を高め，九員環遷移状態を経てエナンチオ選択的にアルドール反応が進行すると考えられている（図 2）．本反応機構はクラス I アルドラーゼや抗体触媒によるアルドール反応の機構と類似しており，生体触媒の機能を低分子で実現した点でも革新的な反応といえる．

一見同様の触媒反応でも，金属触媒と有機分子触媒では活性種の性質が異なっている．一般に金属触媒では，金属–基質間の相互作用の角度や方向性の自由度が大きく，高いエナンチオ選択性を発現するためには詳細な反応条件の検討を必要とする場合が多い．それに対してプロリン触媒の場合，触媒との共有結合によりエナミンの三次元構造が規定されるため，反応さえ進行すれば高いエナンチオ選択性が発現する場合が多い．また，水や酸素などの（不純物の）混入の影響を受けにくい点もプロリン触媒の利点である．

List の報告を皮切りに，エナンチオ選択的な炭素–炭素結合形成を触媒する有機分子触媒が次つぎと報告された（図 3）．共有結合形成を経る活性化機構をもつプロリノール（Jϕrgensen–林触媒）や MacMillan 触媒，*N*–複素環カルベン（NHC），シンコナアルカロイド，水素結合を介する触媒としてチオ尿素，ジオール，キラルリン酸などが報告されており，いずれもエナミンやイミニウム塩の形成や水素結合といった比較的穏和な基質の活性化を経る．また，キラルな第四級アンモニウム塩や第四級ホスホニウム塩，グアニジン誘導体は二層系反応における相間移動触媒となり，有機層中でキラルエノラート種のエナンチオ選択的な反応を可能とする．より詳しくは本書の対応する各章を参照していただきたい．

このように金属触媒と異なる基質の活性化法を利用し，急速に発展した有機分子触媒であるが，近年，新しい反応形式を実現した有機分子触媒も見いだされてきている．丸岡らは独自の光学活性チオール触媒を用い，系中発生させたチエニルラジカルによるエナンチオ選択的な環化反応を報告した[4]．光学活性なラジカルという，構造化学的にもユニークな化学種が反応活性種と考えられ，エナンチオ選択的なラジカル反応へのさらなる展開が期待される．また筆者らは，カルボン酸をアシロキシボロンの生成を経てホウ素触媒で活性化し，官能基選択的なカルボン酸エノラート種の発生を基盤とした Mannich 反応の開発に成功した[5]．多官能基性分子のカルボン酸部位選択的な late–stage 炭素鎖伸長反応に適応可能であるうえ，適切な不斉配位子を用いることでエナンチオ選択的な反応にも展開できる．保護基フリーのカルボキシ基のように，これまで目的の反応の障害であった官能基も，有機分子触媒を適切に使用すれば有用な化学種として使用できる可能性を示している．

2 酸化還元反応への展開

不斉有機分子触媒の研究は 2000 年代より急速に広がったが，そのほとんどが酸塩基反応に分類されるものである．これに対してパラジウムなどの遷移金属触媒は，基質と触媒の間で電子を授受することで多様な反応を進行させる．こうした酸化還元を経る触媒プロセスは，遷移金属が容易に電子を授受できるエネルギー準位の高い d 軌道を有するために可能となる．一方で，ほとんどの有機分子には双方向に授受できる電子は存在しないため，酸化還元を経る変換は遷移金属に特徴的なものと考えられていた．しかし近年，酸化還元を経る反応でも，有用な有機分子触媒反応が報告されはじめている．

先駆的な例として，村橋らは生体内におけるフラビン酵素の触媒作用から着想し，フラビン分子触媒を用いる酸化反応を報告した[6]．この反応では過酸化水素を再酸化剤として用い，系中で酸化力の高いフラビンヒドロペルオキシドを中間体として触媒的に発生させることで基質を酸化する．これは生体内酵素において酸素と NADPH によって行われる反応機構に基づいたものであり，フラビン分子触媒のヘテロ環部位の酸化還元を経る（図 4）．

北らは，超原子価ヨウ素化合物の触媒化を報告している．触媒量のヨウ化アリール存在下，酸化剤として *m*CPBA を用いることで 3 価の超原子価ヨウ素が発生し，フェノール類の触媒的なスピロ環化が実現する[7]．また落合らも，*m*CPBA を酸化剤として用いた有機ヨウ素触媒によるケトン α 位酸素化反応を報告している[8]．北，落合らの報告は，有機ヨウ素化合物への選択性が高い *m*CPBA を共酸化剤とし

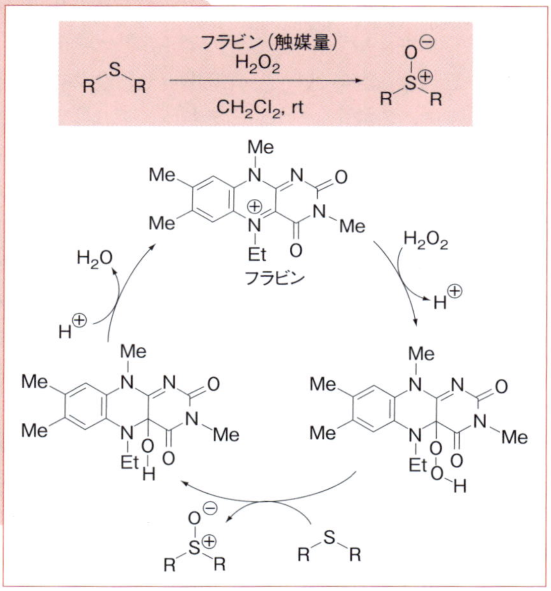

図 4　フラビン分子触媒の反応機構

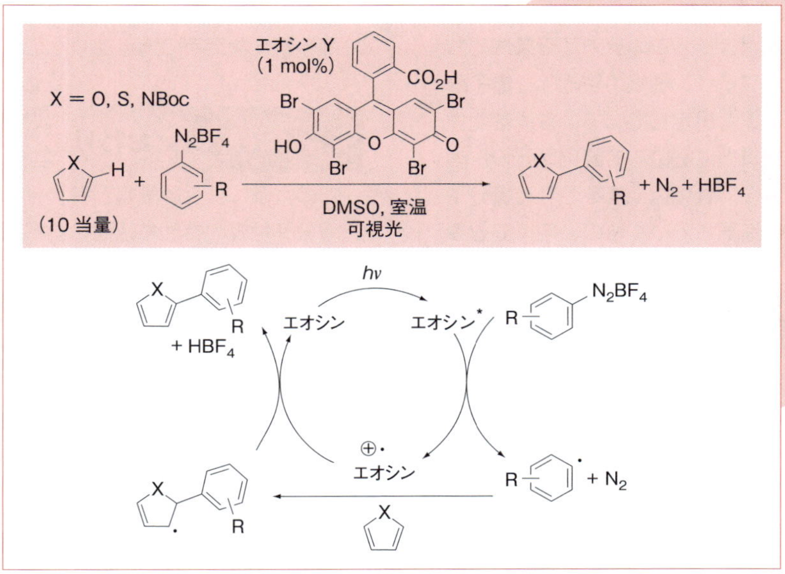

図 5　有機色素触媒の反応機構

て用いることでヨウ素原子上の5p軌道から電子を奪い，反応系中での超原子価ヨウ素の再生を可能としている(14章).

またアルコールやアミン，不活性な sp^3 C–H結合の酸化反応における有用な触媒として*N*-オキシルラジカル類が知られており，オキシアンモニウム塩あるいはヒドロキシルアミン体とラジカル体との酸化還元サイクルを経て酸化触媒として機能する(13章).

酸化還元を経る有機分子触媒の利用は，炭素–炭素結合形成反応にも広がっている．2011年，Königらは可視光照射下，有機色素であるエオシンYを触媒として，ヘテロ環C–H結合のアリール化が進行することを報告した[9]．光励起されたエオシンYによってアリールジアゾニウム塩が一電子還元されて生じるアリールラジカルが活性種で，この反応は無金属条件におけるMeerweinアリール化ととらえることができる(図5).

この報告以降，有機色素を電子メディエータとした光反応が次つぎと報告されている．筆者らも無金属Meerwein反応の触媒としてポルフィリン誘導体が有用であることを見いだし，反応性の低いクマリンのC–Hアリール化を報告した[10]．エオシン類を触媒とする反応とは異なり，この反応は暗条件でも進行するため，ポルフィリン触媒の熱的な一電子酸化還元過程が介在すると想定している．官能基変換のみならず炭素骨格構築においても酸化還元の占める割合は大きく，今後，酸化還元能をもつ有機分子触媒の研究がさらに進展していくものと期待できる.

3 生体内反応への展開

高い官能基許容性と安全性(低毒性)といった有機分子触媒の特徴を活かせば，生細胞存在下での選択的な化学変換さえ可能となる．アルツハイマー病は高齢者に多く発症し認知症を引き起こす神経変性疾患であり，高齢化が進む現代社会の大きな問題となっている．アルツハイマー病の発症機構として，アミロイドカスケード仮説が提唱されている．すなわち脳内で分泌される40残基ほどのペプチドであるアミロイドβ(Aβ)が分子間力によって凝集し，オリゴマーやフィブリルといった高次構造を形成する．このAβ凝集体が疾患の原因であるという仮説である．こうした仮説に基づいた治療法として，Aβの凝集を阻害する医薬品の開発が進められているが，いまだ有効な医薬品の開発には至っていない．一方でAβを化学反応によって選択的に分解する触媒を開発し，生体内で触媒反応を進行させることができれば，アルツハイマー病治療の新たな戦略となりうる.

戸嶋らは独自に設計したフラーレン誘導体を用い，紫外光照射下でAβを酸化することでモノマーの凝集が抑制され，細胞毒性が低減することを報告した[11]．筆者らは，人工触媒反応を生体内に導入することによって疾患を治療する「触媒医療」のコンセプトに基づき，Aβの変換を行う触媒系を探索した．その結果，Aβ認識ペプチドとフラビンを連結した光触媒の存在下，空気中，中性，水中，37度での可視光照射という条件において，Aβの光酸素化に成功した[12]．この条件は生細胞存在下でも実施可能で，酸素化によってAβの凝集性と毒性が低下し，神経細胞の生存率が向上することを見いだした(図6).

このように有機分子触媒の安全性と優れた化学選択性は，生体内での化学秩序に人工的に摂動を加えるという観点からもたいへん魅力的であり，有機分子触媒の新たな活用の場となりうるものと期待される.

4 おわりに

このように，金属触媒と有機分子触媒の違いから有機分子触媒の特性を活かした将来像までを概説した．金属の特性に依存しやすい金属触媒に対して，有機分子触媒の構造多様性はほぼ無限であり，分子の機能が構造に起因すると考えると有機分子触媒には大きな未開拓領域が残されている.

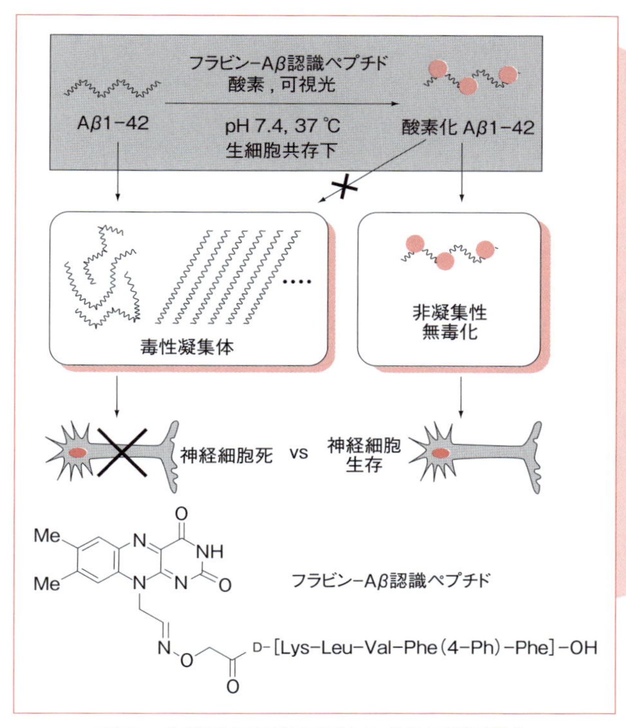

図6　有機分子触媒を用いた Aβの光酸素化

◆ 文献 ◆

［1］日本化学会 編，「〈CSJカレントレビュー5〉不活性結合・不活性分子の活性化」，化学同人(2011).

［2］Y. M. A. Yamada, N. Yoshikawa, H. Sasai, M. Shibasaki, *Angew. Chem., Int. Ed.*, **36**, 1871 (1997).

［3］B. List, R. A. Lerner, C. F. Barbas, III, *J. Am. Chem. Soc.*, **122**, 2395 (2000).

［4］T. Hashimoto, Y. Kawamata, K. Maruoka, *Nat. Chem.*, **6**, 702 (2014).

［5］Y. Morita, T. Yamamoto, H. Nagai, Y. Shimizu, M. Kanai, *J. Am. Chem. Soc.*, **137**, 7075 (2015).

［6］S.-I. Murahashi, T. Oda, Y. Masui, *J. Am. Chem. Soc.*, **111**, 5002 (1989).

［7］T. Dohi, A. Maruyama, M. Yoshimura, K. Morimoto, H. Tohma, Y. Kita, *Angew. Chem., Int. Ed.*, **44**, 6193 (2005).

［8］M. Ochiai, Y. Takeuchi, T. Katayama, T. Sueda, K. Miyamoto, *J. Am. Chem. Soc.*, **127**, 12244 (2005).

［9］D. P. Hari, P. Schroll, B. König, *J. Am. Chem. Soc.*, **134**, 2958 (2012).

［10］M. Kojima, K. Oisaki, M. Kanai, *Chem. Commun.*, **51**, 9718 (2015).

［11］Y. Ishida, T. Fujii, K. Oka, D. Takahashi, K. Toshima, *Chem. Asian, J.*, **6**, 2312 (2011).

［12］A. Taniguchi, D. Sasaki, A. Shiohara, T. Iwatsubo, T. Tomita, Y. Sohma, M. Kanai, *Angew. Chem., Int. Ed.*, **53**, 1382 (2014).

CSJ Current Review

Part II

研究最前線

PHOTO：isak55/Shutterstock.com

Chap 1

エナミンを活性種とする求核触媒

Enamine Catalysis

加納 太一
（京都大学大学院理学研究科）

Overview

アルデヒドやケトンは，天然のアミノ酸であるプロリンに代表される光学活性なアミンとエナミン中間体を形成し，活性化された求核剤となる．このエナミン中間体は，さまざまな求電子剤と立体選択的に反応して，α位が置換されたアルデヒドやケトンの一方のエナンチオマーを優先的に与える．現在までに，このアミンを有機分子触媒とするエナミン機構の不斉合成反応が数多く開発されている．一方で，エナミン機構の性質上，実現が困難な反応も多く残されている．本章では，そうした問題の解決に取り組んだ最近の研究を紹介する．

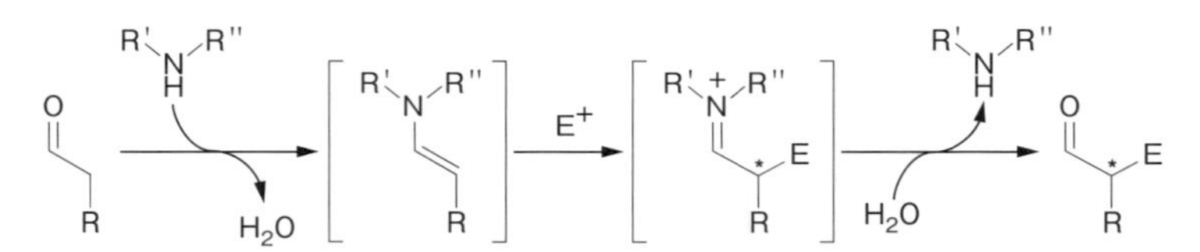

▲エナミン機構［カラー口絵参照］

■ KEYWORD 📖マークは用語解説参照

■アミン有機触媒（amine organocatalyst）
■エナミン中間体（enamine intermediate）📖
■アルドール反応（aldol reaction）
■共役付加反応（conjugate addition）
■アルキル化反応（alkylation）
■アミノ化反応（amination）
■ジエナミン中間体（dienamine intermediate）
■半占有分子軌道（singly occupied molecular orbital：SOMO）
■SOMO活性化（SOMO activation）📖

Current Review

1 エナミン機構で進行する不斉触媒反応の背景

アミノ酸であるプロリンを触媒として利用した分子内不斉アルドール反応は，古くから知られていたが[1,2]，2000年にListやBarbasらによってプロリンを触媒とした分子間不斉アルドール反応が報告されて以降[3]，プロリンやその誘導体などの光学活性なアミンを有機分子触媒として利用した反応の開発が爆発的な勢いで進められた[4].

エナミン機構で進行する反応では，まずアミン有機触媒とアルデヒドまたはケトンから脱水によってエナミン中間体が形成される(図1-1)．このエノラート様の反応性を持ったエナミン中間体は，求核性の高まったα位で求電子剤と反応してイミニウム中間体を与える．このとき，求電子剤への付加は，光学活性なアミン有機触媒が構築する不斉環境の影響により，立体選択的に進行する．その後，イミニウム中間体は速やかに加水分解されてα位が置換された生成物を与えると同時に，アミン有機触媒が再生される．プロリンやプロリノールといった酸性官能基を持った触媒を利用した場合，求電子剤は酸性官能基によって活性化されると同時に位置や向きが固定されるため，一方のエナンチオマーを与える反応が加速される．エナミン機構で進行する反応にはさまざまな求電子剤が用いられ，炭素-炭素結合形成以外にも炭素-ヘテロ元素結合形成によってカルボニル基のα位を多様に官能基化できる点に特徴がある．

近年，アミン有機触媒を用いるエナミン機構の反応において，遷移金属触媒や光触媒と組み合わせることによって，基質の適用範囲が拡張されるといった新たな展開が見られている(15章，16章)．アミン部位を持ったペプチド触媒を利用した触媒回転数の高い反応も見いだされており，触媒の固相担持との組み合わせにより，大量合成への応用も実現されつつある(17章)．ドミノ反応や多段階の反応を単一の反応容器中で行うワンポット合成においても鍵反応として利用され，きわめて効率的な天然物合成が実現されている(18章)．本章では，筆者らの研究を中心に解説し，近年発展が著しいラジカル反応への応用についても紹介する．

2 エナミン機構で進行する炭素-炭素結合形成反応

19世紀にBorodinとWurtsらによって塩酸中でアセトアルデヒドが二量化してアルドールを与える反応が見いだされて以来，さまざまな求核剤と求電子剤を組み合わせたアルドール反応が開発されている．1990年代には，光学活性なルイス酸触媒を用いた触媒的不斉アルドール反応[5]，さらには基質をあらかじめ活性化する必要のない直截的不斉アルドール反応へと発展している[6]．2000年に前述のプロリン触媒によるケトンとアルデヒド間の直截的不斉アルドール反応が報告され，その後異なる二種類のアルデヒド同士の交差不斉アルドール反応も実現された[3]．しかし，求核剤としてエナミンを形成しやすい立体障害の小さいアルデヒド，求電子剤としてエナミンを形成しにくい，もしくは形成できないかさ高いアルデヒドや芳香族アルデヒドを用いる必要があった．二種類の脂肪族アルデヒドを用いた場合，それぞれがエナミン中間体を形成して求核剤となり，またそれぞれが求電子剤として働き四種類のアルドール生成物が形成されるため，目的の交差アルドール生成物のみを得ることはできない(図1-2)．アルドール反応の発見から150年近く経った今でも，

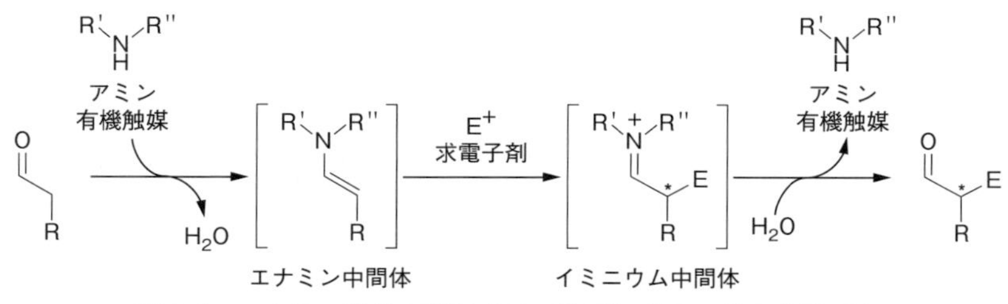

図1-1 エナミン機構で進行するアルデヒドのα位の変換反応

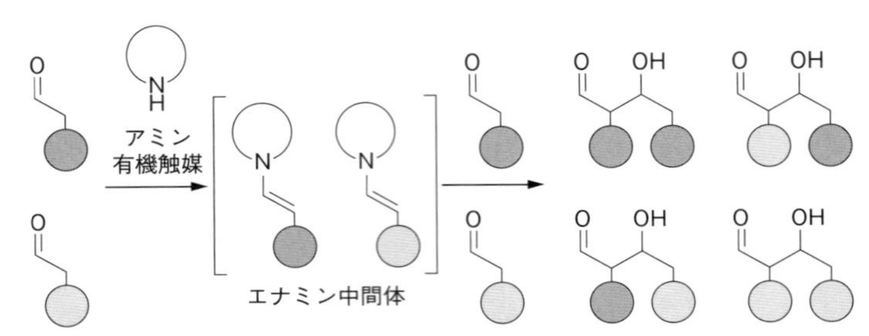

図 1-2　アミン有機触媒によるアルデヒド間のアルドール反応

こうした脂肪族アルデヒド間の不斉交差アルドール反応は実現されていない.

近年筆者らは，二種類の脂肪族アルデヒドのうち，求電子剤となるアルデヒドの α 位にクロロ基を導入し，求核剤と求電子剤の役割分担を明確にすることで，脂肪族アルデヒド間の不斉交差アルドール反応を実現している（図 1-3）[7]．この反応では，クロロ基との立体反発によってアミン有機触媒とのエナミン形成が困難となり，もう一方の脂肪族アルデヒドのみがエナミン中間体を形成して求核剤となる．このエナミン中間体は二種類のアルデヒドのいずれとも反応する可能性があるが，クロロ基で電子的に活性化されたアルデヒドとの反応の方が速いため，結果として目的の交差アルドール反応が優先的に進行する．このとき，触媒としてプロリンを用いると，アンチ体の交差アルドール生成物が高ジアステレオおよびエナンチオ選択的に得られる．一方，ビアリール型アミン有機触媒 (*S*)-**1** を用いると，プロリン触媒とは異なる遷移状態を経て反応が進行し，エナミン機構の反応としては極めてまれなシン体の交差アルドール生成物が得られる．生成物中のクロロ基はその後 $LiAlH_4$ によって還元的に除去することができ，間接的ではあるものの二種類の脂肪族アルデヒド間の不斉交差アルドール反応が可能となった.

1963 年に Stork によって見いだされたエナミンを求核剤としたアクリル酸エステルへの共役付加反応は，有機合成化学における重要な炭素-炭素結合形成反応の一つとなっている[8]．しかし，アクリル酸エステルは比較的反応性が低く，そのことがアミン有機触媒による不斉触媒反応への展開を半世紀もの間妨げていた．この反応を触媒化するためにエナミンの代わりにアルデヒドを求核剤として用いると，

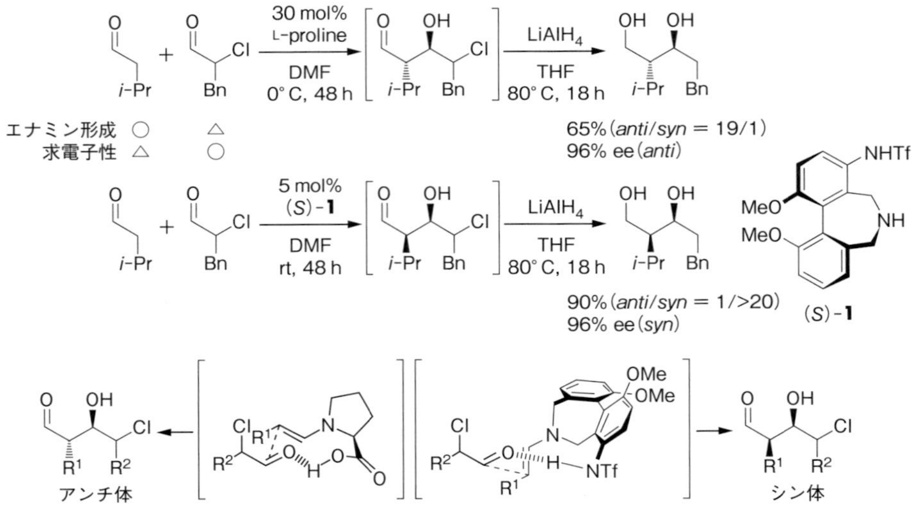

30 mol% L-proline, DMF, 0°C, 48 h → LiAlH$_4$, THF, 80°C, 18 h
エナミン形成 ○ △
求電子性 △ ○
65% (*anti*/*syn* = 19/1)
96% ee (*anti*)

5 mol% (*S*)-**1**, DMF, rt, 48 h → LiAlH$_4$, THF, 80°C, 18 h
90% (*anti*/*syn* = 1/>20)
96% ee (*syn*)
(*S*)-**1**

アンチ体　シン体

図 1-3　アルデヒド間の不斉交差アルドール反応

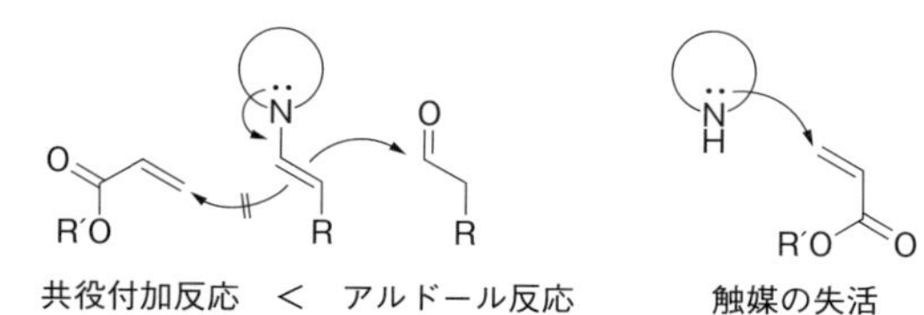

図 1-4　アクリル酸エステルへの共役付加反応を妨げる副反応

アミン有機触媒から系中で少量形成されるエナミン中間体は反応性の低いアクリル酸エステルではなく，残りのアルデヒドに対して付加を起こし，アルドール反応による二量化が進行する．また，アクリル酸エステルを活性化してアルデヒドより反応しやすくすると，今度はアミン有機触媒がアクリル酸エステルに対して共役付加を起こして，触媒が失活するといったジレンマに陥る（図 1-4）．

筆者らは，アクリル酸エステルへの触媒的不斉共役付加反応を実現するために，酵素のような基質の認識能をもつアミン有機触媒（*S*）-**2** を新たに開発した（図 1-5）[9]．求電子剤には，アルドール反応よりも共役付加反応を速く進行させるために，フッ素化された高反応性のアクリル酸エステル **3** を用いた．触媒（*S*）-**2** はかさ高い置換基によって反応中心であるアミノ基周辺が覆われ，ポケット状の反応空間が構築されている．この反応空間には立体障害の小さいアルデヒドのみが取り込まれるため，アクリル酸エステルによって触媒を失活させることなく，エナミン中間体が形成される．このエナミン中間体が触媒のヒドロキシ基との水素結合によってさらに反応性の高まったアクリル酸エステル **3** へと付加して，目的の共役付加生成物が高立体選択的に得られる．

エナミン機構で進行する炭素-炭素結合形成反応として，アルドール反応やマンニッヒ反応，さまざまな電子不足アルケンに対する共役付加反応が多数報告されている[4]．一方，最も基本的な炭素-炭素結合形成反応であるハロゲン化アルキルによる不斉アルキル化反応は，実現困難な反応の一つである．これはハロゲン化アルキルが他の求電子剤と比較して反応性が低く，その低反応性を補うために加熱すると，アルキル化によるアミン有機触媒の失活やアルドール反応が優先して進行することに起因する．

この問題の直接的な解法は現在も見いだされていないが，2011 年に Cozzi らのグループから，求電子剤としてハロゲン化アルキルの代わりに 1,3-ベンゾジチオリリウム塩 **4** を用いる間接法が報告されている[10]．MacMillan 触媒（*S*）-**5** とアルデヒドから形成されるエナミン中間体を求核剤として求電子剤である 1,3-ベンゾジチオリリウム塩 **4** に作用させると，高いエナンチオ選択性で付加反応が進行する（図 1-6）．水素雰囲気下，得られた生成物を Raney ニッケルで処理すると，ジチオアセタール部位の二つの硫黄-炭素結合が還元的に切断されてメチル基へと変換できることから，この反応は間接的な不斉メチル化反応と見なすことができる．また生成物のジチオアセタール部位の炭素は，ブチルリチ

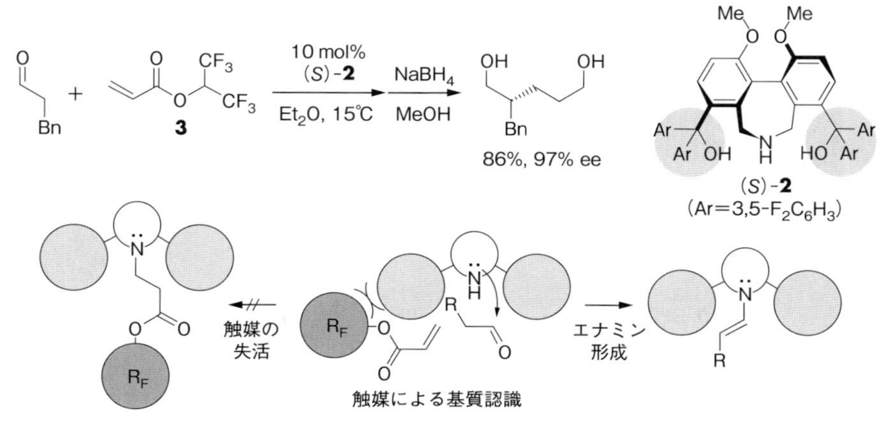

図 1-5　アクリル酸エステルへの不斉共役付加反応

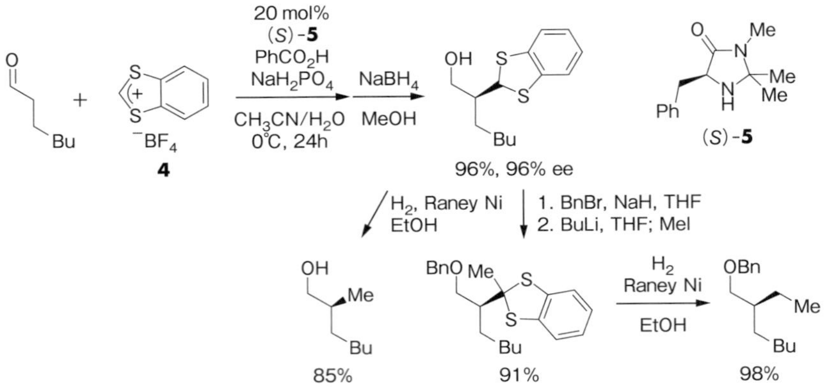

図 1-6 間接的不斉アルキル化反応

ウムによって脱プロトン化した後にハロゲン化アルキルと反応させることで，任意のアルキル基へと変換が可能である．

3 エナミン機構で進行する炭素–窒素結合形成反応

アミン有機触媒によるエナミン経由の反応では，炭素–炭素結合形成以外にもさまざまな炭素–ヘテロ原子結合形成が可能である．そのなかでも，炭素–窒素結合形成反応は，光学活性な含窒素化合物を与える重要な反応であり，これまでにもニトロソベンゼンや DEAD などのアゾジカルボン酸エステルを窒素源として利用した不斉アミノ化反応が開発されている（図 1-7）[4]．しかしながら，前者は生成物の窒素上のフェニル基の除去，後者は窒素–窒素結合の切断が困難であるため，アミノ基を導入する用途には使い難い．

そこで筆者らは，*N*-ヒドロキシカルバミン酸エステル **6** の酸化によって系中発生させたニトロソカルボニル化合物を求電子剤として用いて，その後の変換が容易な不斉アミノ化反応を開発した（図 1-8）[11]．ニトロソカルボニル化合物は反応性が高く，非常に不安定なため副反応を起こしやすく，窒素源として不斉触媒反応に適用した例はなかった．そこ

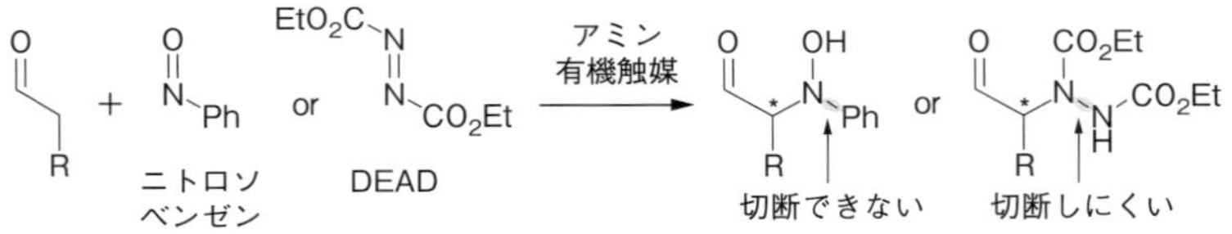

図 1-7 アミン有機触媒によるアミノ化反応

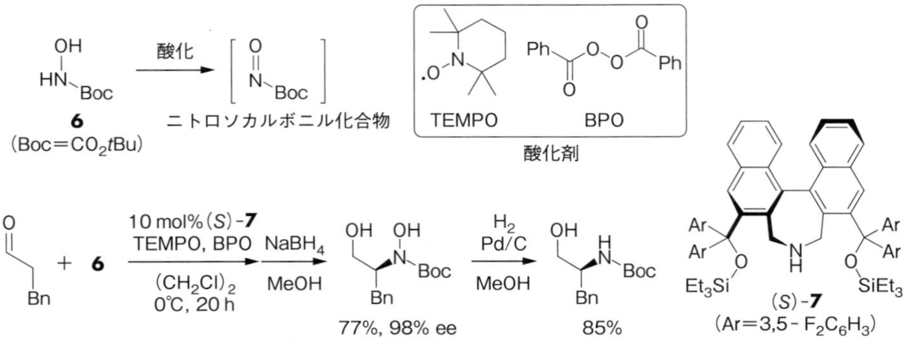

図 1-8 ニトロソカルボニル化合物を用いた不斉アミノ化反応

で酸化剤やニトロソカルボニル化合物と反応しないよう，アミノ基をかさ高い置換基で覆ったアミン有機触媒(*S*)-**7**を用いたところ，系中発生させたニトロソカルボニル化合物への付加が高いエナンチオ選択性で進行した．このとき，*N*-ヒドロキシカルバミン酸エステル**6**の酸化にはTEMPOと過酸化ベンゾイル(BPO)が有効であった．反応生成物のBoc保護されたヒドロキシアミノ基は，パラジウム炭素存在下，水素で処理すると，窒素-酸素結合が切断されてBoc保護されたアミノ基へと変換された．本反応はその後，筆者と山本それぞれのグループの検討によって，より単純なアミン有機触媒を用いた二酸化マンガンを酸化剤とするより簡便な手法へと展開されている[12, 13]．

エナミン機構で進行する反応において，求電子剤はアルデヒドやケトンのα位で反応するが，近年ジエナミン中間体を利用することでγ位での反応も可能となった．Jørgensenらは，求核剤として通常の脂肪族アルデヒドの代わりにα,β-不飽和アルデヒドを用いることで，Jørgensen-林触媒(*S*)-**8**からジエナミン中間体が形成されることをNMRによって確認している(図1-9)．このジエナミン中間体に対してアゾジカルボン酸エステルを作用させると，γ位で反応した生成物が高エナンチオ選択的に得られる[14]．この報告以降，ジエナミン中間体を利用した不斉共役付加反応や不斉アルキル化などの炭素-炭素結合形成反応によるγ位の変換も実現され，アミン有機触媒の新たな可能性が示されている[15]．

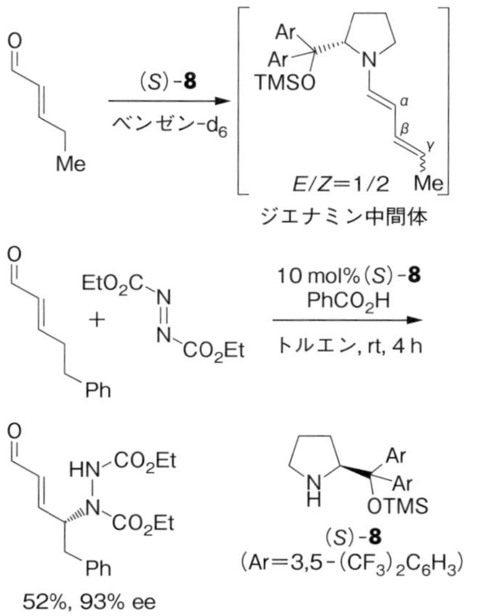

図1-9　ジエナミン中間体を活性種とするγ位での不斉アミノ化反応

4　SOMO活性化を利用したラジカル反応への展開

アミン有機触媒から形成されるエナミン中間体の求核性は，対応するエノラートと比較して低いため，比較的反応性の高い求電子剤を用いる必要がある．たとえばハロゲン化アリルによるアリル化反応といった容易に思われる反応も，アミン有機触媒には困難な反応の一つである．このため，アミン有機触媒の化学における基質の適用範囲を拡げるためには新たな方法論や活性化法が必要となる．

そうしたなか，アミン有機触媒とアルデヒドから形成されるエナミン中間体に一電子酸化剤を作用させるとラジカルカチオン中間体が生成し，これがアリルトリメチルシラン等の電子豊富な化学種とラジカル機構で反応することがMacMillanらによって見いだされた(図1-10)[16]．具体的には，アミン有機触媒としてMacMillan触媒(*S,S*)-**9**，酸化剤として硝酸セリウム(IV)アンモニウム(CAN)を用いると，系中発生したエナミン中間体が一電子酸化を受けてラジカルカチオン中間体が生じる．このラジカルカチオン中間体とアリルトリメチルシランとのカップリング反応が高エナンチオ選択的に進行し，結果としてα位がアリル化されたアルデヒドが得られる．この反応ではラジカルカチオン種の半占有分子軌道(SOMO)が反応に関与してくるため，この形式の活性化をSOMO活性化と呼んでいる．この新しい活性化法では，アリルトリメチルシラン以外にも電子豊富なシリルエノールエーテルやヘテロ芳香族化合物などの通常のエナミン機構では反応しない基質をα位へ導入することができる[17]．また，カリウムビニルトリフルオロボレートを用いると，α位のビニル化も可能である[18]．

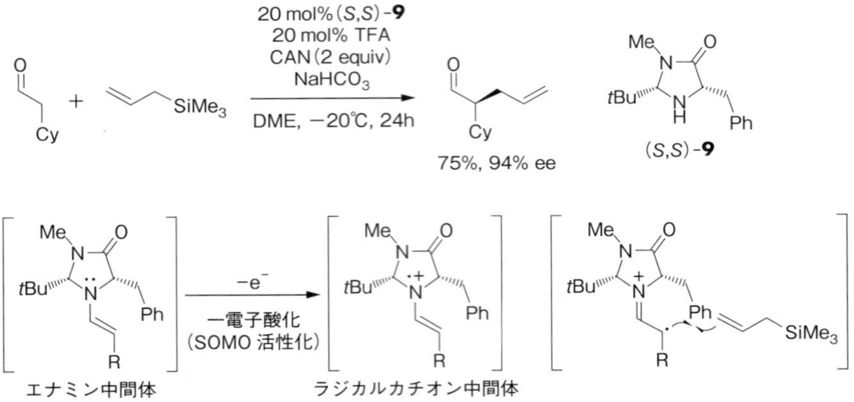

図 1-10　SOMO 活性化を利用した不斉アリル化反応

5 まとめとこれからの展望

本稿では，エナミン機構によって進行する重要な炭素-炭素結合形成反応として，アルデヒド同士の不斉交差アルドール反応，アクリル酸エステルへの不斉共役付加反応，間接的不斉アルキル化反応，炭素-窒素結合形成反応として，ニトロソカルボニル化合物による不斉アミノ化反応およびジエナミン中間体を利用した γ 位での不斉アミノ化反応，さらにエナミン中間体の新たな利用法として SOMO 活性化について解説した．これらはいずれも長年実現困難とされた反応であり，新たなアミン有機触媒の開発や利用法の発展により，アミン有機触媒の活躍の場が大きく広がってきている．しかしながら，エナミン中間体の求核性は高いとはいえず，適用可能な求電子剤は比較的反応性の高いものに限られている．このため単純なハロゲン化アルキルによる不斉アルキル化反応など，今後の実現が待たれている重要な反応も少なくない．また，アミン有機触媒を用いる反応のほとんどは 5～20 mol% と多量の触媒を用いているため，実用化に向けた触媒量の低減が今後の大きな課題である．

◆ 文　献 ◆

[1] U. Eder, G. Sauer, R. Wiechert, *Angew. Chem., Int. Ed. Engl.*, **10**, 496 (1971).

[2] Z. G. Hajos, D. R. Parrish, *J. Org. Chem.*, **39**, 1615 (1974).

[3] B. List, R. A. Lerner, C. F. Barbas, III, *J. Am. Chem. Soc.*, **122**, 2395 (2000).

[4] S. Mukherjee, J. W. Yang, S. Hoffmann, B. List, *Chem. Rev.*, **107**, 5471 (2007).

[5] S. Kobayashi, Y. Fujishita, T. Mukaiyama, *Chem Lett.*, 1455 (1990).

[6] Y. M. A. Yamada, N. Yoshikawa, H. Sasai, M. Shibasaki, *Angew. Chem., Int. Ed. Engl.*, **36**, 1871 (1997).

[7] T. Kano, H. Sugimoto, K. Maruoka, *J. Am. Chem. Soc.*, **133**, 18130 (2011).

[8] G. Stork, A. Brizzolara, H. Landesman, J. Szmuszkovicz, R. Terrell, *J. Am. Chem. Soc.*, **85**, 207 (1963).

[9] T. Kano, F. Shirozu, M. Akakura, K. Maruoka, *J. Am. Chem. Soc.*, **134**, 16068 (2012).

[10] A. Gualandi, E. Emer, M. G. Capdevila, P. G. Cozzi, *Angew. Chem., Int. Ed.*, **50**, 7842 (2011).

[11] T. Kano, F. Shirozu, K. Maruoka, *J. Am. Chem. Soc.*, **135**, 18036 (2013).

[12] T. Kano, F. Shirozu, K. Maruoka, *Org. Lett.*, **16**, 1530 (2014).

[13] B. Maji, H. Yamamoto, *Angew. Chem., Int. Ed.*, **53**, 8714 (2014).

[14] S. Bertelsen, M. Marigo, S. Brandes, P. Dinér, K. A. Jørgensen, *J. Am. Chem. Soc.*, **128**, 12973 (2006).

[15] I. D. Jurberg, I. Chatterjee, R. Tannerta, P. Melchiorre, *Chem. Commun.*, **49**, 4869 (2013).

[16] T. D. Beeson, A. Mastracchio, J.-B. Hong, K. Ashton, D. W. C. MacMillan, *Science*, **316**, 582 (2007).

[17] H. Y. Jang, J. B. Hong, D. W. C. MacMillan, *J. Am. Chem. Soc.*, **129**, 7004 (2007).

[18] H. Kim, D. W. C. MacMillan, *J. Am. Chem. Soc.*, **130**, 398 (2008).

Chap 2

イミニウム塩を活性種とする求核触媒

Nucleophilic Catclyst via an Iminium Ion Intermediate

林　雄二郎
（東北大学大学院理学研究科）

Overview

2000 年に List，Lerner，Barbas がプロリンによる分子間不斉触媒アルドール反応を発表し，同年 MacMillan らは低分子アミン触媒がα, β-不飽和アルデヒドとジエンとの不斉触媒 Diels-Alder 反応の優れた触媒であることを報告した〔式（1）〕[1]．前者は活性中間体としてエナミンを経由する反応であり，後者はイミニウム塩を経由する反応である．この二つの反応を契機として，有機触媒の分野は飛躍的な進展を遂げた．本章ではイミニウム塩を経由する有機触媒に焦点を当て解説を行う[2]．

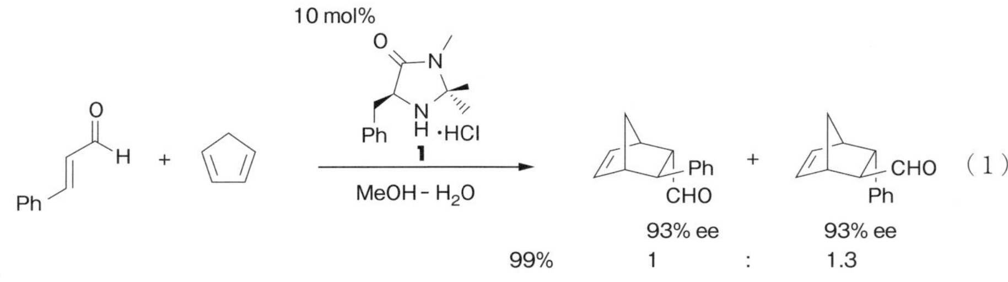

▲有機触媒を用いた不斉触媒 Diels-Alder 反応

■ **KEYWORD** 📖マークは用語解説参照

- ■イミニウムイオン（iminium ion）
- ■MacMillan 触媒（MacMillan catalyst）📖
- ■Jørgensen-林触媒（Jørgensen-Hayashi catalyst）📖
- ■付加環化反応（cycloaddition）
- ■マイケル反応（Michael reaction）

Current Review

はじめに

Diels-Alder 反応の活性化剤としてこれまで多用されてきたのはルイス酸である．ルイス酸は α,β-不飽和カルボニル化合物に配位し，LUMO レベルを下げることにより反応を促進する〔図 2-1 の式(2)〕．一方，第一級アミン，第二級アミンは α,β-不飽和アルデヒド，ケトンと反応してイミニウム塩を形成する．アンモニウムイオンは強く電子を求引するため，イミニウム塩のアルケン部位の LUMO は大きく低下する．したがって，不斉環境を適切に構築した光学活性なアミンを用い，反応がイミニウム塩を経由して進行すれば，不斉の発現が期待できる〔図 2-1 の式(3)〕．この概念を初めて実現したのが，先に述べた MacMillan であり〔式(1)〕，L-フェニルアラニンから容易に調製される MacMillan 触媒 **1** を用いることにより，反応生成物における高い不斉収率を実現した．

2000 年の時点で，キラルルイス酸触媒による不斉触媒 Diels-Alder 反応には数多くの優れた手法が報告されており，高い不斉収率が実現されていた．そのような状況下で，有機触媒で不斉 Diels-Alder 反応を行うことにどのような意味合いがあったのであろうか？ Corey らよるキラルルイス酸触媒を用いた Diels-Alder 反応〔式(4)〕[3]と，筆者らの開発したジアリールプロリノールシリルエーテル **2b** を有機触媒とする反応(図 2-2)[4]を比較する．キラルルイス酸触媒の場合，ルイス酸が水，酸素で失活するため，完全無水・無酸素の条件が必要である．また低温での実験である．反応後は，塩基性水溶液を加えて反応を停止し，抽出などの操作後精製を行う．これに対し，有機触媒は水，酸素に安定であるため無水，無酸素のような厳密な条件が必要ない．とくに図 2-2 の場合は有機溶媒を用いることなく，水中で反応を行うことができる．反応温度も室温である．本反応では抽出を行うことなく，反応溶液をデカンテーションで有機層と水層を分離後，有機層を直接蒸留することで，目的物を得ることができるというように後処理も簡便である．さらに，ルイス酸を用いたときは *endo* 体が主生成物であるのに対し，図 2-2 の場合は *exo* 体がおもに得られる．Corey らのキラルルイス酸による不斉 Diels-Alder 反応は広い一般性を備えており，素晴らしい反応である．筆者らの触媒による Diels-Alder 反応は適用範囲がそれに比べて限られるものの，基質によっては非常に効率的に目的物を合成することが可能である．実験操作上の簡便性，有機金属触媒を用いては得られないジアステレオマーが得られるなどの，有機触媒にはいくつもの特徴がある．

なお，プロリンから誘導されるジアリールプロリノールは，Corey の場合はホウ素と錯体を形成させキラルルイス酸触媒として，筆者らの場合はヒドロキシ基をシリル基で保護することにより有機触媒として使用している．同じリガンドを少し修飾するだけで異なる反応機構による，同様の Diels-Alder 反応の優れた触媒となるのは興味深い．

これまで多くのイミニウム塩を形成するアミン触媒が開発されてきたが，第二級アミン触媒としては MacMillan 触媒 **1** と Jørgensen-林触媒 **2** が，第一級アミンでは例えばシンコナアルカロイド由来の触媒 **3**[5]がよく用いられている．

触媒 **2** を開発した経緯を簡単に説明する．有機触媒の揺籃期，筆者らはアルデヒドの α-位の官能基化を検討していた．プロリンが優れた触媒であることは知られていたが，適用できる基質，反応に制限が多かったので，多くの第二級アミン触媒を合成しては反応に試し，不斉収率の向上を目指して実験を繰り返した．1 章のエナミン機構を中心にした求核触媒の項に相当する実験である．プロリンでは 2 位

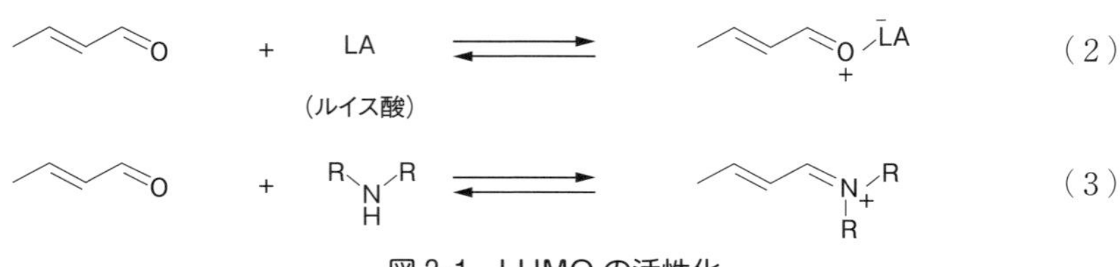

図 2-1 LUMO の活性化

10 mol%
Me Me Me Me
H ⊕ N O B H
o-Tol ⊖OTf
Br O H +
CH_2Cl_2, -94 ℃, <1 h
CHO Br
99%, *exo*:*endo* = 10:1, 96% ee
（4）

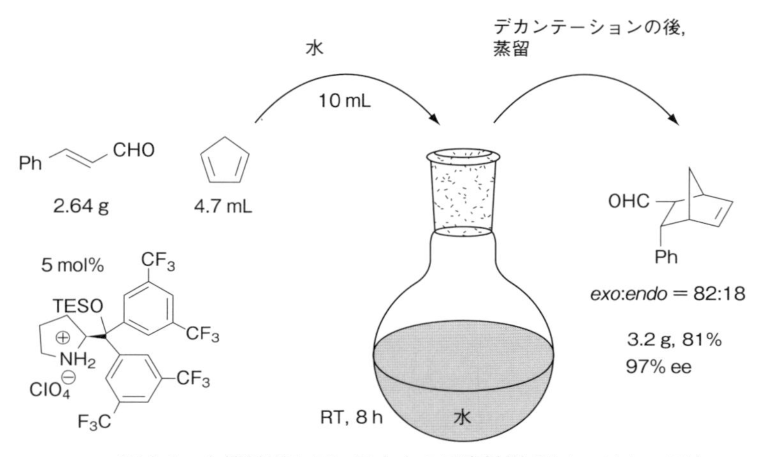

図 2-2　有機触媒を用いる水中の不斉触媒 Diels-Alder 反応

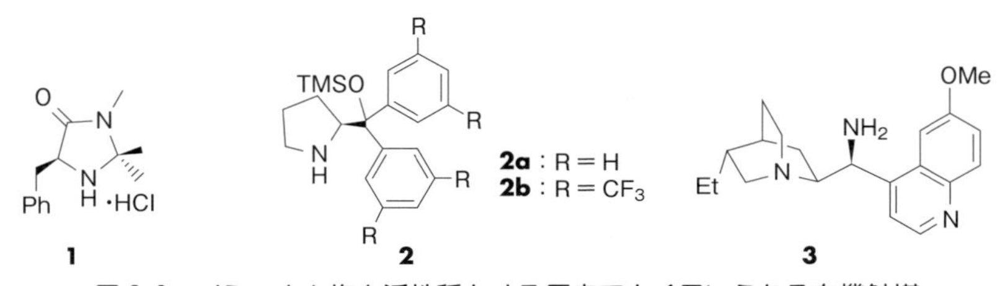

図 2-3　イミニウム塩を活性種とする反応でよく用いられる有機触媒

のカルボキシ基が求電子剤を活性化するため，2 位に酸性官能基をもつ触媒を当時多くのグループが検討していた．これに対し，ピロリジンの 2 位に大きな置換基を導入すれば不斉収率が向上するというヒントをつかんだ．立体障害だけで高い不斉が誘起できるか疑問であったが，研究を継続した結果，ジフェニルプロリノールシリルエーテル **2a** で非常に高い不斉収率を実現できた[6]．2005 年のことである．同時期に Jørgensen がフェニル上に CF_3 基をもつジアリールプロリノールシリルエーテル触媒 **2b** を報告した[7]．Jørgensen のグループと熾烈な競争が始まったのである．第二級アミン触媒はエナミン，イミニウム塩を経由する反応に有効であるので，触媒 **2** はその後多くのグループにより用いられ，多くの反応が開発された．

1　反応機構に関して

アミン触媒と α,β-不飽和アルデヒドからイミニウム塩が生成し，LUMO を低下させることにより反応が促進されることを先に述べたが，最近筆者らは，α,β-不飽和アルデヒドとシクロペンタジエンとの反応において，触媒の構造と添加剤の種類により，

Diels–Alder 反応生成物とマイケル反応生成物を作り分けられることを見いだした[8]．すなわち，CF_3 基をもつジアリールプロリノールシリルエーテル **2b** と強酸とを合わせ用いると Diels–Alder 反応が進行するのに対し，ジフェニルプロリノールシリルエーテル **2a** と弱酸を用いるとマイケル反応が進行する．詳細に反応機構を調べたところ，イミニウム塩を経由する反応に 2 種類の反応機構があることが明らかになった．**2b** は電子求引性の CF_3 の影響でイミニウム塩の生成は **2a** に比べて遅い．しかし，**2b** から形成されるイミニウム塩の LUMO は CF_3 基の電子求引性のため低下している．反応の律速段階がシクロペンタジエンの付加である Diels–Alder 反応の場合，LUMO の低い **2b** の方が，反応がすみやかに進行する（図 2-4）．これに対し，アミン **2a** と α,β-不飽和アルデヒドが反応してイミニウム塩が生成するが，このとき *p*-ニトロフェノキシドが共存する（図 2-5）．これが塩基として作用し，シクロペンタジエニドが生じる．このアニオンがイミニウム塩に求核付加する．求核剤のアニオンが生じることが必要であり，求核剤および添加する酸の pK_a が非常に重要になる．イミニウム塩を経由する反応であるが，Diels–Alder 反応に代表される cycloaddition 型反応と，マイケル型の反応の 2 種類が存在する．

イミニウム塩の LUMO に関しては，Mayer がさまざまなアミンに関して測定を行っている[9]．この値は cycloaddition 型反応においては，反応性と良い相関がある．

MacMillan の触媒は電子不足型の触媒であり，それから生成するイミニウム塩の LUMO は低い．LUMO が反応に関与する場合，反応性が高い触媒である．これに対し，ジフェニルプロリノールシリルエーテルはそれほど電子不足ではない．マイケル反応タイプに見られるように，求核剤からそのアニオンが生成して，イミニウム塩に付加する場合，MacMillan 触媒よりも高い反応性を示す．

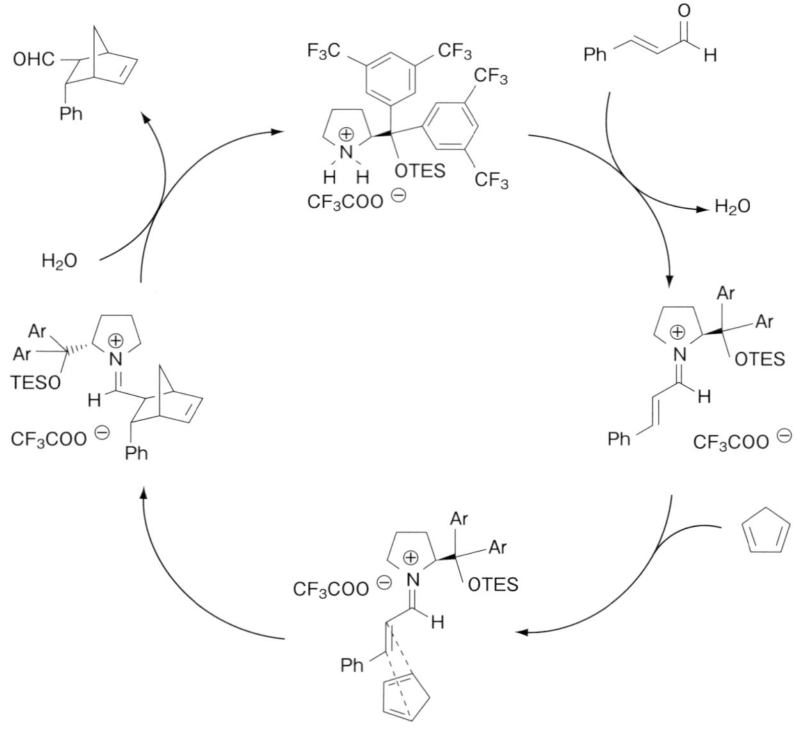

図 2-4　Diels–Alder 反応の反応機構

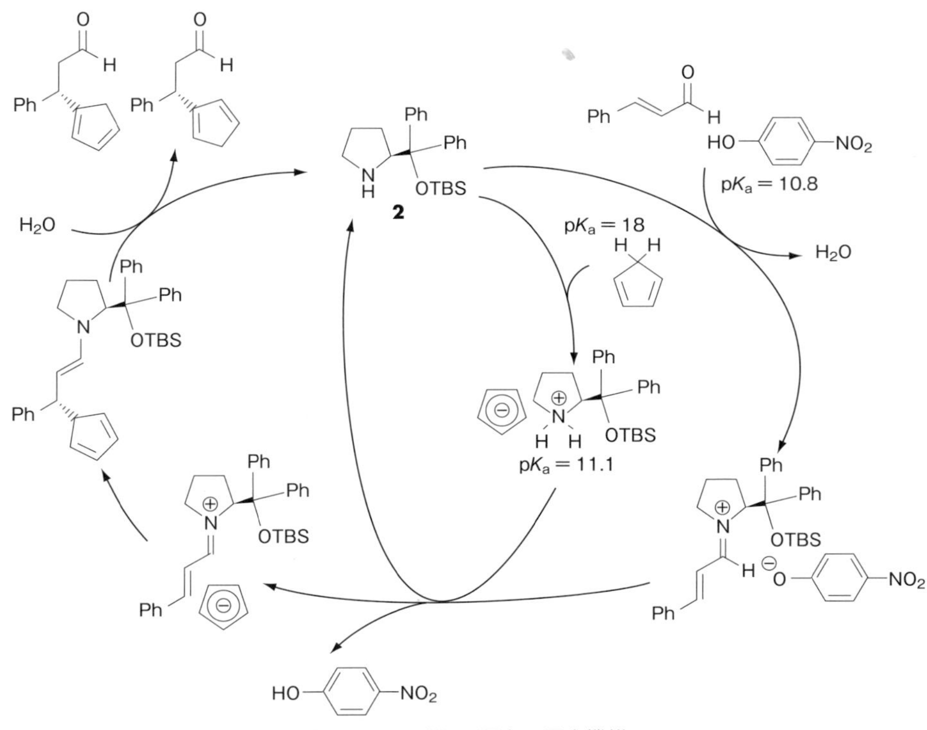

図 2-5　マイケル反応の反応機構

2　立体発現機構

Jørgensen–林触媒 **2** を用いると，一般的に高い不斉収率が実現できるが，その不斉発現機構は立体障害で説明できる[10]．ジフェニルプロリノールシリルエーテルとシンナムアルデヒドから調製されるイミニウム塩の X 線結晶構造解析が Seebach らによりなされ，内丸らと筆者らは *ab inito* 計算を行い，固体状態と真空中の構造が同一であることを明らかにした[11]．シリル基は他の置換基と電子的な相互作用がなく，大きな置換基として作用する（図 2-6）．ジフェニルシロキシメチル部位がイミニウム塩の一方のエナンチオ面を効果的に遮蔽するため，高い不斉収率が実現される．なお，シリル基はオレフィンの上部に位置していることから，フェニル基上の置換基を変えても立体的にはほとんど不斉収率に影響を及ぼさない．これに比べて，シリル基の置換基を変えることが不斉収率に大きな影響を及ぼす．

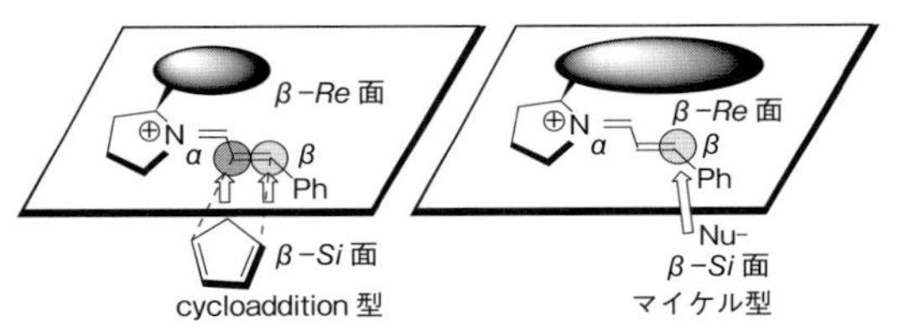

図 2-6　立体発現における置換基の効果

マイケル型の反応の場合，β 位で求核剤と反応するため，ジフェニルシロキシメチル部位が十分に大きいことが高い不斉発現に必須であり，そのため，シリル基上の置換基は，ジフェニルメチルのような大きい方が高い不斉収率が得られる．これに対し，cycloaddition 型の場合，例えば Diels–Alder 反応においては α, β 位ともに反応に関与するため，α 位の上面を覆えば高い不斉収率が実現できる．そのため，シリル基上の置換基は不斉収率に大きな影響を及ぼさず，トリメチルシリル基で十分に高い不斉収率が得られることが説明できる．

これらの触媒の利点は，イミニウム塩が形成されるのであれば，高い不斉収率が得られることであり，以下に述べるように多くの有用な反応がこれまで開発されている．

3 Cycloaddition 型の反応

MacMillan らは触媒 **1** を用いた Diels–Alder 反応の天然物合成への優れた応用を報告している．ここでは(−)-ビンコリン(**12**)に使われた反応を記す(図 2-7)[12]．インドール骨格をもつジエン **9** と α, β-不飽和アルデヒドに触媒 **1** を加えると，不斉触媒 Diels–Alder 反応が進行し，引き続きエナミンのイミニウム塩への異性化，分子内アミンのイミニウム塩への付加が連続的に進行し，高度に複雑な骨格が一挙に組み上がる．数段階を経て，(−)-ビンコリン(**12**)に導いている．

α 位に置換基をもつアクロレイン誘導体の Diels–Alder 反応は，その α 位の置換基の立体障害のため，有機触媒では立体制御が困難とされていた．石原らは，L-フェニルアラニンから調製される第一級アミン型触媒が，α-(アシロキシ)アクロレインの Diels–Alder 反応において高い不斉収率を与えることを見いだした[13]．さらに本触媒は α-(アシロキシ)アクロレインとアルケンとの[2+2]付加環化反応にも有用であることを明らかにしている．

Cycloaddition 型に属する反応としては他に，Friedel–Crafts 反応，ニトロンの[3+2]付加環化反応があげられる．

マイケル型の反応には活性メチレン化合物を求核剤とする多くの反応が知られている．マロン酸エステル，β-ケトエステルを用いた反応はジアリールプロリノールシリルエーテル **2b** が良好な結果を与える．ニトロメタンも求核剤として優れており，生成物を酸化，還元することにより，光学活性キラル構成要素として有用な γ-アミノカルボン酸が短工程で得られる．この反応を用いた医薬品合成に関しては 18 章で解説する．

なお，不斉第四級炭素の構築は，現在の有機合成化学の重要なトピックスである．β, β-二置換 α, β-不飽和アルデヒドに求核剤がマイケル付加すれば第四級炭素が構築できる．しかし，立体的な要因のため，反応の実現は困難とされている．ジフェニルプロリノールシリルエーテル **2a** を用いたニトロメタンのマイケル反応は β, β-二置換 α, β-不飽和アルデヒドにも有効であり，原料の α, β-不飽和アルデヒドの *E*, *Z* 比にかかわりなく，高い不斉収率で付加体を与える．本反応はイサチン誘導体にも有効であり，天然物 Horsfiline, Coerulescine の光学活性体の短工程合成に用いられた(図 2-8)[14]．

マイケル型反応としては，炭素–炭素結合生成反応だけでなく，エポキシ化，アジリジン化反応などにも本触媒は有効である．

4 まとめと今後の展望

イミニウム塩を経由する反応について，主に

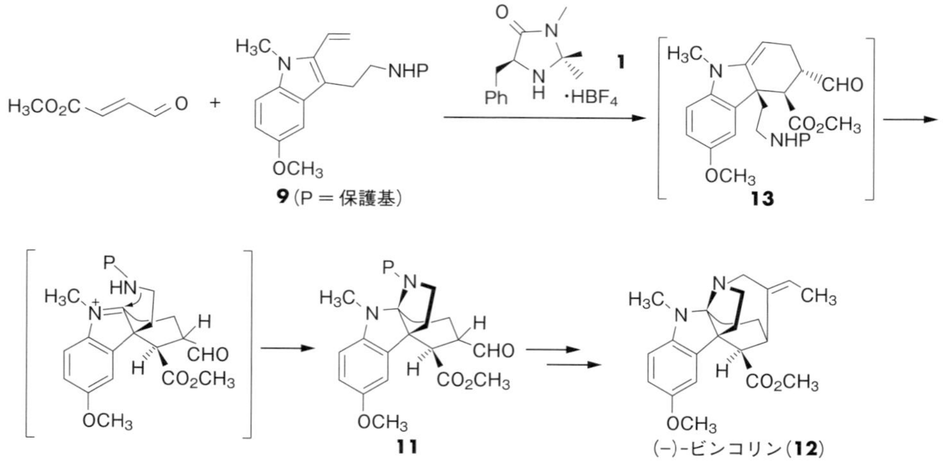

図 2-7　MacMillan らによる(-)-ビンコニンの合成

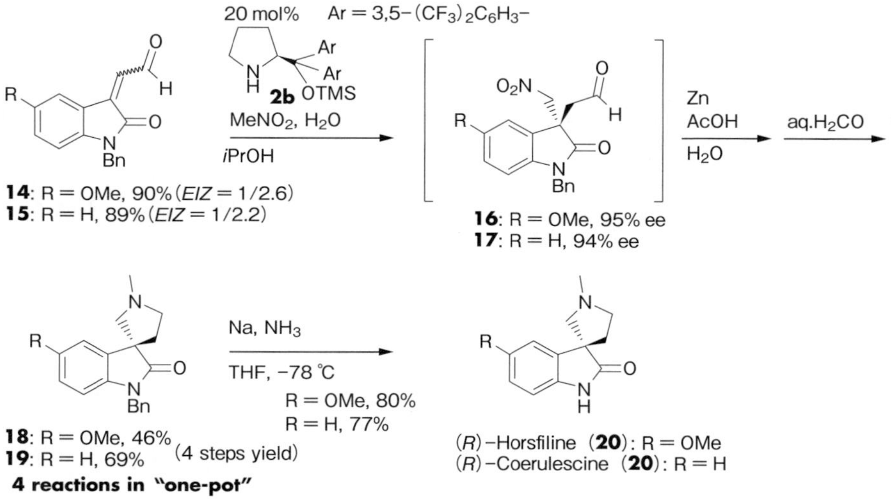

図 2-8　Horsfiline, Coerulescine の短工程合成

Jørgensen-林触媒 **2** を中心に解説してきた．本触媒は α,β-不飽和エステル，不飽和ケトンには適していないが，α,β-不飽和アルデヒドには非常に有効に作用する．反応機構，不斉発現機構も明らかになり，触媒も入手容易で市販もされていることから，多くの研究者に利用されている．また企業からの本触媒を用いた医薬品候補化合物の合成の論文も報告されている．今後も広く使用されることが期待される．

非常に高い不斉収率を与える触媒の開発はチャレンジングな研究テーマである．さらに一般性および汎用性の広い触媒の開発はそれ以上に難しい．高い不斉識別能，広い一般性，新しい機能を備えた，優れた有機触媒が開発されることを期待したい．

◆ 文　献 ◆

[1] K. A. Ahrendt, C. J. Borths, D. W. C. MacMillan, *J. Am. Chem. Soc.*, **122**, 4243 (2000).

[2] D. W. C. MacMillan, A. J. B. Watson, "Asymmetric Organocatalysis 1, Lewis Base and Acid catalysts," ed. by B. List, Thieme Publishing Group (2011), p. 309.

[3] E. J. Corey, *Angew. Chem., Int. Ed.*, **48**, 2100 (2009).

[4] Y. Hayashi, S. Samanta, H. Gotoh, H. Ishikawa, *Angew. Chem., Int. Ed.*, **47**, 6634 (2008).

[5] Y. Liu, P. Melchiorre, "Asymmetric Organocatalysis 1, Lewis Base and Acid catalysts," ed. by B. List, Thieme (2012), p. 403.

[6] Y. Hayashi, H. Gotoh, T. Hayashi, M. Shoji, *Angew. Chem., Int. Ed.*, **44**, 4212 (2005).

[7] M. Marigo, T. C. Wabnitz, D. Fielenbach, K. A. Jørgensen, *Angew. Chem., Int. Ed.*, **44**, 794 (2005).

[8] H. Gotoh, T. Uchimaru, Y. Hayashi, *Chem. Eur. J.*, **21**, 12337 (2015).

[9] S. Lakhdar, T. Tokuyasu, H. Mayr, *Angew. Chem., Int. Ed.*, **47**, 8723 (2008).

[10] Y. Hayashi, D. Okamura, T. Yamazaki, Y. Ameda, H. Gotoh, S. Tsuzuki, T. Uchimaru, D. Seebach, *Chem. Eur. J.*, **20**, 17077 (2014).

[11] U. Grošelj, D. Seebach, D. M. Badine, W. B. Schweizer, A. K. Beck, I. Krossing, P. Klose, Y. Hayashi, T. Uchimaru, *Helv. Chim. Acta*, **92**, 1225 (2009).

[12] B. D. Horning, D. W. C. MacMillan, *J. Am. Chem. Soc.*, **135**, 6442 (2013).

[13] K. Ishihara, K. Nakano, *J. Am. Chem. Soc.*, **127**, 10504 (2005).

[14] T. Mukaiyama, K. Ogata, I. Sato, Y. Hayashi, *Chem. Eur. J.*, **20**, 13583 (2014).

Chap 3

4-アミノピリジン誘導体を中心とした求核触媒

4-Aminopyridines as Nucleophilic Catalysts

川端 猛夫　上田 善弘
（京都大学化学研究所）

Overview

4-ジメチルアミノピリジン (DMAP) に代表される 4-アミノピリジン類は，求核触媒としてアシル化に優れた特性を発揮する．アシル化はアルコールをエステルに，アミンをアミドに変換する普遍性のある反応である．ラセミ体アルコールのアシル化による速度論的分割は 21 世紀直前までは酵素法の独壇場であったが，1996 年以降，不斉求核触媒の開発が急激な発展を遂げ，今や，同目的に対し酵素法と並ぶ有効な手段となっている．さらに不斉求核触媒は，ラセミ体アミンのアシル化による速度論的分割や，不斉炭素-炭素結合形成を含む不斉有機触媒として広く用いられている．このように 4-アミノピリジン類は不斉触媒として華々しい発展を遂げたが，一方で，糖類のように多数のヒドロキシ基をもつポリオール化合物の特定のヒドロキシ基上での位置選択的アシル化は現状でも困難な課題として残されている．本章では，糖類の本来反応性の低いヒドロキシ基上でのアシル化が，触媒制御により位置選択的に進行する実例について述べる．また，本法を利用したグルコースへの保護基を用いない非古典的逆合成解析に基づく配糖体天然物の短段階全合成や，同法を用いる生理活性天然物の終盤官能基化についても言及する．

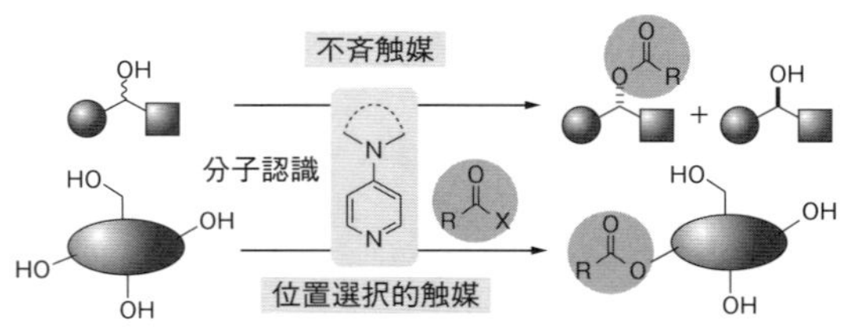

▲触媒の精密分子認識

■ **KEYWORD** 📖マークは用語解説参照

■アシル化（acylation）
■速度論的分割（kinetic resolution）
■位置選択的触媒（site-selective catalysis）📖
■分子認識（molecular recognition）
■位置選択的順次導入法（seaquential site-selective functionalization）
■全合成（total synthesis）
■無保護グルコース（unprotected glucose）
■配糖体天然物（natural glycoside）
■終盤官能基化（late-stage functionalization）📖

Current Review

はじめに

4-アミノピリジン類は最も一般的に用いられる求核触媒である．1967 年に Litvinenko と Kirichenko が 4-ジメチルアミノピリジン（DMAP）がメタクロロアニリンのベンゾイル化をピリジンに比べて約 10^4 倍促進することを報告し，4-アミノピリジン系求核触媒が合成化学の歴史に登場した（図 3-1）[1]．一方，Steglich と Höfle も DMAP の優れたアシル化触媒としての機能を 1969 年に独自に報告し[2]，また，DMAP よりさらに高活性アシル化触媒として 4-ピロリジノピリジン（PPY）を 1972 年に開発している[3]．さらに近年になって，PPY より高活性なアシル化触媒 **1** および **2** が，Zipse ら，Han らによりそれぞれ開発されている[4]．これらの求核触媒は *O*-アシル化，*N*-アシル化，*C*-アシル化触媒として，また，Morita-Baylis-Hillman 反応などの触媒として不斉合成にも用いられ，有機触媒の重要な一角を占めている[5]．

1　求核触媒の作用機序

求核触媒は反応剤への求核攻撃によって生じる活性中間体を形成し，反応を加速する．DMAP によるアルコールのアシル化（アセチル化）を例に，機構を示す（図 3-2）．DMAP の酸無水物への求核攻撃によりアシルピリジニウム活性中間体 **A** が生じる．この過程は平衡である．アシルピリジニウムカチオンのカウンターアニオンであるカルボキシラートイオンは，適度な酸性度をもつピリジン 2 位の水素と水素結合を形成して反応点近傍に存在し，このカルボキシラートイオンが，アシル化の遷移状態で酸性度の増したアルコールヒドロキシ基の脱プロトン化にかかわる一般塩基として作用して，アシル化を加速する機構（**B**）が Zipse らにより提唱され[6]，現在一般に受け入れられている．DMAP 触媒によるアルコールのアシル化では，活性中間体（アシルピリジニウムイオン）の生成量が酸クロリドを用いた場合に酸無水物を用いた場合よりも圧倒的に多いにもかかわらず，酸無水物が酸クロリドよりも効果的なアシルドナーとして作用することが知られている[7]．これは，酸無水物と DMAP により生成するカルボキシラートが，酸クロリドより生成するクロリドイオンよりも優れた一般塩基であることに起因すると考えられる．触媒反応後，DMAP と酢酸との塩が形成されるため，トリエチルアミン等の補助塩基を添加することで触媒 DMAP の再生を行う．一方，無溶媒条件下で補助塩基を用いない，極めて高効率の DMAP 触媒アシル化が石原らによって報告されている[8]．

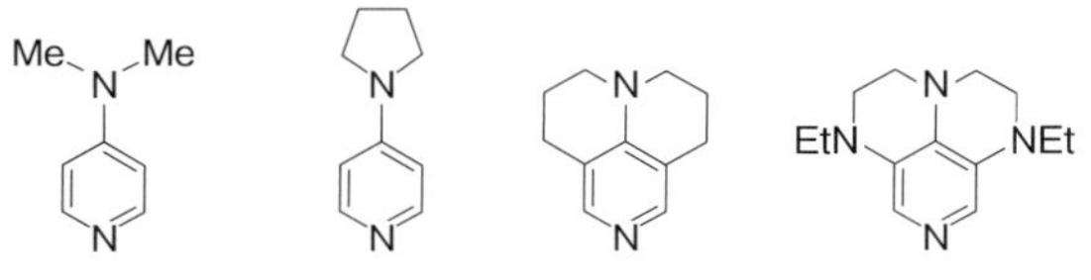

求核触媒の特性として，反応剤への求核攻撃によって **A** のような活性中間体が生じ，これが反応促進の鍵を握る．したがって求核能の高い化合物が一般に高い触媒活性を示す．4-アミノピリジン類のアルコールアシル化の相対的な触媒活性を図 3-3 に示す．PPY のピリジン環 2 位の置換基が触媒活性に大きな影響を与える[9]．たとえば，ピリジン環 2 位にメチル基を導入するだけで，その触媒活性は 1/30 に低下する．2 位に第三級炭素（イソプロピル基）を導入すると触媒不活性となり，キノリン骨格をもつ誘導体 **3** も触媒活性を示さない[7b]．4-アミノピリジンを基本骨格とする不斉求核触媒の開発に向けた触媒設計として，ピリジン環 2 位へのキラル

図 3-1　代表的な 4-アミノピリジン型触媒

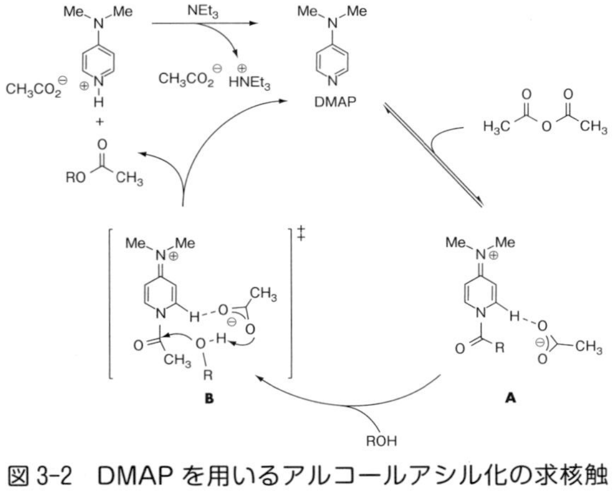

図 3-2　DMAP を用いるアルコールアシル化の求核触媒サイクル

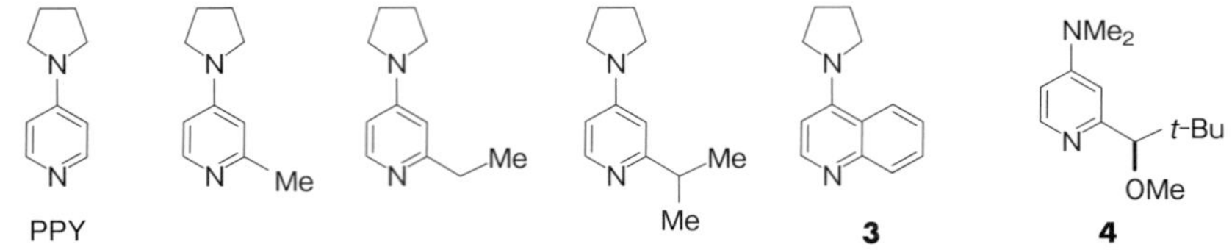

相対的触媒活性: PPY 120; 4; 1.7; 不活性; **3** 不活性; **4** 不活性

図 3-3 DMAP，および PPY 型触媒のアシル化の触媒活性

置換基の導入がまず考えられるが，不斉中心構築に必須の第三級炭素の導入は触媒を不活化してしまう．実際に Vedejs らは 1996 年，不斉 DMAP 誘導体 **4** を開発した[10]．**4** とクロロホルメートとから塩化亜鉛等のルイス酸存在下に生成させたアシルピリジニウム塩は，極めて有効な不斉アシル化剤として作用するものの，化学量論量の使用が必須で不斉アシル化触媒としては機能しない．したがって，不斉 4-アミノピリジン型触媒開発に一見有効と思われる，ピリジン環 2 位への不斉置換基導入は望ましい方法とはいえない．このような状況下，筆者らは 1997 年にピリジン環の 4 位にキラル置換基をもつ触媒 **5** を開発した[11a]（図 3-4）．触媒 **5** では活性中心（ピリジン窒素）の近傍には不斉環境をもたないにもかかわらず，ピロリジン環上の置換基による遠隔位不斉誘導が有効に働くことがわかった．

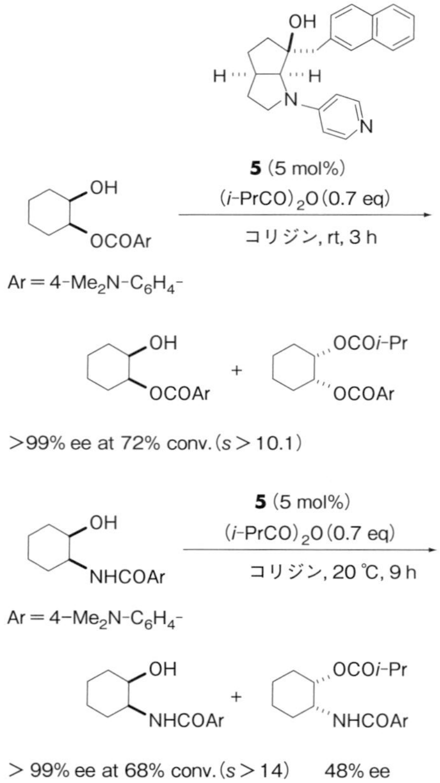

5 (5 mol%), $(i\text{-PrCO})_2O$ (0.7 eq), コリジン, rt, 3 h

$Ar = 4\text{-}Me_2N\text{-}C_6H_4\text{-}$

>99% ee at 72% conv. (s > 10.1)

5 (5 mol%), $(i\text{-PrCO})_2O$ (0.7 eq), コリジン, 20 ℃, 9 h

$Ar = 4\text{-}Me_2N\text{-}C_6H_4\text{-}$

> 99% ee at 68% conv. (s > 14)　48% ee

図 3-4 遠隔位不斉誘導型 PPY 触媒 **5** を用いるアルコールの不斉アシル化による速度論的分割

2 不斉求核触媒開発のポイント

触媒 **5** は遠隔位不斉誘導に基づく不斉アシル化触媒として機能する．保護したラセミ体ジオール類[11a]やアミノアルコール類[11b]の不斉アシル化による速度論的分割を高選択的に触媒する（図 3-4）．本反応は室温（20 ℃）では s 値 10-21 で進行するが，−40 ℃では s 値 54 に達する[11b]（s 値：ラセミ体反応基質のエナンチオマー間の反応速度比．速度論的分割の効率の尺度として用いられる）．**5** は求核攻撃を起こすピリジン窒素の近傍に置換基をもたないため，アシルピリジニウム形成時の立体障害がなく強い触媒活性を示す．これは用いた酸無水物が短時間内に全量消費され，酸無水物の量で反応変換率を制御できるというメリットにつながる[11b]．ラセミ体の速度論的分割では最大収率が 50% という欠点があるため，高光学純度の化合物を与えない限り合成法としての有用性に乏しい．反応変換率の容易な制御は，高光学純度の化合物生産に必須であるため速度論的分割におけるキーポイントのひとつである[12]．

1996 年に Fu らは面不斉フェロセン型 DMAP 触媒 **6a** を開発した（図 3-5）[13a]．さらに 1997 年に報告した類縁体触媒 **6b** はラセミ体第二級アルコールの速度論的分割に極めて有効に作用する[13b]．ここ

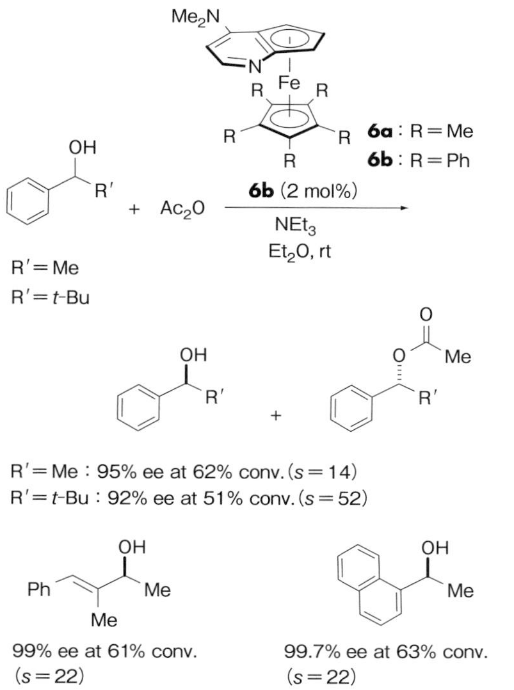

Me_2N Fe R R R R R
6a：R＝Me
6b：R＝Ph

OH R′ ＋ Ac_2O → **6b** (2 mol%), NEt_3, Et_2O, rt

R′＝Me
R′＝*t*-Bu

OH R′ ＋ O Me O R′

R′＝Me：95% ee at 62% conv. (*s*＝14)
R′＝*t*-Bu：92% ee at 51% conv. (*s*＝52)

Ph OH Me Me
99% ee at 61% conv. (*s*＝22)

OH Me
99.7% ee at 63% conv. (*s*＝22)

図 3-5　面不斉フェロセン型 DMAP 触媒 **6b** を用いるラセミ体アルコールの速度論的分割

で奇妙なことに気づく．触媒 **6** はピリジン環 2 位に置換基をもち，触媒不活性なキノリン型化合物 **3** と類似の構造をもつにもかかわらず，DMAP よりは弱いものの適度な触媒活性を示す(Fu 教授と筆者との private communication による)．これは次の 2 点に起因すると考えられる(図 3-6)．(1)フェロセンのシクロペンタジエニル部がアニオンであるため，その電子供与性によりピリジン窒素の求核性が高まる．(2)**6** の 6-5 縮環系は **3** の 6-6 縮環系に比べると，アシルピリジニウム形成時の立体障害が緩和されている．このように，絶妙な触媒設計が Fu 教授によりなされたことに驚嘆する．その後，触媒 **6** やその類縁体は極めて多様な不斉反応に用いられた．たとえば，**6a′** はフェノールのケテンへの不斉付加や[14]，アミン類のアシル化による速度論的分割に[15]，また **6b′** は不斉 C-アシル化に卓越した不斉触媒能を示し[16]，Fu 触媒は有機触媒の新たな潮流をつくった(図 3-7：なお，触媒 **6** は金属 Fe を含み純粋な有機触媒ではないものの，Fe は構造要素に用い

触媒活性
N N ＞ N N ≫ N N
PPY　model of **6**　**3**
$(RCO)_2O$　$(RCO)_2O$

活性中間体：
アシルピリジニウム塩
N⊕ N R O　N⊕ N R O H　N⊕ N R O H
favorable　possible　unfavorable

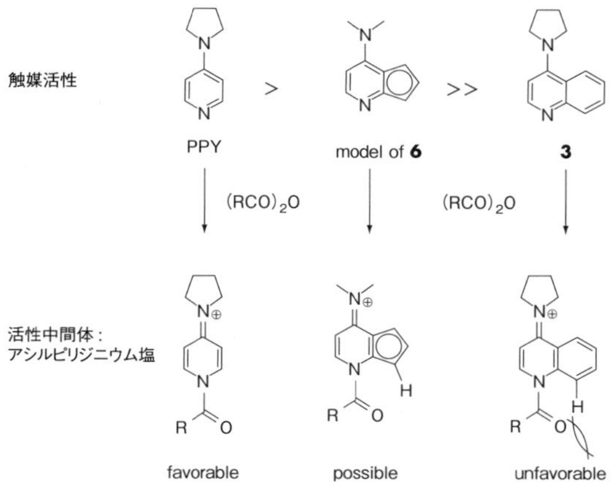

図 3-6　アシルピリジニウム活性中間体生成の容易さに基づく触媒活性の評価

られており触媒活性部位ではないため，**6** は有機触媒の範疇に入れられている)．

不斉求核触媒 **5** はピリジン環 4 位に置換基をもち，不斉求核触媒 **6** はピリジン環 2 位に置換基をもつ．この 2 つの先駆的な 4-アミノピリジン型不斉求核触媒の開発の後，ピリジン環 3 位に置換基をもつ不斉触媒が多く開発された[5]．代表的な例として，山田らにより開発されたカチオン-π 相互作用を鍵として高選択性を発現する触媒 **7**[17]，Spivey らにより開発された軸不斉型求核触媒 **8**[18]，Carbey らによって開発されたヘリセン型触媒 **9**[19]があげられる(図 3-8)．

また，フェノール性ヒドロキシ基とアミノピリジンの二重活性化機構に基づく触媒 **10** が笹井らにより開発されている．本触媒は不斉 aza-Morita-Baylis-Hillman 反応に優れた特性を発揮する．興味深い点は，4-アミノピリジン構造でなく，3-アミノピリジン構造が求核触媒の活性中心となる点である[20]．

3　位置選択的アシル化

4-アミノピリジン型求核触媒の促進する代表的反応はアシル化である．ラセミ体モノオールの触媒的不斉アシル化(エナンチオ選択的アシル化)やメソジオールのアシル化による不斉非対称化については多くの優れた方法が開発されている[5]．一方，多数の

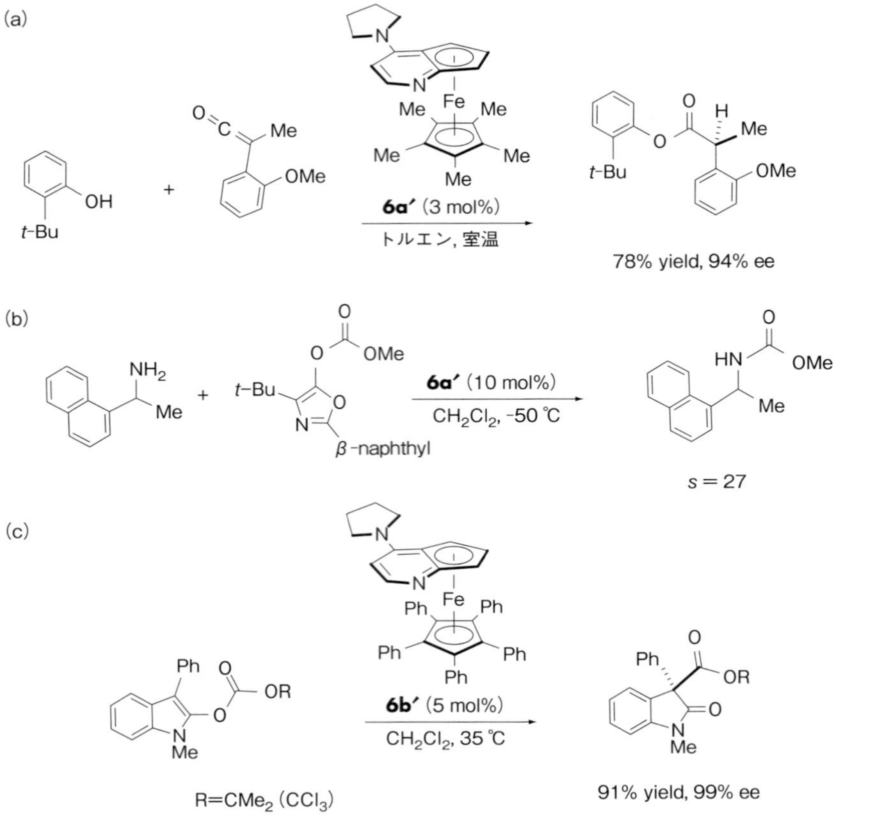

(a)
N
Fe
Me
O
C
Me
OH
t-Bu
+
OMe
6a′ (3 mol%)
トルエン, 室温
O
H
Me
t-Bu
OMe
78% yield, 94% ee
(b)
NH2
Me
O
OMe
t-Bu
N
β-naphthyl
6a′ (10 mol%)
CH2Cl2, -50 ℃
HN
OMe
s = 27
(c)
Ph
OR
R=CMe2 (CCl3)
6b′ (5 mol%)
CH2Cl2, 35 ℃
91% yield, 99% ee

図 3-7　Fu 触媒を用いる（a）C-O,（B）C-N, および（c）C-C 結合形成に基づく不斉反応

7

8

9

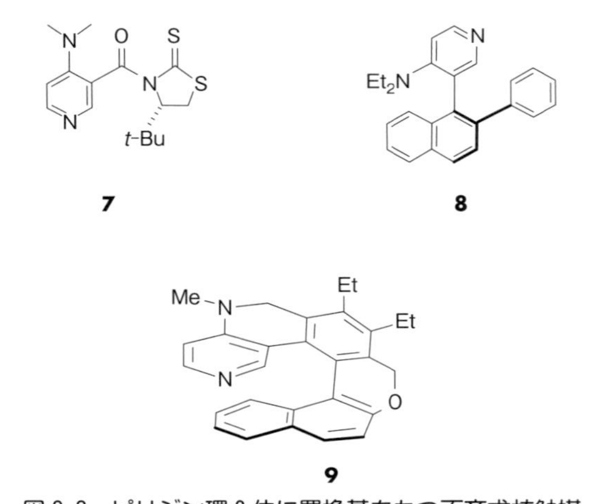

図 3-8　ピリジン環 3 位に置換基をもつ不斉求核触媒

ヒドロキシ基をもつ代表的な化合物である糖類の位置選択的アシル化はいまだ例が限られている[21]. 糖類のヒドロキシ基の位置選択的な修飾は, 通常, 多段階の保護-脱保護操作を経て行われる. 一方, 筆者らは分子認識型触媒を用いる糖類の直接的な位置選択的アシル化のアプローチを行っている. 例えば, 4 つの遊離ヒドロキシ基をもつ octyl β-D-glucopyranoside(**12**)の 4 位選択的アシル化や[22], 8 つの遊離ヒドロキシ基をもつ強心配糖体 lanatoside C(**13**)の 4‴′ 位選択的アシル化に成功している[23]〔図 3-10(a)〕. 基質自体のもつ反応性は前者では 6 位ヒドロキシ基が, 後者では 3‴′ 位ヒドロキシ基が高い. すなわち, 基質のもつ本来の反応性とは異なる位置での選択的アシル化が, 触媒制御により達成されている. このような多者択一の選択性制御には, 不斉合成における選択性制御とは異なる方法論が必要である〔図 3-10,（a）vs.（b）〕. すなわち, 不斉合成は 2 つのエナンチオ面のうち 1 つを選ぶ二者択一の制御であるため, 立体障害が極めて有効な原理となる〔図 3-10(b)〕. これに対し, 位置選択性制御には立体障害は有効な手法とは考えに

図 3-9 3-アミノピリジン型不斉求核触媒 **10** を用いる不斉 aza-Morita-Baylis-Hillman 反応

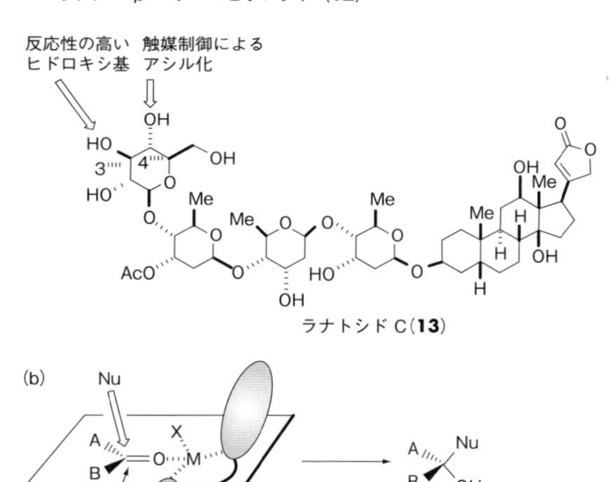

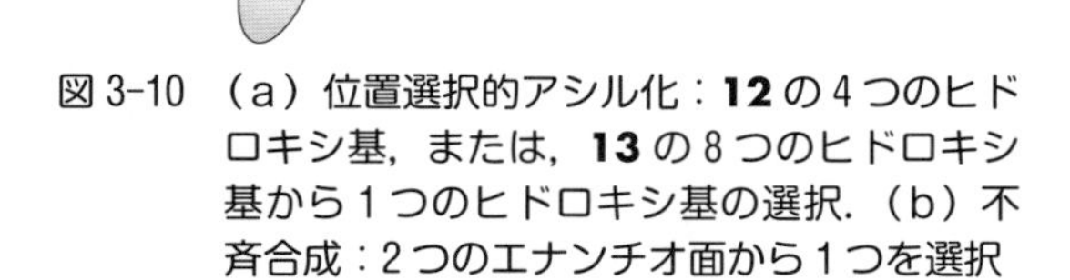

図 3-10 (a) 位置選択的アシル化：**12** の 4 つのヒドロキシ基，または，**13** の 8 つのヒドロキシ基から 1 つのヒドロキシ基の選択．(b) 不斉合成：2 つのエナンチオ面から 1 つを選択

くい．たとえば，**12** のように比較的小さな分子では 4 位ヒドロキシ基以外のヒドロキシ基を立体保護すれば 4 位選択的な反応は可能かもしれないが，**13** のような大きな分子ではもはや，このような立体障害による制御は不可能と思われる．筆者らは触媒による精密分子認識に立脚したアプローチにより，これらのポリオール化合物の位置選択的アシル化を検討した．

オクチル β-D-グルコピラノシド(**12**)のアシル化を触媒 **11** の存在下に行うと，4 位選択的なアシル化が進行する〔図 3-11(a)，触媒制御型反応〕．生成するのはカラム精製も必要としないくらいの単一化合物である[22]．本反応を代表的なアシル化触媒である DMAP を用いて行うと，4 種のモノアシル化体，複数のジアシル化体，原料回収の混合物を与え制御不能である[21]．この 4 位アシル化体の合成を，常法に従い基質の反応性に準拠した保護-脱保護法を用いて行うと多段階を要する(基質制御型反応)．すなわち，この触媒制御型位置選択的分子変換は，糖類の修飾に新しい方法論を提供しうるものである．DMAP を触媒としたときに得られる複雑な混合物は基質 **12** 本来の反応性を反映しており，一方，触媒 **11** を用いる反応では，基質自体のもつ反応性からは独立した触媒制御による位置選択性が発現している．これは図 3-11(b)に示すような，基質-触媒間の 2 点水素結合による精密分子認識に基づくものと考えている．この機構は仮説に過ぎないが，**12** の 6 位ヒドロキシ基を保護した **12′** を基質とすると，3 位選択的になり，選択性が逆転することや(4 位-，3 位-，2 位-*O*-アシル化体＝31：67：2)，触媒 **11** のトリプトファン部の NH 基を NMe とした触媒 **11′** を用いると，4 位選択性は保持されるものの，選択性の程度が低下すること(6 位-，4 位-，3 位-，2 位-*O*-アシル化体 = 14：60：26：0)が観察されており，この機構と矛盾しない[22]．

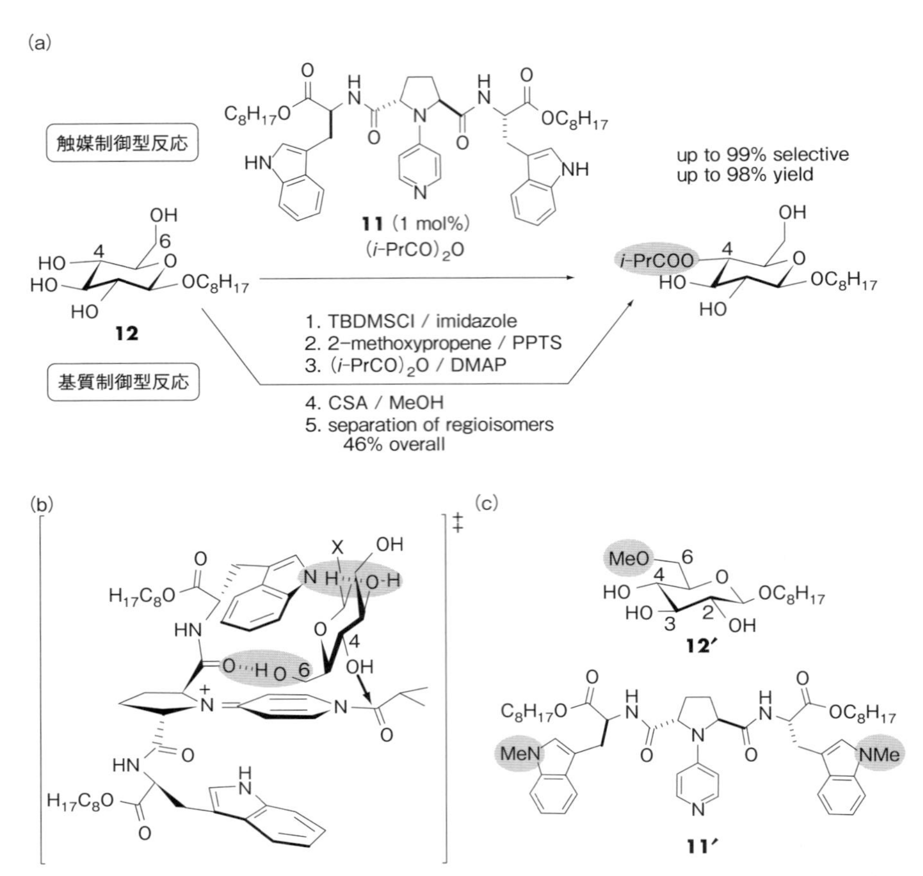

図 3-11 (a) 触媒制御によるグルコース誘導体 **12** の 4 位選択的アシル化.(b) 可能な反応機構,および (c) 類縁体基質 **12′** や触媒 **11′** による機構の検証

4 位置選択的アシル化に基づく配糖体天然物の合成

配糖体天然物のなかでも,グルコース骨格の 4 位にアシル基をもつエラジタンニン類[24]やフェニルエタノイド類[25]が数多く報告されている.図 3-11(a)の触媒制御型位置選択的アシル化は,これらの直接的な合成に有効に利用できると考えられる.配糖体天然物であるストリクチニン,テリマグランジンⅡ(オイゲニイン),マルチフィドシドBを標的化合物に選び(図 3-12),グルコース骨格の 4 位ヒドロキシ基のアシル化を鍵工程とした位置選択的順次導入法に基づく全合成を行った.

ストリクチニンの逆合成解析を図 3-13 に示す.ストリクチニンはグルコース 2 位,3 位のヒドロキシ基がフリーで,4 位,6 位にアシル基をもつため,その論理的な前駆体はグルコースの 2 位,3 位を保護し,4 位,6 位がフリーの保護グルコースとなる.実際に Khanbabaee ら[26],Yamada ら[27]はこのような前駆体からストリクチニンの全合成を達成している.一方,筆者らは無保護グルコースから直接,ストリクチニンの全合成を計画した.すなわち,グルコースで最も反応性の高いアノマー位に保護ガロイル基 G^1 を導入し,次いで図 3-11 で示した触媒制御型 4 位選択的アシル化により 4 位に G^2,次いで基質本来の反応性を利用して 6 位に G^3 を,順次位置選択的に導入する合成戦略を立案した.

実際のストリクチニンの全合成経路を図 3-14 に示す.無保護グルコースのアノマー位に Mitsunobu 条件下[28]保護ガロイル基を導入し,グリコシド **14** を得た.**14** の 4 位選択的アシル化を触媒 **11** の存

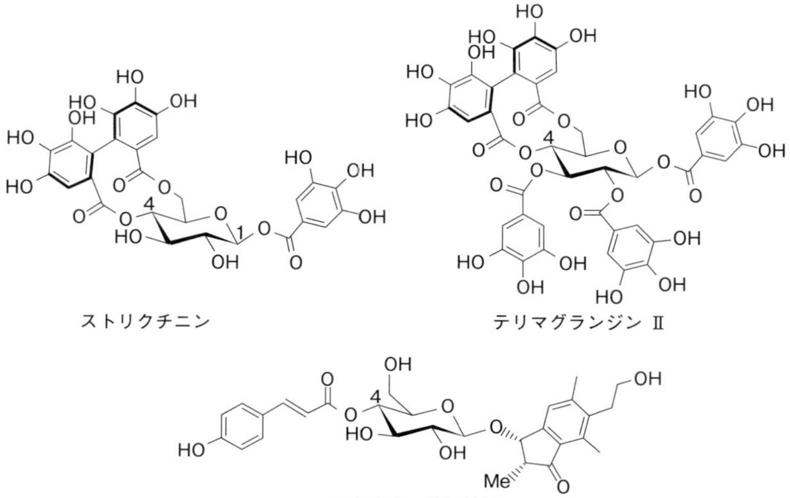

ストリクチニン　テリマグランジン II

マルチフィドシド B

図 3-12　位置選択的アシル化に基づく全合成の標的とした配糖体天然物

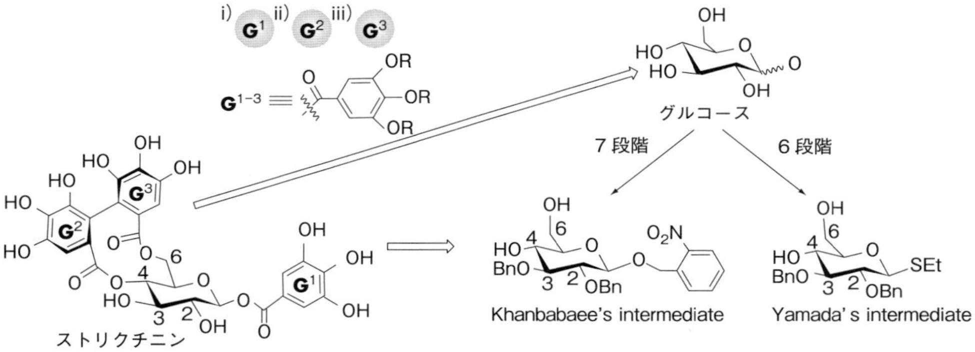

位置選択的順次導入法

i) G1 ii) G2 iii) G3

グルコース

7 段階　6 段階

Khanbabaee's intermediate　Yamada's intermediate

ストリクチニン

図 3-13　配糖体天然物ストリクチニンの逆合成解析

在下に行い(触媒制御型位置選択的アシル化)，次いで酸無水物 **15** から系中で生成する対応するカルボン酸を縮合剤 DMC の存在下に用いて反応性の高い 6 位に保護ガロイル基を導入して(基質制御型位置選択的アシル化)，**16** をワンポットで得た．**16** の脱ベンジル化，ジフェノールの山田法[27]による酸化的カップリング，続く MOM 基の脱保護により目的とするストリクチニンを無保護グルコースより，5 工程，総収率 21%で得た．本合成ではグルコースへの保護基は一切使用していないため，既知法(11 工程[26]，または 13 工程[27])に比べて圧倒的に合成工程が短縮されている[29]．

次に同様の逆合成解析に基づいてテリマグランジン II の全合成を行った(図 3-15)．(1) 無保護グルコースのアノマー位に保護ガロイル基 G^1 の導入，(2) 触媒制御型位置選択的アシル化による 4 位ヒドロキシ基への G^2，および基質制御型位置選択的アシル化よる 6 位ヒドロキシ基への G^3 の一段階導入，(3) 残された 2 位，3 位ヒドロキシ基への G^4 の導入，(4-6) ガロイル基のフェノール保護基の脱保護，二つのフェノールの酸化的カップリング，脱保護の工程により，無保護グルコースより，6 工程，総収率 18%でテリマグランジン II を得た．本合成でもグルコースへの保護基は一切使用していないた

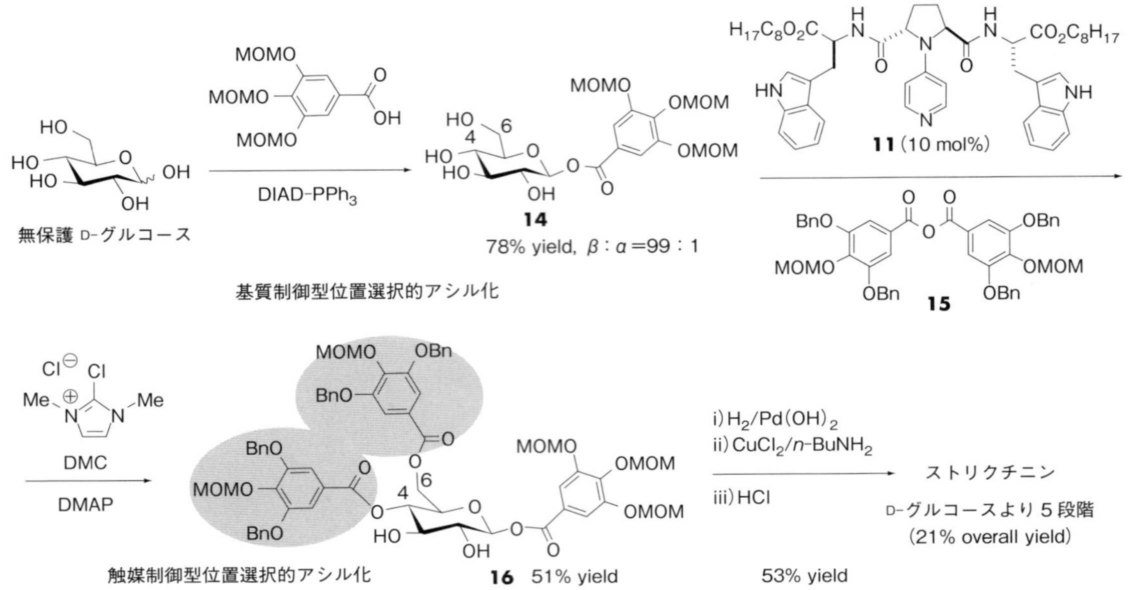

MOMO
MOMO
MOMO
DIAD-PPh₃
無保護 D-グルコース
14
78% yield, β：α=99：1
基質制御型位置選択的アシル化
11 (10 mol%)
15
DMC
DMAP
i) H₂/Pd(OH)₂
ii) CuCl₂/n-BuNH₂
iii) HCl
ストリクチニン
D-グルコースより 5 段階
(21% overall yield)
触媒制御型位置選択的アシル化
16 51% yield
53% yield

図 3-14　位置選択的順次アシル基導入法によるストリクチニンの短段階全合成

6 段階全合成
Feldman らによる既知法では
全合成に 14 段階を要する
テリマグランジン II（オイゲニイン）
無保護グルコースより 6 段階
（総収率 18%）

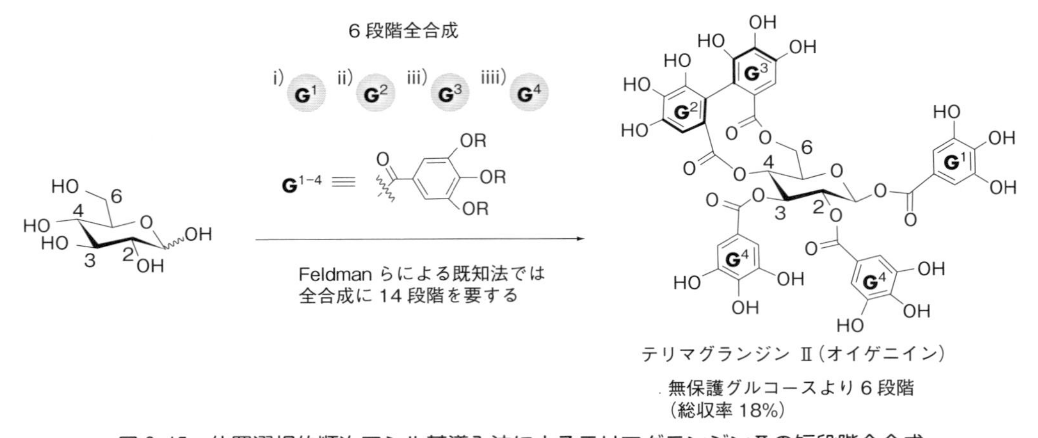

図 3-15　位置選択的順次アシル基導入法によるテリマグランジン II の短段階全合成

め，既知法（14 工程[30]）に比べて圧倒的に合成工程が短縮されている[29]．

次に，合成ルートの最終段階で位置選択的アシル基導入の鍵反応を行う配糖体天然物マルチフィドシド B の全合成を行った（図 3-16）．通常，全合成の最終段階は脱保護操作となる．したがって脱保護操作は非常に信頼性の高い方法が採用される．これに対し，全合成の最終段階に鍵反応を行うことは，一見，愚の骨頂と思える．もしも，最終段階で期待どおりの反応が進行しなければ，それまでの努力が水泡に帰すからである．しかし筆者らはあえて，最終段階で鍵反応の位置選択的アシル基導入を行う合成ルートを検討した．これは，触媒 **11** による位置選択的アシル化が官能基寛容性に優れ，種々の官能基存在下，例外なくグルコース 4 位での反応が観察された経験に基づいている[23, 31]．期待どおり，2 つの第一級ヒドロキシ基を含む 5 つの遊離ヒドロキシ基をもつ前駆体 **17** のアシル化は，触媒 **11** による制御により位置選択的に進行し，目的の配糖体天然物マルチフィドシド B を，TES 基の除去を後処理に

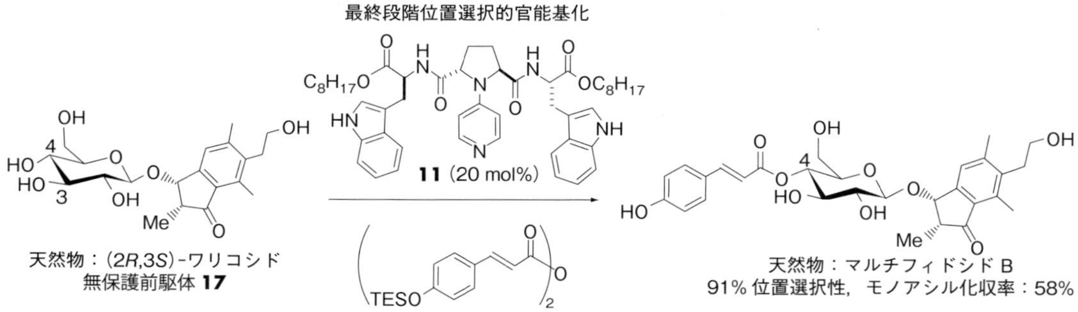

最終段階位置選択的官能基化

11 (20 mol%)

天然物：(2*R*,3*S*)-ワリコシド
無保護前駆体 **17**

天然物：マルチフィドシド B
91% 位置選択性，モノアシル化収率：58%

図 3-16　最終段階位置選択的アシル基導入法によるマルチフィドシド B の全合成

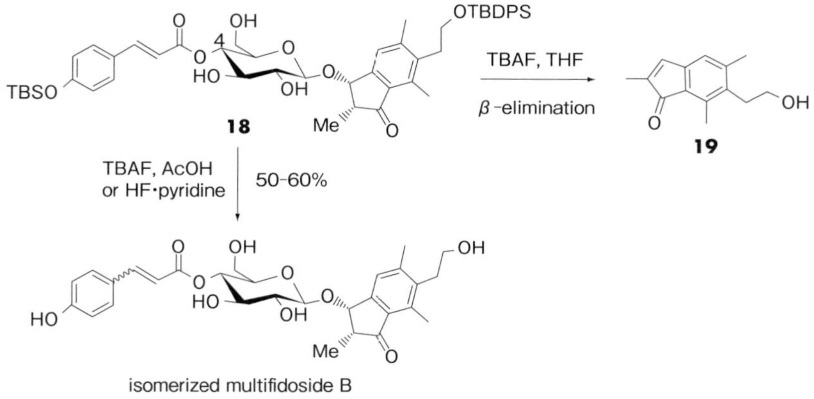

TBAF, THF
β-elimination

TBAF, AcOH
or HF･pyridine
50–60%

18　**19**

isomerized multifidoside B

図 3-17　最終段階での脱保護操作による副反応

含めることにより一段階で得た．この逆合成解析は保護-脱保護を駆使する従来法とは対照を成すものであるが，グルコース 4 位にアシル基をもつ配糖体天然物合成[24, 25]の一般法に成りうるものと期待している[32]．

全合成の最終段階位置選択的アシル基導入法は，逆合成解析として斬新なだけでなく，場合によっては脱保護時の副反応を回避できる特長をもつ(図 3-17)．たとえば，当初，部分保護した **18** のシリル系保護基の脱保護によりマルチフィドシド B を得る試みを行った際，常法である TBAF による脱保護操作では，アグリコン部が β-脱離を起こし，それまでの合成努力が水泡に帰した．また，より温和な脱保護条件でも二重結合の異性化が起こり，部分保護体 **18** を用いた経路では全合成を達成できなかった．

5　生物活性配糖体天然物の位置選択的官能基化

複雑な構造をもつ生物活性天然物の直接的な位置選択的官能基化や，その合成時における late-stage functionalization は近年特に注目を集めている[33]．これはオリジナルな生物活性をある程度保持したまま，多様な誘導体合成が期待できるためである．ラナトシド C は 8 つの遊離ヒドロキシ基をもつ複雑な構造の強心配糖体天然物で，その位置選択的な官能基導入を試みた(図 3-18)．触媒 **11** の存在下，さまざまな官能基をもつアシル基の 4'''' 位ヒドロキシ基への導入が位置選択的に進行した．本反応では混合酸無水物法を用いるため，広汎なカルボン酸をアシルドナーとして使用することができる．この反応では触媒 **11** がラナトシド C の末端グルコース構造を認識することで，4'''' 位(末端グルコースの 4 位)ヒドロキシ基へのアシル基の選択的導入を可能にしている．なお，ラナトシド C は本来，3'''' 位ヒドロキシ基の反応性が圧倒的に高く，DMAP と酸無水

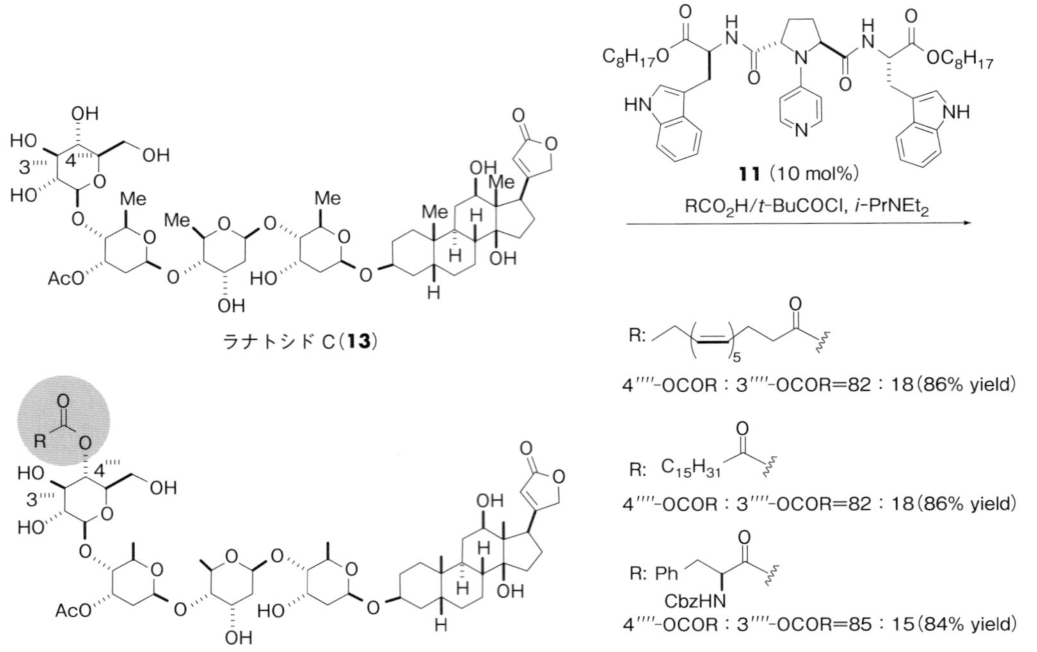

11 (10 mol%)

RCO_2H/*t*-BuCOCl, *i*-$PrNEt_2$

ラナトシド C(**13**)

R: $CH_3CH_2(CH=CHCH_2)_5CH_2CH_2C(=O)$–
4''''-OCOR : 3''''-OCOR=82 : 18(86% yield)

R: $C_{15}H_{31}C(=O)$–
4''''-OCOR : 3''''-OCOR=82 : 18(86% yield)

R: $PhCH_2CH(NHCbz)C(=O)$–
4''''-OCOR : 3''''-OCOR=85 : 15(84% yield)

図 3-18　8 つのヒドロキシ基をもつ強心配糖体天然物ラナトシド C の位置選択的官能基化

物を用いる系では 97%の位置選択性で 3'''' 位ヒドロキシ基のアシル化が進行する．すなわち，触媒 **11** はこの基質本来の反応性を凌駕して，触媒制御により 4'''' 位ヒドロキシ基官能基化を達成している[23]．なお，マルチフィドシド B の全合成の際に用いた前駆体 **17** も天然物〔(2*R*, 3*S*)-ワリコシド〕であることから，図 3-16 の分子変換は天然物からほかの天然物への直接変換に相当する．

まとめと今後の展望

不斉求核触媒の開発はこの 20 年間で急激な発展を遂げた．特に，不斉求核触媒を用いるラセミ体アルコールのアシル化による速度論的分割は，今では酵素法と並ぶ信頼性の高い方法として広く利用されている．不斉求核触媒は多くの不斉 C-O，C-N，C-C 結合形成に威力を発揮し，不斉合成分野の重要な一画を占めている．今後さらに，高選択性高活性の不斉求核触媒開発が加速され，不斉合成研究の成熟度を高める寄与が期待できる．一方で課題も残されている．たとえば，遠隔位不斉誘導や触媒制御による位置選択的官能基化があげられる．後者についてはたとえば，糖類のように多数のヒドロキシ基をもつポリオール化合物の特定のヒドロキシ基上での位置選択的官能基化があげられる．本法の開発は糖関連物質の合成に革新をもたらすと期待でき，また本法は生理活性天然物の終盤官能基化にも適用可能なため，標的とする生理活性天然物のオリジナルな活性を維持したまま構造制御された化合物ライブラリーを提供しうる方法になると期待される．このような位置選択的官能基化は有機合成の新たな潮流となる発展性を秘めつつも，その研究はやっと端緒についた段階である．位置選択的官能基化に向けた触媒開発に際しては，不斉合成法開発で普遍的に用いられる原理である立体障害が有効な戦略とはならないため，新たな触媒設計の指針や戦略が求められる．このように触媒制御による位置選択的官能基化は，有機合成分野での非連続的な発展につながる原動力にもなるものと期待される．

◆ 文 献 ◆

[1] L. M. Litvinenko, A. I. Kirichenko, *Dokl. Akad. Nauk. SSSR*, **176**, 97 (1967).

[2] W. Steglich, G. Höfle, *Angew. Chem., Int. Ed.*, **8**, 981 (1969).

[3] G. Höfle, W. Steglich, *Synthesis*, **1972**, 619.

[4] (a) M. R. Heinrich, H. S. Klisa, H. Mayr, W. Steglich, H. Zipse, *Angew. Chem., Int. Ed.*, **42**, 4826 (2003); (b) S. Singh, G. Das, G. O. V. Singh, H. Han, *Org. Lett.*, **9**, 401 (2007).

[5] 最近の不斉DMAP型触媒に関する総説：(a) R. P. Wurtz, *Chem. Rev.*, **107**, 5570 (2007); (b) A. C. Spivey, S. Arseniyadis, *Top. Curr. Chem.*, **291**, 233 (2010); (c) C. E. Müller, P. R. Schreiner, *Angew. Chem., Int. Ed.*, **50**, 6012 (2011); (d) T. Furuta, T. Kawabata, "Asymmetric Organocatalysis 1, Lewis Base and Acid Catalysts," ed. by B. List, Thieme (2012) p. 497.

[6] S. Xu, I. Held, B. Kempf, H. Mayr, W. Steglich, H. Zipse, *Chem. Eur. J.*, **11**, 4751 (2005).

[7] (a) G. Höfle, W. Steglich, H. Vorbrüggen, *Angew. Chem., Int. Ed.*, **17**, 569 (1978); (b) E. F. V. Scriven, *Chem. Soc. Rev.*, **12**, 129 (1983).

[8] A. Sakakura, K. Kawajiri, T. Ohkubo, Y. Kosugi, K. Ishihara, *J. Am. Chem. Soc.*, **129**, 14775 (2007).

[9] T. Sammakia, T. B. Hurley, *J. Org. Chem.*, **64**, 4652 (1999).

[10] E. Vedejs, X. Chen, *J. Am. Chem. Soc.*, **118**, 1809 (1996).

[11] (a) T. Kawabata, M. Nagato, K. Takasu, K. Fuji, *J. Am. Chem. Soc.*, **119**, 3169 (1997); (b) T. Kawabata, K. Yamamoto, Y. Momose, H. Yoshida, Y. Nagaoka, K. Fuji, *Chem. Commun.*, **2001**, 2700.

[12] H. B. Kagan, J. C. Fiaud, *Top. Stereochem.*, **18**, 249 (1988).

[13] (a) J. C. Ruble, G. C. Fu, *J. Org. Chem.*, **61**, 7230 (1996); (b) J. C. Ruble, H. A. Latham, G. C. Fu, *J. Am. Chem. Soc.*, **119**, 1492 (1997).

[14] S. L. Wilkur, G. C. Fu, *J. Am. Chem. Soc.*, **127**, 6167 (2005).

[15] (a) S. Arai, S. Bellemin–Laponnaz, G. C. Fu, *Angew. Chem., Int. Ed.*, **40**, 234 (2001); (b) F. O. Arp, G. C. Fu, *J. Am. Chem. Soc.*, **128**, 14264 (2006).

[16] (a) J. C. Ruble, G. C. Fu, *J. Am. Chem. Soc.*, **120**, 11532 (1998); (b) I. D. Hills, G. C. Fu, *Angew. Chem., Int. Ed.*, **42**, 3921 (2003).

[17] S. Yamada, T. Misono, S. Tsuzuki, *J. Am. Chem. Soc.*, **126**, 9862 (2004).

[18] A. C. Spivey, T. Fekner, S. E. Spey, *J. Org. Chem.*, **65**, 3154 (2000).

[19] M. R. Crittall, H. S. Rzepa, D. R. Carbery, *Org. Lett.*, **13**, 1250 (2011).

[20] K. Matsui, S. Takizawa, H. Sasai, *J. Am. Chem. Soc.*, **127**, 3680 (2005).

[21] T. Kawabata, T. Furuta, *Chem. Lett.*, **38**, 640 (2009).

[22] T. Kawabata, W. Muramatsu, T. Nishio, T. Shibata, H. Schedel, *J. Am. Chem. Soc.*, **129**, 12890 (2007).

[23] Y. Ueda, K. Mishiro, K. Yoshida, T. Furuta, T. Kawabata, *J. Org. Chem.*, **77**, 7850 (2012).

[24] S. Quideau, D. Deffieux, C. Douat–Casassus, L. Pouységu, *Angew. Chem., Int. Ed.*, **50**, 586 (2011).

[25] C. Jiménez, R. Riguera, *Nat. Prod. Rep.*, **11**, 591 (1994).

[26] K. Khanbabaee, C. Schulz, K. Lötzerich, *Tetrahedron Lett.*, **38**, 1367 (1997).

[27] N. Michihata, Y. Kaneko, Y. Kasai, K. Tanigawa, T. Hirokane, S. Higasa, H. Yamada, *J. Org. Chem.*, **78**, 4319 (2013).

[28] A. Kobayashi, S. Shoda, S. Takahashi, WO 2006038440 A1 (2006).

[29] H. Takeuchi, K. Mishiro, Y. Ueda, Y. Fujimori, T. Furuta, T. Kawabata, *Angew. Chem., Int. Ed.*, **54**, 6177 (2015).

[30] S. Feldman, K. Sahasrabudhe, *J. Org. Chem.*, **64**, 209 (1999).

[31] Y. Ueda, W. Muramatsu, K. Mishiro, T. Furuta, T. Kawabata, *J. Org. Chem.*, **74**, 8802 (2009).

[32] Y. Ueda, T. Furuta, T. Kawabata, *Angew. Chem., Int. Ed.*, **54**, 11966 (2015).

[33] O. Robles, D. Romo, *Nat. Prod. Rep.*, **31**, 318 (2014).

Chap 4

含窒素複素環式カルベンを用いる分子変換

Catalytic Transformations with N-Heterocyclic Carbones

鳴海 哲夫
（静岡大学総合科学技術研究科）

Overview

含窒素複素環式カルベン（*N*-heterocyclic carbene，以下 NHC）は，α，β-不飽和アルデヒドなどのカルボニル化合物の極性転換を契機として二重結合と共役したエナミノール中間体，いわゆる共役型 Breslow 中間体を与える．この中間体は，アシルアニオン等価体やホモエノラート等価体，活性エステル等価体など多彩な反応性を示す有用な活性種であるために，NHC 触媒を基盤とする分子変換は，ここ数年，目覚ましい進歩を遂げている．本章では，これまでに報告されている NHC 触媒の反応形式から，キラル NHC 触媒の分子設計，さらにそれらを用いて生成する反応活性種のうち，求核種を利用した分子変換に関する最近の進展について概説する．

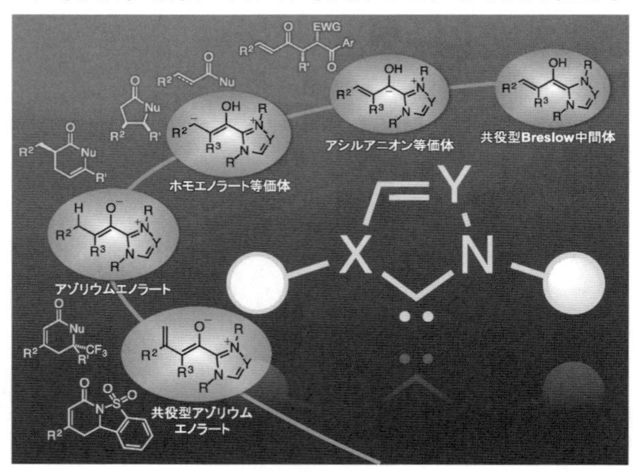

▲共役型 Breslow 中間体から生成する多様な求核種
［カラー口絵参照］

■ **KEYWORD** マークは用語解説参照

- ■含窒素複素環式カルベン（*N*-heterocyclic carbene）
- ■アゾリウム塩（azolium salt）
- ■α，β-不飽和アルデヒド（α，β-unsaturated aldehyde）
- ■共役型 Breslow 中間体（conjugated Breslow intermediate）
- ■極性転換（polarity inversion）
- ■ベンゾイン生成反応（benzoin condensation）
- ■Stetter 反応（Stetter reaction）
- ■ヒドロアシル化反応（hydroacylation）
- ■ホモエノラート付加反応（homoenolate addition）
- ■分子内酸化還元反応（intramolecular redox reaction）
- ■ヘテロ Diels-Alder 反応（hetero-Diels-Alder reaction）

Current Review

1 NHC 触媒の反応形式と触媒設計

含窒素複素環式カルベン(*N*-heterocyclic carbene, 以下 NHC)は，窒素や硫黄など隣接するヘテロ原子の孤立電子対から中心炭素の空の p 軌道に電子供与が起こることによって安定化された一重項アゾリウムカルベンであり，生体内ではピルビン酸からアセチル CoA への代謝反応における求核触媒として利用されている．これらアゾリウムカルベンを求核触媒とする分子変換は古くから見いだされ，チアゾリウム塩を触媒前駆体とするベンゾイン生成反応[1]や Stetter 反応が報告されている[2]．また，トリアゾリウム塩やイミダゾリウム塩が NHC 触媒前駆体となることが見いだされてからは[3]，多数の光学活性 NHC 触媒が開発され，新たな反応性が開拓されてきた(図 4-1)．近年報告されている NHC 触媒による分子変換は，α,β-不飽和アルデヒドやその等価体を基質とするものが多い．α,β-不飽和アルデヒドに NHC 触媒が付加し，プロトン移動を経てエナミノール中間体が生成する．この二重結合と共役したエナミノール中間体 **1** は共役型 Breslow 中間体と呼ばれ，従来のアシルアニオン等価体として機能するだけでなく，ホモエノラート等価体やエノラート等価体などの求核種，活性エステル等価体(アシルアゾリウム)などの求電子種，さらに一電子酸化することでラジカルカチオン種を生成し，これら反応活性種を活用した不斉触媒反応が活発に研究されている[4]．

近年のキラル NHC 触媒による不斉反応では，モルホリン縮環型アゾリウム塩やピロリジン縮環型アゾリウム塩が触媒前駆体として汎用されている(図 4-2)．なかでも，Rovis や Bode らによって報告された光学活性なアミノインダノールから誘導した四環性トリアゾリウム塩 **2** は，さまざまな不斉反応で高い不斉収率を与える優れた化合物群である[5]．また，Scheidt らはアシルホスホン酸エステルへのホモエノラート付加反応において，光学活性なジアミンより誘導したビアリール基をもつ C1 対称性イミダゾリニウム塩 **6** を触媒として用いると，高い不斉収率で付加反応が進行することを報告している[6]．本アゾリウム塩は，モルホリン縮環型やピロリジン縮環型アゾリウム塩とは異なる不斉概念に基づいていることから，今後の展開が注目される．

また，窒素上のアリール基の立体的および電子的特性もキラル NHC 触媒を設計するうえで重要な要素である．2,4,6-トリメチルフェニル基(メシチル基)や 2,6-ジエチルフェニル基のようにかさ高く電

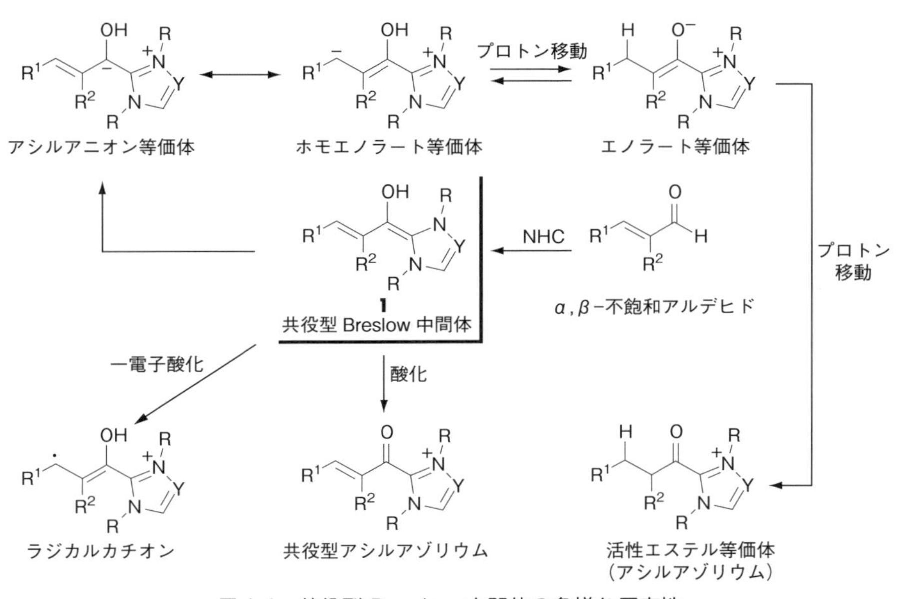

図 4-1　共役型 Breslow 中間体の多様な反応性

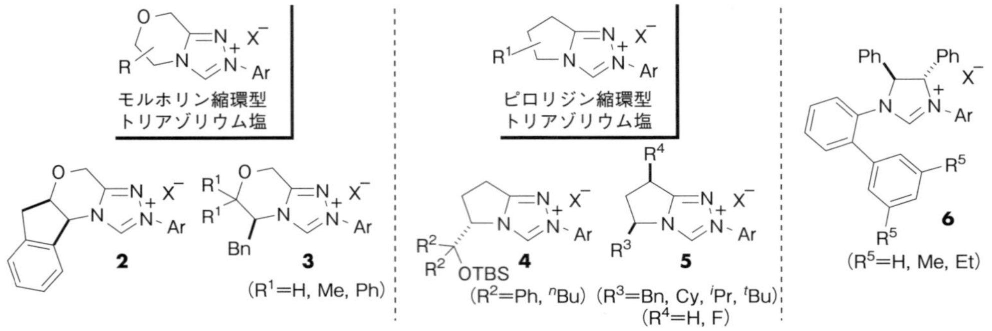

図 4-2　代表的な NHC 触媒の一例

子供与性のアリール基をもつ NHC 触媒は，ホモエノラート等価体やエノラート等価体による分子変換において有効であり，ペンタフルオロフェニル基や 2,4,6-トリクロロフェニル基のような電子求引性のアリール基をもつ NHC 触媒は，ベンゾイン生成反応や Stetter 反応などアシルアニオン等価体による分子変換において有効である．Bode らは，窒素上にメシチル基またはペンタフルオロフェニル基をもつトリアゾリウム塩を用いてさまざまな NHC 触媒反応を検討し，*N*-アリール基の立体的および電子的特性がアルデヒドと NHC から生じた四面体中間体の速度論的性質に影響することを報告している〔図 4-3(a)〕[7]．すなわち，窒素上にペンタフルオロフェニル基をもつトリアゾリリデン **7** の α, β-不飽

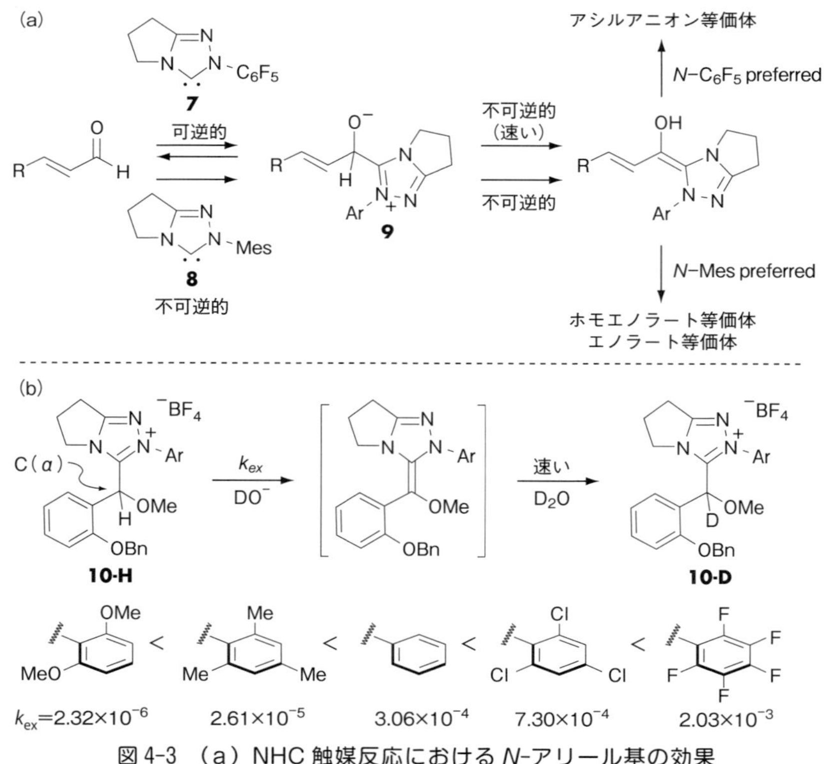

図 4-3　(a) NHC 触媒反応における *N*-アリール基の効果
(b) *N*-アリール基と C(α)位の相対的酸性度の関係

和アルデヒドへの付加反応は可逆的であるのに対し，窒素上にメシチル基をもつトリアゾリリデン**8**の付加反応は不可逆的である．これはメシチル基がかさ高く電子供与性が高いためにNHCの脱離能が低下し，付加体(四面体中間体：**9**)から共役型Breslow中間体の形成が促進されるというものである．一方で，O'DonoghueとSmithらはNMR測定によりBreslow中間体の前駆体となるアゾリウム塩**10**のC(α)位におけるH–D交換速度の速度論的な解析を行い，四面体中間体における相対的酸性度を議論している〔図4-3(b)〕[8]．測定したアゾリウム塩のなかでペンタフルオロフェニル基をもつアゾリウム塩が最も酸性度が高く，メシチル基に比べ約80倍程度もH–D交換速度が速い．これは電子供与性のアリール基をもつトリアゾリリデンに比べ，電子求引性のアリール基をもつトリアゾリリデンは四面体中間体における酸性度が高くなり，Breslow中間体の形成が促進されることを示している．今後これらの知見をもとに適切な触媒を設計することで，反応性を大きく向上させたNHC触媒の創製が可能になるものと期待される．

2 アシルアニオン等価体による分子変換

近年，アルデヒドとNHC触媒から生成したアシルアニオン等価体を用いて，異なるアルデヒド間での化学選択的な交差ベンゾイン生成反応や電子求引性基によって活性化されたオレフィン類を求電子剤とするStetter反応が検討されている．Gloriusらの開発した窒素上にメシチル基をもつチアゾリウム塩

ClO_4^-

11 (10 mol%)
Et_3N (20 mol%)

R–C₆H₄–CHO + 2-Cl–C₆H₄–CHO → 43–82%　　(1)

11を触媒前駆体として用いると，化学選択的な交差ベンゾイン生成反応が進行する〔式(1)〕[9]．これはチアゾリウム塩**11**から生成したNHC触媒は窒素上にかさ高いアリール基をもつため，立体的に混み合っていない芳香族アルデヒドへNHCの付加が優先するためである．これにより生成したBreslow中間体が電子求引性基をオルト位にもつ芳香族アルデヒドに付加することで，化学選択的に交差ベンゾイン生成物が得られる．

Rovisらは NHC触媒と光酸化還元触媒を組み合わせることで，可視光照射下，第三級アミン類の触媒的不斉アシル化反応が高収率，高エナンチオ選択的に進行することを報告している〔式(2)〕[10]．本触媒系では，アルデヒドと光学活性NHC触媒**12**から求核種であるアシルアニオン等価体を生成し，*N*-アリールテトラヒドロイソキノリンに対しルテニウムポリピリジル錯体($[Ru(bpy)_3]^{2+}$)存在下，可視光を照射することで求電子種であるイミニウムイオン中間体を生成する協奏的触媒反応である．触媒サイクル全体としては，基質の$C(sp^3)$–H結合をアルデヒドで直接的かつエナンチオ選択的に官能基化を行ったことになる．

NHC触媒による不斉Stetter反応のこれまでの例は，ペンタフルオロフェニル基のような電子求引性の*N*-アリール基をもつNHC触媒を用いる分子内不斉反応が多かったが，*N*-メシチル基をもつトリアゾリウム塩を触媒前駆体として用いると，分子間不斉反応において非常に高い不斉収率で生成物が得られることが近年報告されている．Gloriusらはフェニルアラニンから誘導したトリアゾリウム塩**13**を触媒前駆体として用いると，非常に高い不斉収率で分子間不斉Stetter反応が進行し，合成化学的に有用なアミノ酸誘導体が得られることを見いだしている〔式(3)〕[11]．従来の不斉Stetter反応では新たに生成する不斉点がβ位であるのに対し，この反応ではα位での不斉中心構築を必要とするために，アシルアニオン等価体が共役付加することで生成するエノラート中間体の分子内ジアステレオ選択的プロトン移動を利用している．また，Chiらも*N*-メシチル基をもつトリアゾリウム塩**14**を触媒前駆体と

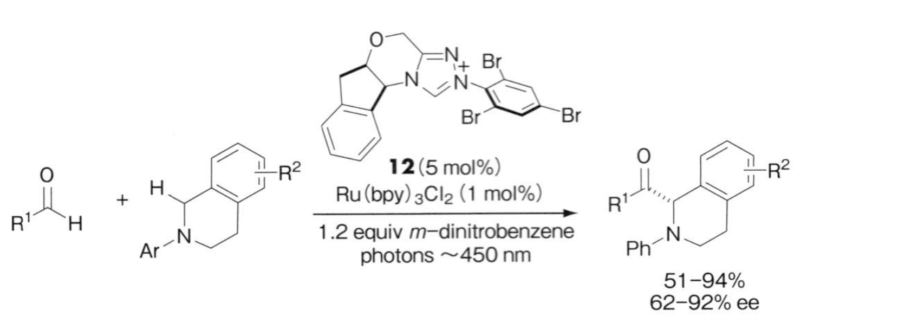

12 (5 mol%)
Ru(bpy)$_3$Cl$_2$ (1 mol%)
1.2 equiv *m*-dinitrobenzene
photons ~450 nm
51–94%
62–92% ee
（2）

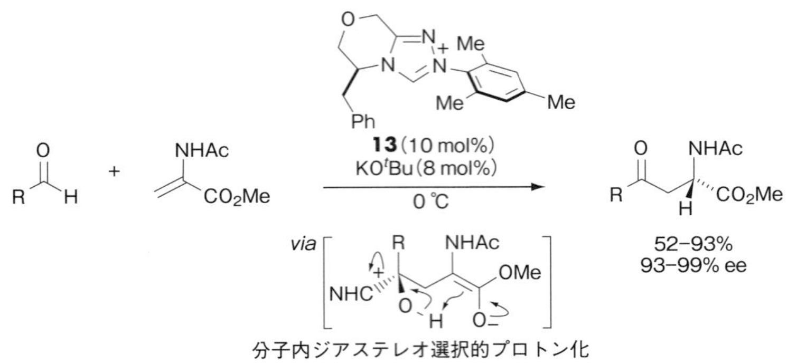

13 (10 mol%)
KO^{t}Bu (8 mol%)
0℃
52–93%
93–99% ee
via
分子内ジアステレオ選択的プロトン化
（3）

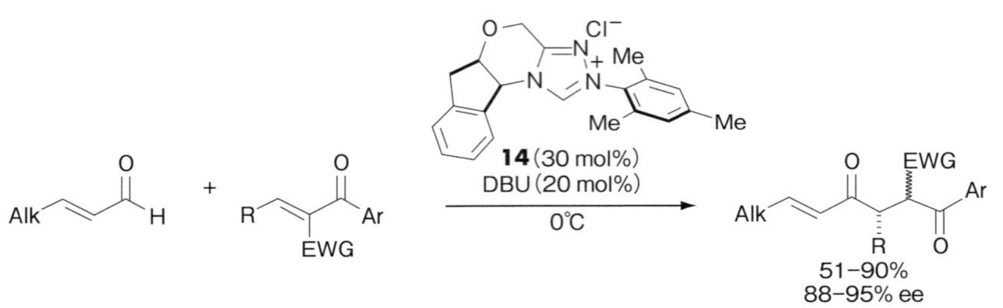

14 (30 mol%)
DBU (20 mol%)
0℃
51–90%
88–95% ee
（4）

して用い，α，β-不飽和脂肪族アルデヒドとカルコン誘導体の分子間不斉 Stetter 反応が高い不斉収率で進行することを報告している〔式(4)〕[12]．この反応では，求核種として共役型 Breslow 中間体ならびに求電子種として α 位がアシル化されたカルコン誘導体が必須であるが，従来の NHC 触媒系では成功例が少ない α, β-不飽和脂肪族アルデヒド類を基質としている点で興味深い．

Glorius らは Stetter 反応の延長として，活性化されていないオレフィン類に対する Breslow 中間体のヒドロアシル化反応に展開した〔式(5)〕[13]．本反応は水素移動と σ 結合形成が協奏的に進行する Conia-ene 型反応により進行することが計算化学的に示唆されている．また，反応性の低いシクロプロペンを基質とした場合，*N*-メシチル基をもつトリアゾリウム塩では低収率にとどまるものの，*N*-アリール基の2位と6位にメトキシ基を導入したトリアゾリウム塩 **15** を触媒前駆体として用いることで，高収率，高エナンチオ選択的にヒドロアシル化体が得られる．この窒素上のアリール基をよりかさ高く，電子供与性にすることでベンゾイン生成反応や逆反応が抑制されるものと考えられているが，*N*-アリール基の効果については今後の展開によって検証していく必要がある．

3 ホモエノラート等価体による分子変換

α, β-不飽和アルデヒドに NHC 触媒が付加することで生成する共役型 Breslow 中間体は，アシルアニオン等価体に加えて，その共鳴構造であるホモエノラート等価体としても機能し，これまでに芳香族ア

$$\text{ArCHO} + \text{cyclopropene}(R^1, R^2) \xrightarrow[\text{40 °C}]{\mathbf{15}\ (20\ \text{mol\%}),\ K_3PO_4\ (150\ \text{mol\%})} \text{Ar(C=O)-cyclopropane}(R^1, R^2) \quad (5)$$

51–94%
62–92% ee

ルデヒド，*N*-スルホニルイミン，ニトロン，アゾメチンイミンなどさまざまな求電子剤との交差反応が報告されている．これらに関しては優れた総説を参考にしていただき[4]，本節ではホモエノラート等価体を鍵とする不斉反応を中心に紹介する．

2009年にNairらは，NHC触媒によるニトロアルケンに対するα,β-不飽和アルデヒドのホモエノラート付加反応を検討した〔式(6)〕[14]．この触媒系ではアシルアニオン等価体によるStetter反応とホモエノラート等価体の付加反応が競合するが，イミダゾリニウム塩**16**を触媒前駆体として用いることでホモエノラート付加反応が選択的に進行する．つづいて，生成したアシルアゾリウムに対しメタノールが付加することで，δ-ニトロエステルが良好な収率かつアンチ選択的に得られる．Liuらは当初光学活性イミダゾリニリデンを用いて検討したが，反応性，選択性ともに低く，触媒前駆体をトリアゾリウム塩**17**に変更することで，ニトロアルケンに対する不斉ホモエノラート付加反応が進行し，高エナンチオ選択的かつアンチ選択的に対応するδ-ニトロエステルが得られることを見いだした〔式(7)〕[15]．一方で，Rovisらは窒素上に電子求引性のアリール基を有するトリアゾリウム塩**18**を触媒前駆体とすることで，シン選択的な不斉ホモエノラート付加反応が進行することを見いだした〔式(8)〕[16]．Rovisらは触媒設計において，競合するStetter反応を抑制するために，ピロリジン環上の置換基をかさ高くすることで，アシルアニオン反応点近傍での立体障害を利用したと述べている．これは，共役型Breslow中間体において窒素上のアリール基をかさ高くすると，立体障害によりホモエノラートとしての反応性を引き出すことができるメシチル基と同様の効果がピロリジン環上の置換基をかさ高くすることで得られることを示唆しており，新たな触媒設計につながる重要な知見である．

2010年にScheidtらは光学活性NHC触媒**19**とルイス酸触媒を組み合わせることで，カルコンに対する共役型Breslow中間体の不斉ホモエノラート付加反応が進行し，非常に高いジアステレオ，エナンチオ選択性で*cis*-シクロペンテンが得られることを見いだした〔式(9)〕[17]．オルトチタン酸テトライソプロピルをルイス酸触媒とすることで，共役型Breslow中間体のエノール酸素とカルコンのカルボニル酸素がチタンに配位し，求電子剤の活性化ならびに反応点が近接することで高い立体選択性が実現するものと考えられている．さらに，ルイス酸触媒としてマグネシウム塩を用いるヒドラゾンの活性化や[18]，塩化リチウムを用いるイサチン類の活性化を利用した不斉反応も報告されている〔式(10)および式(11)〕[19]．これらNHC/ルイス協奏的触媒反応では，NHC-ルイス酸錯体の形成を抑制するために，典型金属を用いることが重要である．

Rovisらは光学活性NHC触媒とブレンステッド酸触媒を組み合わせたNHC/ブレンステッド酸協奏的触媒反応を報告した〔式(12)〕[20]．トリアゾリウム塩**20**から生成したNHC触媒は窒素上のアリール基として電子求引性のペンタフルオロフェニル基をもつため，塩基性が低いことからブレンス

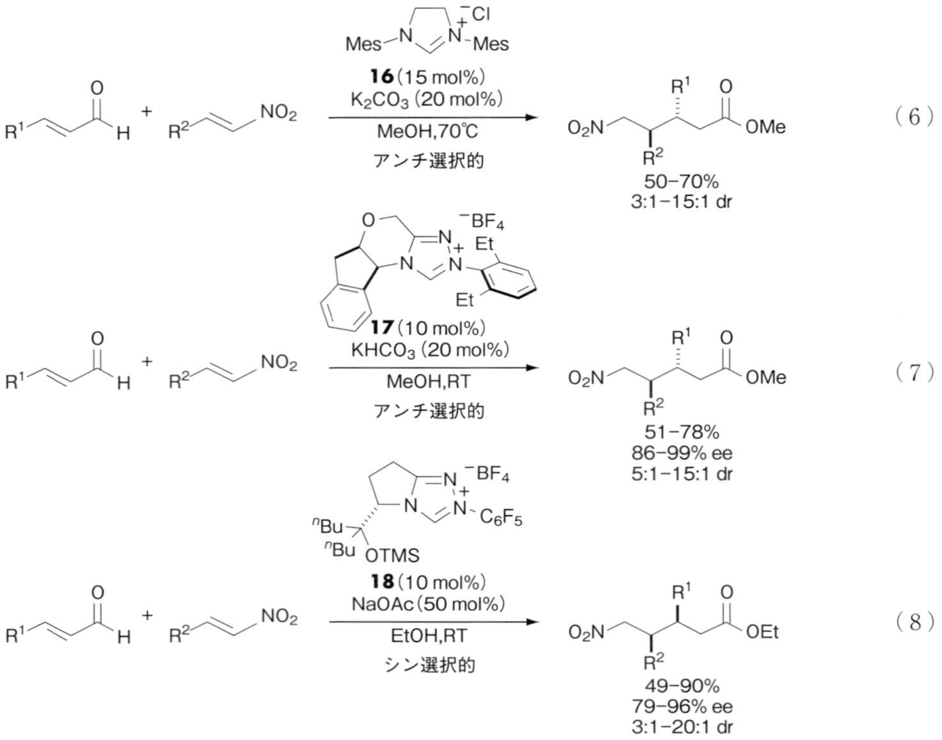

16 (15 mol%)
K_2CO_3 (20 mol%)
MeOH, 70℃
アンチ選択的
50–70%
3:1–15:1 dr
(6)

17 (10 mol%)
$KHCO_3$ (20 mol%)
MeOH, RT
アンチ選択的
51–78%
86–99% ee
5:1–15:1 dr
(7)

18 (10 mol%)
NaOAc (50 mol%)
EtOH, RT
シン選択的
49–90%
79–96% ee
3:1–20:1 dr
(8)

テッド酸による中和を受けても，生成する共役塩基によって再度脱プロトン化されることでNHCを再生する．よって，系中に適切な酸性度のブレンステッド酸を共存させることで，求電子剤となるイミンを活性化すると同時に，カルボン酸のカルボニル酸素が共役型Breslow中間体のエノールプロトンと水素結合することにより，十一員環の遷移状態Aを経て不斉ホモエノラート付加反応が進行し，γ-ラクタムが良好な収率かつ高い不斉収率で得られる．なお，これまで述べてきたNHC/ルイス酸およびNHC/ブレンステッド酸協奏的触媒反応における生成物の不斉発現は，ほとんどがNHC触媒の不斉環境に起因しており，今後はキラルルイス酸触媒やキラルブレンステッド酸触媒を用いた不斉合成への展開が注目される．

4 エノラートおよび共役型エノラート等価体による分子変換

NHC触媒による分子変換において，エノラート等価体を用いる不斉付加環化反応は最も効率的な炭素-炭素結合形成反応の一つである．エノラート等価体を生成するには，α,β-不飽和アルデヒドとNHCから生成する共役型Breslow中間体からのプロトン移動による手法やα位に脱離基をもつアルデヒドの分子内酸化還元反応を利用する手法が代表的である（図4-4）．共役型Breslow中間体のプロトン移動による手法では，*N*-メシチル基のように窒素上に嵩高く電子供与性アリール基をもつトリアゾリウム塩を用いることでホモエノラート部位の反応性が向上し，系内で弱塩基から発生した強い共役酸によるプロトン化を受けることでエノラート等価体が生成する．一方で，α位に脱離基をもつアルデヒドを反応基質とした場合，NHCがアルデヒド炭素に求核付加し，β脱離反応を経てエノラート等価体を生成する．このように生成したエノラート等価体は電子豊富なジエノフィルとして機能し，オキソジエンやアザジエン **21** との逆電子要請型不斉ヘテロDiels–Alder反応において高い反応性や立体選択性を示す[21]．また，分子内ケトン **22**[22]やイミン **23**[23]に対しても容易に反応し，1,2-付加体生成物が高い

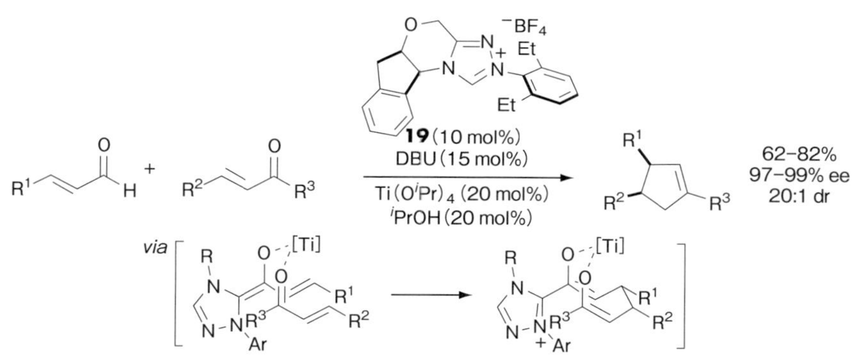

19 (10 mol%)
DBU (15 mol%)
Ti(O^{i}Pr)$_4$ (20 mol%)
^{i}PrOH (20 mol%)
62–82%
97–99% ee
20:1 dr
(9)

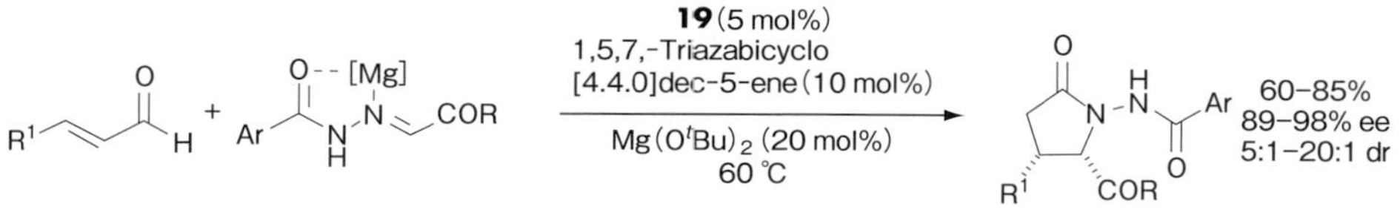

19 (5 mol%)
1,5,7,-Triazabicyclo
[4.4.0]dec-5-ene (10 mol%)
Mg(O^{t}Bu)$_2$ (20 mol%)
60 ℃
60–85%
89–98% ee
5:1–20:1 dr
(10)

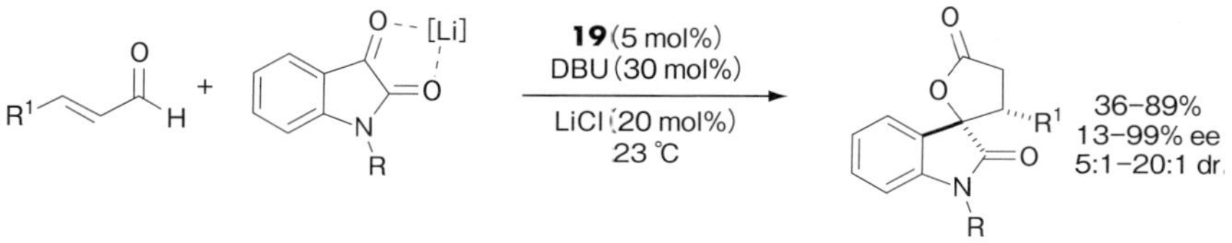

19 (5 mol%)
DBU (30 mol%)
LiCl (20 mol%)
23 ℃
36–89%
13–99% ee
5:1–20:1 dr
(11)

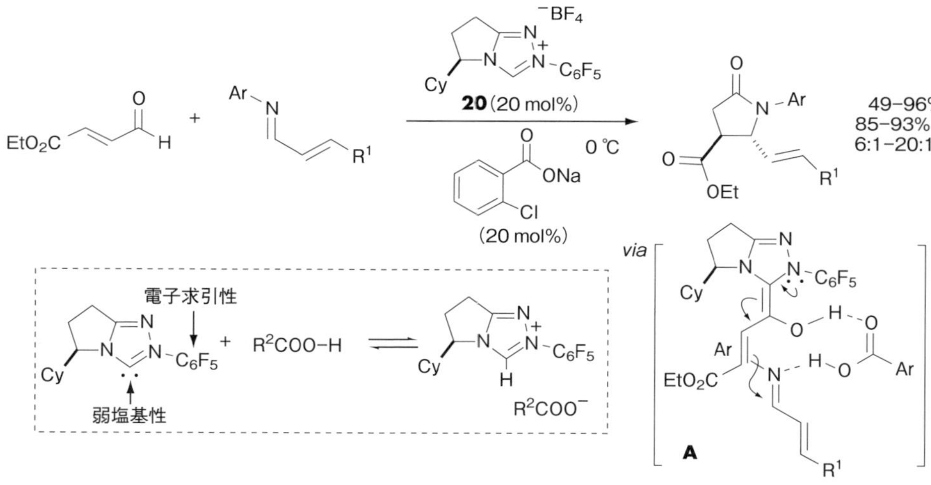

20 (20 mol%)
0 ℃
(20 mol%)
49–96%
85–93% ee
6:1–20:1 dr
電子求引性
弱塩基性
(12)

不斉収率で得られる．

これまでに述べてきた化学種を用いる分子変換では，α,β-不飽和アルデヒドのα位およびβ位官能基化に限定されているが，最近，共役型エノラート等価体を用いたγ位官能基化が見いだされた．Chi らはβ位にメチル基をもつα,β-不飽和アルデヒド **24** を反応基質とすることで，活性化されたケトンに対する共役型エノラート等価体の分子間不斉交差アルドール-環化カスケード反応が進行し，高い不斉収率で第四級不斉炭素をもつδ-ラクトンが得られることを見いだした(図 4-5)[24]．本カスケード反応では，共役型 Breslow 中間体をキノン **25** を用いて求電子性の高いアシルアゾリウムへと酸化し，酸性度が向上したγ位での脱プロトン化により共役型エノラート等価体を生成させて反応を行っている．助触媒としてスカンジウムトリフラートおよびマグネシ

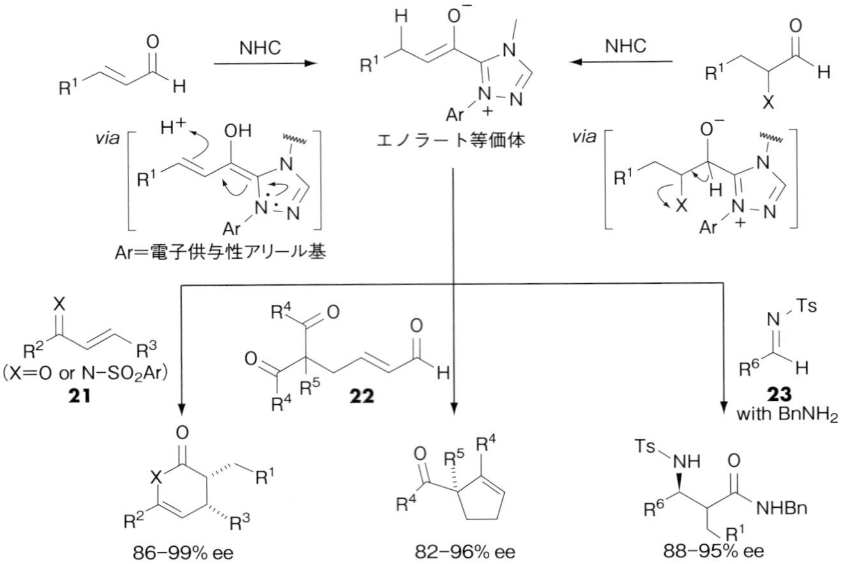

図 4-4 エノラート等価体による分子変換

ウムトリフラートを用いることで反応性およびエナンチオ選択性が向上するが，その理由は理解されていない．関連した反応として，シクロブテノン **26** の炭素-炭素結合活性化を利用した共役型エノラート等価体の不斉付加環化反応があげられる[25]．この系では，シクロブテノン **26** がもつ環歪みをうまく活かして，NHC の付加に伴い生成する四面体中間体の炭素-炭素結合を活性化することで共役型エノラート等価体を発生させ，さまざまなイミンとの不斉付加環化反応を進行させることに成功している．γ 位に置換基をもつシクロブテノンを反応基質とすることで，連続する不斉中心の構築も可能である．

5 おわりに

以上，近年注目されている求核触媒としての NHC について，反応性から触媒分子設計，さらに最近の NHC 触媒を用いて生成する反応活性種のうち，アシルアニオン等価体やホモエノラート等価体などの求核種を利用した分子変換の現状について述べてきた．NHC 触媒による分子変換は，アゾリウム塩の多様化や α,β-不飽和アルデヒドをはじめとする基質の多機能化を経て，さまざまな不斉触媒反応への展開がなされており，近年ではキラルルイス酸触媒やブレンステッド酸触媒を組み合わせた反応なども開発されている．なお紙面の都合上，本章で述べることはできなかったが，求電子種であるアシルゾリウムやラジカルカチオン種を利用する不斉触媒反応など，NHC 触媒による分子変換の裾野はさらなる広がりを見せている．このように目覚ましい進歩を遂げている NHC 触媒であるが，触媒量や反応時間，基質適用範囲などは未だ改善が必要である．今後多くの研究者の参入により，合理的な分子設計に基づく NHC 触媒が開発されることで，実用的な有用物質合成法として確立されるものと期待したい．

◆ 文 献 ◆

[1] T. Ugai, S. Tanaka, S. Dokawa, *J. Pharm. Soc. Jpn.*, **63**, 296 (1943).
[2] H. Stetter, *Angew. Chem., Int. Ed.*, **15**, 639 (1976).
[3] D. Enders, K. Breuer, G. Raabe, J. Runsink, J. H. Teles, J.-P. Meleder, K. Ebel, S. Brode, *Angew. Chem., Int. Ed. Engl.*, **34**, 1021 (1995).
[4] (a) N. A. White, R. Rovis, *J. Am. Chem. Soc.*, **136**, 14674 (2014); (b) N. A. White, R. Rovis, *J. Am. Chem. Soc.*, **137**, 10112 (2015).
[5] (a) M. S. Kerr, J. Read de Alaniz, T. Rovis, *J. Am. Chem. Soc.*, **124**, 10298 (2002); (b) M. He, J. R. Struble,

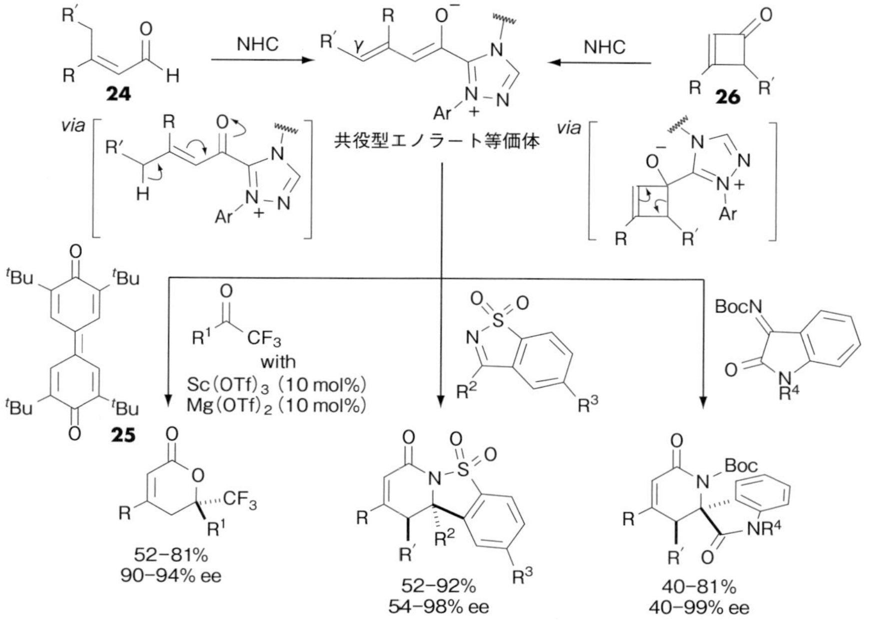

図 4-5　共役型エノラート等価体による分子変換

J. W. Bode, *J. Am. Chem. Soc.*, **128**, 10298 (2006).

[6] K. P. Jang, G. E. Hutson, R. C. Johnston, E. O. McCusker, P. H.-Y. Cheong, K. A. Scheidt, *J. Am. Chem. Soc.*, **136**, 76 (2014).

[7] J. Mahatthananchai, J. W. Bode, *Chem. Sci.*, **3**, 192 (2012).

[8] C. J. Collett, R. S. Massey, O. R. Maguire, A. S. Batsanov, A.-M. C. O'Donoghue, A. D. Smith, *Chem. Sci.*, **4**, 1514 (2013).

[9] I. Piel, M. D. Pawelczyk, K. Hirano, R. Fröhlichi, F. Glorius, *Eur. J. Org. Chem.*, **2011**, 5475 (2011).

[10] D. A. DiRocco, T. Rovis, *J. Am. Chem. Soc.*, **134**, 8094 (2012).

[11] T. Jousseaume, N. E. Wurz, F. Glorius, *Angew. Chem., Int. Ed. Engl.*, **50**, 1410 (2011).

[12] X. Fang, X. Chen, H. Lv, Y. R. Chi, *Angew. Chem., Int. Ed. Engl.*, **50**, 11782 (2011).

[13] I. Piel, M. Steinmetz, K. Hirano, R. Fröhlichi, S. Grimme, F. Glorius, *Angew. Chem., Int. Ed. Engl.*, **50**, 4983 (2011).

[14] V. Nair, C. R. Sinu, B. P. Babu, V. Varghese, A. Jose, E. Suresh, *Org. Lett.*, **11**, 5570 (2009).

[15] B. Maji, J. Ji, S. Wang, S. Vedachalam, R. Ganguly, X.-W. Liu, *Angew. Chem., Int. Ed. Engl.*, **51**, 8276 (2012).

[16] N. A. White, D. A. DiRocco, T. Rovis, *J. Am. Chem. Soc.*, **135**, 8504 (2013).

[17] B. Cardinal-David, D. E. A. Raup, K. A. Scheidt, *J. Am. Chem. Soc.*, **132**, 5345 (2010).

[18] D. E. A. Raup, B. Cardinal-David, D. Holte, K. A. Scheidt, *Nat. Chem.*, **2**, 766 (2010).

[19] J. Dugal-Tessier, E. A. O'Brian, T. B. H. Schroeder, D. T. Cohen, K. A. Scheidt, *Angew. Chem., Int. Ed. Engl.*, **51**, 4963 (2012).

[20] X. Zhao, D. A. DiRocco, T. Rovis, *J. Am. Chem. Soc.*, **133**, 12466 (2011).

[21] (a) M. He, J. R. Struble, J. W. Bode, *J. Am. Chem. Soc.*, **128**, 8418 (2006); (b) M. He, G. J. Uc, J. W. Bode, *J. Am. Chem. Soc.*, **128**, 15088 (2006).

[22] M. Wadamoto, E. M. Phillips, E. T. Reynolds, K. A. Scheidt, *J. Am. Chem. Soc.*, **129**, 10098 (2007).

[23] Y. Kawanaka, E. M. Phillips, Y. Kawanaka, K. A. Scheidt, *J. Am. Chem. Soc.*, **131**, 18028 (2009).

[24] J. Mo, X. Chen, Y. R. Chi, *J. Am. Chem. Soc.*, **134**, 8810 (2012).

[25] B.-S. Li, Y. Wang, Z. Jin, P. Zhen, R. Ganguly, Y. R. Chi, *Nat. Commun.*, **6**, 6207 (2015).

Chap 5

二官能性水素結合供与触媒の創製と応用

Design and Application of Bifunctional Hydrogen Bond Donor Catalysts

竹本 佳司
（京都大学大学院薬学研究科）

Overview

水素結合は，分子がかかわる基本的な相互作用の１つで，小分子のみならず核酸やタンパクなどの三次元構造の形成・維持から化学的特性の発現，さらには異なる分子同士の化学反応の促進など，自然現象から生命活動に至るまで多くの場面で中心的な役割を果たしている．このようにありふれた水素結合ではあるが，その特徴を科学的に理解して巧みに活用することによって，人類の手でも自然を越える超分子化合物や人工酵素を創り出すことができる．たとえば，生体触媒が多彩な分子間相互作用を駆使して温和な条件下で高度に反応の立体制御を行っているメカニズムを模倣することで，高性能な合成触媒や革新的な不斉触媒反応の開発が達成されてきた．本章では，チオウレア触媒を中心に，より優れた水素結合能が期待できる新たな水素結合供与触媒の開発に至る経緯も含め，最近の触媒開発研究の動向を紹介したい．

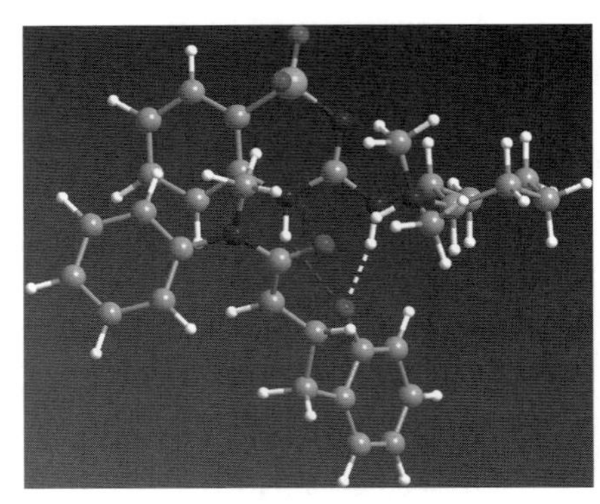

▲分子内オキサマイケル反応における触媒と基質の遷移状態モデル

■ ***KEYWORD*** 📖マークは用語解説参照

- ■水素結合（hydrogen bond）
- ■不斉反応（asymmetric reaction）
- ■チオウレア（thiourea）
- ■ベンゾチアジアジン（benzothiadiazine）
- ■キナゾリン（quinazoline）
- ■アリールボロン酸（arylboronic acid）
- ■二元触媒（dual catalyst）
- ■イオン対（ion pair）
- ■アニオン捕捉（anion acceptor）
- ■協同効果（synergistic effect）

1 チオウレア触媒の歴史的背景

水素結合1つの結合エネルギーは，10〜30 kJ/mol ほどでそれほど強い相互作用とはいえない．そこで，核酸塩基のように複数個の水素結合を利用することになるが，その相互作用を過度に大きくし過ぎても，触媒から生成物が解離できないために触媒効率の低下に繋がる恐れがある．チオウレアは比較的酸性度が高い N-H 結合を2つもち，かつシン配座をとれば基質と二点で水素結合を形成できるので，理想的な水素結合供与触媒となりうる．実際にチオウレアは，ハードなアニオン種のアニオン捕捉分子として利用され，またニトロ基，カルボニル基，スルホキシドのような分極した中性分子と相互作用することも報告されている．代表的なチオウレアを図 5-1 に示したが，それらの水素結合様式はほぼ同じで，チオウレア部の2つの N-H が基質と二点で水素結合した複合体を形成する．

スルホキシドやカルボニル化合物を用いたラジカル付加反応やペリ環状反応において，チオウレアを当量あるいは触媒量添加することで，反応速度とジアステレオ選択性が向上することが見いだされた．その後，不斉反応への応用が検討され，イミンへの求核付加反応やエノンの Morita-Baylis-Hilman 反応において高いエナンチオ選択性を発現する，キラルなチオウレア触媒が次々と報告された（図 5-2）[1]．

これまでチオウレアはもっぱら求電子剤に作用し活性化すると考えられてきた．そこで筆者らは，求電子剤とともに求核剤を同時に活性化すれば，触媒

pK_a: 26.9 (X = O)
pK_a: 18.7 (X = S)
pK_a: 18.7 (X = O)
pK_a: 13.4 (X = S)
シン体
アンチ体
Etter (1988)
Curran (1994)
Schreiner (2002)
pK_a: 8.5 (X = S), 13.8 (X = O)

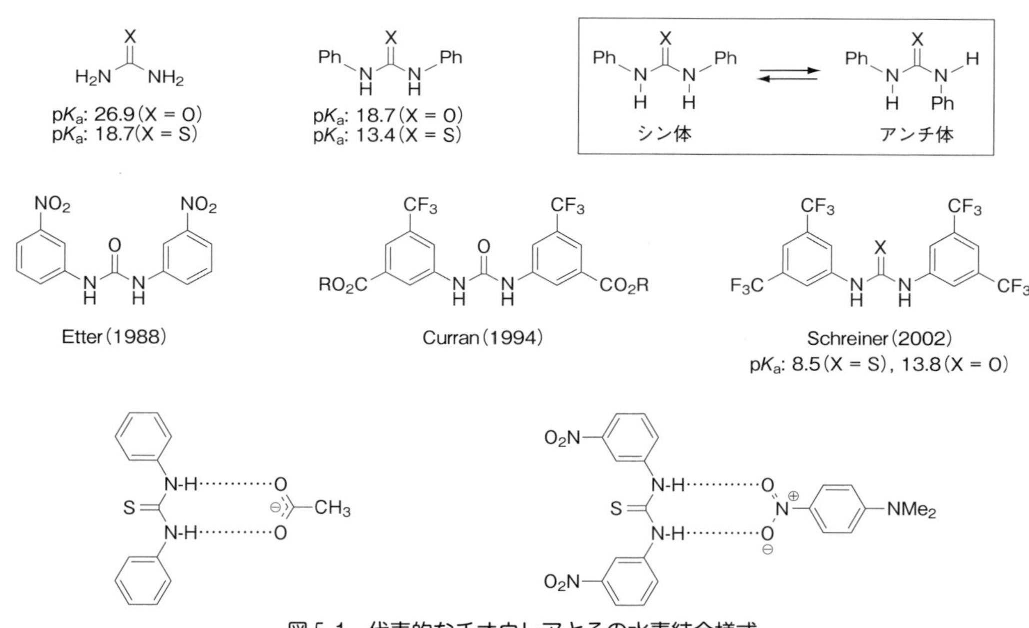

図 5-1　代表的なチオウレアとその水素結合様式

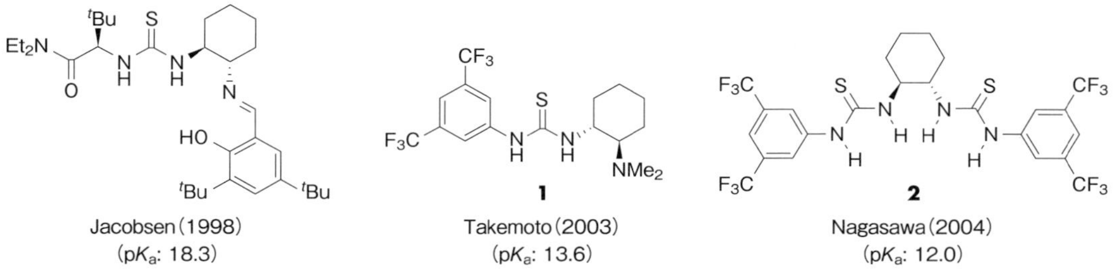

Jacobsen (1998)
(pK_a: 18.3)
1
Takemoto (2003)
(pK_a: 13.6)
2
Nagasawa (2004)
(pK_a: 12.0)

図 5-2　キラルなチオウレア触媒

Y = OMe: 40%(52% ee), Y = H: 58%(80% ee), Y = CF_3: 86%(93% ee)

Y = CF_3 (**1**), H, OMe

図 5-3 アミノチオウレア触媒を用いた不斉マイケル付加反応

による反応のさらなる促進効果が期待できると考え，第三級アミノ基とチオウレアを同一分子内にもつ新しいタイプの触媒として，二官能性チオウレア(bifunctional thiourea) **1** を設計した．触媒 **1** は，期待通り *β*-ニトロスチレンとマロン酸エステルのマイケル付加を劇的に加速し，目的物を高エナンチオ選択的に与えた．また，チオウレアのベンゼン環上に電子求引基を導入することで反応速度と立体選択性が向上すること，そして触媒活性とチオウレア N-H の酸性度には正の相関があることを明らかにした(図 5-3)[2].

2 二官能性チオウレア触媒を用いた触媒的不斉反応

触媒 **1** の活性化機構に関しては，計算化学的手法を用いて，当初の予想とは異なるメカニズムが後に提案された(図 5-4)．詳細な反応機構に関しては検討の余地はあるものの(Part Ⅲ「この分野を発展させた革新論文」の ㉕ 参照)，本触媒の基質活性化の一般性は非常に高く，求核剤として種々の活性メチレン化合物(*β*-ケトエステル，マロン酸ジエステル，マロノニトリル，ニトロアルカンなど)が利用可能であり，また不飽和カルボン酸誘導体やイミンそしてアゾジカルボン酸エステルなど，種々の求電子剤と立体選択的に反応し対応する付加体を収率良く与えることが，その後の研究で明らかになった(図 5-5)[3].

イミンへの付加反応とは異なり，触媒 **1** を用いたアルデヒドとのアルドール反応は，収率も立体選択性も中程度で解決すべき課題の 1 つであった．筆者らはその原因が付加反応の可逆性ではないかと考え，付加により生じるヒドロキシ基を捕捉する官能基を求核剤に付与させることにした．イソシアナートを有するマロン酸エステル **3** を用いて触媒 **1** 存在下でアルドール反応を検討したところ，期待通りにオキサゾリジノン体 **4** を収率良く得た．分岐型脂肪族および芳香族アルデヒドとの反応では，エナンチオ選択性は全般的に良好であった．一方，分岐しない直鎖脂肪族アルデヒドでは選択性が低下したが，嵩高いアミノ基をもつ触媒 **5** を用いることでエナンチオ選択性を改善できることがわかった．さらに，合成したアルドール成績体から，非天然アミノ酸誘導体や mycestericin C の不斉全合成を達成した(図 5-6)[4].

これまで述べた反応はすべて求核剤と求電子剤が関与する二分子反応であった．二官能性チオウレア触媒を用いた分子内反応はすでに報告されていたが，成功例は少なく未開拓の分野であった．そこで，効率的な触媒的不斉合成法が確立されていない Neber

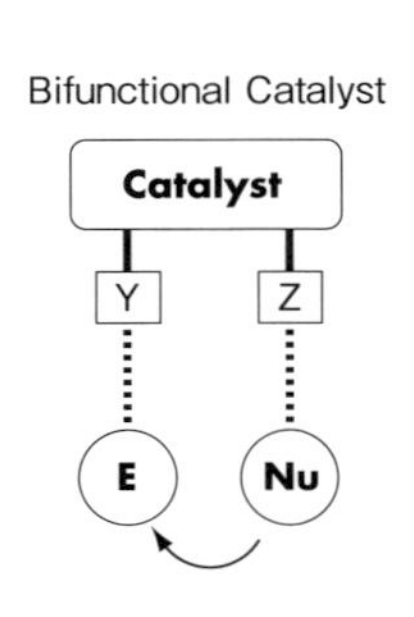

(a) 当初提案された反応機構

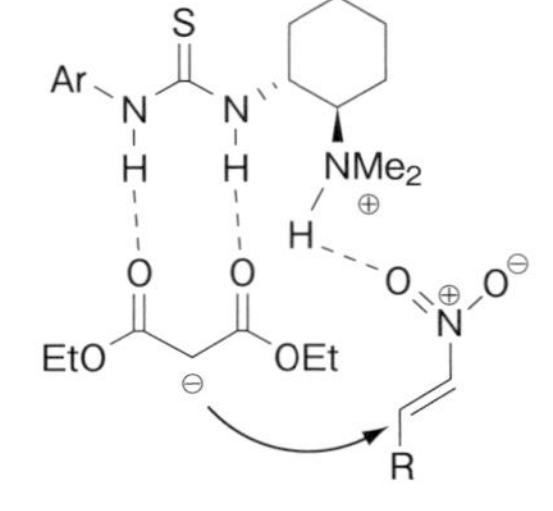

(b) DFT 計算に基づく提唱反応機構

図 5-4 二官能性チオウレア触媒の推定反応機構

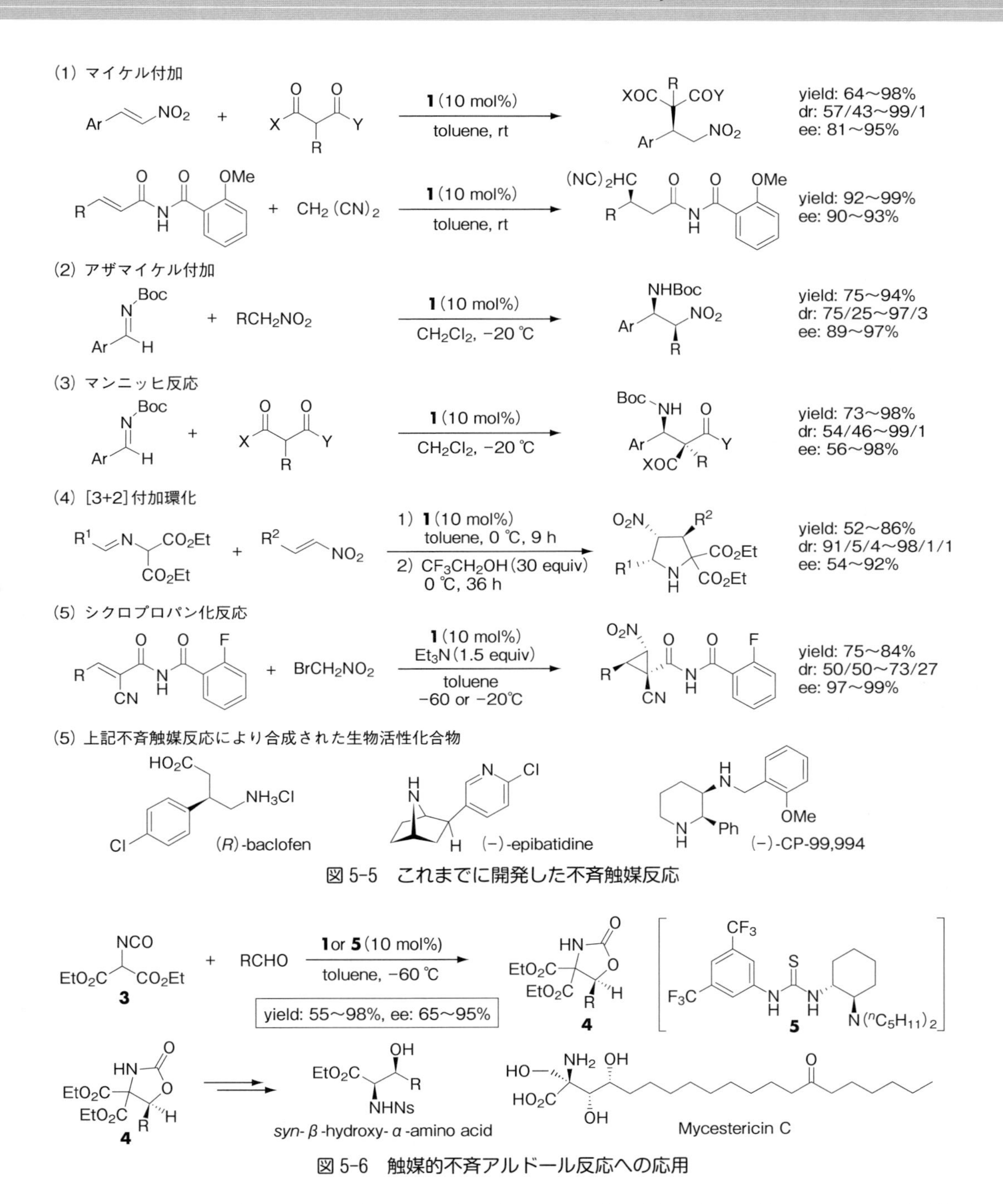

図 5-5　これまでに開発した不斉触媒反応

図 5-6　触媒的不斉アルドール反応への応用

反応に興味をもち研究に着手した．本反応は，入手容易なβ-ケトエステルから誘導したオキシムスルホン酸エステルに対して，当量以上の塩基を作用させアジリンを合成するものである．反応の進行に伴いスルホン酸が生成し触媒と塩を形成するため，当量以上の塩基を共存させておく必要がある．よって，本反応を不斉触媒反応に仕上げるには，反応基質とは反応せず生じるスルホン酸のみを不活性化する，最適な塩基と不斉触媒の探索が成功の鍵を握る．検討の結果，触媒 **1** と炭酸ナトリウムの組み合わせが最も効果的であり，さらに電子求引性の脱離基をもつ基質 **6** を用いることで高エナンチオ選択的にア

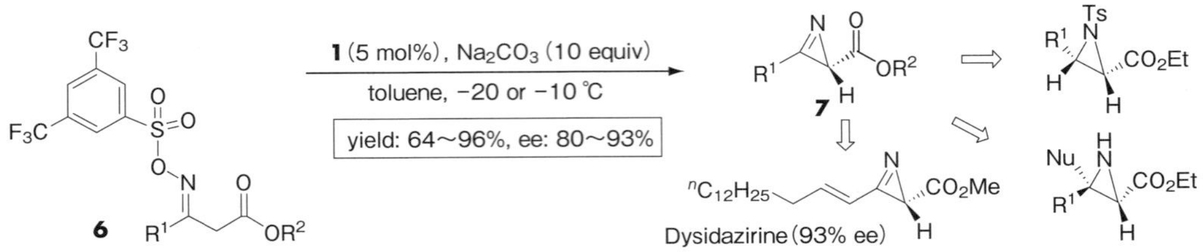

図 5-7 触媒的不斉 Neber 反応を用いたアジリンの不斉合成

ジリン体 **7** を合成することに成功した．アジリン **7** はさまざまな光学活性アジリジン誘導体や生物活性天然物(dysidazirine)に変換できる(図 5-7)[5].

3 N-H 酸性度向上を指向して設計された水素結合供与触媒

上述の二官能性チオウレア触媒は，チオウレア部の分子認識能に加えて，第二の官能基を多様に選択できるため，反応適用範囲が格段に広げられた[6]．一方で，チオウレアは酸化剤や強力な求電子剤と容易に反応して分解するため，ある特定の反応には利用することができない．そこで，チオウレアよりも優れた水素結合供与能をもち，かつ酸化剤にも耐性を示す新たな官能基を開発することができれば，より効果的で汎用性の高い高性能な触媒の創製を実現できる．新触媒の設計原理は単純で，チオウレアの硫黄原子をアミドあるいはスルホンアミドに置換し，かつ窒素置換基のベンゼン環と環化させることで，立体配座の固定化と N-H の水素結合供与能の向上を期待した(図 5-8)[7].

キナゾリンとベンゾチアジアジンの水素結合供与能をチオウレア触媒と比較するために，アセトニトリル中で塩化物イオンとの会合定数(K)を求めたところ，水素結合供与能の強さは，ベンゾチアジアジン **9**($K = 1888 \pm 44$)>チオウレア **1**($K = 1177 \pm 37$)>キナゾリン **8**($K = 489 \pm 18$)となった．また，これらの触媒の水素結合供与能と触媒活性の相関を調べるために，マイケル付加，ヒドラジノ化，1,3-水素移動，分子内オキサマイケル反応を検討した．その結果，水素結合供与能が高い触媒が常に効果的ではなく，反応にかなり依存することが明らかになった(図 5-9).

ニトロオレフィンへのマイケル付加反応では触媒 **1** が最も高い活性を示したが(eq. 1)，ヒドラジノ化反応では最も水素結合供与能の低いキナゾリン触媒 **8** が最高のエナンチオ選択性を発現した(eq. 2)．一方，残りの 2 反応ではいずれもベンゾチアジアジン触媒 **9** が反応速度，立体選択性ともにベストな結果を与えた．まずアレンへの異性化反応では，ベンゾチアジアジンとチオウレアを用いれば，エステルの α 位置換基の有無に関係なく 1,3-水素移動が進行し，90% ee 以上の選択性で対応するアレン体が得られた(eq. 3, 4)．しかし，本反応は原料が完全にアレンに異性化せず，収率が中程度なのが問題であった．そこで生じたアレン体をジエンあるいは 1,3-双極子と反応させることで異性化の平衡を片寄らせることができると考え，反応系内に第二の試薬を共存させて異性化反応を行ったところ，期待通りに連続反応が進行し，原料回収を完全に抑制して環化体を収率良く合成することに成功した(eq. 5)[8].

また，α, β-不飽和アミドへのヒドロキシルアミン誘導体の分子内共役付加は極めて遅い反応で，触媒的不斉反応の成功例は報告されていなかった．実際に，触媒 **1** を使用すると反応完結に 5 日間を要し，環

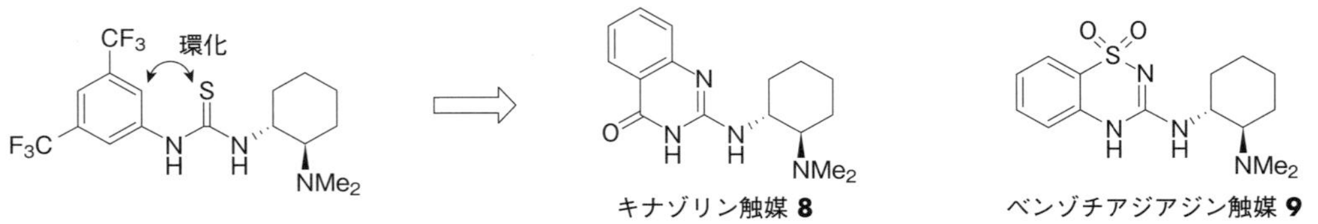

図 5-8 新規な水素結合供与触媒の設計

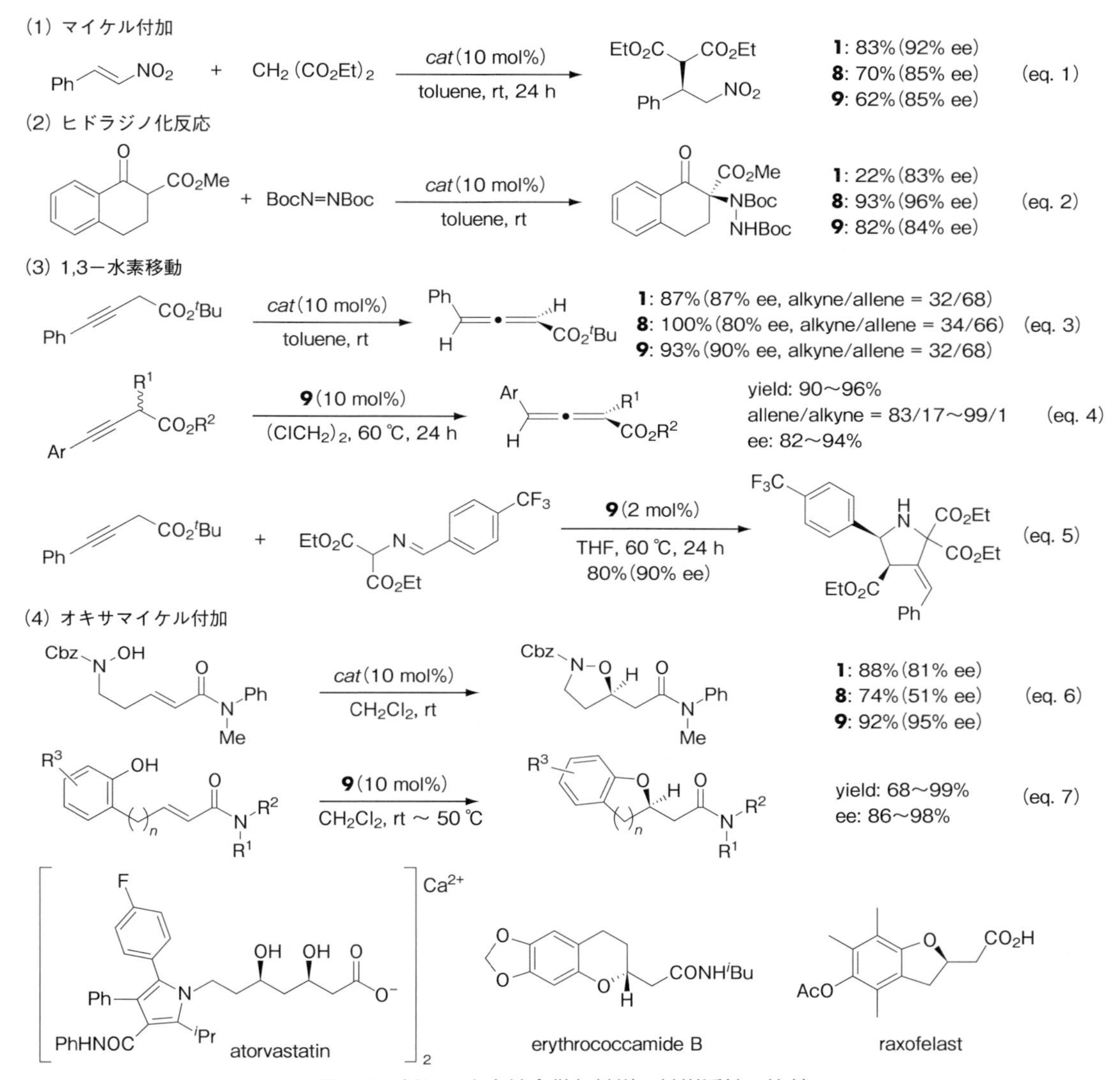

図 5-9　新しい水素結合供与触媒の触媒活性の比較

化体が収率 88%，81% ee で得られた(eq. 6)．それに対して触媒**9**を用いると，反応時間は 24 時間に短縮し，収率とエナンチオ選択性ともに大幅に向上した(92%，95% ee)．また，触媒**9**はフェノールを求核剤に用いたオキサマイケル反応も効果的に促進し，ジヒドロベンゾフランやクロマン誘導体の不斉合成にも適用した(eq. 7)．これらの反応で得られたオキサマイケル付加体は，atorvastatin や erythrococcamide B などの医薬品や生物活性天然物に誘導した[9]．

他の研究グループからもチオウレアに代わる新規触媒が数多く報告されている(図 5-10)．チオウレアを基盤として構造修飾された *N*-スルフィニル触媒，チオアミド触媒，分子内水素結合で活性化されたチオウレア触媒や，基本骨格自体を新たに設計したベンズイミダゾール触媒，スクアルアミド触媒，アミノピリジニウム触媒，シランジオール触媒などが開発されている[10]．

4　二元触媒反応への応用

α,β-不飽和カルボン酸を基質に用いた触媒的不斉マイケル付加反応は，報告例がなかった．実際に，

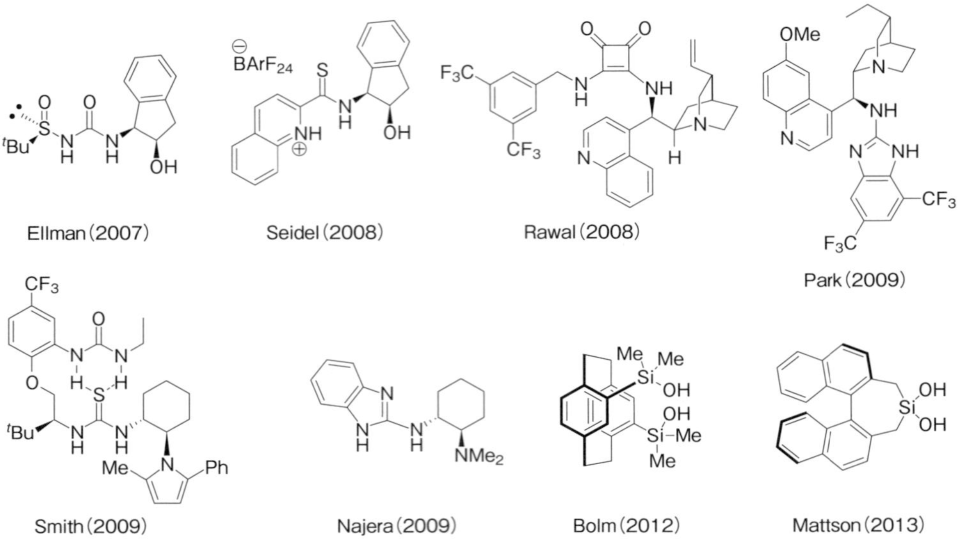

Ellman (2007)　Seidel (2008)　Rawal (2008)　Park (2009)

Smith (2009)　Najera (2009)　Bolm (2012)　Mattson (2013)

図 5-10　これまでに報告されたキラルな水素結合供与触媒

チオウレア触媒やベンゾチアジアジン触媒を用いても反応はまったく進行しない．触媒の塩基と基質のカルボン酸からイオン対を生成しているのが原因ではないかと考え，カルボン酸を触媒的に活性化することが知られているアリールボロン酸と求核部位を活性化するアミノチオウレア触媒の協同効果を期待して，異なる二種類の触媒を共存させた二元触媒反応を試みた（図 5-11）[11]．フェノールの分子内オキサマイケル反応をモデル反応としてさまざまな反応条件を精査したところ，アミノ基をもつボロン酸触媒 **10** は単独でも触媒活性を示し，アセトニトリル中加熱するだけで環化体を高収率で与えた（eq. 8）．触媒 **10** は二官能性触媒として機能していると考えられる．一方，電子不足なアリールボロン酸 **11** は単独では触媒活性を示さないが，電子豊富で水素結合供与能が低いアミノチオウレア触媒 **12** を共存させることにより分子内環化反応が進行し，高エナンチオ選択的にクロマン誘導体を与えた（93% ee）．ちなみに，ボロン酸触媒 **10** あるいは **11** をチオウレア触媒 **1** と共存させた場合には，収率と選択性と

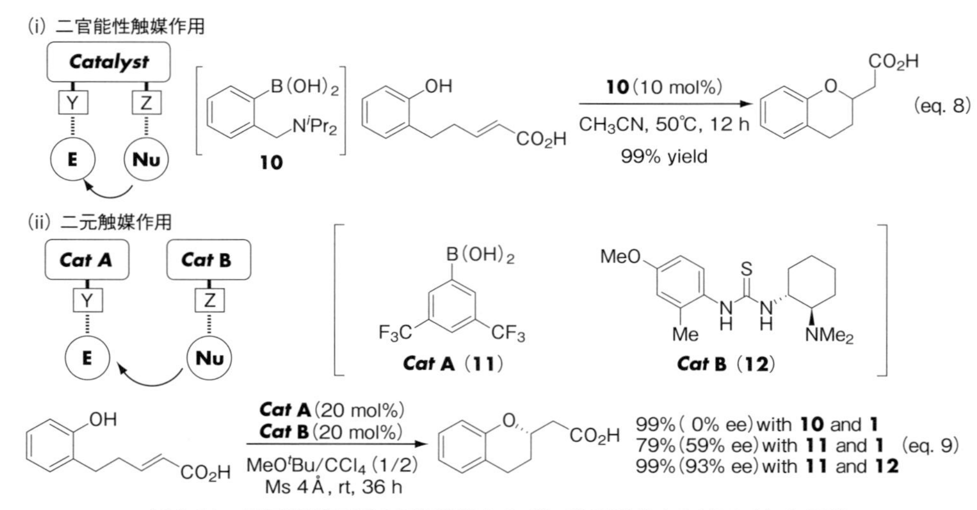

図 5-11　二元触媒を用いた不飽和カルボン酸の不斉オキサマイケル反応

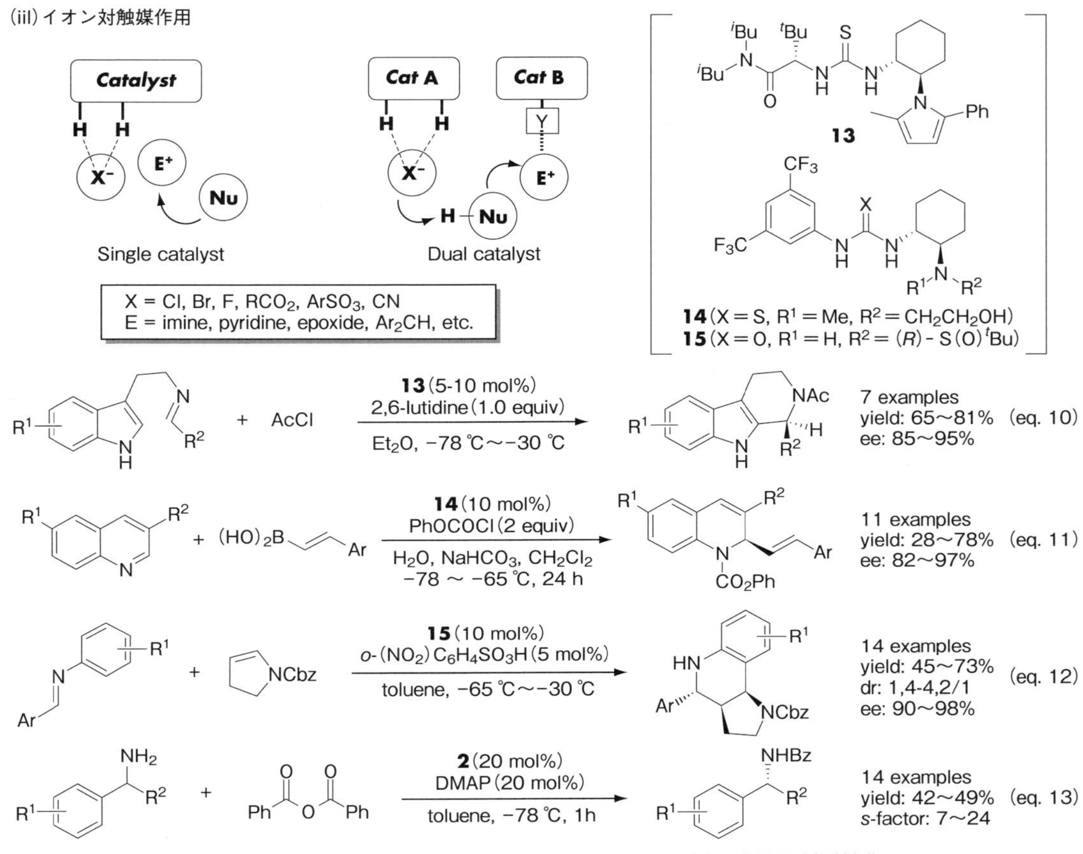

図 5-12　キラルなチオウレア触媒を用いたイオン対の求電子剤活性化

もに劇的に低下した(eq. 9).

5　チオウレアのアニオン捕捉によるイオン対の活性化を駆動力とした不斉触媒反応

チオウレア触媒は中性分子を活性化するだけでなく，中間体として生成するアニオン性の求核剤と相互作用することで基質の活性化と立体制御に重要な役割を果たすことから，チオウレアをアニオン受容体と見なすことができる(図 5-12)[12]．アニオン(X)はそれ自体が求核剤として反応するのではなく，対カチオン(E)と相互作用することで，求電子剤(E)のカチオン性向上と触媒が提供する不斉環境を間接的に伝播する重要な役割を担う．当初は分子内反応に限定されていたが，最近では分子間反応でも高い選択性が達成されており，今後より一層の発展が期待できる．反応様式としては，チオウレア触媒のみを使用する反応(eq. 10〜12)と異なる触媒との共存下で行う反応(eq. 13)が報告されている．

6　これからの課題と展望

水素結合相互作用をおもな基質認識および反応の駆動力とするチオウレア触媒反応の歴史的な変遷について概観した．チオウレアを起点として，今日までにさまざまな水素結合供与触媒が開発され，それにともない触媒反応機構の詳細も解明されつつある．その結果，反応機構に基づいた触媒設計や反応設計が事前に行える段階にきており，不斉触媒反応における水素結合供与触媒の守備範囲は格段に広がった．しかしながら，万能の触媒というものはおそらく存在しないことから，どのようなニーズにも対応できる多種多様な触媒ラインナップをとり揃えておくことが重要なのであろう．これまでは，チオウレアに代わる新たな水素結合供与基と二官能性チオウレアのもう一つの官能基の探索がおもな研究テーマであった．今後は，連続反応やさまざまな反応媒体への適用ならびに巨大分子や多官能性分子への応用を視野に入れ，マルチタスク触媒や精密分子認識触媒など個々の研究者の独創的なアイデアとセンスが求められる革新的な触媒設計と反応開発が必要とされるであろう．

◆ 文 献 ◆

[1]（a）M. S. Sigman, E. N. Jacobsen, *J. Am. Chem. Soc.*, **120**, 4901 (1998);（b）Y. Sohtome, A. Tanatani, Y. Hashimoto, K. Nagasawa, *Tetrahedron Lett.*, **45**, 5589 (2004).

[2] T. Okino, Y. Hoashi, Y. Takemoto, *J. Am. Chem. Soc.*, **125**, 12672 (2003).

[3] T. Okino, Y. Hoashi, T. Furukawa, X. Xu, Y. Takemoto, *J. Am. Chem. Soc.*, **127**, 119 (2005).

[4] S. Sakamoto, N. Kazumi, Y. Kobayashi, C. Tsukano, Y. Takemoto, *Org. Lett.*, **16**, 4758 (2014).

[5] S. Sakamoto, T. Inokuma, Y. Takemoto, *Org. Lett.*, **13**, 6374 (2011).

[6]（a）A. G. Doyle, E. N. Jacobsen, *Chem. Rev.*, **107**, 5713 (2007);（b）Z. Zhang, P. R. Schreiner, *Chem. Soc. Rev.*, **38**, 1187 (2009);（c）Y. Takemoto, *Chem. Pharm. Bull.*, **58**, 593 (2010).

[7] T. Inokuma, M. Furukawa, T. Uno, T. Suzuki, K. Yoshida, T. Yano, K. Matsuzaki, Y. Takemoto, *Chem. Eur. J.*, **17**, 10470 (2011).

[8] T. Inokuma, M. Furukawa, Y. Suzuki, T. Kimachi, Y. Kobayashi, Y. Takemoto, *ChemCatChem*, **4**, 983 (2012).

[9] Y. Kobayashi, Y. Taniguchi, N. Hayama, T. Inokuma, Y. Takemoto, *Angew. Chem., Int. Ed.*, **52**, 11114 (2013).

[10] T. J. Auvil, A. G. Schafer, A. E. Mattson, *Eur. J. Org. Chem.*, 2633 (2014).

[11] T. Azuma, A. Murata, Y. Kobayashi, T. Inokuma, Y. Takemoto, *Org. Lett.*, **16**, 4256 (2014).

[12] S. Beckendorf, S. Asmus, O. G. Mancheno, *Chem Cat Chem*, **4**, 926 (2012).

Current Review

Chap 6

シンコナアルカロイドBifunctional触媒

Cinchona Alkaloid-Derived Bifunctional Catalysts

畑山　範
（長崎大学大学院医歯薬学総合研究科）

Overview

キニーネは南米アンデス山地に自生するキナの木から発見されたシンコナアルカロイドであり，マラリアの特効薬として古くから重宝されてきた．キニジン，シンコニジン，シンコニンもキナに含まれる代表的なアルカロイドであり，キニーネとキニジン，シンコニジンとシンコニンはそれぞれビニル基を除けば鏡像関係にある．したがって，ある不斉反応にキニーネとキニジンを触媒に用いた場合，それぞれ逆のエナンチオマーが多く生成することになる．このように，両ペアはあたかもエナンチオマーのごとく振る舞うことから，互いに擬似エナンチオマーの関係にあると呼ばれる．天然物を不斉触媒として利用する場合，通常，一方のエナンチオマーしか入手できないという問題がある．この点シンコナアルカロイドは，有機触媒として好都合である．また，9位や6′位やビニル基で容易に誘導体化が可能であり，多様なシンコナアルカロイド触媒が獲得できることも大きな利点である．以前からキニーネやキニジンなどが不斉触媒として用いられていたが，最近，キヌクリジン窒素とともにC6′位やC9位のヒドロキシ基やアミノ基が，水素結合を介して反応制御に重要な役割を演じることが次々と明らかにされ，シンコナアルカロイドが酸–塩基複合型bifunctional触媒として改めて注目を集めるようになってきた[1]．本章では，シンコナアルカロイドから誘導される代表的なbifunctional触媒を取り上げ，キヌクリジン窒素と9位や6′位の官能基が協同的にかかわる反応制御機構に焦点を当てて紹介する．

擬似エナンチオマー

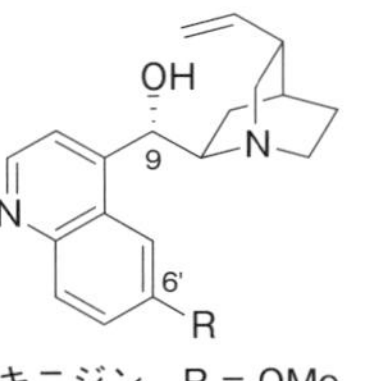

キニジン　R = OMe
シンコニン　R = H
クプレイジン　R = OH

キニーネ　R = OMe
シンコニジン　R = H
クプレイン　R = OH

▲シンコナアルカロイド［カラー口絵参照］

■ **KEYWORD** マークは用語解説参照

- シンコナアルカロイド（cinchona alkaloid）
- bifunctional触媒（bifunctional catalyst）
- 酸–塩基複合型触媒（acid-base combined catalyst）
- 有機触媒（organocatalyst）
- 不斉反応（asymmetric synthesis）
- カスケード反応（cascade reaction）
- 水素結合（hydrogen bond）

1 β-イソクプレイジン

β-イソクプレイジン(β-ICD)は，キニジンを過剰の臭化カリウムとリン酸中加熱するだけで簡単に合成できる．この化合物は，エーテル環を含む堅固なかご型3環性オキサザツイスタン構造をもち，キヌクリジン窒素とフェノール性ヒドロキシ基が同方向に向いた構造をとっている．その絶妙な空間配置がさまざまな反応において高度に制御された不斉反応場を構築し，エナンチオ選択性を発現する．筆者らは，β-ICDとフッ素原子で活性化されたヘキサフルオロイソプロピルアクリラート(HFIPA)を組み合わせたβ-ICD-HFIPA法を見いだし，生成物**1**を高いエナンチオ純度で与える不斉森田-Baylis-Hillman(MBH)反応を開発した〔式(1)〕[2]．この反応では，β-ICDのC6′位フェノール性ヒドロキシ基がブレンステッド酸として，キヌクリジン窒素がルイス塩基すなわち求核剤として機能する酸-塩基複合型触媒機構が働き，*E*-エノラート**2**の*si*面選択的アルドール反応に続いてベタイン**3**からのプロトン移動を伴う6員環遷移状態を経て触媒の脱離が起こり，*R*配置のエステル体が優先して生成すると考えられる．この発表を契機に[2a]，β-ICDが酸-塩基複合型触媒として新たに注目を集め，さまざまな不斉反応に用いられるようになってきた．

Zhouらは，β-ICD触媒MBH反応をイサチン誘導体**4**とアクロレインとの反応に適用すると，*R*配

PhCHO + HFIPA —β-ICD (10 mol%), DMF, −55℃→ **1** 75% (97% ee)　(1)

β-ICD　**2**　**3**

4 —アクロレイン, β-ICD (10 mol%), CH_2Cl_2, 0℃→ **5** —(HBr) AcBr, MeOH→ [**6**] —K_2CO_3, **7**→ **8** 61% (99% ee, 98% de)　(2)

9 + **10** —β-ICD (5 mol%), CH_2Cl_2, −20℃→ **11** 92% (96% ee)　[**12**]　(3)

置の付加体 **5** がエナンチオ純粋に収率良く得られることを見いだした．さらに，この反応に続いて **6** への臭素化と **7** との[3 + 2]環化付加反応をワンポットで連続的に行い，複雑なスピロ環構造をもつ化合物 **8** の高ジアステレオおよび高エナンチオ選択的な合成に成功している〔式（2）〕[3]．また，Shi らはマレインイミド **9** とアレノアート **10** の不斉分子内 Rauhut-Currier 反応が，β-ICD 存在下に高エナンチオ選択的に進行することを報告している[4]．この際，**12** の機構で **11** が生成すると考えられている〔式（3）〕．

上記の反応例以外にも，アザ MBH 反応，α-シアノアセタートや β-ジカルボニル化合物のアミノ化，Nazarov 型の環化反応，[4 + 2]環化付加反応，[2 + 2]環化付加反応などの不斉反応において β-ICD やその誘導体が効率的に触媒の働きをすることが報告されている[5]．

このように β-ICD は不斉有機触媒として優れているが，そのエナンチオマーの合成は困難であり，生成物の両エナンチオマーの獲得という観点から問題があった．最近，筆者らはキニーネをトリフルオロメタンスルホン酸中加熱すると，連続的な 1,2-シフトと脱メチル化が起こり，α-イソクプレイン（α-ICPN）が高収率で得られることを見いだした〔式（4）〕[6]．α-ICPN はその立体構造より，β-ICD の擬似エナンチオマーとして働くことが期待できる．事実，式 1 の MBH 反応において α-ICPN を触媒として用いると，*S* 配置の付加体 **1** が 88% ee のエナンチオ純度，91%の収率で生成する．

2 クプレインおよびクプレイジンの 9-エーテル誘導体

キニーネとキニジンのデメチル体をそれぞれクプレインならびにクプレイジンと呼ぶ（Overview の図）．それらの 9 位エーテル体がさまざまな不斉反応において酸-塩基複合型触媒として能力を発揮する．9 位エーテル体の多くは β-ICD と同様にキヌクリジン窒素と 6' 位フェノール性ヒドロキシ基が向き合ったアンチ open 配座をとっており，空間的に制限された不斉反応場での酸-塩基複合型触媒機構が可能となる（図 6-1）[1]．

クプレインあるいはクプレイジンの 9-エーテル触媒存在下，マロン酸エステル，β-ケトエステル，β-ジケトン，α-ニトロエステル，α-シアノエステル，α-シアノケトンなどがニトロアルケン，ビニルスルホン，α, β-不飽和カルボニル化合物に高エナンチオおよび高ジアステレオ選択的に付加する[1]．式 5 に代表的な例を示す．この反応の選択性は，触媒 **15** がアンチ open 配座をとり，水素結合で求核剤と求電子剤が固定された **18** を考えることによって説明できる．最近，この反応に関して，触媒 **16** と **13** と **14** を乳鉢に入れ無溶媒ですりつぶすだけで，高エナンチオ純度の **17** がジアステレオ選択的に収率良く得られるという報告がなされた[7]．これは環境負荷の少ない方法として興味深い．Marini らは，上記反応をケトエステルとビニルセレノンの反応に展

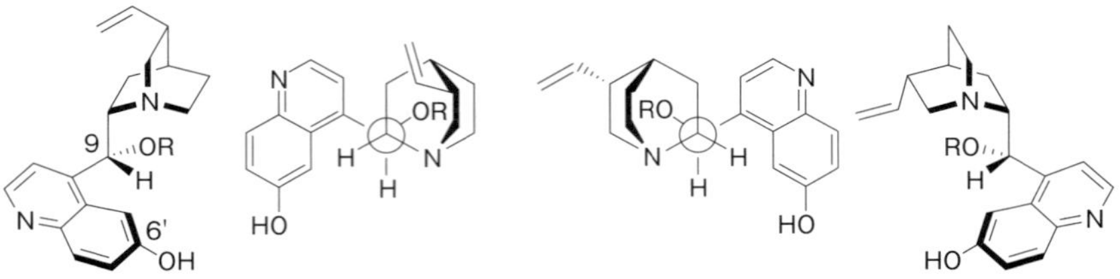

クプレイン C9-エーテル
アンチ open

クプレイジン C9-エーテル
アンチ open

図 6-1 9-エーテル誘導体の優位コンホメーション

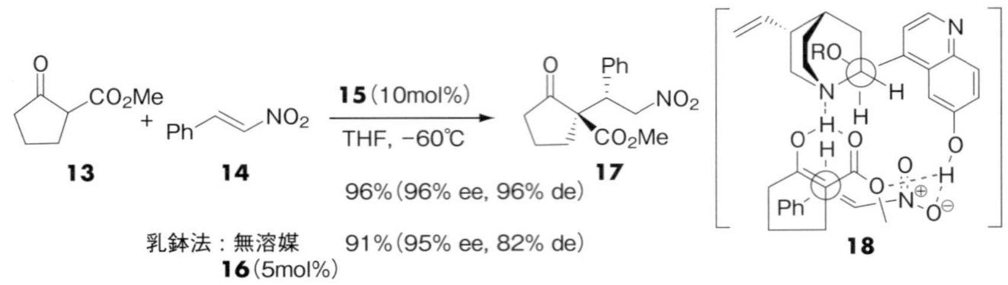

15(10mol%)
THF, −60℃
96%(96% ee, 96% de)
乳鉢法：無溶媒 91%(95% ee, 82% de)
16(5mol%)

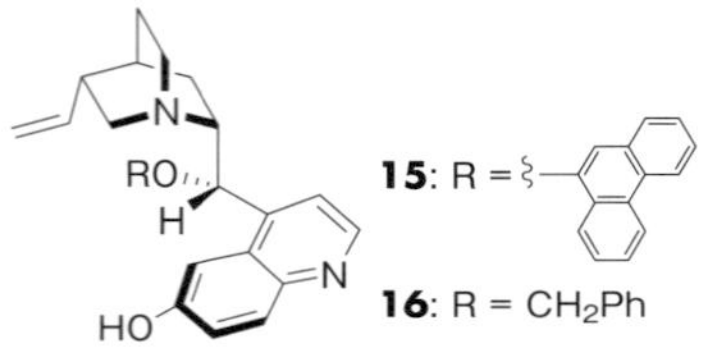

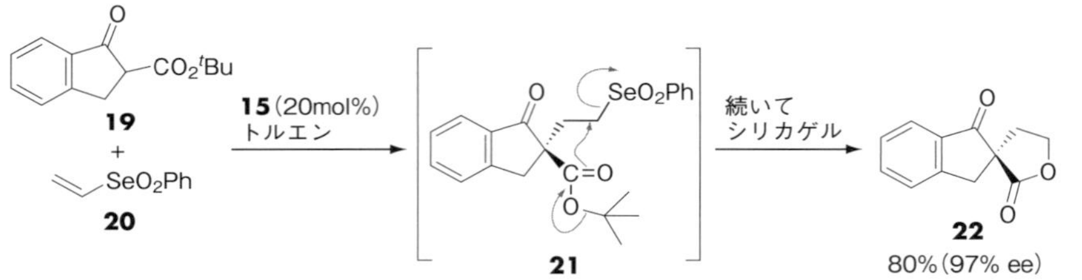

15: R = 9-phenanthryl
16: R = CH_2Ph

15(20mol%)
トルエン
続いて シリカゲル
22 80%(97% ee)

開し，4置換不斉炭素をもつさまざまな光学活性スピロラクトンの合成に成功している〔式(6)〕[8]．この反応では，まず，**19** の **20** への共役付加反応が **18** と同様の触媒機構で高エナンチオ選択的に起こり，**21** が生成する．続いて，その反応混合物にシリカゲルを加えると，*tert*-ブチルエステルの開裂に伴うスピロ環形成が起こり，**22** が生成してくる．

Yuan らは，ナフチルメチルエーテル触媒 **25** を用いたユニークなビニローグ Mannich 反応を報告している〔式(7)〕[9]．この反応では，**23** から脱臭化水素によって生じたビニローグイミンと **24** から脱炭酸によって生じたエノラートが **27** のように Mannich 反応を起こし，**26** がエナンチオ選択的に生成したと解釈できる．また，Shi らは，脂肪族のエーテル触媒 **30** を用いて，α-ケトエステルから α-アミノ酸への不斉トランスアミノ化反応を開発している〔式(8)〕[10]．これは，α-アミノ酸の生合成過程であるピリドキサミンから α-ケトエステルへのトランスアミノ化反応にならった生合成模倣型反応であり，**32** に示すようにキヌクリジン窒素がベンジル位水素を引き抜き，生じたカルバニオンがエステルの α 位でキヌクリジンアンモニウムから *si* 面選択的にプロトン化を受け，**31** がエナンチオ選択的に生成したと考えられる．

上記の反応例以外にも，クプレインあるいはクプレイジンの 9-エーテル触媒を用いる二重マイケル

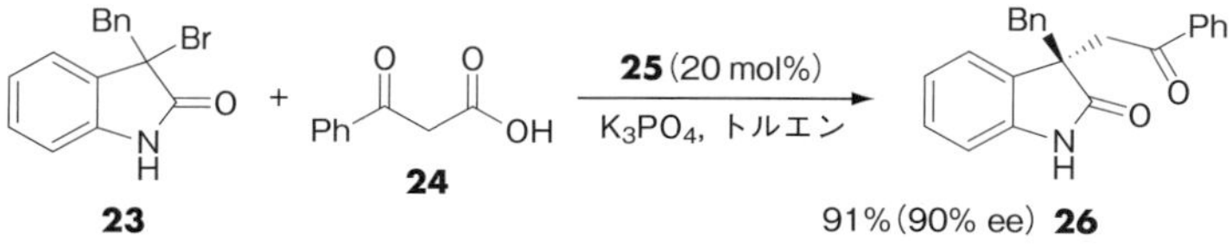

23 + 24 —[25 (20 mol%), K_3PO_4, トルエン]→ 26 91%(90% ee) (7)

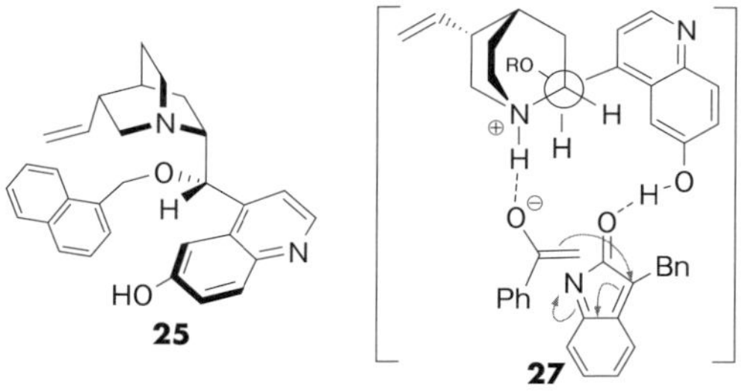

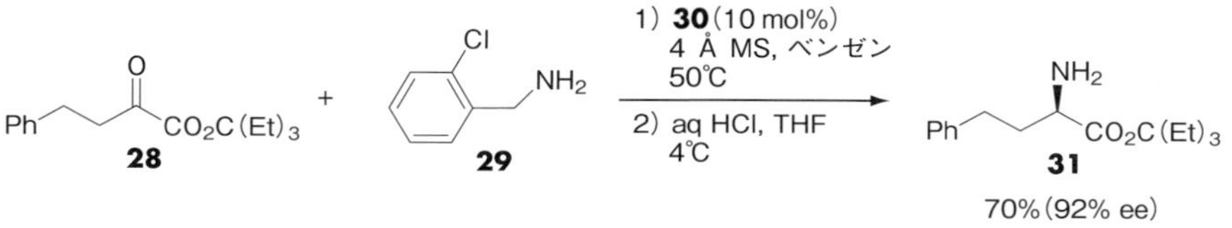

25　27

28 + 29 —[1) 30 (10 mol%), 4 Å MS, ベンゼン, 50℃; 2) aq HCl, THF, 4℃]→ 31 70%(92% ee) (8)

30　32

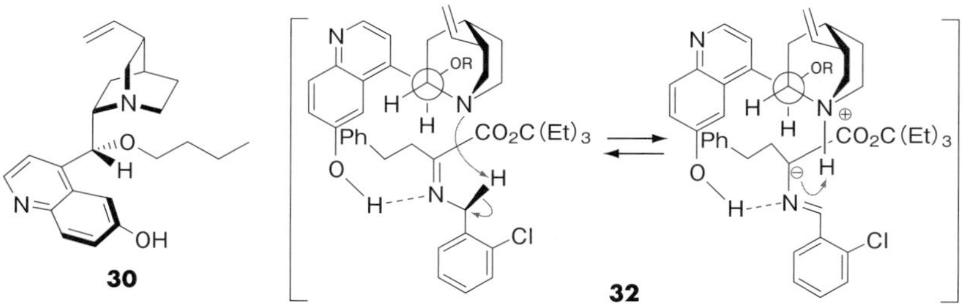

反応や Michael-Henry 反応などの連続反応も報告されている[11].

3 9-アミノ誘導体

最近，シンコナアルカロイドの 9-アミノ誘導体が，カルボニル化合物の活性化にかかわる種々の反応において優れた不斉触媒となり得ることが次々と報告され，注目されている[12]．その触媒反応には，エナミン中間体とイミニウム中間体を経る二つの様式があり，それぞれの中間体がプロトン化されたキヌクリジンと水素結合を介して協同的に反応にかかわる．

Connon らはジヒドロキニジンから誘導した 9-アミノ触媒 **35** と補助触媒として安息香酸を用い，ケトンやアルデヒドの置換ニトロアルケンへの高ジアステレオおよび高エナンチオ選択的な共役付加を達成した〔式(9)〕[13]．興味深いことに，両反応はいずれもシン選択的であったが，互いに反対のエナンチオ選択性を示した．その理由として，それぞれエナミンとニトロアルケンがシンクリナルに重なる遷移状態 **39** と **40** を経て，炭素-炭素結合形成が起こったことが考えられる．

一方，イミニウム中間体が関与する例として式(10)の Friedel-Crafts 型の反応があげられる．通常，この種の反応では，補助触媒としてトリフルオロ酢酸などのカルボン酸をアミン触媒に対して 2 倍量用いることが必須である．式(10)の反応では，D-*N*-Boc-フェニルグリシンを酸として用いたときに高いエナンチオ選択性となった．この反応に関して DFT 計算を用いた反応解析がなされ，カルボン酸 2 分子が共役イミニウム種の面遮蔽と求核剤であるインドール核の固定に水素結合を通して協同的にかかわる遷移状態 **45** が提唱されている[14]．You らは

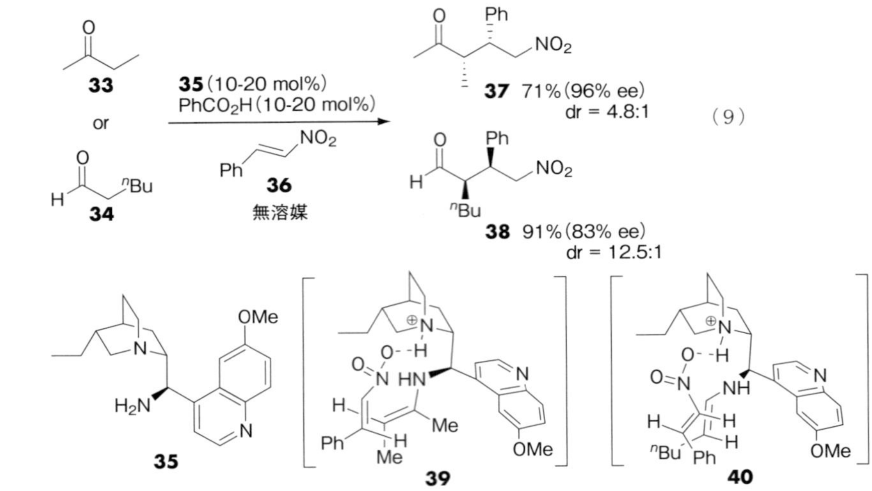

この反応を分子内反応に拡張することによって，Friedel-Crafts/Mannich 反応過程を経るカスケード環化に成功し，アルカロイドの合成にとって非常に有用な方法論を開発した〔式(11)〕[15].

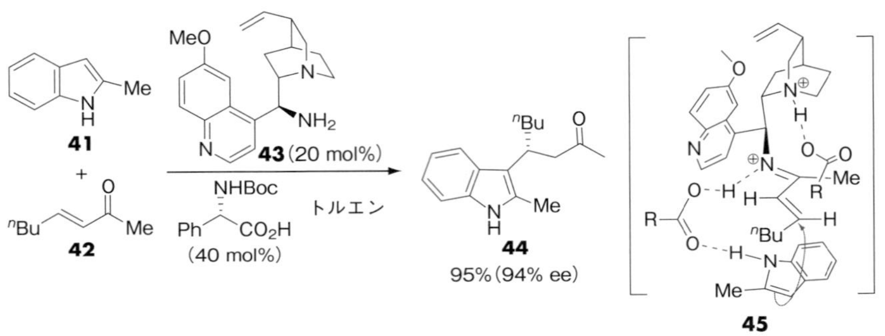

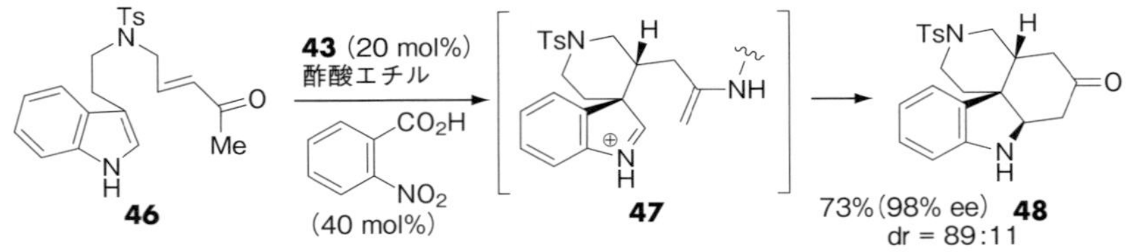

上記の反応例以外にも，シンコナアルカロイド 9-アミノ触媒を用いて，1,3-双極付加反応，Diels-Alder 反応，二重マイケル反応，Knoevenagel 反応，α,β-不飽和アルデヒドのエポキシ化やγ位アルキル化などのさまざまな不斉反応が達成されている[12].

4 おわりに

ブレンステッド酸部として 6' 位あるいは 9 位にチオ尿素基，スクアリン酸アミド基，スルホ酸アミド基を導入した酸-塩基複合型の bifunctional 触媒なども数多く開発されている[1a]. 最近では，シンコナアルカロイド触媒を利用して多成分反応やカスケード反応も立体選択的に実現できるようになってきた. しかし，実用性の観点から，触媒量が多かったり，反応温度が低かったりと，まだ克服しなければならない課題があることも事実である. 今後，これまで蓄積されてきた反応を，触媒機構の面からより正確に理解することが必要と考える.

◆ 文 献 ◆

[1] （a） T. Marcelli, H. Hiemstra, *Synthesis*, 1229 (2010)；（b） E. M. O. Yeboah, S. O. Yeboah, G. S. Singh, *Tetrahedron*, **67**, 1725 (2011).

[2] （a） Y. Iwabuchi, M. Nakatani, N. Yokoyama, S. Hatakeyama, *J. Am. Chem. Soc.*, **121**, 10219 (1999)；（b） 畑山範, 有機合成化学協会誌, **64**, 1132 (2006).

[3] Y.-L. Liu, X. Wang, Y.-L. Zhao, F. Zhu, X.-P. Zeng, L. Chen, C.-H. Wang, X.-L. Zhao, J. Zhou, *Angew. Chem., Int. Ed.*, **52**, 13735 (2013).

[4] Q.-Y. Zhao, C.-K. Pei, X.-Y. Guan, M. Shi, *Adv. Synth. Catal.*, **353**, 1973 (2011).

[5] （a） Y. Yao, J.-L. Li, Q.-Q. Zhou, L. Dong, Y.-C. Chen, *Chem. Eur. J.*, **19**, 9447 (2013)；（b） S. Saaby, M. Bella, K. A. Jørgensen, *J. Am. Chem. Soc.*, **126**, 6120 (2004)；（c） Y.-W. Huang, A. J. Frontier, *Tetrahedron Lett.*, **56**, 3523 (2015)；（d） H. Dückert, V, Khekar, H. Waldmann, K. Kumar, *Chem. Eur. J.*, **17**, 5130 (2011)；（e） S. Takizawa, F. A. Arteaga, Y. Yoshida, M. Suzuki, H. Sasai, *Org. Lett.*, **15**, 4142 (2013).

[6] Y. Nakamoto, F. Urabe, K. Takahashi, J. Ishihara, S. Hatakeyama, *Chem. Eur. J.*, **19**, 12653 (2013).

[7] P. Chauhan, S. S. Chimni, *Asian J. Org. Chem.*, **1**, 138 (2012).

[8] S. Sternativo, A. Calandriello, F. Costantino, L. Testaferri, M. Tiecco, F. Marini, *Angew. Chem., Int. Ed.*, **50**, 9382 (2011).

[9] J. Zuo, Y.-H. Liao, X.-M. Zhang, W.-C. Yuan, *J. Org. Chem.*, **77**, 1525 (2012).

[10] X. Xiao, Y. Xie, C. Su, M. Liu, Y. Shi, *J. Am. Chem. Soc.*, **133**, 12914 (2011).

[11] （a） P. He, X. Liu, J. Shi, L. Lin, X. Feng, *Org. Lett.*, **13**, 936 (2011)；（b） K. Albertshofer, B. Tan, C. F. Barbas, III, *Org. Lett.*, **14**, 1834 (2012).

[12] P. Melchiorre, *Angew. Chem., Int. Ed.*, **51**, 9748 (2012).

[13] S. H. McCooey, S. J. Connon, *Org. Lett.*, **9**, 599 (2007).

[14] A. Moran, A. Hamilton, C. Bo, P. Melchiorre, *J. Am. Chem. Soc.*, **135**, 9091 (2013).

[15] Q. Cai, C. Zheng, J.-W. Zhang, S.-L. You, *Angew. Chem., Int. Ed.*, **50**, 8665 (2011).

Chap 7

キラルリン酸を中心とした酸触媒

Acid Catalyst Focused on the Chiral Phosphoric Acid

秋山 隆彦
（学習院大学理学部）

Overview

(*R*)-BINOL 由来のキラル環状リン酸ジエステルが，キラルブレンステッド酸触媒として，さまざまな反応を触媒することが 2004 年に見いだされた．リン酸は，ブレンステッド酸部位（OH）とルイス塩基性部位（P=O）をもつ二官能性の触媒である．イミンを求電子的に活性化し，イミニウム塩に対する求核攻撃を促進するとともに，リン酸のアニオン部の影響により，反応が面選択的に進行し，対応する付加体が高い光学純度で得られた．リン酸は，イミンの活性化のみならず，アルデヒド，ヒドロキシ基，ニトロ基，アジリジン，アルケン等，幅広い官能基の活性化に有効であることが明らかになった．

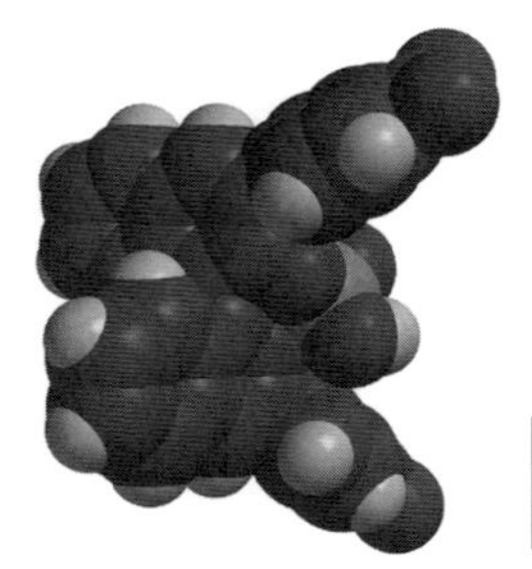

▲キラルリン酸［カラー口絵参照］

■ **KEYWORD** 📖マークは用語解説参照

- ■キラルブレンステッド酸（Chiral Brønsted Acid）
- ■ACDC（Asymmetric Counteranion Directed Catalysis）📖
- ■対アニオン（Counteranion）
- ■速度論的光学分割（Dynamic kinetic resolution）📖
- ■軸性不斉（Axial chirality）
- ■キラルリン酸（Chiral phosphoric acid）
- ■遷移状態（transition state）
- ■量子化学計算（Quantum chemical calculation）
- ■水素結合（hydrogen bond）

はじめに

アルデヒドやイミンなどを求電子的に活性化し，新たな炭素-炭素結合を生成させるためには，ルイス酸が一般に用いられてきた．さらに，さまざまな種類のキラルルイス酸触媒も開発され，光学活性なアルコールやアミン類の合成に汎用されている．一方，ブレンステッド酸は，おもに，エステルやアセタールなどの生成反応，加水分解反応などの，炭素-酸素結合の生成反応あるいは切断反応の触媒として用いられており，炭素-炭素結合の生成反応への展開は極めて限られていた．また，キラルなブレンステッド酸を用いた不斉触媒反応は，困難であると考えられていた．筆者らは，「キラルなアニオンをもつプロトン」，すなわち，キラルブレンステッド酸を開発することができれば，不斉触媒反応に展開できるのではないかと考えた．適度な酸性度をもち環状骨格をもつブレンステッド酸として，(*R*)-BINOL 由来のキラル環状リン酸ジエステル **1**（図 7-1）を合成した．リン酸の 3,3′-位の置換基を選択することにより，窒素上に 2-ヒドロキシフェニル基をもつイミンに対するケテンシリルアセタールの求核付加反応（Mannich 型反応）が，良好な収率，優れたシン選択性かつ高いエナンチオ選択性で進行することを見いだした〔式（1）〕[1]．量子化学計算により，リン酸がブレンステッド酸としてイミンを活性化すると同時に，ホスホリル基の酸素原子がイミンの窒素上の 2-ヒドロキシ基と水素結合した 9 員環遷移状態を経て反応が進行していることがわかった[2]〔図 7-1（a）〕．すなわち，リン酸は，塩基性部位をもつ二官能基性酸触媒として機能することが明らかとなった〔図 7-1（b）〕．

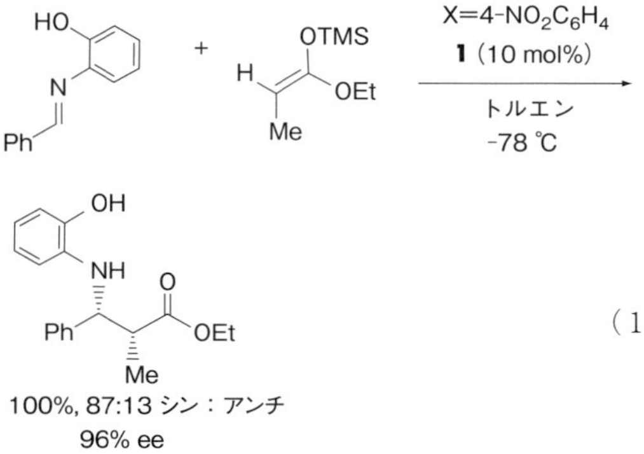

HO, N, Ph + OTMS, H, OEt, Me
X=4-$NO_2C_6H_4$
1 (10 mol%)
トルエン
-78 ℃
→ OH, NH, O, Ph, OEt, Me
100%, 87:13 シン：アンチ
96% ee
（1）

筆者らの報告とほぼ同時期に，寺田らもキラルリン酸を用いたイミンに対する 1,3-ジケトンの付加反応（Mannich 反応）を見いだした[3]．これらの報告を契機に，キラルリン酸をキラルブレンステッド酸触媒として用いた不斉触媒反応が爆発的に発展した[4]．

現在までにリン酸を触媒として用いた不斉触媒反応は 400 以上報告されている．本章では，リン酸触媒の現状について概観する．

なお，Rueping らが 2014 年にキラルリン酸を用いた触媒反応の網羅的な総説を発表しているので参考にされたい[5]．

1 キラルリン酸およびその誘導体

最初に (*R*)-BINOL 由来のリン酸 **1** が報告された

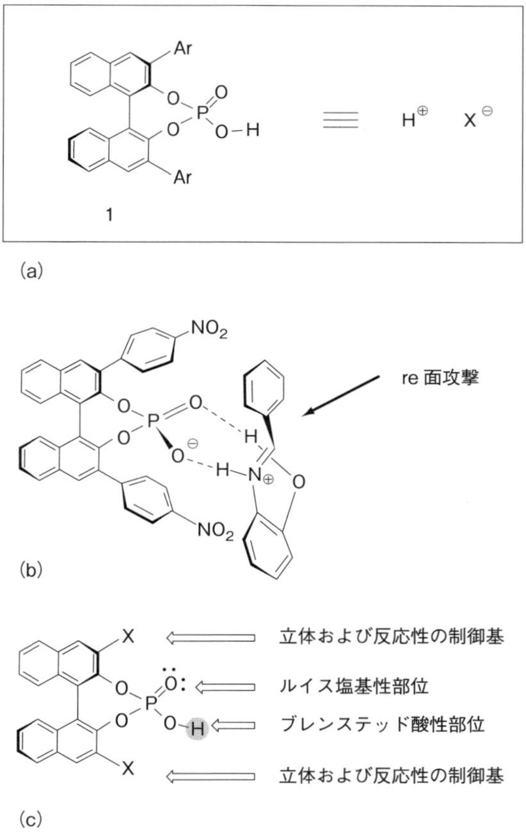

(a)
Ar, O, O, P, O–H, Ar, 1 ≡ $H^{\oplus}$ $X^{\ominus}$

(b)
NO_2, re 面攻撃, O, P, O, $O^{\ominus}$, H, H–N⊕, O, NO_2

(c)
X ⟸ 立体および反応性の制御基
Ö: ⟸ ルイス塩基性部位
H ⟸ ブレンステッド酸性部位
X ⟸ 立体および反応性の制御基

図 7-1 (*R*)-BINOL 由来のキラル環状リン酸ジエステル

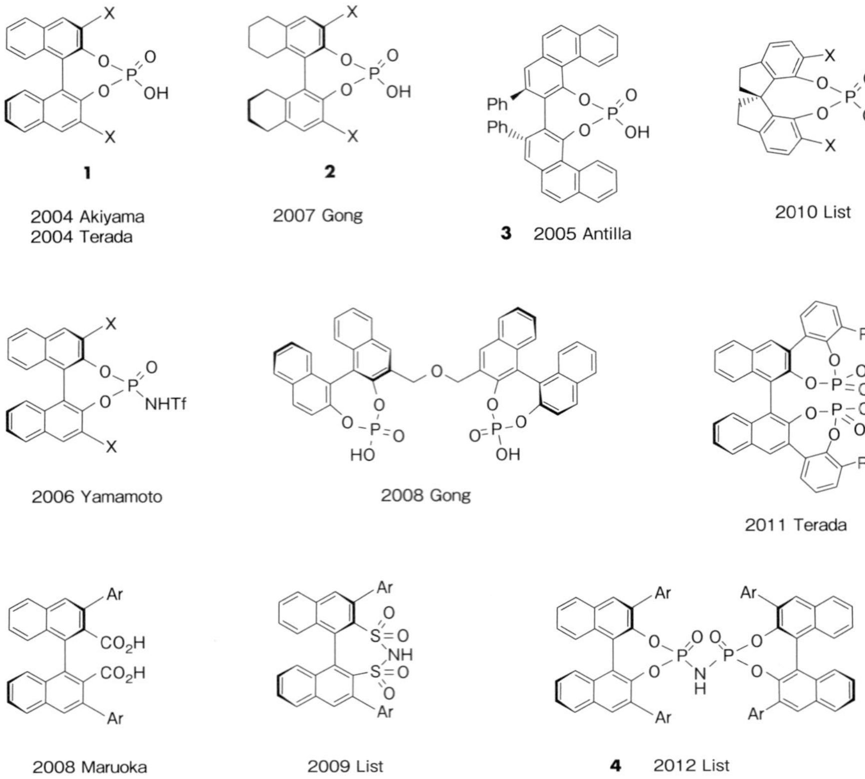

1
2004 Akiyama
2004 Terada

2
2007 Gong

3 2005 Antilla

2010 List

2006 Yamamoto

2008 Gong

2011 Terada

2008 Maruoka

2009 List

4 2012 List

図 7-2 さまざまなリン酸およびその類縁体

が，不斉源として(R)-H_8-BINOL[6]，VAPOL[7]，SPINOL[8]などを用いたリン酸がそれぞれ Gong，Antilla，List らにより合成され，優れた不斉触媒能をもつことが明らかになった(図 7-2)．さらに，リン酸の酸性を向上させる目的で，山本らは，NHTf 基を導入したリン酸アミド[9]，Gong[10]，寺田[11]らはそれぞれビスリン酸を報告した．また，List らはリン酸イミド **4** を合成した．リン酸誘導体ではないが，キラルブレンステッド酸として丸岡らはジカルボン酸，List らはスルホンイミドを合成した[12]．

2 イミンに対する求核付加反応

2004 年以降，リン酸をキラルブレンステッド酸として用いて，数多くの不斉触媒反応が発表された．特に，イミンに対する求核付加反応，付加環化反応，還元反応等が数多く開発された．これは，イミンの窒素原子の塩基性のために，プロトンによる求電子的な活性化が容易であるためである．イミンへの求核付加反応に加えて，さまざまな反応が報告された．以下におもな例を示す．

寺田らは，アルドイミンと 2-メトキシフランとの Friedel-Crafts アルキル化反応を報告した〔式(2)〕[13]．

Rueping，List，MacMillan らは，NADH による生体内での還元反応を模倣して，Hantzsch エステルを水素供与体として用いたケトイミンに対する水素移動型還元反応が進行し，対応するアミン類が高い光学純度で得られることを見いだした〔式(3)〕[14]．

筆者らは，電子豊富アルケンとアザジエンとの逆電子要請型アザ Diels-Alder 反応を見いだした〔式(4)〕[15]．

3 イミン以外の官能基の活性化

その後の研究により，キラルリン酸はイミンに対する反応のみならず，アルデヒドなどのカルボニル化合物に対する求核付加反応，アジリジンの開環反

$\mathbf{1}$ (2 mol%), Ar=3, 5-$Me_2C_6H_3$, DCE, -35 ℃
N-Boc imine (Ar, H) + 2-methoxyfuran → NHBoc, Ar, OMe product
80-96%, 86-97% ee (2)

$\mathbf{1}$ (1 mol%), Ar=2, 4, 6-(i-Pr)$_3C_6H_2$, トルエン, 35 ℃
N-PMP imine (Ar, Me) + EtO_2C / CO_2Et Hantzsch ester (N-H) → H-N-PMP, Ar, Me
80-98%, 80-93% ee (3)

$\mathbf{1}$ (10 mol%), Ar=9-anthryl, -10 - 0 ℃
OH, N, Ar + RO (vinyl ether) → OR, N-H, Ar, OH
59-95%, 88-97% ee (4)

$\mathbf{1}$ (10 mol%), X=2, 4, 6-(i-Pr)$_3C_6H_2$, トルエン, 70 ℃, 24-96 h
O, O, R, O → O, R, O
72-94%, 87-94% ee (5)

応，アルケンの活性化反応，ニトロアルケンに対する求核付加反応，ヒドロキシ基の活性化反応，Baeyer–Villiger反応など幅広い種類の反応に用いることが可能であり，キラルリン酸は，極めて汎用性の高い酸触媒であることが明らかになっている．

以下に，いくつか特徴的な反応を紹介する．

筆者らは，トリケトンの非対称化によるシクロヘキセノン誘導体の合成を報告した．イミンに比べてカルボニル基の活性化には比較的強い反応条件が必要であり，加熱条件下分子内アルドール反応に引き続く脱水反応が効率良く進行した〔式(5)〕[16]．

Antillaらは，アリルボロン酸エステルを求核剤に用いたアルデヒドに対するアリル化反応を報告した〔式(6)〕[17]．本アリルホウ素化反応においては，リン酸はアルデヒドを活性化するのではなく，アルデヒドとアリルボロン酸エステルが六員環遷移状態をとり，そのアリルボロン酸エステルの酸素原子をリン酸がキラルブレンステッド酸として活性化することが，理論化学計算により明らかになった．また，アリルボロン酸エステルに替えてカテコールボランを用いるとアルデヒドの還元反応が進行する．

Dingらは，3位置換シクロブタノンに対するBaeyer–Villiger反応によりブチロラクトンの不斉合成に成功した〔式(7)〕[18]．後に，実験および理論化学計算により，過リン酸を生成するのではなく，リン酸がブレンステッド酸として過酸化水素を活性化して反応が進行していることを明らかにした．

メソ-アジリジンの開環反応による非対称化反応がAntillaらにより報告された〔式(8)〕[19]．Antillaらは，ピナコール転位反応によるα-インドリルケトンの合成を達成した〔式(9)〕[20]．

ニトロスチレン誘導体に対するインドールのFriedel–Craftsアルキル化反応もリン酸触媒により効率的に進行する〔式(10)〕[21]．

アルケニルアルコールのハロ環化反応によるテトラヒドロフラン誘導体の不斉合成がShiらにより報告された〔式(11)〕[22]．

(R)-BINOL由来のリン酸は，活性部位として比較的大きな空孔をもっているために，小分子を基質として用いた不斉合成は困難な場合が多い．Listらは，混み合った活性部位をもつ(confined)ブレンス

RCHO + (allyl pinacolboronate) —[1 (5 mol%), X=2, 4, 6-(*i*-Pr)$_3C_6H_2$, トルエン, -30 ℃]→ (6)

91-99%, 73-99% ee

Ar-cyclobutanone + H_2O_2 —[2 (10 mol%), X=pyren-1-yl, $CHCl_3$, -40 ℃]→ (7)

91-99%, 82-93% ee

+ $TMSN_3$ —[3 (10 mol%), DCE, rt]→ (8)

49-95%, 71-95% ee

—[2 (2.5 mol%), X=1-naphthyl, MS4Å, rt, ベンゼン]→ (9)

83-99%, 91-96% ee

+ Ar-CH=CH-NO_2 —[1 (10 mol%), X=$SiPh_3$, トルエン/DCE, MS3Å, -35 ℃]→ (10)

62-99%, 88-94% ee

+ NBS —[1 (10 mol%), X=2, 4, 6-(*i*-Pr)$_3C_6H_2$, CH_2Cl_2, 0 ℃]→ (11)

63-96%, 46-81% ee

—[4 (10 mol%), Ar=2, 4, 6-$Et_3C_6H_2$, MTBE]→ (12)

77%, 96% ee

テッド酸として，キラルリン酸イミド4を合成した．2つのビナフチル基に囲まれているために，混み合っており，低分子量の有機分子でも高い不斉誘起を実現することが可能であると考えた．実際に，分子内にヒドロキシ基をもつビニルエーテルにリン酸**4**を作用させると，生成したオキソニウムイオンに対する分子内求核付加反応が進行し，スピロアセタールが高い光学純度で得られた〔式(12)〕[12]．

4 軸性不斉化合物の合成

キラルリン酸が幅広い種類の反応を触媒することを先に述べたが，その一例として，筆者らが見いだした，軸性不斉化合物の合成，さらにインドリンの速度論的光学分割について，簡単に紹介する．

軸性不斉をもつビアリール化合物は，バンコマイシン等の生理活性化合物のみならず，BINAP，BINOLなどの不斉合成のための配位子，触媒などにも見いだされる，重要な骨格の一つである．しかし，光学活性オルト四置換ビアリールの合成法は極めて限られており，より優れた合成手法の開発が望まれている．筆者らは，鏡面対称をもつビフェニル化合物に対する芳香族求電子置換反応を用いた非対称化反応により，光学活性四置換ビアリールが得られると考え，不斉臭素化反応を基軸とするキラルビアリール化合物の不斉合成を試みた．

基質として鏡面対称をもつビフェノール誘導体を

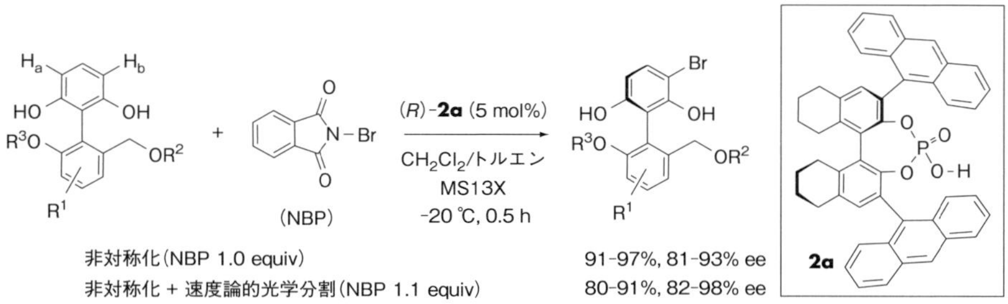

(R)-**2a** (5 mol%), CH_2Cl_2/トルエン, MS13X, -20 ℃, 0.5 h (NBP) (13)

非対称化(NBP 1.0 equiv) 91-97%, 81-93% ee
非対称化 + 速度論的光学分割(NBP 1.1 equiv) 80-91%, 82-98% ee

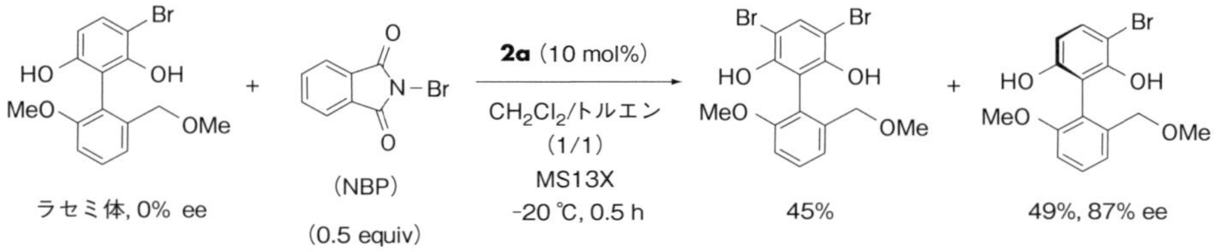

2a (10 mol%), CH_2Cl_2/トルエン (1/1), MS13X, -20 ℃, 0.5 h (14)

ラセミ体, 0% ee (NBP) (0.5 equiv) 45% 49%, 87% ee

用いた．リン酸 **2a** 存在下 *N*-ブロモフタルイミド(NBP)を作用させるとモノ臭素化反応が進行し，非対称化を伴い対応するモノ臭素化体が良好な収率かつ高い光学純度で得られた〔式(13)〕．興味あることに，モノ臭素化体に対する臭素化反応において，顕著な光学分割が観測された．すなわち，ラセミ体のモノブロモ化体にリン酸 **2a** 存在下，0.5 equiv の NBP を作用させるとジブロモ化体が得られるが，未反応のモノブロモ化体が 49%回収され，その光学純度は 87% ee であることを見いだした〔式(14)〕．非対称化反応で得られた主鏡像異性体よりも，微量に得られた鏡像異性体のジブロモ化反応が優先的に進行したので，*N*-ブロモフタルイミド(NBP)を 1.1 equiv 用いて非対称化反応と速度論的光学分割を組み合わせることにより，さらに高い不斉収率を達成することができた[23]．

本反応において，ビフェノールの下部芳香環上のメトキシメチル基の存在は必須であることから，ビフェノールの一方のヒドロキシ基は分子内のエーテル酸素と水素結合を形成し，他方のヒドロキシ基は，リン酸のホスホリル基と水素結合を形成した，水素結合ネットワークにより安定化された遷移状態を経てブロモ化反応が進行していると考えられる(図 7-3)．

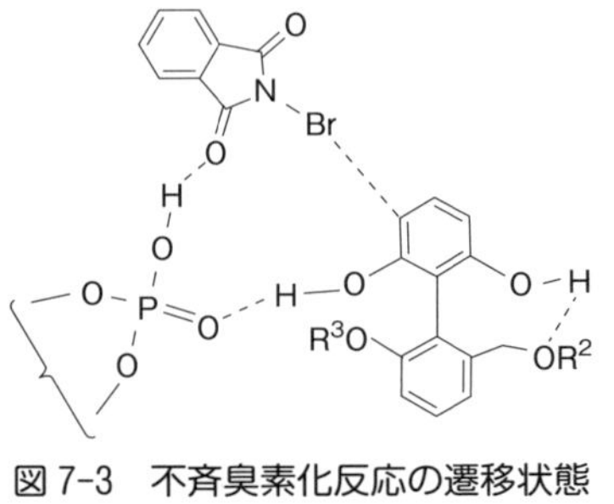

図 7-3　不斉臭素化反応の遷移状態

5　2 位置換インドリンの酸化的速度論的光学分割

筆者らは，ベンゾチアゾリンを水素供与体として用いることにより，イミンに対する水素移動型還元反応が効率良く進行し，対応するアミンが高い光学純度で得られることを報告した[24]．さらに，2 位置換インドリンも優れた水素供与体として機能することを明らかにした．そのなかで，キラルリン酸を用いた際に，2 位置換インドリンの鏡像異性体間で水素供与能に大きな反応性の差があること，すなわち，ケトイミンに対する水素移動型還元反応において，顕著なインドリンの酸化的速度論的光学分割が観測された．この現象を用いることにより，キラルな 2 位置換インドリンがほぼ単一の光学異性体として得られることを見いだした〔式(15)〕[25]．

本反応は，リン酸がブレンステッド酸としてイミンを活性化し，リン酸のホスホリル基の酸素原子とインドリンの窒素上の水素原子とが水素結合を形成

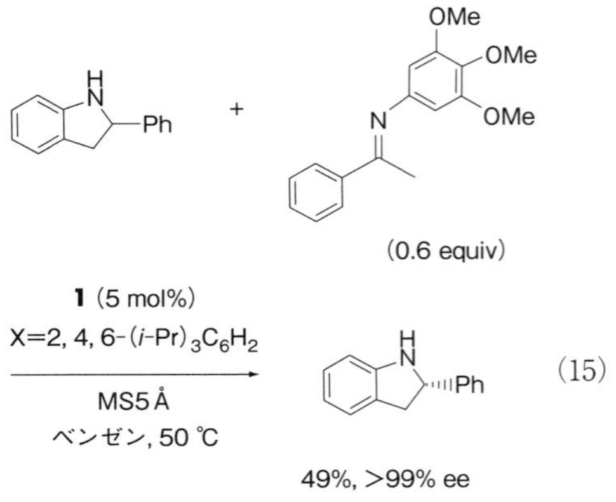

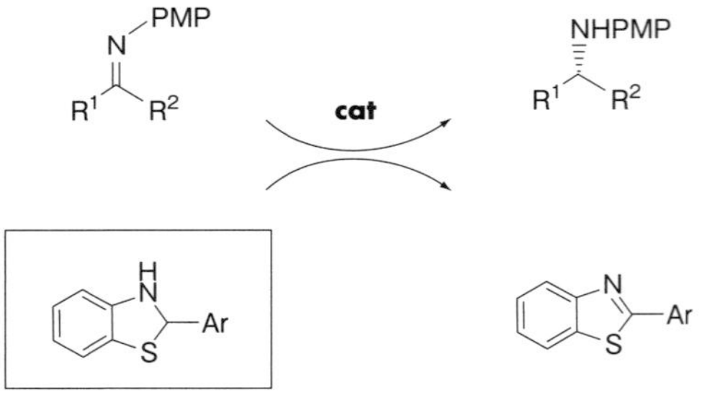

図 7-4　ベンゾチアゾリンを水素供与体とするケトイミンへの水素移動反応

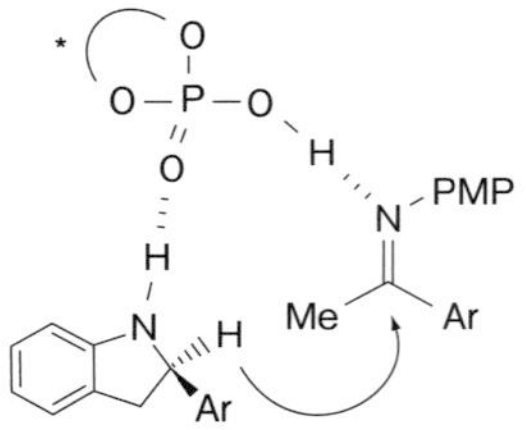

図 7-5　インドリンを水素供与体として用いた不斉水素移動型還元反応の遷移状態

し，3つの化合物が水素結合ネットワークにより複合体を形成して進行すると考えられる．その際，(*R*)-リン酸，(*R*)-インドリンとケトイミン間の水素結合ネットワーク(図 7-5)から優先的に反応が進行するため(*S*)-インドリンが光学純度良く得られた．

6　リン酸誘導体を用いたトピックス－キラルアニオン触媒(ACDC)

キラルリン酸は，キラルなアニオンをもつプロトン(H^+)と考えられるが，List らはさらに，この概念を発展させて，Asymmetric Counteranion-Directed Catalysis(ACDC)という概念を提唱した．キラルなリン酸アニオンをキラルな対アニオンとして用いた不斉触媒反応である．

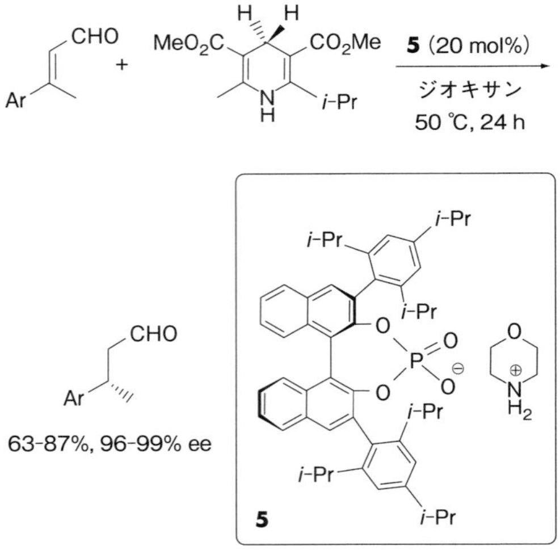

キラルリン酸アンモニウム塩 **5** を触媒として用い，Hantzsch エステルを水素供与体として用いることにより，α,β-不飽和アルデヒドの 1,4-還元を報告した〔式(16)〕[26]．本反応は，図 7-6 に示すイミニウム塩を経由して，キラルアニオンの影響により高いエ

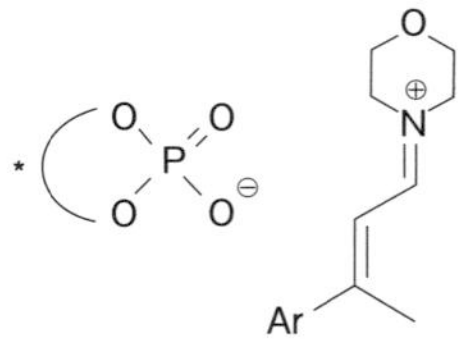

図 7-6　キラルイミニウム塩

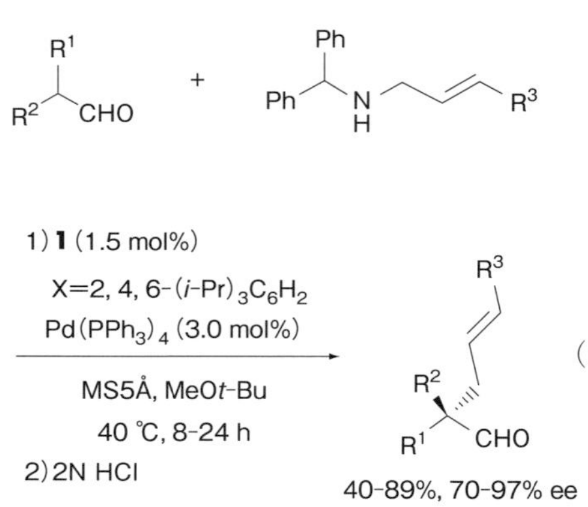

COLUMN

★いま一番気になっている研究者

Benjamin List

（ドイツ・マックス・プランク研究所）

有機分子触媒の分野で最も活躍している研究者の一人である．アメリカ・スクリプス研究所に在籍していた際に，Lerner, Barbas, III らとともに，(*S*)-プロリンを触媒として用いた分子間不斉アルドール反応を *J. Am. Chem. Soc.* に 2000 年に報告し，その後の有機分子触媒の隆盛の基礎を築いた．この論文は，1700 回以上引用されている．当初，(*S*)-プロリンを用いた不斉触媒反応を数多く報告したが，近年は，キラルリン酸をキラルブレンステッド酸触媒として用いた不斉触媒反応を中心に活躍している．さらに，2006 年に，リン酸アニオンをキラルアニオンとして用いた不斉触媒反応，いわゆる ACDC（Asymmetric Counteranion-Directed Catalysis）を報告した．これは，ブレンステッド酸触媒の概念をさらに拡大したものであり，プロトン(H^+)のみならず，さまざまな求電子性化学種の対アニオンとして，リン酸アニオンが有効に機能することを明らかにした．

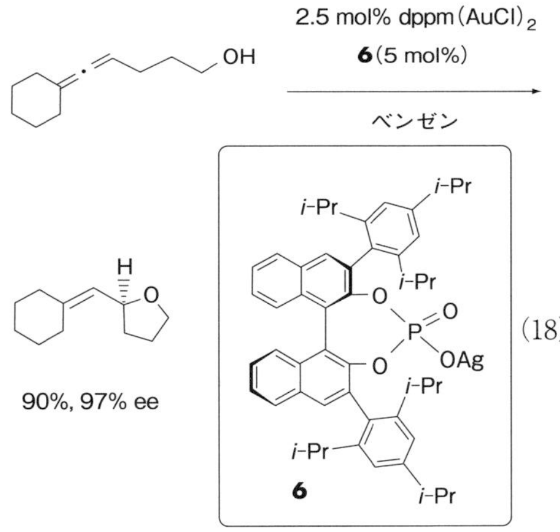

2.5 mol% dppm($AuCl)_2$, **6** (5 mol%), ベンゼン; 90%, 97% ee; **6** (18)

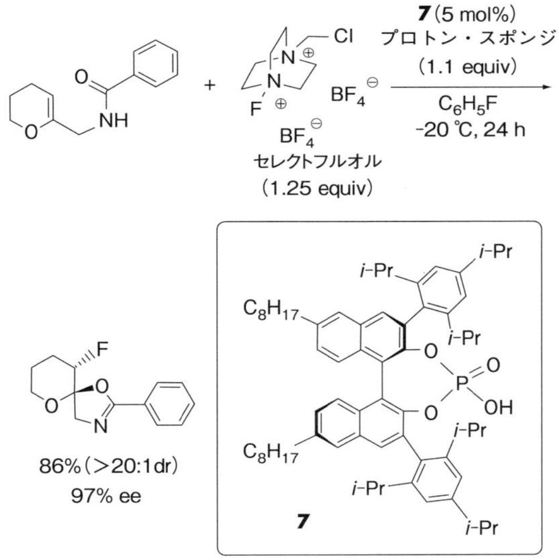

7 (5 mol%), プロトン・スポンジ (1.1 equiv), C_6H_5F, -20 ℃, 24 h; セレクトフルオル (1.25 equiv); 86% (>20:1 dr), 97% ee; **7** (19)

ナンチオ面選択性を実現していると考えられる．

さらに，List らは，π アリルパラジウム中間体を経るアルデヒドのアリル化反応による第四級炭素原子の構築法を報告した〔式(17)〕[27]．

一方，Toste らは，リン酸の Au(I)塩 **6** を触媒として用いたアレンへのヒドロキシ基の分子内付加反応を報告し，リン酸アニオンがキラルアニオンとして優れた触媒能をもつことを報告した〔式(18)〕[28]．

さらに，Toste らは，キラルアニオンを用いたキラル相間移動触媒を利用して，エナンチオ選択的なフッ素化反応へと展開した〔式(19)〕．ビスリン酸アニオンをもつビスアンモニウム塩がキラルイオン対として，フッ素化剤として作用していると考えられる．リン酸の 6,6′-位に 8 炭素の飽和脂肪族置換基を導入することにより，不斉収率が向上することも見いだした[29]．

本フッ素化反応は，キラルリン酸アニオンを含むイオン対がキラルフッ素化剤（図 7-7）として働き，高い不斉収率を達成している．

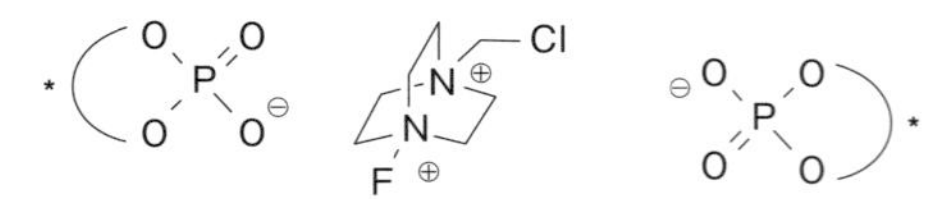

図 7-7　キラルフッ素化剤

7 結語

キラルリン酸を用いた不斉触媒反応の最近の進展について概観した．リン酸は，当初，塩基性の高いイミンの活性化に有効であることが見いだされたが，その後，カルボニル基，ニトロ基，アルケン，ヒドロキシ基など，非常に多くの官能基の活性化に有効であり，幅広い種類の不斉反応を触媒することが明らかになった．

◆ 文　献 ◆

[1] T. Akiyama, J. Itoh, K. Yokota, K. Fuchibe, *Angew. Chem., Int. Ed.*, **43**, 1566 (2004).

[2] M. Yamanaka, J. Itoh, K. Fuchibe, T. Akiyama, *J. Am. Chem. Soc.*, **129**, 6756 (2007).

[3] D. Uraguchi, M. Terada, *J. Am. Chem. Soc.*, **126**, 5356 (2004).

[4] (a) T. Akiyama, *Chem. Rev.*, **107**, 5744 (2007); (b) M. Terada, *Synthesis*, **2010**, 1929.

[5] D. Parmar, E. Sugiono, S. Raja, M. Rueping, *Chem. Rev.*, **114**, 9047 (2014).

[6] Q.-X. Guo, H. Liu, C. Guo, S.-W. Luo, Y. Gu, L.-Z. Gong, *J. Am. Chem. Soc.*, **129**, 3790 (2007).

[7] Y. Liang, E. B. Rowland, G. B. Rowland, J. A. Perman, J. C. Antilla, *Chem. Commun.*, **2007**, 4477.

[8] I. Coric, S. Müller, B. List, *J. Am. Chem. Soc.*, **132**, 17370 (2010). See also, F. Xu, D. Huang, C. Han, W. Shen, X. Lin, Y. Wang, *J. Org. Chem.*, **75**, 8677 (2010).

[9] D. Nakashima, H. Yamamoto, *J. Am. Chem. Soc.*, **128**, 9626 (2006).

[10] X.-H. Chen, W.-Q. Zhang, L.-Z. Gong, *J. Am. Chem. Soc.*, **130**, 5652 (2008).

[11] N. Momiyama, T. Konno, Y. Furiya, T. Iwamoto, M. Terada, *J. Am. Chem. Soc.*, **133**, 19294 (2011).

[12] I. Čorić, B. List, *Nature*, **483**, 315 (2012).

[13] D. Uraguchi, K. Sorimachi, M. Terada, *J. Am. Chem. Soc.*, **126**, 11804 (2004).

[14] J. W. Yang, M. T. H. Fonseca, N. Vignola, B. List, *Angew. Chem., Int. Ed.*, **44**, 108 (2005).

[15] T. Akiyama, H. Morita, K. Fuchibe, *J. Am Chem. Soc.*, **128**, 13070 (2006).

[16] K. Mori, T. Katoh, T. Suzuki, T. Noji, M. Yamanaka, T. Akiyama, *Angew. Chem., Int. Ed.*, **48**, 9652 (2009).

[17] P. Jain, J. C. Antilla, *J. Am. Chem. Soc.*, **132**, 11884 (2010).

[18] S. Xu, Z. Wang, X. Zhang, X. Zhang, K. Ding, *Angew. Chem., Int. Ed.*, **47**, 2840 (2008).

[19] E. B. Rowland, G. B. Rowland, E. Rivera-Otero, J. C. Antilla, *J. Am. Chem. Soc.*, **129**, 12084 (2007).

[20] T. Liang, Z. Zhang, J. C. Antilla, *Angew. Chem., Int. Ed.*, **49**, 9734 (2010).

[21] J. Itoh, K. Fuchibe, T. Akiyama, *Angew. Chem., Int. Ed.*, **47**, 4016 (2008).

[22] D. Huang, H. Wang, F. Xue, H. Guan, L. Li, X. Peng, Y. Shi, *Org. Lett.*, **13**, 6350 (2011).

[23] K. Mori, Y. Ichikawa, M. Kobayashi, Y. Shibata, M. Yamanaka, T. Akiyama, *J. Am. Chem. Soc.*, **135**, 3964 (2013); K. Mori, Y. Ichikawa, M. Kobayashi, Y. Shibata, M. Yamanaka, T. Akiyama, *Chem. Sci.*, **4**, 4235 (2013).

[24] C. Zhu, T. Akiyama, *Org. Lett.*, **11**, 4180 (2009), C. Zhu, K. Saito, M. Yamanaka, T. Akiyama, *Acc. Chem. Res.*, **48**, 388 (2015).

[25] K. Saito, Y. Shibata, M. Yamanaka, T. Akiyama, *J. Am. Chem. Soc.*, **135**, 11740 (2013); K. Saito, H. Miyashita, T. Akiyama, *Org. Lett.*, **16**, 5312 (2014).

[26] S. Mayer, B. List, *Angew. Chem., Int. Ed.*, **45**, 4193 (2006). For a review, see: M. Mahlau, B. List, *Angew. Chem., Int. Ed.*, **52**, 518 (2013).

[27] S. Mukherjee, B. List, *J. Am. Chem. Soc.*, **129**, 11336 (2007).

[28] G. L. Hamilton, E. J. Kang, M. Mba, F. D. Toste, *Science*, **317**, 496 (2007). For a review, see: R. J. Phipps, G. L. Hamilton, F. D. Toste, *Nature Chem.*, **4**, 603 (2012).

[29] V. Rauniyar, A. D. Lackner, G. L. Hamilton, F. D. Toste, *Science*, **334**, 1681 (2011).

Chap 8

キラルリン酸触媒によるエナンチオ制御機構

Mechanistic Insight into the Enantio-Control in Chiral Phosphoric Acid Catalysis

寺田 眞浩
（東北大学大学院理学研究科）

Overview

汎用性の高いブレンステッド酸触媒に基質認識能を付与したことで，キラルブレンステッド酸触媒という新たな研究の潮流が生み出された．立役者となったキラルリン酸触媒は，軸不斉をもつビナフトールを不斉源としており，種々の置換基をビナフチル骨格に導入し反応に即した触媒分子を開発することで，高度な立体化学制御を実現してきた．さまざまな誘導体も開発されており，それらを用いた不斉触媒化は炭素-炭素結合生成をはじめとして，炭素-ヘテロ元素結合生成，さらには還元反応や酸化反応など，多彩な触媒反応系に及んでいる．本章では，キラルブレンステッド酸が水素結合という自由度の高い結合を主たる相互作用としているにもかかわらず，なぜ高度な立体化学制御を可能にすることができたのか，計算化学による解析結果をもとに，その本質に迫った．キラルリン酸／反応基質間のX—H…A（X, A＝ヘテロ元素）水素結合を介した相互作用に加え，C—H…O水素結合あるいはπスタッキングによる多点相互作用が鍵となり，高度な立体化学制御が達成されていることが明らかになってきた．

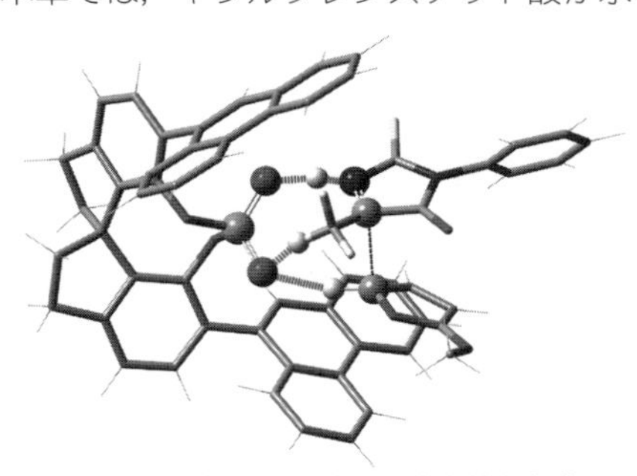

▲不斉スピロ骨格をもつキラルリン酸触媒を用いたケチミンとメトキシフランとのFriedel-Crafts反応の遷移状態

■ **KEYWORD** マークは用語解説参照

- ■ブレンステッド酸（Brønsted acid）
- ■キラルリン酸（chiral phosphoric acid）
- ■密度汎関数理論（DFT：density functional theory）
- ■求電子剤（electrophile）
- ■イオン対（ion pair）
- ■水素結合（hydrogen bond）
- ■水素結合アクセプター（hydrogen bond acceptor）
- ■水素結合ドナー（hydrogen bond donor）
- ■π-スタッキング（π-stacking）
- ■プロ求核剤（pro-nucleophile）
- ■遷移状態（transition state）

Current Review

はじめに

ブレンステッド酸は有機変換反応における最も古典的かつ汎用性の高い触媒であり，その適用範囲は多岐に渡る．この最もポピュラーな触媒であるブレンステッド酸に不斉認識や分子認識などの基質認識能を付与したキラルブレンステッド酸触媒が，秋山ら，ならびに寺田らにより独立に2004年に報告された[1,2]．7章ですでに紹介されているように，軸不斉をもつビナフトールを不斉源とするキラルリン酸(1)をキラルブレンステッド酸触媒として初めて用いたこれらの報告以来，多彩な有機変換反応の不斉触媒化が実現されるに至っている(図8-1)[3~8]．炭素-炭素結合生成をはじめとして，炭素-ヘテロ元素結合生成から還元反応や酸化反応など，その適用範囲の広さは他の有機分子触媒の追随を許さない多様性を誇っている．キラルリン酸あるいはその類縁体を用いた不斉触媒反応の研究成果は，初報から12年の月日を経てもなお，国際的に評価の高い学術誌に続々と報告されており，その拡充振りには目を見張るものがある．

一方で，キラルルイス酸(不斉金属錯体)を不斉酸触媒として用いる反応開発が1980年代後半から精力的に展開されていたのとは対照的に，キラルブレンステッド酸触媒の開発は12年前と，開発研究の歴史はそれほど長くはない．その開発には，プロトン化により生じる活性種とキラルな共役塩基との間に相互作用を維持しつつ，キラルな共役塩基により構築される不斉反応場のもとで活性化を可能とする分子設計が必要とされた．この「活性種／キラル共役塩基」における相互作用の鍵となるのが水素結合である．水素結合は「水素を中心に結合の両端にヘテロ原子が配置し，これらが直線上に並ぶ際に最も

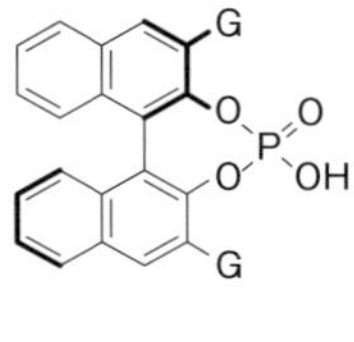

キラルリン酸触媒(1)

図8-1　キラルリン酸触媒の基本構造

安定となる」という縛り以外はなんら制約のない自由度の高い結合である．水素が1s軌道しかもたないためであるが，指向性のある軌道(d軌道やp軌道)をもち，配位結合を起点として触媒機能を発現するルイス酸(金属錯体)触媒と比較すると，ブレンステッド酸は基質認識能を備えた触媒としての分子設計に不向きであると容易に想像することができる．比較的最近になるまでキラルブレンステッド酸触媒の報告がなかったことは，多くの優れた研究成果が挙げられている現在では不思議なぐらいであるが，おそらくその理由は「たとえ水素結合による相互作用があっても，水素結合は自由度が高く立体化学制御など無理！」といった先入観が邪魔をしたためではないだろうか．

「キラル共役塩基と活性種との相互作用」ならびに「立体化学制御を実現するための配向制御」など，難題を克服して開発されたキラルリン酸触媒とその類縁体によって成し得た研究の概要は第7章ですでに紹介している．本章では，水素結合という自由度の高い結合を主たる相互作用としているにもかかわらず，なぜ高いエナンチオ選択性が実現されるのか，計算化学による解析で明らかにされてきた立体化学制御機構について[9]，共同研究者とともに進めた筆者らの研究例を中心に紹介したい．

1 キラルリン酸触媒による立体化学制御の基本原理

キラルブレンステッド酸触媒の設計開発には，当然のことながら反応基質の活性化に足る「適度な酸性度」と自由度の高い水素結合を立体化学制御のツールの一つとして使うため，「触媒構造の柔軟性を抑えた反応場の構築」が必須となる．筆者らがキラルリン酸触媒の分子設計を開始した2001年当時の考えを要約すると以下の通りである[2]．まず，スルホン酸，カルボン酸などの代表的な有機酸があるなか，他の有機酸には見られない構造的な特徴をもち，かつ酸性度の比較的高いリン酸(pK_a 1～2 in H_2O)に着目した(図8-2)．リン酸は環状構造を導入しても反応基質をプロトン化するための酸性部位を残すことができる．この環状構造は触媒骨格の柔軟

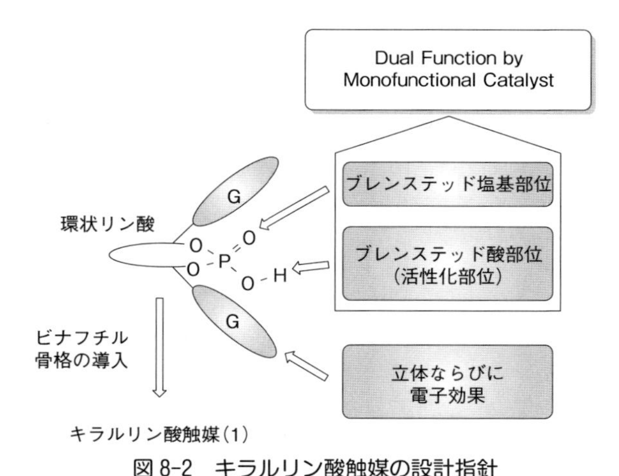

図 8-2　キラルリン酸触媒の設計指針

性を抑えるには効果的であり，制御された不斉反応場の構築に有利である．しかも，活性化点となるブレンステッド酸部位はもちろん，ホスホリル酸素（P＝O）はブレンステッド塩基性部位となり，反応基質と複数の水素結合を介した相互作用が可能である．リン酸としては一つの官能基とみなされるが，酸／塩基の二つの機能を備えた「Dual Function by Monofunctional Catalyst」としての触媒作用である．酸と塩基の二つの異なる官能基を同一分子に導入する，いわゆる「二官能基型触媒（Bifunctional Catalyst）」を主流とする有機分子触媒の設計戦略とは大きく異なる触媒分子の設計指針を提案していた．

当初期待した「Dual Function by Monofunctional Catalyst」としての触媒作用については，計算化学による立体化学制御機構の解析がなされ，多くの実証例が報告されている[9]．リン酸のブレンステッド酸部位（P-OH）は求電子剤をプロトン化することで活性化し，水素結合ドナーとして相互作用する．一方，プロ求核剤（H-*Nu*）は水素結合アクセプターとして機能するホスホリル酸素（P＝O）と相互作用し，このブレンステッド塩基性部位の作用によりプロ求核剤も求核種として活性化される．求電子剤，プロ求核剤ともにリン酸と水素結合を介して相互作用することで配向制御がなされ，触媒上の置換基（G）によって構築された不斉反応場のもとで反応することで高度な立体化学制御が実現されている（図 8-3）．

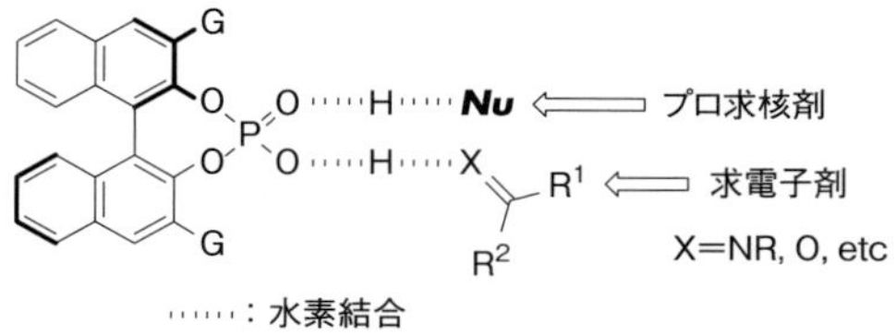

図 8-3　キラルリン酸触媒の基本的な立体化学制御機構

2 アザ-Petasis-Ferrier 転位反応の例

ヘミアナールビニルエーテルを出発物質として *β*-アミノアルデヒドを与えるアザ-Petasis-Ferrier 転位反応は，C−O 結合開裂によるイミンとエノールの生成，引き続く C−C 結合生成の 2 段階から成る形式的な 1,3-転位反応である（図 8-4）[10, 11]．この反応ではラセミ体のヘミアミナールを出発反応基質として用いているが，かさ高い置換基（G）を導入した **1a** もしくは **1b** を用いた際に高いエナンチオ選択性で生成物が得られ，エナンチオ収束的な合成法となっている．キラルリン酸触媒の置換基に依らず（*Z*）-体のビニルエーテルを用いた際に，アンチ体が主生成物として得られる．

不斉炭素が構築される 2 段階目の C−C 結合生成時に立体選択性が発現するが，各段階における遷移状態について DFT（密度汎関数理論）計算の結果，リン酸のヒドロキシ基（OH）とホスホリル酸素（P＝O）はそれぞれ水素結合ドナーとアクセプターとして機能し，図 8-3 に示す典型的な立体化学制御機構に従い進行する．アンチ体が得られるのは C−O 結合開裂で生じたイミンならびにエノールがともに水素結合を介してリン酸と相互作用することで配向制御されているためである（図 8-5）．シン体を与える遷移状態 TS_{cc}*si-syn* では R 置換基（ベンジル基）とビニルエーテル上のメチル基がゴーシュの関係になり不利になるのに対し（図 8-5 中の両矢印），アンチ体の TS_{cc}*si-anti* は立体障害を避けたアンチ配座をとったためであり，ジアステレオ選択性はリン酸により配向制御された反応基質の置換基の相対配置によりおもに制御されている．

一方，エナンチオ選択性はリン酸の G 置換基により構築される不斉反応場と，水素結合により配向制御されたイミンとエノールから成る遷移状態の配置

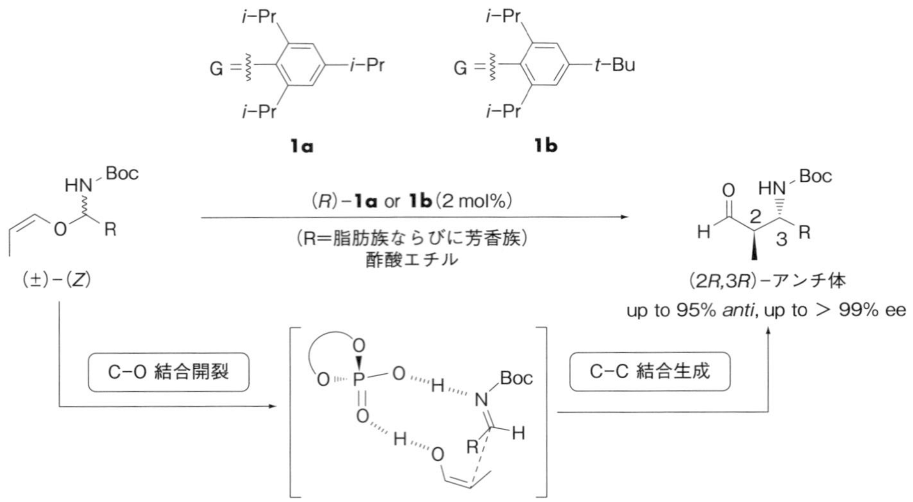

図 8-4　キラルリン酸触媒を用いたアザ-Petasis-Ferrier 転位反応

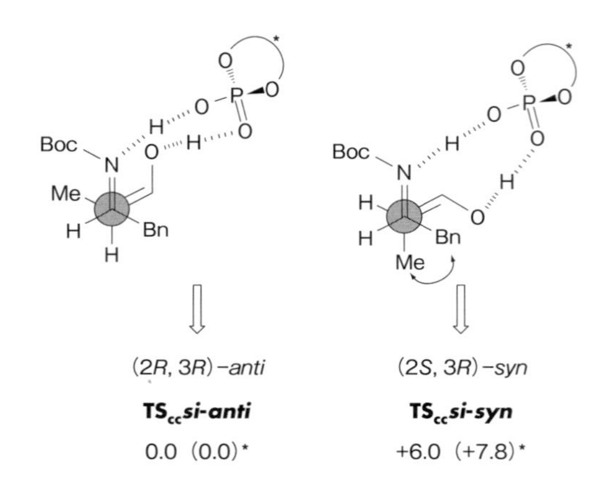

図 8-5　アンチ選択的 C−C 結合生成の遷移状態模式図

によって決定される（図 8-6）．マイナー生成物である（2*S*, 3*S*）-アンチ体を与える $\mathrm{TS_{cc}}$*re-anti* では，イミンは左右に配置する触媒の置換基に挟まれるように水平に配置しており，立体的に不利な様子が伺える〔図 8-6（b）：両矢印で表示〕．これに対し，主生成物となる（2*R*, 3*R*）-アンチ体の $\mathrm{TS_{cc}}$*si-anti* では，触媒の置換基に対してイミンは平行になっており，立体的に有利な配置となっている〔図 8-6（a）〕．

興味深いことに，1 段階目の C−O 開裂をする際にもキラルリン酸触媒の不斉触媒としての機能発現がみられ，ラセミ体を用いたこの反応では速度論的光学分割が起こり，（*R*）体のヘミアミナールの方が早く消費する．この速度論的光学分割もリン酸のヒドロキシ基（OH）とホスホリル酸素（P=O）がドナー／アクセプターとなり，それぞれヘミアミナールのエーテル酸素と NH 基のプロトンと水素結合を介して相互作用した結果である（図 8-7）．図 8-6 と同様，反応基質が水素結合を介して触媒と相互作用した遷移状態を反応場に配置した際に，触媒の置換基との位置関係が平行になるか，挟まれるかによってその安定性が決まっている．

3 アザ-マイケル付加反応の例

炭素-ヘテロ元素結合生成反応においても，立体化学制御機構はリン酸のヒドロキシ基とホスホリル酸素が水素結合ドナー／アクセプターとなって求電子剤と求核剤を補足し，配向制御がなされたためであることは変わらない．一例として，2-アルケニルベンズイミダゾールとピラゾールのアザ-マイケル付加反応の例を挙げる（図 8-8）[12]．

2-アルケニルベンズイミダゾールの DFT 計算による安定配座解析から，窒素上に導入した Ts 保護基がアルケニル基の配座制御に大きく関わっており，立体的な要素とともに，α 位のビニル水素とスルホンアミドの酸素がファンデルワールス半径の総和

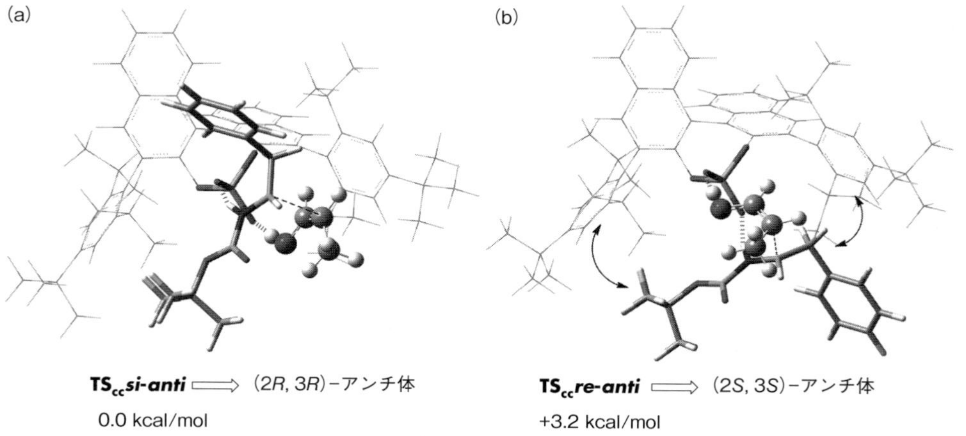

図 8-6　C−C 結合生成時の遷移状態：エナンチオ選択性の発現機構
エノールは「ボール＆スティックモデル」，イミン(R＝ベンジル基)とリン酸の主官能基部分は「チューブモデル」で描写.

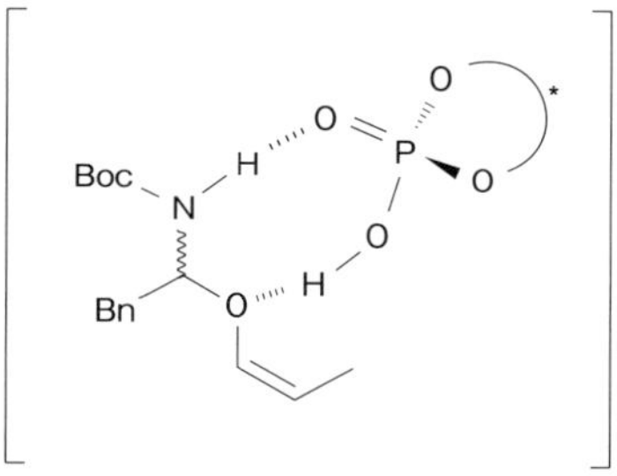

図 8-7　C−O 結合開裂時の遷移状態模式図

(約 2.7 Å)よりも短い 2.21 Å となり，C−H…O 水素結合することで配座が固定されている．遷移状態の計算でもこの配座が維持されており(2.27 Å)，高いエナンチオ選択性の発現に深く関係している．主生成物を与える遷移状態では，共平面をとるアルケニル基とベンズイミダゾール環は，触媒の置換基であるアンスリル基と平行に配置して立体障害を避けている(図 8-9)．一方，マイナーエナンチオマーを与える遷移状態では，この共平面は二つのアンスリル基に挟まれるように配置しており，立体的に不利となっている．図 8-9 に示す遷移状態を詳しく見ると，水素結合ドナーであるリン酸のヒドロキシ基がベンズイミダゾールの窒素をプロトン化し，酸素と水素の間に水素結合(1.65 Å)を形成している．これとは別に β 位のビニル水素とリン酸の酸素との距離が 2.19 Å と短く C−H…O 水素結合を形成することで，2-アルケニルベンズイミダゾールはリン酸の酸素と N−H と C−H の 2 点相互作用によって配向制御がなされる．一方，ピラゾール窒素求核剤の

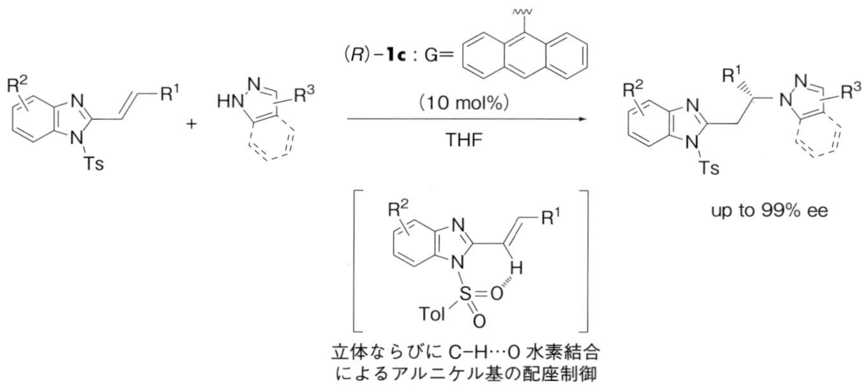

図 8-8　キラルリン酸触媒を用いたアザ-マイケル付加反応

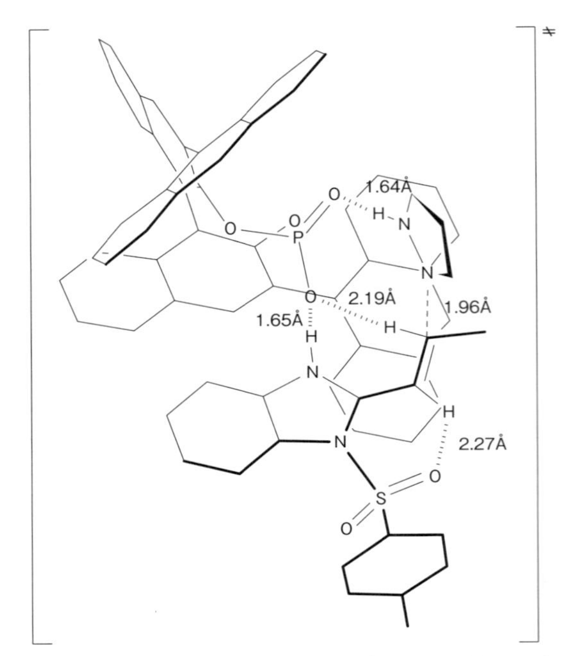

図 8-9　アザ-マイケル付加反応の主エナンチオマーを与える遷移状態

2-アルケニルベンズイミダゾール(R^1=Me，R^2=H)とピラゾールとの反応の主エナンチオマーを与える遷移状態．

N−H は水素結合アクセプターとなるホスホリル酸素と水素結合(1.64 Å)を介して相互作用している．図 8-9 には主エナンチオマーの遷移状態のみ示しているが，マイナーエナンチオマーの遷移状態においても上記と同様の水素結合が形成されている．多点を介した相互作用が，高い立体選択性の実現に関与していることが明らかになってきた．

4　ケチミンを用いた Friedel-Crafts 反応の例

イミンと電子豊富芳香族化合物との Friedel-Crafts 反応は，キラルリン酸触媒による不斉触媒化が早くから検討されていた反応系である[13〜15]．ここでは，ケチミンの前駆体としてヒダントイン骨格をもつヘミアミナールエーテルを用い，リン酸触媒によってケチミンを系中発生させる方法論について紹介するが(図 8-10)[16]，BINOL を母骨格とするキラルリン酸触媒では高いエナンチオ選択性で生成物を得ることができなかったことから，SPINOL を母骨格とする触媒(**2**)を用いている．

芳香族求電子置換反応の代表例である Friedel-Crafts 反応の機構は，C−C 結合によるカチオン中間体の形成，引き続く脱プロトン化により再び芳香族化することで生成物を与えるのが一般的な説明である．前節の 2 例では，求電子剤ならびに求核剤ともにリン酸と水素結合を介して相互作用し高度な立体化学制御がなされているが，Friedel-Crafts 反応の一般的な 2 段階反応機構では，求核剤となる電子豊富芳香族化合物(この反応ではメトキシフラン)と触媒との相互作用についてまったく考慮されていな

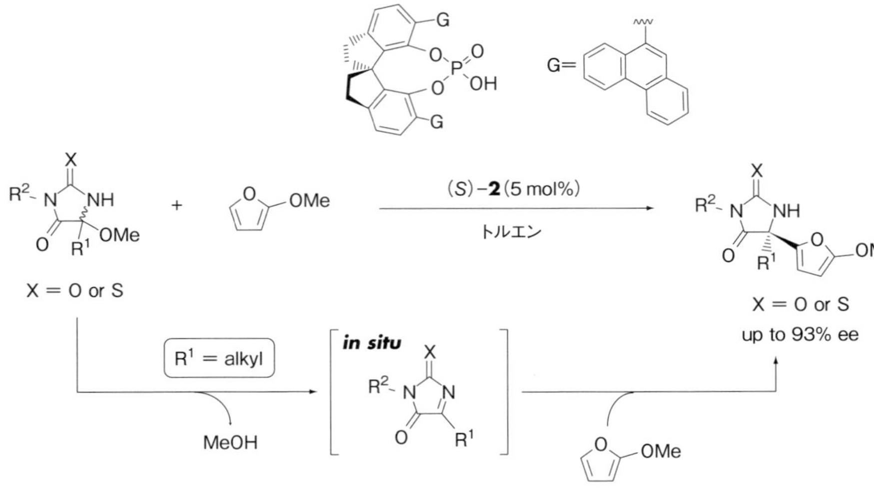

図 8-10　キラルリン酸触媒を用いたケチミンとの Friedel-Crafts 反応

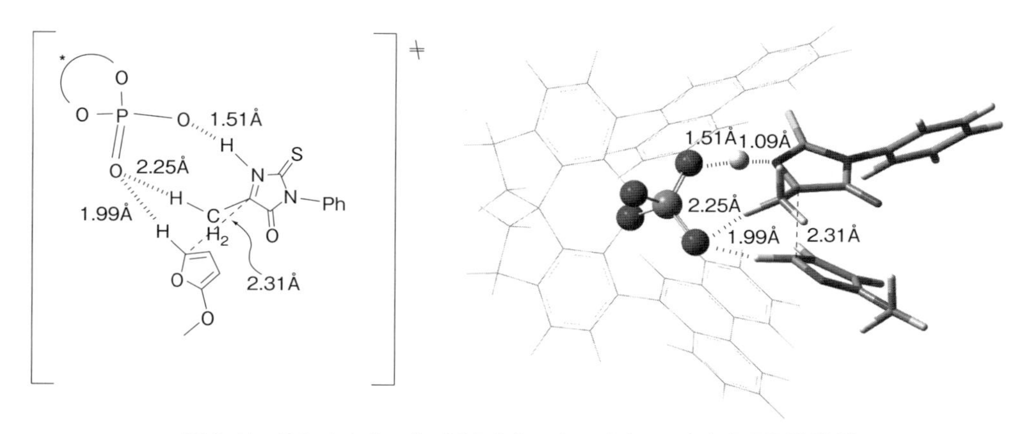

図 8-11　Friedel-Crafts 反応の主エナンチオマーを与える遷移状態

ケチミン(R^1＝メチル基，R^2＝フェニル基，X＝S)とメトキシフランを「チューブモデル」，リン酸の主官能基部分を「ボール＆スティックモデル」で描写した主エナンチオマーを与える遷移状態．

い．DFT 計算によって遷移状態を解析した結果，C−C 結合生成後に脱プロトン化されるフランの水素が，あらかじめリン酸のホスホリル酸素と水素結合(1.99 Å)を介して相互作用していることを見いだした(図 8-11)．高度な立体化学制御は，リン酸触媒との間に求電子剤であるケチミンはもとより，求核剤であるメトキシフランとも水素結合を形成し配向制御がなされていることが明らかになった．興味深いのは，ケチミンのアルキル置換基として導入した R^1 基(図 8-11 ではメチル基)の α 位の水素がリン酸の酸素と C−H…O 水素結合(2.25 Å)し，結果としてリン酸の二つの酸素とケチミンが 2 点で相互作用し配向制御されている点である．これらの水素結合ネットワークの形成により，主エナンチオマーを与える遷移状態では，ヒダントイン環とフラン環は触媒の置換基であるフェナンスリル基との立体障害を避けるように平行に配置し，(*S*)-体の生成物を優先的に与える．これに対し，マイナーエナンチオマーの遷移状態では，前節の 2 例と同様，双方の反応基質が二つのフェナンスリル基に横から挟まれるように配置し，立体障害を生じて不利となっている．

5　カチオン中間体が関与する反応の例

前述で紹介したように，リン酸のヒドロキシ基とホスホリル酸素がそれぞれ求電子剤ならびにプロ求核剤(*Nu*-H)と水素結合を介して相互作用し触媒作用を示す〔図 8-12(a)〕．これまでは，求電子剤と X−H…A 型(X, A ＝ ヘテロ元素)の水素結合が形成される反応系がおもに検討されてきたが，これに対し最近，正電荷をもつ求電子剤と負電荷を帯びたキラルリン酸の共役塩基とのイオン対形成を経る反応系において，高いエナンチオ選択性が報告されるようになってきた〔図 8-12(b)〕[17, 18]．この形式の反応では，求電子剤の配向制御に関わり高度な立体化学制御を実現するうえで重要な X−H…A 型の水素結合が原理的には形成できない．正電荷をもつ求電子種としてオキソカルベニウムイオンを活性中間

(a) 求電子剤と水素結合を介した相互作用

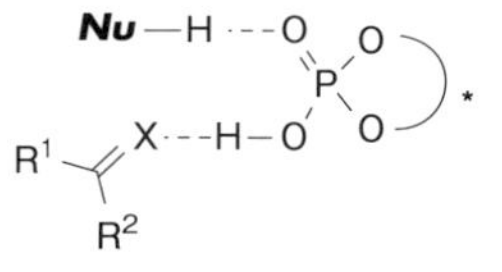

Nu—H---O　O　P　X---H—O　O　R^1　R^2

X=NR, O, etc

(b) 正電荷を有する求電子剤とのイオン対形成

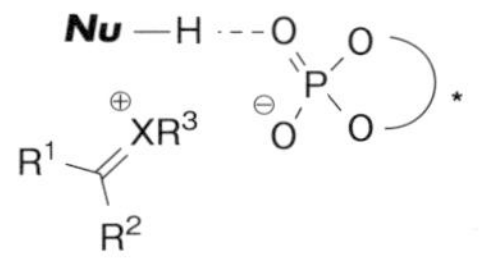

Nu—H---O　O　P　⊕XR^3　⊖O　O　R^1　R^2

X=NR, O, etc　R, R^3≠H

図 8-12　キラルリン酸触媒による反応形式

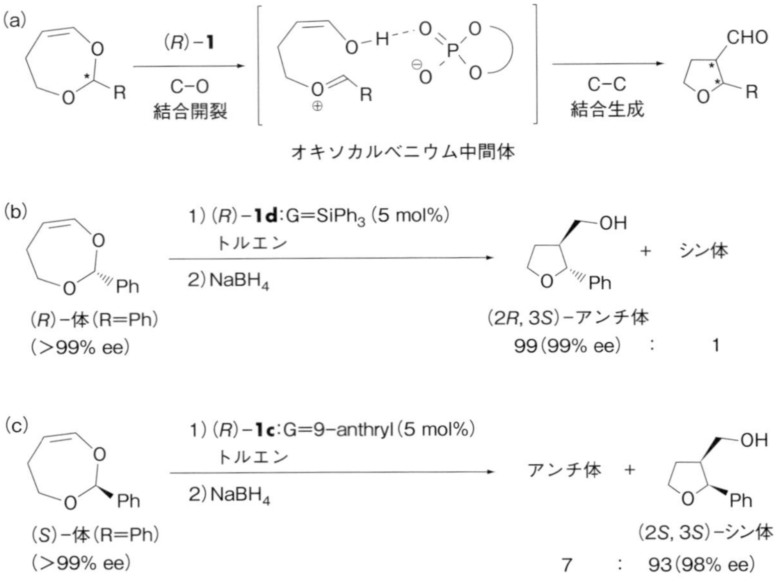

図 8-13　キラルリン酸触媒を用いた Petasis-Ferrier 型転位反応

体とする環状アセタールを用いた Petasis-Ferrier 型転位反応を取り上げ，高度な立体化学制御にかかわる「相互作用」を DFT 計算により明らかにした〔図 8-13(a)〕[19]．まず，この転位反応では，出発物質である環状アセタールの不斉点はおもに立体保持で進行することが知られていることから，両エナンチオマーの光学活性体を出発物質として用いた．それぞれの異性体についてジアステレオ選択的に得られるキラルリン酸触媒((*R*)-体)の置換基を探索した結果，(*R*)-体を出発物質とした場合は(*R*)-**1d**(G = $SiPh_3$)を用いることで(2*R*, 3*S*)-アンチ体が〔図 8-13(b)〕，一方，(*S*)-体を出発物質とした場合は(*R*)-**1c**(G = 9-anthryl)を用いることで(2*S*, 3*S*)-シン体が〔図 8-13(c)〕，アセタールの不斉を立体保持しつつ高いジアステレオ選択性で得られる反応系を見いだした．

これらの実験結果をもとに Petasis-Ferrier 型転位反応が C−O 結合開裂と C−C 結合生成の二段階で進行すると仮定し，アンチ体ならびにシン体を与える経路についてそれぞれ DFT 計算によって立体化学制御機構を調べた．この転位反応は C−O 結合開裂が律速段階となっているが，不斉炭素を生じる 2 段階目の C−C 結合生成において，(*R*)-体を出発物質として用いた場合は〔図 8-13(b)〕，アンチ体を与える遷移状態 TSr_{cc}-*anti* がシン体を与える遷移状態 TSr_{cc}-*syn* よりもエネルギーが低く，実験結果を矛盾なく説明できる計算結果が得られた(図 8-14)．いずれの遷移状態ともリン酸は二つの環外 P−O 結合の距離はほぼ等しく(1.48〜1.50 Å)，(*R*)-**1d** はオキソカルベニウムとイオン対を形成する共役塩基(アニオン種)として存在し，また，求核種のエノールはこの共役塩基と O−H…O 水素結合を介して相互作用している．一方，求電子種のオキソカルベニウムイオンは，主生成物を与える TSr_{cc}-*anti* ではリン酸の酸素原子とベンゼン環のオルト位ならびにオキソカルベニウムの C−H が 2.0〜2.2 Å と近接し，C−H…O 水素結合を介して相互作用している．前節の例では，C−H…O 水素結合は配向制御の補助的な役割として関与していたが，このイオン対形成を経る反応系では，従来の X−H…A 型水素結合に代わり，C−H…O 水素結合が主たる「相互作用」として反応基質の配向制御に関わっていることが明らかとなった．また，有利な TSr_{cc}-*anti* の遷移状態では 2 箇所で相互作用しているのに対し，不利な TSr_{cc}-*syn* では 1 箇所となっており，C−H…O 水素結合の数も遷移状態の安定

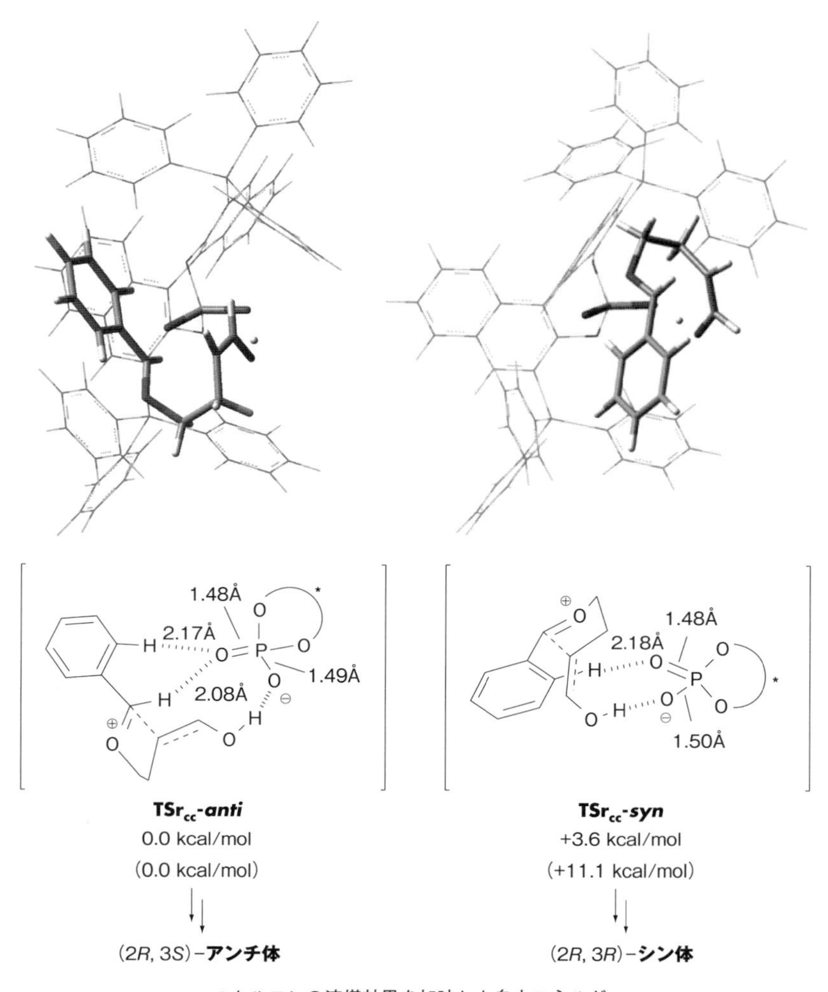

図 8-14　アンチ体を主生成物として与える Petasis-Ferrier 型転位反応の遷移状態の比較

化に大きく関わっていることが示唆された.

一方，図 8-13(c)に示すシン体を与える(*R*)-**1c** と(*S*)-体の反応基質の組み合わせの遷移状態 TSs_{cc}-*syn* では，C－H…O を介した相互作用は 1 箇所のみであるが，触媒のアンスリル置換基と反応基質のフェニル基が約 3.5 Å の距離を保ち平行に配列しており，π スタッキングが遷移状態の安定化に寄与していることを見いだした(図 8-15). これまでキラルリン酸触媒では，おもな立体化学制御因子は水素結合のネットワーク形成に基づく配向制御と触媒の置換基との立体反発であったのに対し，この系はアトラクティブ相互作用が立体化学制御機構に重要な役割を果たしていることを示した初めての例である.

6 結　語

キラルリン酸触媒の開発は，当初，X－H…A 型(X, A ＝ ヘテロ元素)の水素結合を介した相互作用を設計指針とし，「Dual Function by Monofunctional Catalyst」としての機能開拓が進められてきた. 計算化学による立体化学制御機構の解析が進むにつれ，こうした X－H…A 型の水素結合による求電子剤ならびに求核剤の配向制御と併せ，C－H…O 水

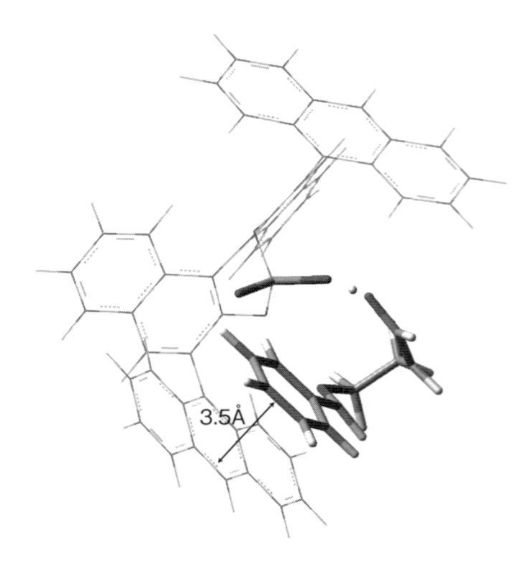

1.50Å
1.47Å
2.05Å

TSs$_{cc}$-*syn*

(2*R*, 3*S*)-**シン体**

図 8-15　シン体を主生成物として与える Petasis-Ferrier 型転位反応の遷移状態

素結合によるネットワーク形成も高度な立体化学制御を実現するうえで重要な役割を果たしていることが明示された．加えて π スタッキングによる配向制御も立体化学制御の一翼を担っていることが判明し，高い自由度をもつ水素結合を主たる相互作用とした高度な立体化学制御は，多点相互作用による分子認識が鍵となっていたことが明らかになってきた．今後，立体化学制御機構に関する理解が一層深まることで，新たなキラルブレンステッド酸の触媒設計，あるいは触媒反応系のさらなる開拓につながると期待される．

ここで紹介した計算化学に関する研究の大半は，新学術領域研究「有機分子触媒による未来型分子変換」の班員の方々との共同研究によりなされたものである．

◆ 文　献 ◆

[1] T. Akiyama, J. Itoh, K. Yokota, K. Fuchibe, *Angew. Chem., Int. Ed.*, **43**, 1566 (2004).

[2] D. Uraguchi, M. Terada, *J. Am. Chem. Soc.*, **126**, 5356 (2004).

[3] T. Akiyama, *Chem. Rev.*, **107**, 5744 (2007).

[4] M. Terada, *Synthesis*, **2010**, 1929.

[5] D. Kampen, C. M. Reisinger, B. List, *Top. Curr. Chem.*, **291**, 395 (2010).

[6] T. Akiyama, "Asymmetric Organocatalysis 2, Brønsted Base and Acid Catalysts, and Additional Topics," ed. by K. Maruoka, Thieme (2012), p. 169.

[7] M. Terada, N. Momiyama, "Asymmetric Organocatalysis 2, Brønsted Base and Acid Catalysts, and Additional Topics", ed. by K. Maruoka, Thieme (2012), p. 219.

[8] D. Parmar, E. Sugiono, S. Raja, M. Rueping, *Chem. Rev.*, **114**, 9047 (2014).

[9] 代表例：L. Simón, J. M. Goodman, *J. Org. Chem.*, **76**, 1775 (2011).

[10] M. Terada, Y. Toda, *J. Am. Chem. Soc.*, **131**, 6354 (2009).

[11] M. Terada, T. Komuro, Y. Toda, T. Korenaga, *J. Am. Chem. Soc.*, **136**, 7044 (2014).

[12] Y.-Y. Wang, K. Kanomata, T. Korenaga, M. Terada, *Angew. Chem., Int. Ed.*, **55**, 927 (2016).

[13] D. Uraguchi, K. Sorimachi, M. Terada, *J. Am. Chem. Soc.*, **126**, 11804 (2004).

[14] M. Terada, K. Sorimachi, *J. Am. Chem. Soc.*, **129**, 292 (2007).

[15] M. Terada, S. Yokoyama, K. Sorimachi, D. Uraguchi, *Adv. Synth. Catal.*, **349**, 1863 (2007).

[16] A. Kondoh, Y. Ota, T. Komuro, F. Egawa, K. Kanomata, M. Terada, *Chem. Sci.*, **7**, 1057 (2016).

[17] R. J. Philipps, G. L. Hamilton, F. D. Toste, *Nature Chem.*, **4**, 603 (2012).

[18] M. Mahlau, B. List, *Angew. Chem., Int. Ed.*, **52**, 518 (2013).

[19] K. Kanomata, Y. Toda, Y. Shibata, M. Yamanaka, S. Tsuzuki, I. D. Gridnev, M. Terada, *Chem. Sci.*, **5**, 3515 (2014).

Chap 9

イオン対を中心とした不斉塩基触媒

Chiral Organic Base Catalyses via Ionic Intermediates

浦口 大輔　大井 貴史
（名古屋大学トランスフォーマティブ生命分子研究所・名古屋大学大学院工学研究科）

Overview

有機化学の教科書で取り扱われる反応の大部分を占めるイオン反応は，いうまでもなく最も基本的な分子変換プロセスのひとつである．とくに，反応性のアニオン種を経て原子と原子の間に結合を作る反応は，さまざまな有機分子を組み上げるために欠くことができない．したがって，このアニオン種をいかに「発生」させ，引き続く結合形成段階において「制御」するかという問いは，有機合成化学の原点ともいえる．ブレンステッド（ルイス）塩基性を示すキラルな有機分子を触媒として，イオン性の中間体を経る分子変換を制御する試みは代表的アプローチのひとつであり，触媒由来のキラルカチオンと基質アニオンから成るイオン対の形，さらには遷移状態の構造を適切にデザインするために，多くの化学者がユニークな三次元構造と機能を備えた独自の分子を生み出してきた．本章では，キラル有機塩基の創製を目指した研究のあゆみを振り返ることで，この化学の概観を描き出したい．

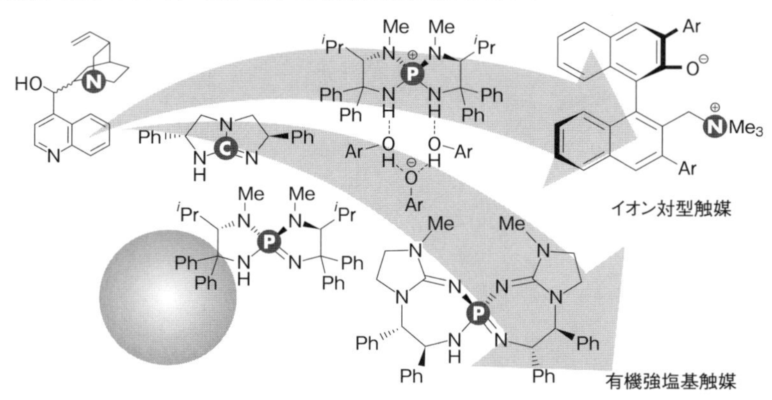

▲有機塩基触媒の進化

■ **KEYWORD** マークは用語解説参照

- イオン対（ion-pair）
- 有機塩基（organic base）
- グアニジン（guanidine）
- ホスファゼン（phosphazene）
- イミノホスホラン（iminophosphorane）
- アンモニウムイオン（ammonium ion）
- ベタイン（betaine）

Current Review

はじめに

キラルな有機分子を触媒とする化学は，2000年に「organocatalysis」という名を得て以降，急速に認知度を高め，今では触媒分野を代表する領域のひとつといえるまで成熟してきている[1, 2]．この領域の発展を牽引したのが第二級アミンを触媒とする化学（1・2章）であることに異論はないだろうが，実際には1980年代から扱われてきた酸/塩基触媒化学の貢献も忘れてはならない．とくに，Wynbergらが発表したキナアルカロイドを触媒とする分子変換に関する一連の研究は，先駆的な取り組みとして特筆すべきだろう[3]．ここでは，キヌクリジン骨格の橋頭位に位置する第三級アミンが，塩基として基質に作用する酸-塩基反応によってキラルなイオン対を与え，これを中間体としてエナンチオ選択的な反応が進む．いい換えれば，酸性を示す求核種前駆体からプロトンを受け取って生じるアミニウムイオンが，反応性アニオン種に寄り添う対イオンとして結合形成の遷移状態にかかわり立体選択性を発現する．この原理は，30年以上を経た現在の有機塩基触媒の化学においても何ら変わることはなく，イオン対形成を伴う触媒作用は，キラル有機塩基の最も基本的な機能といえよう．基質の酸性度と触媒の塩基性度のバランスによっては，活性プロトンが触媒と基質のいずれに属しているとすべきかあいまいで，明確にイオン対形成を伴うとはいい難い反応系もあるが，孤立電子対をもつ非イオン性分子はすべからく潜在的有機塩基として，イオン対形成を鍵とした分子変換を促進する力をもっていると考えてよい．関連して，立体制御能と塩基性をカチオンとアニオンが独立に担うイオン対触媒系も，イオン対型の遷移状態を経るシステムと位置付けられる．具体的には，フェノキシドのような有機弱酸の共役塩基が基質をアニオンへと変換し，アンモニウムイオンなどのキラルカチオンが続く分子変換の立体化学を制御する反応系があげられる．本章では，中間体としてイオン対がはっきりとかかわる均一系の反応に注目し，比較的強い塩基性をもつ分子およびイオン対そのものを分子触媒とする化学を取り上げながら，キラル有機塩基触媒の歴史を振り返ってみたい．

1 有機強塩基触媒

第三級アミンを凌駕する強塩基性の有機分子は共通して，プロトン化体である共役酸が電荷をうまく非局在化できるコア構造を備えている．中心原子を窒素置換基が囲んだ構造をもつことが多く，C+3N（グアニジン），P+4N（イミノホスホラン）といった骨格がキラル触媒の活性部位に使われている．

1-1 キラルグアニジン

グアニジン骨格は，天然アミノ酸であるアルギニンの側鎖やbatzelladine類のような生物活性化合物の部分構造にみられ，高い塩基性とともに共役酸（グアニジニウムイオン）の水素結合能を特徴とする[4]．実際，有機合成で汎用されるテトラメチルグアニジンの pK_a はMeCN中で23.3とされ，第三級アミンと比べると4～5桁も高い[5]．このような強い塩基性がさまざまな有機化合物を脱プロトン化するために有利であるのはもちろん，グアニジニウムニトロナートの構造（図9-1）[6]からも明らかなアニオン捕捉能が，古くから有機分子触媒としての利用への興味を惹いてきた．キラルなグアニジンの触媒機能評価は，1994年にHenry反応をモデルとして行われた[7]．触媒活性・エナンチオ選択性のいずれも低いレベルにとどまっているが，グアニジン分子にキラル分子触媒としての力があることを実証した草分け的な成果といえる．

Liptonらは，環状ジペプチドを触媒とする井上（祥）らの先駆的な研究[8]をヒントに，キラルグアニ

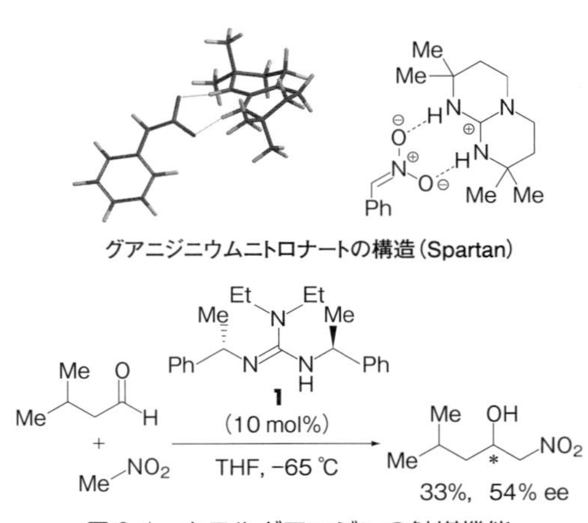

図9-1　キラルグアニジンの触媒機能

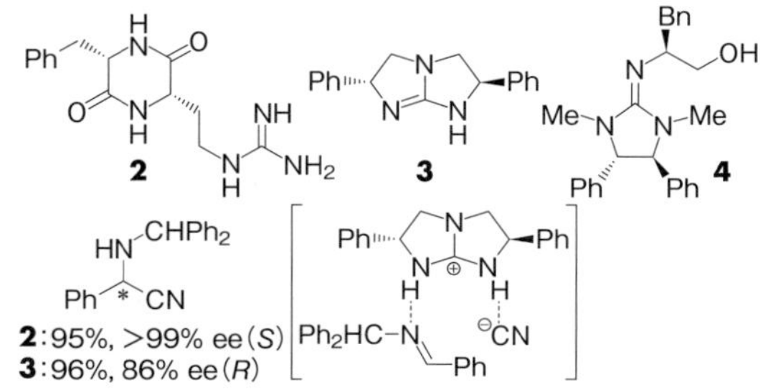

図 9-2 Strecker 型反応

ジン **2** を触媒とする Strecker 型反応に取り組み，初めて高エナンチオ選択性を獲得した(図 9-2)[9]．シンプルな触媒構造に高い立体制御能を与えたこのシステムは注目すべき成果であるが，その後のグアニジン系触媒の分子設計への影響という観点からは，Corey らによる二環性キラルグアニジン **3** の開発に場所を譲らざるをえない[10]．環構造を備えた分子の触媒機能を示したことに加え，グアニジニウムイオンがもつ二つの酸性 N-H 水素が求電子種と求核種のそれぞれと相互作用し，環状の遷移状態を経て生成物を与えるという想定は先見性に富むものであった．その後，類似の二環性キラルグアニジンの化学は Tan らによって精力的に研究が進められ，多くの反応で高エナンチオ選択性が獲得されている[11]．一方，石川らはヒドロキシ基をもった **4** を開発し，二つの水素結合供与部位を別の官能基に担わせる戦略の有効性を示した[12]．この系統の二官能性グアニジンは後述する Lambert らの研究[13]の基盤となったが，その後の展開も含めて詳細は 10 章に譲りたい．

遷移状態制御による立体選択性の獲得に有効ではあるものの，グアニジンは炭素を中心とした三つの窒素原子が平面を作る構造をもつため，これを核とした分子で三次元的なキラル環境を形作ることは難しいとされていた．これを打ち破ったのは，寺田らが開発した軸不斉型グアニジンである[14]．ビナフチル骨格の導入によりねじれを誘起した 9 員環をもつグアニジン **5** に加え，キラルポケット内に活性部位を配置したアゼピン由来の **6** が合成され，その分子設計の有効性が実証されている(図 9-3)．たとえば，1,3-ジカルボニル化合物を求核種とする反応系

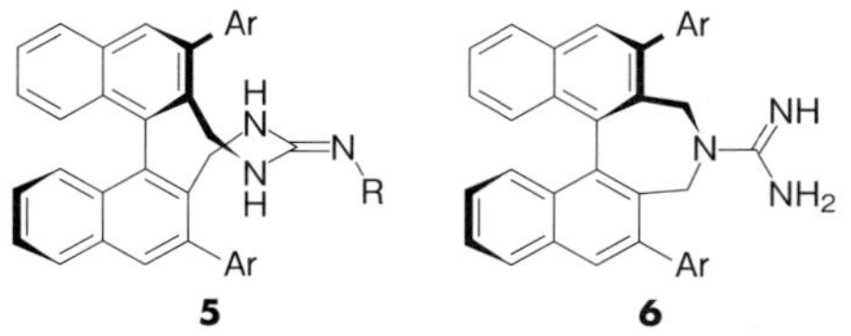

図 9-3 軸不斉型グアニジン

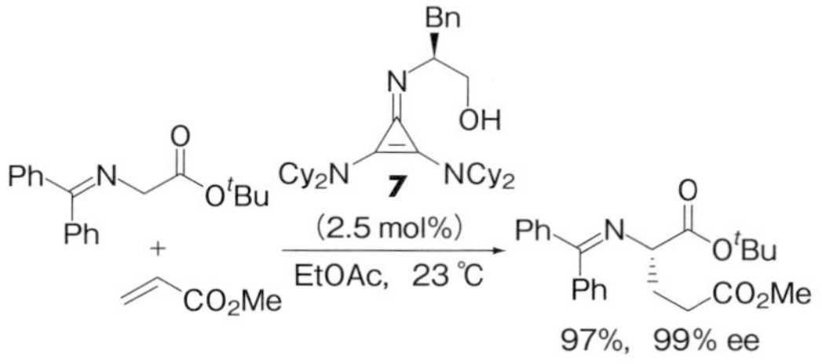

図 9-4 ジアミノシクロプロペンイミン触媒

において前者はニトロオレフィンへの付加に有効である一方[14a]，後者はジアゾジカルボキシラートを用いたアミノ化において高選択性を示す[14b]．

グアニジニウムイオンの炭素中心をシクロプロペニウムイオンで置き換えると，芳香族性をもち高度に共鳴安定化されたカチオンを与えるため，これを前駆体とすれば新たな強塩基性分子が生まれる．2012 年，Lambert らは **4** に着想を得たジアミノシクロプロペンイミン **7** を設計・合成し，その触媒機能をいくつかの反応系で評価している(図 9-4)[13]．他に類を見ない触媒構造は，近い将来に独創的な分子変換の開発につながると期待される．

1-2 キラルイミノホスホラン(ホスファゼン)

グアニジンがカルボン酸の塩基性ホモローグであるように，キラル酸触媒として汎用されるリン酸(7 章)にも塩基型の類縁分子がある．1984 年に Schwesinger らによって合成された，窒素で囲まれたリン原子を中心にもつホスファゼン(イミノホスホラン)がそれにあたる(図 9-5)[15]．これらの分子は有機化合物としては傑出した塩基性を示し，その

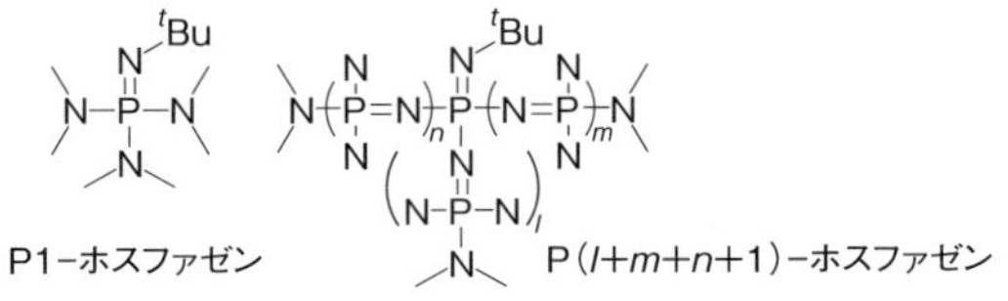

図 9-5 Pn-ホスファゼン

強度はホスファゼンユニットと呼ばれる N = PN_2 の数に伴って高くなる．ユニット数に応じて P1〜7-ホスファゼンが知られ，その塩基性は P5 でほぼ上限を迎える．プロトン化によって生じるカチオンが効率よく非局在化する特徴は，有機分子触媒としてのユニークな機能発現へとつながりうるが，キラルな分子の合成への取り組みは長く積極的に試みられてこなかった．

2007 年，筆者らはリン原子を中心としたテトラヘドラルな構造と強塩基性，加えて共役酸にグアニジン同様の水素結合能が期待できるイミノホスホランの特性に着目し，有機塩基触媒として働くキラル P1-ホスファゼン **8** を設計・合成した(図 9-6)[16]．α-アミノ酸から合成できるキラルなジアミンと PCl_5 から一挙に組み上がる *P*-スピロ環を中心構造とした分子は，モデルとして選んだ Henry 反応において期待通り高い触媒性能を示した．X 線を使った構造解析からテトラアミノホスホニウムイオンが二重水素結合を介してアニオンと相互作用する様子が確認されている点は，上に記したグアニジンの場合と類似している．また，計算科学的なアプローチに基づき，基質と相互作用しうる二つの N-H 水素が求電子種と求核種を同時に認識し，環状遷移状態を組織することが立体選択性発現の鍵とされている[17]．とくに，一般的な単核の遷移金属触媒では得難いとされるアンチ体の Henry 付加体が優先して得られる点は，[5.5]-スピロ環上の酸性水素が供給するユニークな角度の水素結合ゆえの選択性といえる．

アミノ酸由来の窒素上にメチル基をもつイミノホ

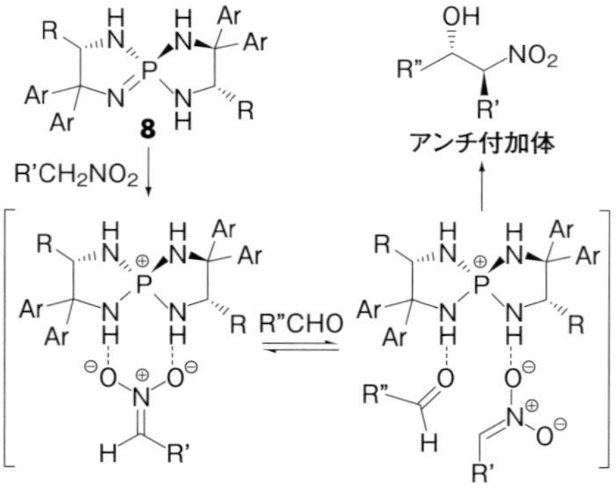

8
R'CH_2NO_2
R"CHO
アンチ付加体

図 9-6 *P*-スピロ型キラルイミノホスホラン

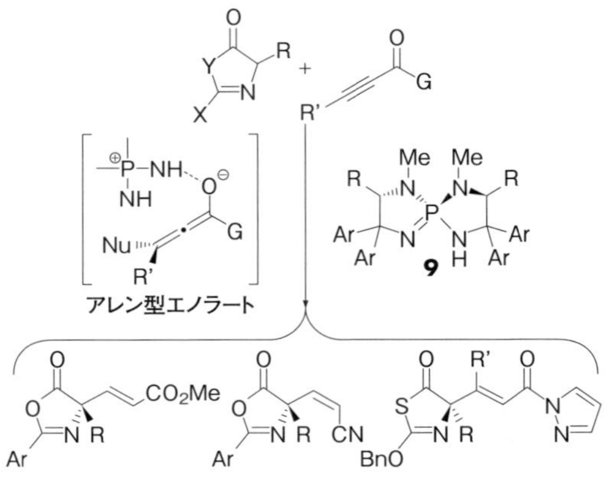

アレン型エノラート
9

図 9-7 電子不足アルキンへの共役付加反応

スホラン **9** は，共役付加反応で特徴的な選択性を示す．たとえば，アレン型エノラート中間体へのプロトン化の面選択が必要とされるアルキニルカルボニル化合物への共役付加は，生成物の幾何異性を触媒の力で偏らせ難いとされてきたが，**9** を用いると高い選択性が発現する(図 9-7)[18]．反応機構の詳細は未だ不透明ではあるが，シアノアセチレンへの共役付加との比較から，中間体へのプロトン化の制御に基づいたものと考えられる[18a]．この触媒系はほとんど例のない β-置換型アルキニルカルボニル化合物への共役付加に対しても有効であり，さまざまな α-ビニル型アミノ酸誘導体の前駆体として有用な付加体が立体化学的にほぼ純粋な形で得られる[18b]．

9 は，同様に複数の選択性を要求される電子不足ポリエンを基質とした共役付加においても，触媒構造に由来するユニークな選択性を示す．すなわち，δ-アルキル置換型ジエニルアシルピロールへのアズラクトンの共役付加において，完全な 1,6-選択性と立体選択性を獲得するために，*P*-スピロ型構造が決定的に重要であることを見いだした(図 9-8)[19]．この反応系では，一般的な金属・有機塩基のいずれを用いても位置選択性を得難いが，**9** を触媒とすればほぼ 1,6-付加生成物のみが得られる．さらに，ξ-置換型トリエニルアシルピロールを基質とした場合には，1,8-付加体が高い選択性で生成する．

P-スピロ型イミノホスホランに独特の触媒作用は，新たな反応の開発においても力を発揮する．たとえば強塩基性を利用すると，α-ヒドロキシホスホン酸

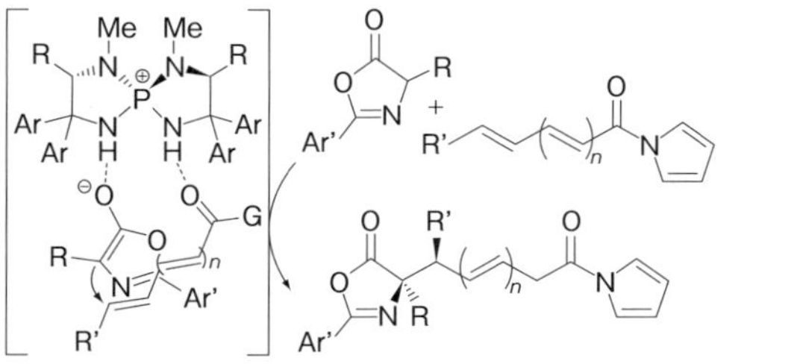

図 9-8　電子不足ポリエンへの共役付加反応

エステルのヒドロキシ基の脱プロトン化に続く *P*-Brook転位が進行し，生成するグリコレートエノラートを立体選択的な炭素-炭素結合形成に供することができる（図 9-9）[20]．ここで得られた知見は，交差ピナコール型カップリング反応の開発にもつながった[21]．

さらに，**9** が過酸化水素を脱プロトン化してホスホニウムヒドロペルオキシド（**9**・HOOH）を与えることを見いだし，トリクロロアセトニトリルを用いる Payne 型システムによる *N*-スルホニルイミン類の一般的な酸化法を確立した（図 9-10）[22]．

このように有機塩基としては高い塩基性を示すP1-ホスファゼンではあるが，金属塩基などと比べ

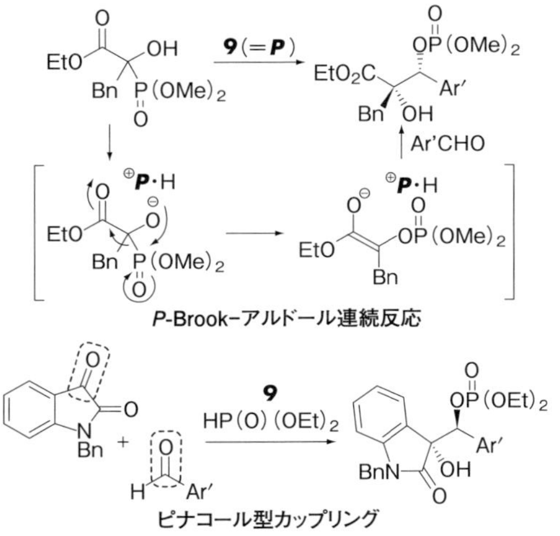

図 9-9　立体選択的グリコレートアルドール反応

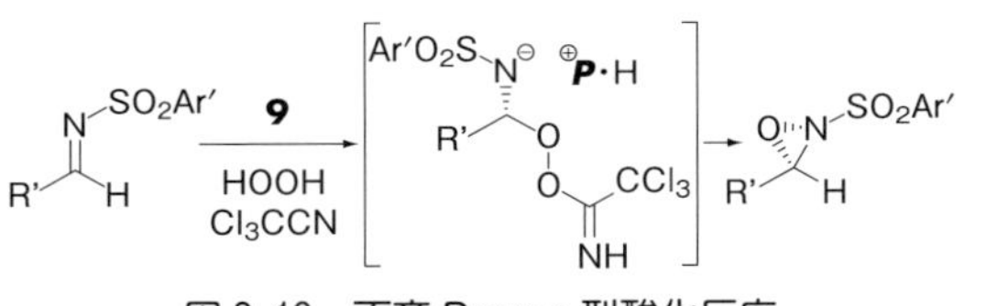

図 9-10　不斉 Payne 型酸化反応

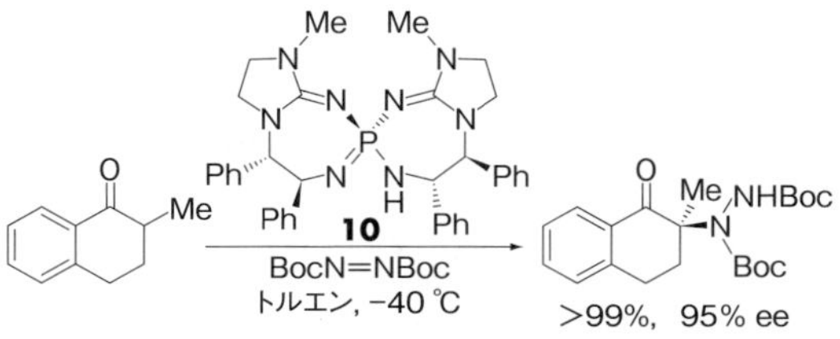

図 9-11　ビス（グアニジノ）ホスファゼン触媒

ると限られた基質適用範囲にとどまるレベルの $\mathrm{p}K_\mathrm{a}$ をもつに過ぎない．より強力な塩基性を示す分子創製への挑戦は，必然の研究展開であろう．2013 年，寺田らはグアニジンユニットにより安定化されたホスファゼン分子の合成に成功し，その強塩基性の価値を環状芳香族ケトンの α-アミノ化反応において実証した（図 9-11）[23]．すなわち，市販のキラルジアミンを不斉源とする[7.7]-*P*-スピロ型の中心構造をもったビス（グアニジノ）ホスファゼン **10** が，比較的低酸性の基質を脱プロトン化し，高エナンチオ選択的にジアゾジカルボキシレートへと付加させる力をもつことが明らかにされた．

異なるアプローチとして，電子豊富なトリアリールホスフィンとアジド化合物から簡単に強塩基性イミノホスホランが合成できることが見いだされ，これを水素結合供与部位とキラルリンカーで結んだ高性能キラル有機塩基触媒 **11** が開発された（図 9-12）[24]．他章でも紹介しているように，二官能化は有機分子触媒の設計において汎用される戦略であり，ここでも非常に高い立体制御能につながっている．

2　イオン対型触媒系

キラルカチオンとルイス（ブレンステッド）塩基性のアニオンから成るイオン対の触媒作用に基づく反応も，イオン性中間体を経る分子変換として忘れてはならない．塩基性を担うアニオンとしては，フッ

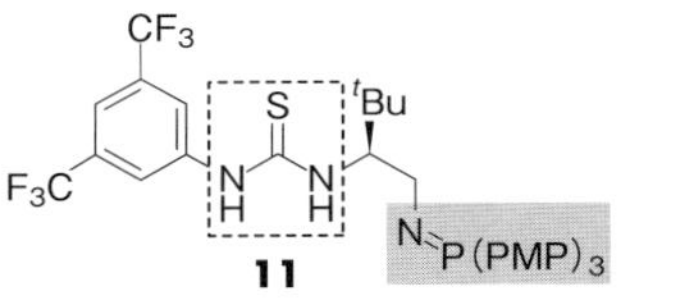

図 9-12　二官能性イミノホスホラン

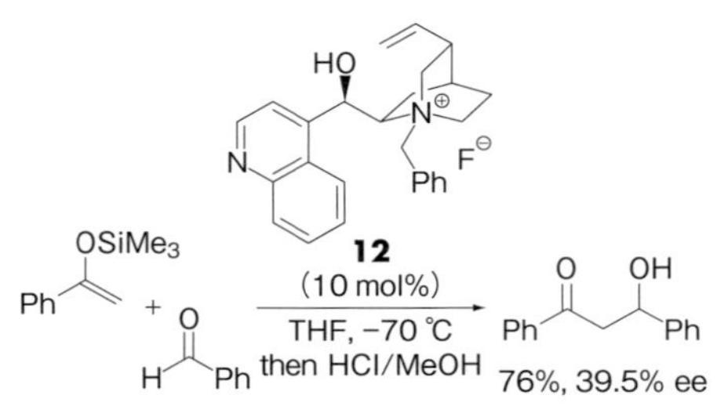

図 9-13　アンモニウムフルオリドの触媒作用

化物イオン，フェノキシド誘導体，カルボキシラートなどがあげられ，これらをキラルなカチオンと組み合わせた触媒系が開発されている．

2-1　キラルアンモニウムフルオリド

1993 年に塩入らはキラルアンモニウムイオンの触媒作用を初めて均一系条件に適用し，シンコナアルカイロイド由来のアンモニウムフルオリド **12** を触媒とする向山型アルドール反応を報告した(図 9-13)[25]．フッ化物イオンがシリルエノールエーテルを活性化し，中程度の立体選択性で付加体を与えるという知見は，二相系条件下でのみ評価されてきたキラルカチオンの立体制御能が均一系条件においても利用できることを示した成果として意義深い．

キラルアンモニウムフルオリドの触媒化学はその後，多くの研究グループの参入によって成熟し，高立体選択的な反応システムも報告されている[26]．たとえば丸岡らは，独自に開発した *N*-スピロ型キラルアンモニウムビフルオリド **13** を触媒として，シリルニトロナートの *α*, *β*-不飽和アルデヒドへの位置および立体選択的共役付加反応を実現している(図 9-14)[27]．また関連して筆者らのグループでは，塩化物イオンのルイス塩基性がトリアルキルシリルハライドの活性化に有効であることを見いだし，塩化物イオンによるアジリジンの開環反応を開発している[28]．ここでは，アミノ酸から合成できるトリアゾリウム塩 **14**·Cl が高性能な触媒として働き，C5 位水素とアミド水素の水素結合能が高選択性を発現するための鍵と考えられている．

2-2　キラルオニウムアリールオキシド

一方，アンモニウムフェノキシドを触媒とするエナンチオ選択的分子変換については，向山らの一連の研究が代表的である[29]．フッ化物イオンと同様に，

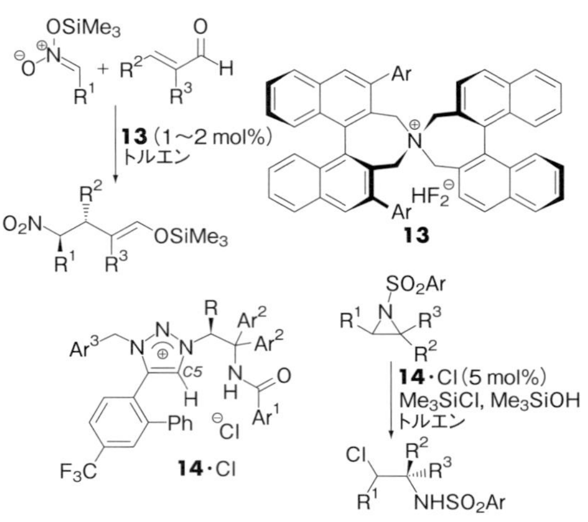

図 9-14　シリル求核剤の活性化

フェノキシドイオンはシリル求核剤を活性化し，生じたアニオンがキラルアンモニウムイオンの制御下に求電子剤へ付加する．また，フェニルエステル由来のケテンシリルアセタールと *α*, *β*-不飽和カルボニル化合物を用いた環化反応では，共役付加の後に生じたエノラートの酸素イオンがフェニルエステル部のカルボニルに求核攻撃することで六員環ラクトンを与えるとともに，フェノキシドイオンが生じる(図 9-15)[29a]．すなわち，**15** が最初にもっているアニオンはシリル化されて系外へ排出され，基質由来のフェノキシドと交換することでイオン対触媒が形式的に再生される．このようにアニオンがリレーする反応系はめずらしく，この形式の[4+2]付加環化反応系を特徴づけている．なお，フェノキシドの

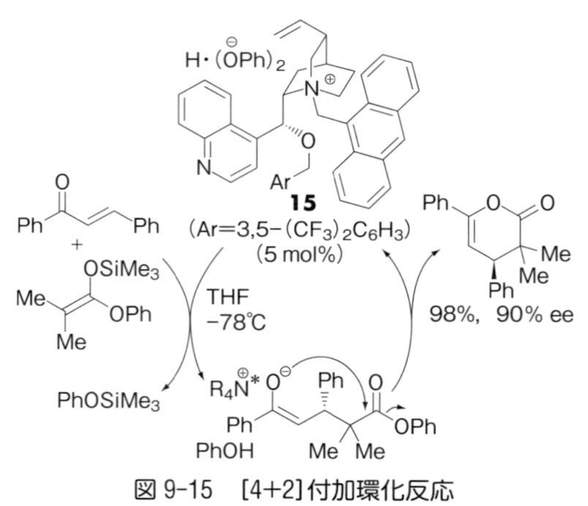

図 9-15　[4+2]付加環化反応

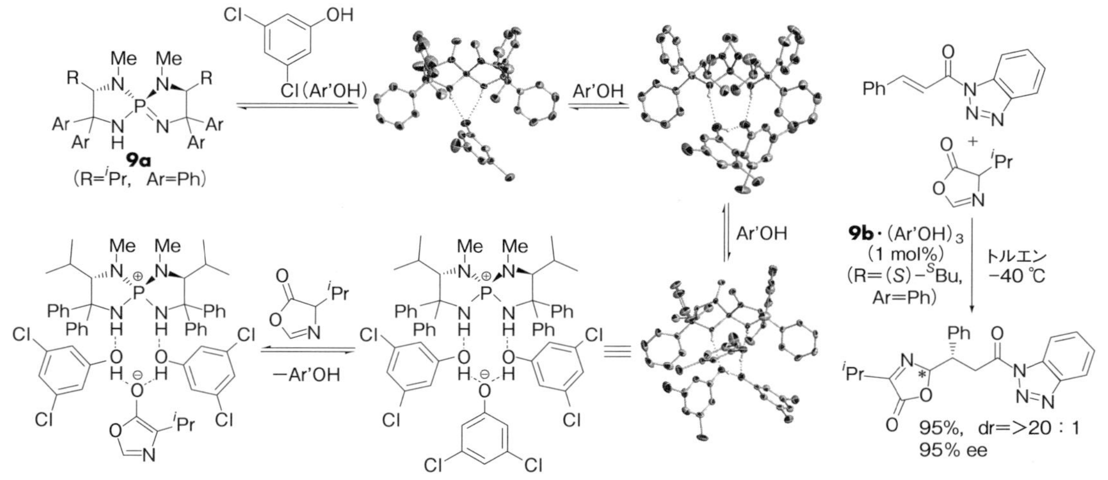

図 9-16 超分子型イオン対の触媒作用

再生を伴わない反応系では，生成物前駆体アニオンがルイス塩基として働く，自己触媒的なプロセスを経て進むとされている[29b]．

フェノキシドイオンには，単純なブレンステッド塩基としての機能も期待できる．筆者らは，カチオンとアニオンが継続的に反応に関与し続けるイオン対協奏型触媒系への興味から[30]，前述した*P*-スピロ型ホスホニウムイオン **9**·H にアリールオキシドイオンを組み合わせた塩の調製を試みた(図 9-16)[31]．得られたホスホニウムアリールオキシドは2分子のアリールヒドロキシドを取り込んだ超分子型イオン対というべき分子 **9**·$(HOAr')_3$ であった．また，この分子集合は段階的で，各会合体が溶液中でもある程度の安定性を備えていることが低温 NMR 測定によって明らかとなり，ホスホニウムアリールオキシドに置換フェノールが順に取り込まれてゆく姿は，X 線構造解析によって裏付けることができた[31b]．さらに，この超分子型イオン対はユニークな触媒として働き，アシルアニオン等価体を求核種とする共役付加反応においてきわめて高い立体選択性を示す．このとき，求核種アニオンが速やかにアリールオキシドと交換して超分子型イオン対に取り込まれることが立体選択性発現の鍵と考えられる．

イオン対協奏型触媒系を創出する試みの一環として筆者らは，分子内イオン対型アンモニウムアリールオキシド(アンモニウムベタイン)を開発している(図 9-17)[32]．触媒の当初アニオンが塩基として働いた後に，キラルカチオンとの相互作用を失なう分子間イオン対とは異なり，陰陽のイオンが共有結合でつながったベタインではアニオンの共役酸がカチオン近傍に位置し続け，基質由来のアニオンに対す

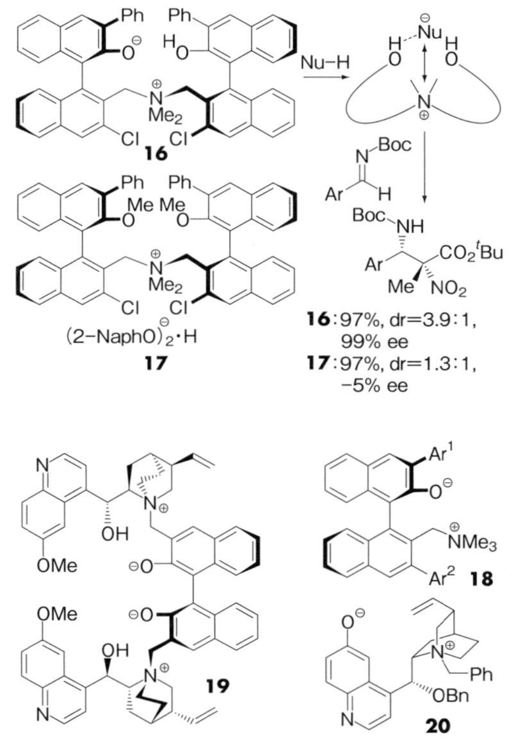

図 9-17 キラルアンモニウムベタイン

る水素結合供与部位として働きうる．実際，ニトロエステルを用いたMannich型反応において，キラルベタイン **16** は同様の構造をもつ分子間型アンモニウムアリールオキシド **17** をはるかに凌駕する立体選択性を示した．また，触媒構造を簡素化した **18** も，たとえば，ビニロガスニトロナートの発生と制御において傑出した触媒性能を発揮する[33]．

これらの研究を契機に，アニオンの立体制御について実績のあるシンコナアルカロイド由来のカチオンを備えたベタイン **19**，**20** が開発され，アズラクトンを用いたMannich型反応や環状シリルエノールエーテル類の不斉プロトン化反応において高い立体制御能を示すことが報告された[34]．

筆者らは，アリールオキシドのルイス塩基としての力は求核力といい換えうると考え，アンモニウムベタインをイオン性求核触媒とする化学にも取り組んでいる（図 9-18）[35]．研究の端緒として，新たな求核触媒の機能を評価する代表的反応系であるSteglich転位にベタイン触媒を適用したところ，アリールオキシド部周辺の立体障害が小さいベタイン **21** が高い触媒活性を示すことが明らかとなった[35a]．一般的な求核触媒では，基質への求核反応が遅く触媒の再生は速く進行するとされているが，いくつかの対照実験の結果から，ベタイン触媒では触媒再生

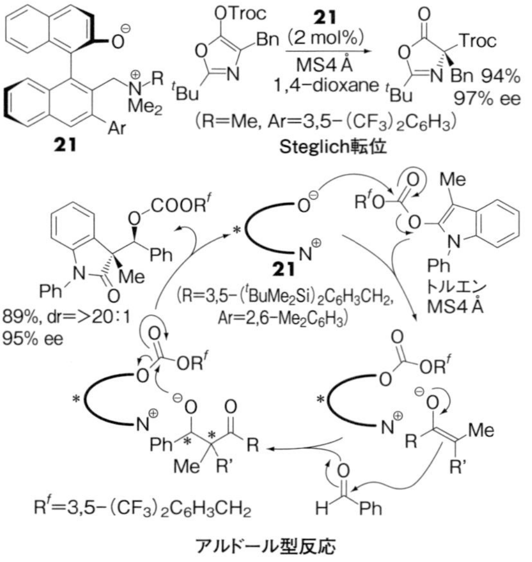

Steglich転位

アルドール型反応

図 9-18　イオン性求核触媒作用

段階が律速となることが判明した．他に例を見ない独特の反応性は，従来「転位」とされていた反応を二成分カップリング反応に進化させうる[35b]．つまり，エノールカーボネートにベタインが求核して生じたエノラートがアルデヒドと反応し，付加体のアルコキシドイオンが触媒のアリールオキシド上のカーボネート部位を攻撃することで，新しい形式のアルドール型反応が高立体選択的に実現できた．

3 おわりに

有機分子を自在に組み上げるための最も基本的な中間体であるアニオン性の化学種を，いかに発生させそして制御するかという観点で，多くの有機分子触媒が開発されてきた．「発生」という切り口からは，用いる有機塩基の pK_a が重要であり，より高い塩基性を備えた分子の創製は，今後も触媒開発の一つの方向性となるであろう．ホスファゼン分子の開発に見られるように，単独で強い塩基として働くユニットの連結に基づく分子設計戦略は，素直なアプローチとして検討が進むと考えられる．しかし，古典的に過剰量の金属塩基が使われてきた分子変換を，触媒量の有機塩基で置き換える日が訪れるとすれば，概念的にまったく新しい触媒骨格の案出と反応系自体の設計が必要になってくるだろう．一方，「制御」の観点からは，求電子種の認識への意識が高まっていくと予想され，二官能性触媒の開発や複数の触媒が協働する反応系の構築へと研究の中心が移っていくと思われる．さらに，カチオンとアニオンがそれぞれ異なる役割を担うイオン対協奏型の触媒系からは，アニオンにどのような機能をもたせるかによってさまざまな分子変換の可能性が拓けるため，研究者のアイディアによって予想を超える触媒作用が生まれてくるかもしれない．

最も古典的な有機分子触媒系ともいえるこの領域は，今もなお進化を続けている．

◆ 文　献 ◆

［1］ K. A. Ahrendt, C. J. Borths, D. W. C. MacMillan, *J. Am. Chem. Soc.*, **122**, 4243 (2000).
［2］ "Comprehensive Enantioselective Organocatalysis,"

ed. by P. I. Dalko, Wiley-VCH (2013).
[3] H. Wynberg, *Topics in Stereochemistry*, **16**, 87 (1986).
[4] D. Leow, C.-H. Tan, *Chem. Asian J.*, **4**, 488 (2009).
[5] I. M. Kolthoff, M. K. Chantooni Jr., S. Bhowmik, *J. Am. Chem. Soc.*, **90**, 23 (1968).
[6] (a) P. H. Boyle, M. A. Convery, A. P. Davis, G. D. Hosken, B. A. Murray, *Chem. Commun.*, **1992**, 239; (b) E. van Aken, H. Wynberg, F. van Bolhuis, *Chem. Commun.*, **1992**, 629.
[7] R. Chinchilla, C. Nájera, P. Sánchez-Agulló, *Tetrahedron: Asymmetry*, **5**, 1393 (1994).
[8] J. Oku, S. Inoue, *Chem. Commun.*, **1981**, 229.
[9] M. S. Iyer, K. M. Gigstad, N. D. Namdev, M. Lipton, *Amino Acids*, **11**, 259 (1996).
[10] E. J. Corey, M. J. Grogan, *Org. Lett.*, **1**, 157 (1999).
[11] (a) D. Leow, S. Lin, S. K. Chittimalla, X. Fu, C.-H. Tan, *Angew. Chem., Int. Ed.*, **47**, 5641 (2008); (b) H. Liu, D. Leow, K.-W. Huang, C.-H. Tan, *J. Am. Chem. Soc.*, **131**, 7212 (2009).
[12] (a) T. Ishikawa, Y. Araki, T. Kumamoto, H. Seki, K. Fukuda, T. Isobe, *Chem. Commun.*, **2001**, 245; (b) T. Ishikawa, T. Isobe, *Chem. Eur. J.*, **8**, 552 (2002).
[13] J. S. Bandar, T. H. Lambert, *J. Am. Chem. Soc.*, **134**, 5552 (2012).
[14] (a) M. Terada, H. Ube, Y. Yaguchi, *J. Am. Chem. Soc.*, **128**, 1454 (2006); (b) M. Terada, M. Nakano, H. Ube, *J. Am. Chem. Soc.*, **128**, 16044 (2006).
[15] R. Schwesinger, H. Schlemper, *Angew. Chem., Int. Ed. Engl.*, **26**, 1167 (1987).
[16] (a) D. Uraguchi, S. Sakaki, T. Ooi, *J. Am. Chem. Soc.*, **129**, 12392 (2007); (b) D. Uraguchi, S. Nakamura, T. Ooi, *Angew. Chem., Int. Ed.*, **49**, 7562 (2010).
[17] L. Simón, R. S. Paton, *J. Org. Chem.*, **80**, 2756 (2015).
[18] (a) D. Uraguchi, Y. Ueki, A. Sugiyama, T. Ooi, *Chem. Sci.*, **4**, 1308 (2013); (b) D. Uraguchi, K. Yamada, T. Ooi, *Angew. Chem., Int. Ed.*, **54**, 9954 (2015).
[19] D. Uraguchi, K. Yoshioka, Y. Ueki, T. Ooi, *J. Am. Chem. Soc.*, **134**, 19370 (2012).
[20] M. T. Corbett, D. Uraguchi, T. Ooi, J. S. Johnson, *Angew. Chem., Int. Ed.*, **51**, 4685 (2012).
[21] M. A. Horwitz, N. Tanaka, T. Yokosaka, D. Uraguchi, J. S. Johnson, T. Ooi, *Chem. Sci.*, **6**, 6086 (2015).
[22] (a) D. Uraguchi, R. Tsutsumi, T. Ooi, *J. Am. Chem. Soc.*, **135**, 8161 (2013); (b) D. Uraguchi, R. Tsutsumi, T. Ooi, *Tetrahedron*, **70**, 1691 (2014); (c) R. Tsutsumi, S. Kim, D. Uraguchi, T. Ooi, *Synthesis*, **46**, 871 (2014).
[23] T. Takeda, M. Terada, *J. Am. Chem. Soc.*, **135**, 15306 (2013).
[24] (a) M. G. NfflÇez, A. J. M. Farley, D. J. Dixon, *J. Am. Chem. Soc.*, **135**, 16348 (2013); (b) A. M. Goldys, M. G. NfflÇez, D. J. Dixon, *Org. Lett.*, **16**, 6294 (2014).
[25] A. Ando, T. Miura, T. Tatematsu, T. Shioiri, *Tetrahedron Lett.*, **34**, 1507 (1993).
[26] (a) T. Ooi, K. Maruoka, *Acc. Chem. Res.*, **37**, 526 (2004); (b) J. Gawronski, N. Wascinska, J. Gajewy, *Chem. Rev.*, **108**, 5227 (2008).
[27] T. Ooi, K. Doda, K. Maruoka, *J. Am. Chem. Soc.*, **125**, 9022 (2003).
[28] K. Ohmatsu, Y. Hamajima, T. Ooi, *J. Am. Chem. Soc.*, **134**, 8794 (2012).
[29] (a) T. Tozawa, H. Nagao, Y. Yamane, T. Mukaiyama, *Chem. Asian J.*, **2**, 123 (2007); (b) H. Nagao, Y. Kawano, T. Mukaiyama, *Bull. Chem. Soc. Jpn.*, **80**, 2406 (2007).
[30] D. Uraguchi, Y. Ueki, T. Ooi, *J. Am. Chem. Soc.*, **130**, 14088 (2008).
[31] (a) D. Uraguchi, Y. Ueki, T. Ooi, *Science*, **326**, 120 (2009); (b) D. Uraguchi, Y. Ueki, T. Ooi, *Angew. Chem., Int. Ed.*, **50**, 3681 (2011); (c) D. Uraguchi, Y. Ueki, T. Ooi, *Chem. Sci.*, **3**, 842 (2012).
[32] (a) D. Uraguchi, K. Koshimoto, T. Ooi, *J. Am. Chem. Soc.*, **130**, 10878 (2008); (b) D. Uraguchi, K. Koshimoto, T. Ooi, *Chem. Commun.*, **46**, 300 (2010); (c) D. Uraguchi, K. Koshimoto, C. Sanada, T. Ooi, *Tetrahedron: Asymmetry*, **21**, 1189 (2010).
[33] (a) D. Uraguchi, K. Oyaizu, T. Ooi, *Chem. Eur. J.*, **18**, 8306 (2012); (b) D. Uraguchi, K. Oyaizu, H. Noguchi, T. Ooi, *Chem. Asian J.*, **10**, 334 (2014); (c) K. Oyaizu, D. Uraguchi, T. Ooi, *Chem. Commun.*, **51**, 4437 (2015).
[34] (a) W.-Q. Zhang, L.-F. Cheng, J. Yu, L.-Z. Gong, *Angew. Chem., Int. Ed.*, **51**, 4085 (2012); (b) A. Claraz, G. Landelle, S. Oudeyer, V. Levacher, *Eur. J. Org. Chem.*, 7693 (2013); (c) Y.-B. Wang, D.-S. Sun, H. Zhou, W.-Z. Zhang, X.-B. Lu, *Green Chem.*, **16**, 2266 (2014).
[35] (a) D. Uraguchi, K. Koshimoto, S. Miyake, T. Ooi, *Angew. Chem., Int. Ed.*, **49**, 5567 (2010); (b) D. Uraguchi, K. Koshimoto, T. Ooi, *J. Am. Chem. Soc.*, **134**, 6972 (2012).

Chap 10

官能基複合型不斉グアニジン触媒と生理活性天然物合成への応用

Bifunctional Chiral Guanidine Organocatalyst: Application to Synthesis of Biological Active Natural Products

小田木 陽　長澤 和夫
（東京農工大学大学院工学研究院）

Overview

グアニジン官能基は，アミノ酸であるアルギニンに含まれ，生体高分子内に存在するカルボン酸やリン酸官能基とイオン結合および水素結合を介して強く相互作用することが知られている．また，有機分子触媒としては，さまざまな求核剤（アニオン種）と同様の結合様式を経て相互作用することが報告されており，これまで多数のグアニジン官能基を含む不斉有機分子触媒が開発されてきた．当研究室でも，グアニジン官能基の相互作用に着目した官能基複合型不斉グアニジン触媒を設計し，これまでさまざまな反応に適用してきた．本章では，近年当研究室にて展開している官能基複合型不斉グアニジン触媒を用いた不斉酸化反応の開発と，その応用について概説する．

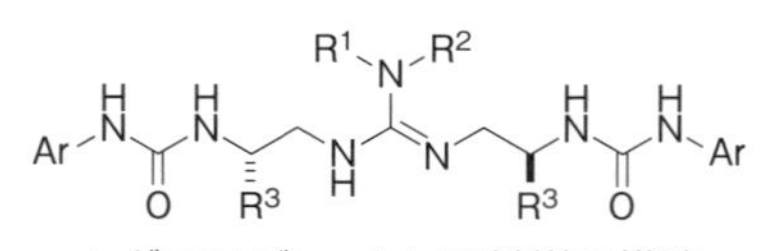

▲グアニジン-ウレア触媒の構造

■ KEYWORD マークは用語解説参照

■グアニジン（Guanidine）
■チオウレア（thiourea）
■二官能性有機分子触媒（Bifunctional organocatalyst）
■不斉酸化反応（asymmetric oxidation reaction）
■速度論的光学分割（kinetic resolution）
■全合成（total synthesis）

Current Review

1 はじめに

筆者らはこれまで，強力な塩基性を示す官能基であるグアニジン基に着目し，有機触媒の開発と不斉反応への展開に関する研究を行ってきた．グアニジン官能基はアミノ酸中にも含まれ，生体高分子(タンパク質や核酸)内に存在するカルボン酸やリン酸官能基と，イオン結合および水素結合を介して強く相互作用することがよく知られている．一方グアニジン官能基は，さまざまな求核剤と同様の結合様式を経て相互作用する．図10-1に典型的な求核剤の例とグアニジン官能基との相互作用を示した(図10-1 Type A ～ Type D)．私たちはこれらの相互作用を念頭に，触媒設計および反応設計を計画することとした．具体的には，グアニジン基に加え，さまざまな求電子剤と相互作用することが知られるチオウレアまたはウレア基を同一分子内にもつ官能基複合型触媒 **1** および **2** を設計することとした(図10-2)．これにより，それぞれの官能基が相互作用し活性化する求核剤と求電子剤を組み合わせることで，さまざまな触媒反応が実現できると考えた．ま

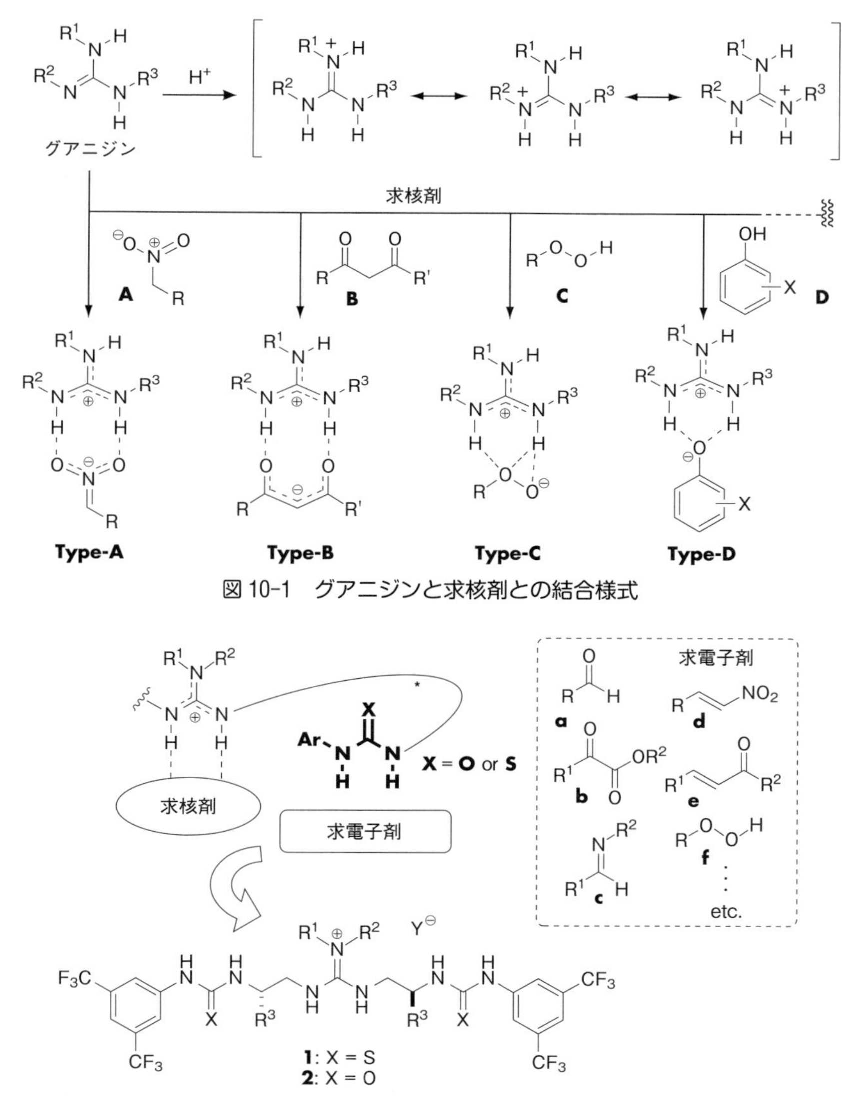

図10-1 グアニジンと求核剤との結合様式

図10-2 チオウレアと相互作用可能な求電子剤とグアニジン-チオウレア官能基複合型有機触媒のデザイン

た，グアニジン基とチオウレアまたはウレア基を鎖状キラルスペーサーで連結した柔軟な触媒構造によって構築される不斉空間を，反応条件に基づいて制御することができれば，特徴的な不斉反応を実現することが可能になると考えた．

実際に，本コンセプトに基づき，不斉炭素-炭素結合形成反応[1,2](Henry 反応[3]，Mannich 反応[4]，Michael 反応[5]，Friedel-Crafts 反応[6])，不斉エポキシ化反応[7]を報告してきた．また柔軟な鎖状キラルスペーサー構造に基づく，反応溶媒に依存したエナンチオスイッチング反応(溶媒に依存して生成物の絶対立体化学が逆転する)を実現した[8]．この反応では，活性化エントロピーが触媒反応に大きく寄与していることも明らかにしている．

本章では最近開発した，求核剤 **B** と求電子剤 **f** (図 10-1 および図 10-2)の組み合わせからなる 1,3-ジカルボニル化合物の α 位への不斉ヒドロキシ化反応の開発と，本反応を基盤とする生理活性天然物の合成研究について述べる．

2 テトラロン構造をもつβ-ケトエステルα位の触媒的不斉酸化反応の開発[9]

β-ケトエステルの α 位は酸性度が大きいため，容易に酸化(ヒドロキシ化)される．したがって，α 位が酸化された β-ケトエステル構造を含む生理活性天然物が，数多く単離されている．また本構造は，不斉第三級アルコール構造を含むため，合成化学的にはこれを立体選択的に構築することが重要な課題の一つとなる．

これまでにインダノン($n = 0$)およびテトラロン($n = 1$)構造をもつ β-ケトエステル化合物 **3**，**5** に対する不斉酸化反応について，金属触媒，有機触媒を用いた研究が精力的に展開されてきた．反応活性に優れる金属触媒を用いた反応では，**3** および **5** のいずれの基質に対しても，高い収率および高い立体選択性で対応するヒドロキシ化体 **4**，**6** が得られる[10]．一方，有機触媒(シンコナアルカロイドまたはプロリン由来など)を用いた反応では，反応活性に優れるインダノン誘導体 **3** においては高い収率と立体選択性が実現されるものの，基質の平面性に乏しく反応性が低いテトラロン誘導体 **5** では，71% ee 以下の立体選択性しか実現できていなかった[11]．そこで，グアニジン-ウレア官能基複合型有機触媒 **2** を用いることで，求核剤と求電子剤を同時に活性化し，さらに効率的に近接させることで，反応性に乏しい基質においても高い反応活性を獲得できると考え，検討することとした．また，適切なキラルスペーサーを選択することで，高い立体選択性も得られると考えた(図 10-3)．

まずはじめに，テトラロン型 β-ケトエステル **5a** に対し，触媒の構造展開，反応条件の最適化を行った．その結果，触媒として **2a**，酸化剤としてクメンヒドロペルオキシド(CHP)を用い，触媒量の塩基(炭酸カリウム)存在下，トルエン中 0℃で反応を行うことで，目的とする酸化体 **6a** が収率 99%，99% ee で得られることがわかった(表 10-1，エントリー 1)．

本反応の基質一般性について調べたところ，ベンゼン環上に電子供与基，求引基をもついずれの基質 **5b** ～ **5f** においても，高収率かつ高エナンチオ選択的に対応する酸化体が得られることがわかった(表 10-1，エントリー 2 ～ 6)．

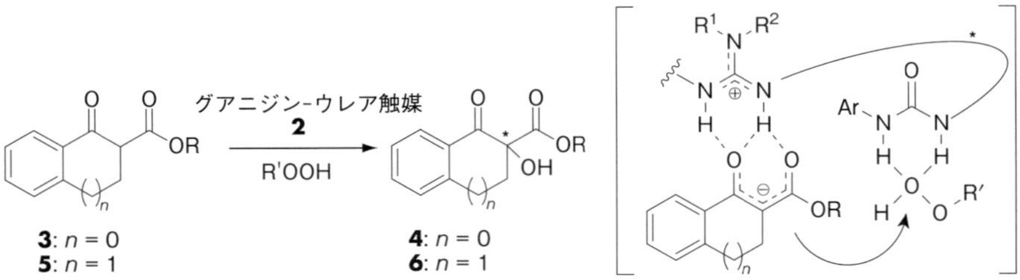

グアニジン-ウレア触媒 **2**
R'OOH
3: $n = 0$
5: $n = 1$
4: $n = 0$
6: $n = 1$

図 10-3　触媒 **2** を用いたテトラロン構造をもつβ-ケトエステル **5** の α 位の不斉酸化反応

表 10-1 触媒 **2a** を用いたテトラロン構造を有するβ-ケトエステル **5** のα位の不斉酸化反応

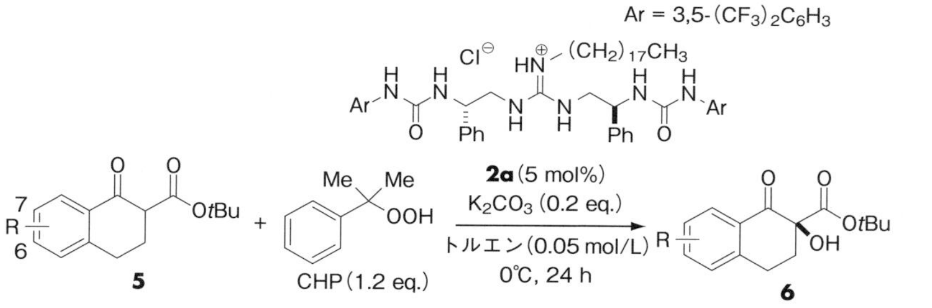

エントリー	5	R	6	収率[%]	光学純度[% ee]
1	**5a**	H	**6a**	99	99
2	**5b**	6-OMe	**6b**	91	97
3	**5c**	6-Cl	**6c**	99	96
4	**5d**	6-Br	**6d**	91	97
5	**5e**	7-OMe	**6e**	99	98
6	**5f**	7-F	**6f**	99	95

3 β-ケトエステルα位の触媒的不斉酸化反応を基盤とする(−)-ダウノルビシンおよび(+)-カンプトテシンの合成

α位が酸化されたテトラロン型β-ケトエステル構造は，生理活性天然物の構造に多く見られる．開発した触媒的酸化反応を基盤として，(−)-ダウノルビシンおよび(+)-カンプトテシンの合成を検討した．

(1) (−)-ダウノルビシン(7)の合成

(+)-ダウノルビシン(**7**)は，*Streptomyces peucetius* から単離されたアントラサイクリン系天然物であり，II 型トポイソメラーゼを阻害することにより強力な抗腫瘍活性を示す．現在，白血病を含む多くのがん種に対して臨床応用されている．

テトラロン型β-ケトエステル **5g** に対し，**2a** を用いた触媒的不斉酸化反応を行ったところ，**6g** が収率 97%，96% ee で得られた．得られた光学活性な **6g** のケトンを還元後，生じたヒドロキシ基を $BF_3 \cdot Et_2O$ 存在下，Et_3SiH と反応させることで，ベンジル位の還元と *tert*-ブチル基の脱保護を一挙に進行させ，カルボン酸 **8** を得た．ついで，**8** に対して MeLi を反応させることで，ケトン **9** を得た．**9** は再結晶により光学純度を 99% ee まで向上させることができた．**9** は **7** の既知合成中間体であり，*ent*-ダウノルビシン(**7**)の形式合成を行うことができた(図 10-4)[9]．

(2) (+)-カンプトテシンの合成[12]

(+)-カンプトテシン(**10**)は，中国原産の植物 *Camptoteca acuminata* から単離されたアルカロイドである．トポイソメラーゼ I を標的とすることで，強力な抗腫瘍活性を示す．現在，**10** の水溶性を向上させた合成誘導体であるイリノテカン，トポテカンが臨床応用されている．

(+)-カンプトテシン(**10**)の合成において，その重要合成中間体として(+)-(20*S*)-**12** がよく知られている．そこで，光学活性な **12** を **11** の不斉酸化反応により得ることを計画した．**11** はβ-ケトエステル構造をもたないが，**11** の C20 位はラクトンのα位かつ C16a 位カルボニル基のビニロガス位を占めていることから，C20 位の水素は，β-ケトエステルα位と同様の反応性を示すと考えた．この際，触媒中のグアニジン基とグアニジニウムエノラートを形成することができれば，目的とする酸化反応が高立体選択的に進行すると期待した．

ラクトン **11** に対する，触媒的不斉酸化反応について，触媒構造，反応条件をいろいろ検討した．そ

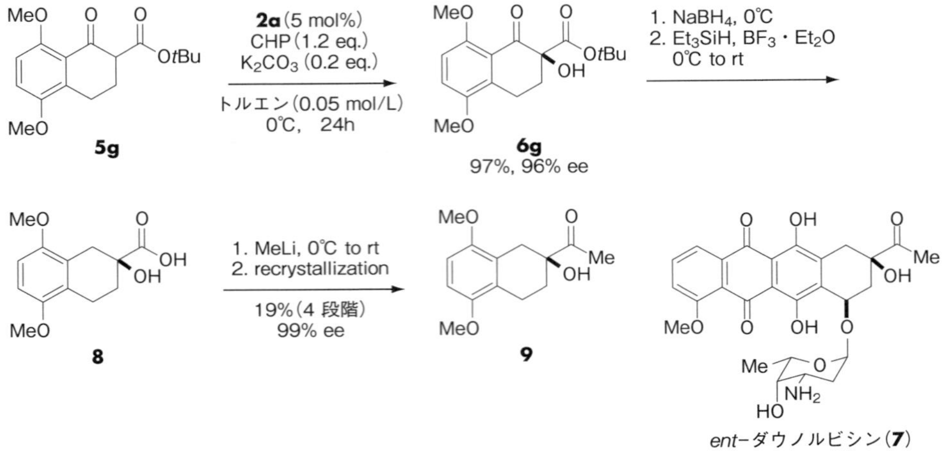

図 10-4 (−)-ダウノルビシン(**7**)の合成

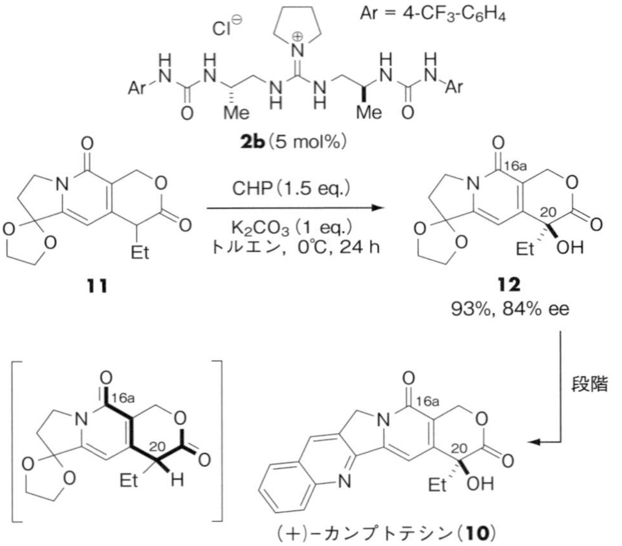

図 10-5 (+)-カンプトテシン(**10**)の合成

の結果，触媒 **2b** を用いることで，目的とする **12** を収率 93%，84% ee で得ることができた(図 10-5)．これにより(+)-カンプトテシン(**10**)の形式合成を行うことができた．また本手法を基盤として，20 位にさまざまな置換基をもつカンプトテシン誘導体類の不斉合成も行うことができた．

4 理論計算を用いたβ-ケトエステルα位の触媒的不斉酸化反応の遷移状態に関する考察[13]

グアニジン-ウレア触媒 **2a** を用いたβ-ケトエステル **5** のα位の不斉酸化反応では，どのようなキラル反応場が構築され，高い立体選択性が発現しているのだろうか．そこで，立教大学の山中らとの共同研究で，本反応の遷移状態について計算化学を用いた理論解析を行うこととした(図 10-6)．

2a′ を用いた本反応の遷移状態を B3LYP/6-31G*

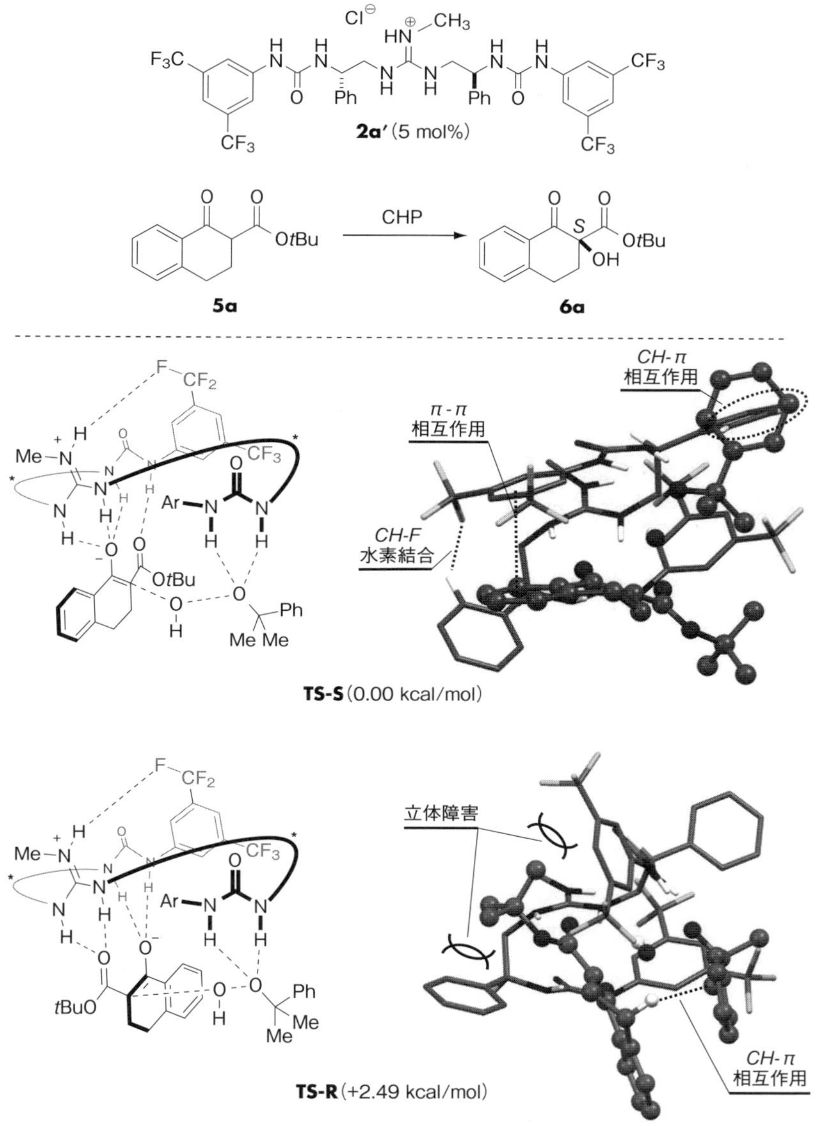

図 10-6 反応遷移状態に関する理論的解析(B3LYP/6-31G*, M05-2X/6-31G*)

およびM05-2X/6-31G*レベル(標準状態)で計算を行ったところ，*S*体の生成物を与える遷移状態モデル(TS-S)と*R*体の生成物を与える遷移状態モデル(TS-R)のギブス自由エネルギーの差が +2.49 kcal/molであった．これらの遷移状態モデルは，*S*体が優先して得られる実験結果をよく反映していると考えられた．得られたモデルでは共通に，グアニジニウムの二つの水素原子とウレアの二つの水素原子が**5a**のエノラートと相互作用し，残るもう一つのウレアの二つの水素原子がCHPの炭素側の酸素原子と水素結合することで，エノラートの触媒への配位方向およびCHPのエノラートへの接近方向を制御していることがわかった．また，触媒内では，グアニジニウム部位の水素原子とウレア部位芳香環上のトリフルオロメチル基のフッ素原子との水素結合の存在が示唆され，この相互作用が触媒**2a**によるキラル反応場の構築に大きく寄与していることが強く示唆された．

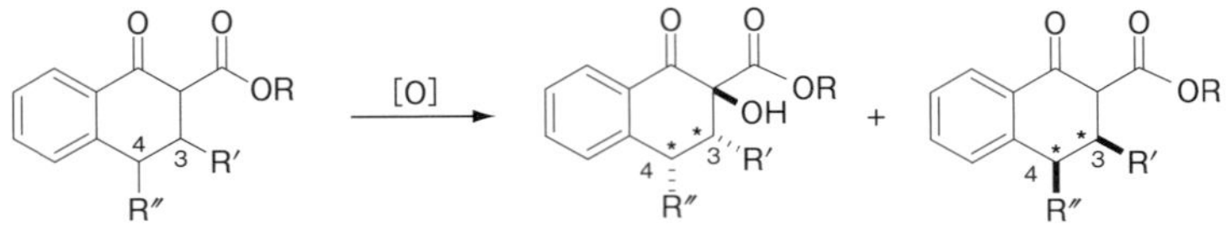

図 10-7　テトラロン 3 位および 4 位に関する酸化的速度論的光学分割

TS-S と TS-R の間では，以下の違いがあることがわかった．まず，TS-S と TS-R では，触媒とエノラートの相互作用に大きな違いが見られた．すなわち TS-S の場合，三種の水素結合(二つのグアニジニウムの水素原子と一つのウレアの水素原子)がケトンに由来するエノラートのオキシアニオンと相互作用し安定化していた．一方 TS-R の場合，二種の水素原子(ウレアの二つの水素原子)のみがエノラートのオキシアニオンとの相互作用に寄与していることがわかった．さらに，TS-S では，キラルスペーサー上のフェニル基の水素原子とウレア部位芳香環上のトリフルオロメチル基のフッ素原子とで相互作用し，遷移状態の安定化に大きく寄与していることがわかった．また，ウレア部位芳香環と *β*-ケトエステルの芳香環との *π*-*π* 相互作用，キラルスペーサー上のフェニル基と CHP との CH-*π* 相互作用も遷移状態の安定化に寄与していることがわかった．さらに TS-S では，*β*-ケトエステルのエステル部位と触媒のウレア芳香環との立体障害が，TS-R に比べて少ないことも明らかとなった．

5　*β*-ケトエステル *α* 位の触媒的不斉酸化反応を基盤とする，テトラロン 3 位または 4 位における酸化的速度論的光学分割反応の開発と天然物合成への応用[13]

これまで得られた本酸化反応の遷移状態モデルから，テトラロン 3 位または 4 位に置換基をもつ *β*-ケトエステルに対して本酸化反応を行うと，3 位，または 4 位の立体化学に対して *α* 位への酸化反応速度が異なることが考えられる．すなわち，3 位または 4 位に関して速度論的光学分割が可能であることが考えられた(図 10-7)．そこで，再度理論的解析により本光学分割反応の可能性について検討することとした．

先に求めた遷移状態モデル TS-S を基盤とし，M05-2X/6-31G* レベルでの DFT 計算を行った．具体的には，3 位および 4 位の立体化学，および 3 位-4 位の炭素間の結合がフリップすることで生じる置換基の配向(axial と equatorial)を組み合わせた，計 8 種類の遷移状態のギブス自由エネルギーをそれぞれ求めた(表 10-2)．その結果，3 位および 4 位に

表 10-2　酸化的速度論的光学分割における遷移状態の理論的解析

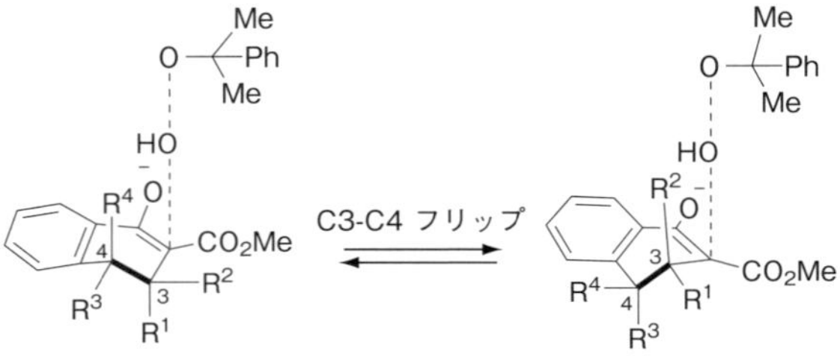

C3-C4 フリップ

	ΔG[kcal/mol]			
	3 位置換テトラロン(R^1, R^2, R^3, R^4)		4 位置換テトラロン(R^1, R^2, R^3, R^4)	
	a：(Me, H, H, H)	**b**：(H, Me, H, H)	**c**：(H, H, Me, H)	**d**：(H, H, H, Me)
TS1	0.00(**TS1a**)	5.41(**TS1b**)	0.00(**TS1c**)	2.23(**TS1d**)
TS2	5.58(**TS2a**)	7.60(**TS2b**)	1.37(**TS2c**)	3.33(**TS2d**)

Ar = 3,5-$(CF_3)_2C_6H_3$

$Cl^{\ominus}$ HN$^{\oplus}$ $(CH_2)_{17}CH_3$

Ar N(H) C(=O) N(H) Ph N(H) N(H) Ph N(H) C(=O) N(H) Ar

2a (5 mol%)

O O OtBu

CHP (0.75 eq.)
K_2CO_3 (1.0 eq.)
トルエン (0.03 mol/L)
0℃, 48 h

O O OtBu OH + O O OtBu

rac-**13a**

14a
49%, 83% ee

13a
42%, 97% ee

s = 44

図 10-8 *rac*-**13a** を用いた 3 位に関する酸化的速度論的光学分割

置換基をもつ両化合物において，いずれの場合も酸化剤が置換基を避けるように接近する遷移状態 TS1a，TS1c が最も安定であり，ヒドロキシ基と 3 位または 4 位の置換基が互いにアンチの立体化学をもつ酸化生成物が優先して得られてくると予測された.

そこで，3 位にフェニル基をもつテトラロン型 β-ケトエステル *rac*-**13a** に対し，酸化的速度論的光学分割反応を検討した．その結果，触媒 **2a** (5 mol%)，CHP (0.75 当量)，炭酸カリウム (1 当量)，トルエン中 0 ℃で反応を行うことで，酸化された **14a** が 83% ee (収率 49%)，未反応の **13a** が 97% ee (収率 42%) でそれぞれ得られることがわかった (図 10-8)．このときの *s* 値は 44 である．な

表 10-3 3 位または 4 位に置換基をもつテトラロン型 β-ケトエステル *rac*-**13** への酸化的速度論的光学分割反応

Ar = 3,5-$(CF_3)_2C_6H_3$

$Cl^{\ominus}$ HN$^{\oplus}$ $(CH_2)_{17}CH_3$

Ar N(H) C(=O) N(H) Ph N(H) N(H) Ph N(H) C(=O) N(H) Ar

2a (5 mol%)
CHP (0.75 eq.)
K_2CO_3 (1.0 eq.)
トルエン (0.03 mol/L)
0℃, 48 h

O O OtBu R^1 R^2 → O O OtBu OH R^1 R^2 + O O OtBu R^1 R^2

rac-**13** **14** **13**

Entry	*rac*-**13**		**14**		**13**		*s* value
	R^1	R^2	yield [%]	ee [%]	yield [%]	ee [%]	
1	2-Cl-C_6H_4	H	50	90	44	94	43
2	2-CF_3-C_6H_4	H	50	90	43	99	99
3	3-OMe-C_6H_4	H	48	89	44	89	51
4	3,5-OMe-C_6H_3	H	42	89	44	90	52
5	Me	H	43	90	43	67	38
6	CH_2CH_2Ph	H	45	88	42	74	34
7	H	Ph	51	89	44	99	89
8	H	Me	48	91	45	92	69

お本反応では，反応濃度を 0.03 mol/L にすることで，触媒を介さず進行する反応をほぼ抑制することができ，高い選択性が得られている．

他の基質についても同様に光学分割反応は進行し，高い選択性で両化合物が得られることがわかった（表 10-3）．また 4 位にフェニル基またはメチル基をもつ基質においても，高い選択性で光学分割反応が進行する．なお，3 位または 4 位に置換基をもつテトラロン誘導体は，さまざまな化合物合成における非常に重要な合成中間体であるにもかかわらず，テトラロン構造自体がナフトール骨格へ容易に酸化されることから，通常光学活性体として得ることが非常に困難な化合物である．

（1）（+）-リノキセピン（15）合成への応用

3 位に置換基をもつ光学活性なテトラロン化合物の新規合成法を基盤として，（+）-リノキセピン（**15**）の合成を検討した（図 10-9）．（+）-リノキセピン（**15**）は，アマ科植物 *Linum perenne* より単離された多環縮合型リグナン化合物である[14]．**15** は，特徴的なベンゾオキセピン環（E 環），高度に歪んだ四置換オレフィン構造をもっている．

3 位にヒドロキシメチル基をもつ *rac*-**16** に対して酸化的速度論的光学分割反応を行ったところ，目的とする（−）-**16** を，99% ee（収率 37%）で得ることができた．そこで，（−）-**16** をビニルトリフラート **18** とした後，ボロン酸エステル **19** と鈴木-宮浦カップリング反応を行うことで，ジヒドロナフタレン **20** を 47% で得た．得られた **20** に対し塩酸を作用させることで，TBS エーテルと MOM 基の脱保護，ラクトン化を一挙に進行させ，ついで，ベンジル基を脱保護することで，ジオール **21** を得た．最後にジオール **21** に対し，光延反応を行うことでオキセピン環を構築し，（+）-リノキセピン（**15**）を合成することができた．

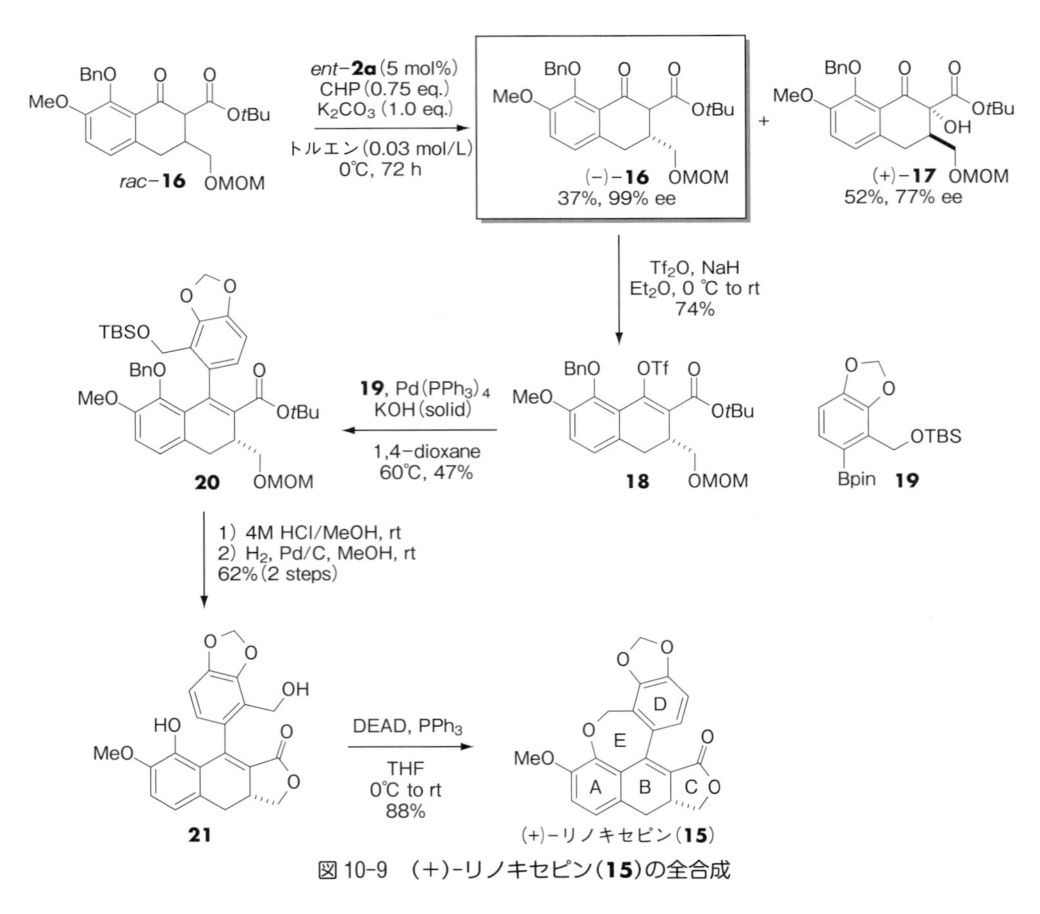

図 10-9 （+）-リノキセピン（**15**）の全合成

+ COLUMN +

★いま一番気になっている研究者

Daniel Seidel
（アメリカ・ラトガース大学　教授）

Seidel 教授はブレンステッド酸および不斉チオウレア触媒を用いた触媒反応の開発で著名な研究者である．代表的な研究としては，求電子剤のカウンターアニオンを認識することでキラルイオン対を形成し，不斉反応を実現する「Anion–Binding Catalyst」を用いたアミンの速度論的光学分割があげられる（*J. Am. Chem. Soc.*, 131, 17060 (2009)）．また，近年ではカルボン酸を触媒としたイミニウムの分子内レドックスに着目した反応開発も展開している．本反応のさらなる研究展開も非常に楽しみである．

Ar = 3,5-$(CF_2)_2$-C_6H_3
(20 mol%)
DMAP (20 mol%)
toluene, MS4 Å
−78℃, 1 h
s factor: ***up to 24***
キラルイオン対

6 おわりに

本章では，近年当研究室で展開している官能基複合型不斉グアニジン触媒を用いた不斉酸化反応の開発と，開発した反応の天然物合成への応用について述べた．グアニジン官能基に特有の相互作用を利用することで，他の官能基では活性化が困難な基質でも不斉反応に適用することが可能となり，有用な生理活性物質の効率的な合成へと展開できる．また，近年，計算化学的手法の発展により，有機分子触媒の詳細な活性化様式などが明らかになりつつある．今後，これまで得られてきた知見を基盤とした新規グアニジン有機分子触媒の創製と，グアニジン官能基に特徴的な新規不斉反応の開発が期待される．

◆ 文 献 ◆

[1] K. Nagasawa, Y. Sohtome, *Synlett*, **2010**, 1.
[2] Sohtome, K. Nagasawa, *Chem. Commun.*, **48**, 7777 (2012).
[3] Y. Sohtome, Y. Hashimoto, K. Nagasawa, *Adv. Synth. Catal.*, **347**, 1643 (2005).
[4] K. Nagasawa, K. Takada, S. Tanaka, *Synlett*, **2009**, 1643.
[5] N. Horitsugi, K. Kojima, K. Yasui, Y. Sohtome, K. Nagasawa, *Asian J. Org. Chem.*, **3**, 445 (2014).
[6] Y. Sohtome, B. Shin, N. Horitsugi, R. Takagi, K. Noguchi, K. Nagasawa, *Angew. Chem., Int. Ed.*, **49**, 7299 (2010).
[7] K. Nagasawa, S. Tanaka, *Synlett*, **2009**, 667.
[8] Y. Sohtome, S. Tanaka, K. Takada, T. Yamaguchi, K. Nagasawa, *Angew. Chem., Int. Ed.*, **49**, 9254 (2010).
[9] M. Odagi, K. Furukori, T. Watanabe, K. Nagasawa, *Chem. Eur. J.*, **19**, 16740 (2013).
[10] A. M. Smith, K. K. Hii, *Chem. Rev.*, **111**, 1637 (2011).
[11] H. Yao, M. Lian, Z. Li, Y. Wang, Q. Meng, *J. Org. Chem.*, **77**, 9601 (2012).
[12] T. Watanabe, M. Odagi, K. Furukori, K. Nagasawa, *Chem. Eur. J.*, **20**, 591 (2014).
[13] M. Odagi, K. Furukori, Y. Yamamoto, M. Sato, K. Iida, M. Yamanaka, K. Nagasawa, *J. Am. Chem. Soc.*, **137**, 1909 (2015).
[14] T. J. Schmidt, S. Vossing, M. Klaes, S. Grimme, *Planta medica*, **73**, 1574 (2007).

Chap 11

超強塩基性有機分子触媒

Organocatalysis Using Organic Superbase

根東 義則
（東北大学大学院薬学研究科）

Overview

芳香族化合物の選択的な修飾反応のなかで，C-H 結合の活性化を伴う分子変換反応は，近年，おもに有機金属錯体触媒を用いて研究が進められ，芳香環あるいは芳香複素環の修飾に有機分子触媒を用いる例は限られていた．なかでも有機塩基による触媒的脱プロトン化のプロセスはまったく知られていなかった．芳香族化合物は医薬品開発や機能性材料開発において欠かすことのできない重要な素材であり，その選択的な修飾反応の開発は重要な研究課題と考えられる．有機超強塩基を用いる芳香環上における炭素アニオンの反応性および選択性の制御を研究する過程において，芳香族脱プロトン化-修飾のための有機触媒プロセスが見いだされ，これまで用いられることのなかった超強塩基性有機分子が芳香環の修飾のための触媒として利用されうることが明らかになってきた．

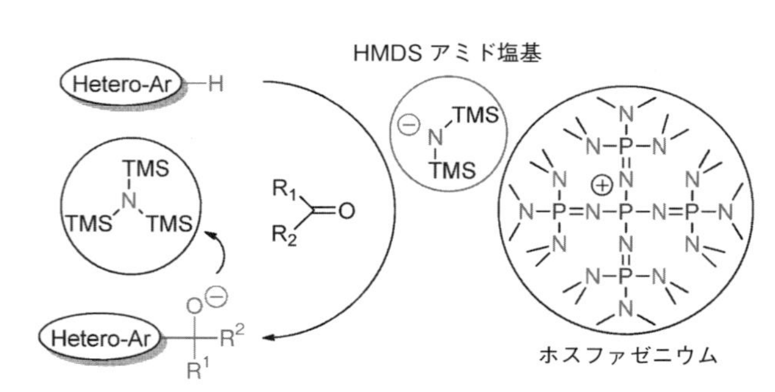

▲オニウムアミド塩基触媒を用いる脱プロトン化修飾反応
［カラー口絵参照］

■ ***KEYWORD*** 📖マークは用語解説参照

■有機超強塩基（organic superbase）
■C-H 官能基化（C-H functionalization）
■芳香環（arene）
■ヘテロ芳香環（heteroarene）
■ホスファゼン（phosphazene）📖
■ホスファゼニウム（phosphazenium）📖
■脱プロトン化（deprotonation）
■酸性度（acidity）
■有機ケイ素（organosilicon）
■ケイ素化（silylation）

1 ホスファゼン塩基

有機塩基は有機合成において幅広く多種多様な目的に用いられる重要な反応剤であり，さまざまな選択的分子変換反応において使用されている．ブレンステッド塩基として，あるいはルイス塩基として有機反応に幅広く用いられている．これまでによく有機合成に用いられてきた有機塩基としては，図11-1に示すようにトリエチルアミンのようなトリアルキルアミン類をはじめとして，イミダゾール類やピリジン類などの芳香族複素環化合物まで種々の塩基が知られている．トリアルキルアミンより高い塩基性を示す有機塩基として開発された化合物としては，アミジン誘導体あるいはグアニジン誘導体などがある．しかしその pK_{BH}(CH_3CN 中の値)は20を少し超える程度であり，最も高いものでもその値は26ほどの値であり，このような有機塩基を用いて芳香環上のプロトンを引き抜くのは難しいと考えられていた．従来の芳香環の脱プロトン化反応には，当量のアルキルリチウムなどの有機金属化合物あるいはLDAなどの金属アミド類が用いられてきた．最近ではリチウムアミド類以外にも，マグネシウム，亜鉛，銅などさまざまな金属アミド類が芳香環の脱プロトン化に用いられるようになってきている．

一方近年，極めて強いプロトン親和性を示す有機超強塩基の研究が進み，今までの常識を破る超強塩基が開発されている[1]．なかでもSchwesingerらにより合成されたホスファゼン塩基(図11-2)[2]とVerkadeらが合成したプロアザフォスファトラン塩基(図11-3)[3]は金属性塩基にも匹敵するほどの極めて強い塩基性を示す．これら二つの種類の塩基は，それぞれの研究者によって独自に開発され，構造的な特徴，反応性には違いがあるが，いずれも窒素原子とリン原子を含み高いブレンステッド塩基性を示す化合物である(図11-2)．ホスファゼン塩基のなかでも特に *t*-Bu-P4塩基は，有機超強塩基のなかで最も強塩基性を示すことが知られている．ホスファゼン塩基は，トリスアミノイミノホスフォラン単位の連結数に応じてその塩基性は増大し，4個以上で塩基性はほぼ閾値に達することが知られている．ホスファゼン塩基はヘキサンなどの通常の有機溶媒に高い溶解性を示し，また，酸素との反応や加水分解に対しても比較的安定とされている．*t*-Bu-P4塩基は極めて高いブレンステッド強塩基性をもっている一方で，立体的にかさ高く求核性を抑えた強塩基として注目されてきた．しかし，ホスファゼン塩基の開発当初は，その強塩基性のみが注目されて合成化学への利用は限られており，特に有機分子触媒としての利用価値はあまり注目されていなかった．最近では，キラルなホスファゼン誘導体が不斉合成にも触媒として巧みに用いられるようになり，幅広い展開を見せている(「第9章イオン対を中心とした不斉塩基触媒」参照)．

P1塩基であるBEMPは，ホスファゼン塩基のなかでは最もよく用いられる試薬であり，比較的酸性度の高い脂肪族化合物の脱プロトン化反応に利用されていて，pK_{BH^+} の値が26と従来の有機塩基に比

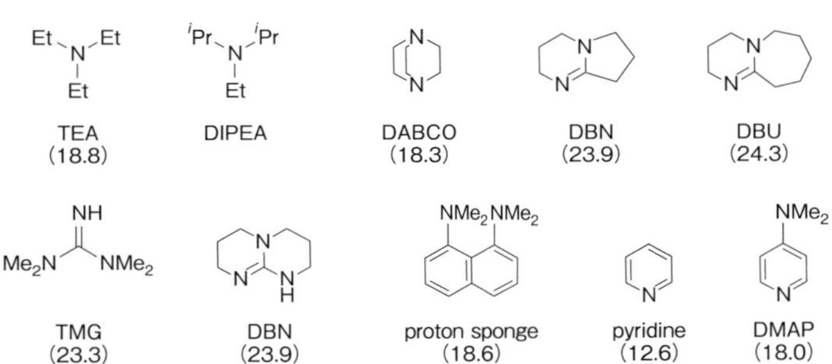

図11-1　有機合成でよく用いられる有機塩基の構造とその塩基性

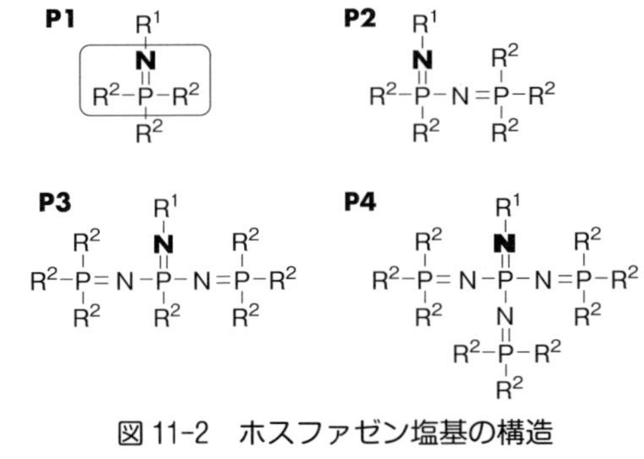

図11-2　ホスファゼン塩基の構造

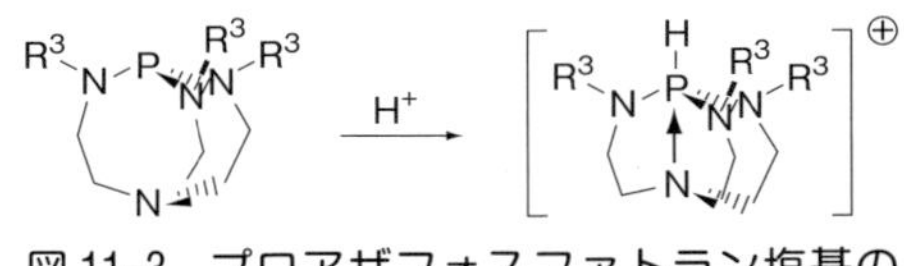

図11-3　プロアザフォスファトラン塩基の構造

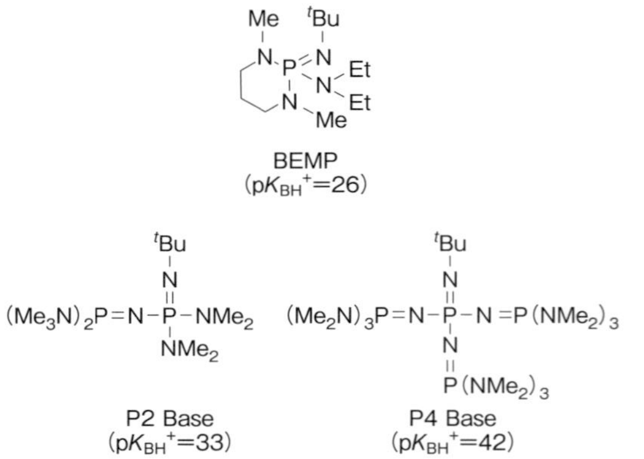

Me ᵗBu
N P N Et
N Et
Me
BEMP
(pK_{BH^+}=26)

ᵗBu
N
$(Me_3N)_2P=N-P-NMe_2$
NMe_2
P2 Base
(pK_{BH^+}=33)

ᵗBu
N
$(Me_2N)_3P=N-P-N=P(NMe_2)_3$
N
$P(NMe_2)_3$
P4 Base
(pK_{BH^+}=42)

図 11-4 代表的なホスファゼン塩基の構造とその塩基性

べて高い値を示している．さらにP2塩基ではその値は33と飛躍的に強い塩基となり，トリスアミノイミノホスフォラン単位を4つもつP4塩基ではその値は42を超え，これまでの有機塩基の強さの常識を大きく変えた(図11-4)．

t-Bu-P4塩基がプロトン化して生成するホスファゼニウム塩は，共役系を通じて正電荷を広範囲に拡散するため，その対アニオンはイオン性が高く遊離のアニオンに近い状態となり，高い求核性を示すことが知られている．このことを利用して，種々の求核的な変換反応を容易にすることが可能である[4]．また*t*-Bu-P4塩基はかさ高いため塩基性中心の求核性が低いと考えられ，高い脱プロトン化能と低い求核性を効果的に利用した反応として，式(1)のようなベンゾフラン誘導体への脱プロトン化-閉環反応が報告されている[4]．これは従来の金属性塩基では達成することが困難と考えられ，ホスファゼン塩基を当量用いる反応ではあるが注目に値する反応である．

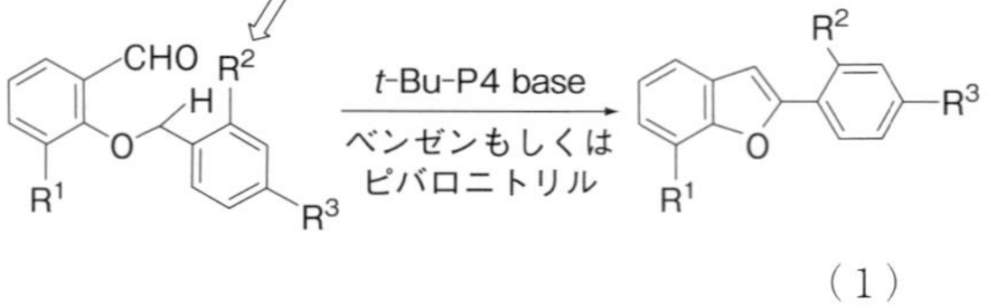

CHO R^2 H O R^1 R^3 —(*t*-Bu-P4 base / ベンゼンもしくはピバロニトリル)→ R^2 R^3 O R^1 (1)

Me Me N Me Me Li
H N N —(LTMP)→ Li N N (2)

これまで芳香族の脱プロトン化反応には，アルキルリチウムやLDAなどの金属性強塩基が当量用いられており[5]，有機塩基を用いて脱プロトン化を行った例は知られていなかった．金属性強塩基では金属カチオンに配向性の置換基が配位することにより，通常，配向性置換基の隣接位での脱プロトン化が促進されることが知られている．また含窒素複素環などの脱プロトン化では，環内窒素のα位で進行することが報告されている〔式(2)〕．そこで有機超強塩基で含窒素複素環の脱プロトン化反応を試みるのは，新たな可能性を模索するために有意義な研究課題であると考えられた．実際に*t*-Bu-P4塩基を用いてπ電子不足系ヘテロ環化合物であるピリダジンに対して脱プロトン化反応を行うと，まったく予期しない結果が得られ，驚くべきことに反応は環内窒素から離れた部位で進行するという興味深い部位選択性が見いだされた〔式(3)〕[6]．この反応においては*t*-Bu-P4塩基それ自体は求核性が低いので，求電子剤であるカルボニル化合物を共存させて脱プロトン化反応を行うことができることも明らかとなった．またこの反応は，ZnI_2の添加によって顕著に反応が促進されることも明らかとなった．この添加剤の効果の詳細は，その後の検討により，環内窒素がZnI_2に配位することにより環上のプロトンの酸性度が上昇していると考えられる．また無置換のピリジンそのものではこの反応は進行しなかったが，3-ブロモピリジンでは4位の脱プロトン化が進行し置換成績体が得られた．またピリミジンについても，環内窒素から離れた5位で反応が進行することが明らかになった．

このヘテロ芳香環のリチオ化反応とは異なる脱プロトン化の位置選択性は，隣接する環内窒素の孤立電子対と生成するヘテロ環上の炭素アニオンとの反発を避けるような方向に反応が進行していると考えられる．また最近，さまざまな芳香環上のC-Hの酸性度(pK_a)が報告されており，その結果とこの脱プロトン化反応の選択性とはよい一致を示している[7]．すなわち，ピリジン，ピリダジン，ピリミジンなどのヘテロ芳香環においては，環内窒素から離

$$\text{pyridazine (H at C4)} \xrightarrow[\text{-78 °C to rt, o.n., toluene}]{\text{Ph}_2\text{C=O},\ t\text{-Bu-P4 base, ZnI}_2} \text{4-CPh}_2\text{OH-pyridazine (91\%)}$$

5-CPh₂OH-pyrimidine 48%

（3）

40.3, 41.0, 43.6; 31.1, 37.9; 38.9, 36.9, 40.0; 39.3

34.9; 30.4, 33.0; 33.1, 34.4, 33.5; 44.7

図 11-5　ヘテロ芳香環上 C-H の酸性度

$$\text{electrophile},\ t\text{-Bu-P4 base, ZnI}_2,\ \text{THF, -78 °C to rt, o.n.}$$

E=CP_2OH 60%
=CHPhOH 86%

（4）

れた部位の C-H の酸性度の方が，環内窒素の α 位の酸性度よりも高いことが示されている．本反応は，酸性度の高い部位が脱プロトン化された貴重な反応例と考えられる(図 11-5).

また，これまでに有機塩基によるベンゼン誘導体の脱プロトン化反応はまったく知られていなかったが，有機超強塩基である *t*-Bu-P4 塩基を用いることにより，はじめて達成可能であることが明らかとなった[6]．この反応においても反応部位について特

44.7; F: 36.8, 42.3, 43.7; Cl: 37.5, 41.6, 43.4; Br: 36.0, 40.5, 43.0

NO_2: 36.2, 39.9, 40.1; CN: 38.1, 40.5, 40.9; CF_3: 39.7, 41.7, 41.8; vinyl: 44.2, 43.2, 44.2

図 11-6　置換ベンゼン環上 C-H の酸性度

異な選択性が見られ，通常の金属性塩基とは逆の選択性で反応が進行している〔式(4)〕.

t-Bu-P4 塩基を金属塩基と相補的に用いることにより，芳香環の多様な修飾が可能になると考えられる．この選択性もベンゼン環上における本来の C-H の酸性度を反映したものと考えられる(図 11-6)[7].

これまでは，当量のホスファゼン塩基を用いた芳香環およびヘテロ芳香環の脱プロトン化反応について議論してきたが，次にその触媒反応への展開について述べる．有機ケイ素化合物は通常の有機化合物と同様に比較的安定に取り扱うことができるため，多種多様な有機ケイ素化合物が合成され，また有機合成の試薬としても幅広く用いられてきた[8]．シリルエーテル類は従来アルコール類の保護基として用いられ，有機合成において汎用されている．その酸素-ケイ素結合の切断にはフッ化物イオンがよく用いられ，脱保護の条件として利用されることが多いものの，比較的安定な炭素-ケイ素結合の切断はフッ化物イオンの作用では困難な場合もある．これまでホスファゼン塩基はその高いプロトン親和性については注目されていたが，有機ケイ素化合物に対する反応についてはまったく知られていなかったので，その挙動には興味がもたれた．従来芳香族ケイ素化合物の活性化については，フェニルトリメチルシランなどの電子求引基が置換されていないトリメチルシリルベンゼン誘導体の場合には，フッ化物イオンではアリールアニオンを発生させることが困難とされていた．しかし *t*-Bu-P4 塩基を触媒として用いることにより，フェニルトリメチルシランの炭素-ケイ素結合を切断する変換反応が進行し，*t*-Bu-P4 塩基触媒の有機ケイ素化合物への高い反応性が示された〔式(5)〕[9].

そこでこのアリールシラン類の活性化反応について，まずナフチルトリメチルシランを用いて検討したところ，反応溶媒としては THF よりも DMF が優れていることが明らかとなった．また塩基触媒として種々のホスファゼン塩基あるいは他の有機強塩基を用いたところ，*t*-Bu-P4 塩基のみが活性を示し，他のホスファゼン塩基(*t*-Bu-P2, BEMP)や他の有

TMS　t-Bu-CHO, t-Bu-P4 (20 mol%) / DMF, room temp → CH(^{t}Bu)OH　91%　(5)

TMS　t-Bu-CHO, t-Bu-P4 (20 mol%) / DMF, rt, time　FG = F, Br, CF_3, COOEt → CH(^{t}Bu)OH　(6)

機強塩基(DBU)では反応はまったく進行しなかった．フッ化物イオン(CsF)もこの反応にはまったく活性を示さなかった．

この触媒反応は，芳香環上に電子求引基がある場合により円滑に反応が進行しやすく〔式(6)〕，また電子不足系のヘテロ芳香環であるピリジンの2，3位や電子過剰系の芳香族ヘテロ環であるチオフェンの2位においても反応は進行した．この反応の機構については未だ不明な点が多いが，新たな触媒システムの構築が可能であることを示す結果となった．

先に述べたように，ホスファゼンP4塩基を用いる芳香複素環の脱プロトン化については，当量反応としてすでに含窒素芳香複素環の脱プロトン化-修飾に成功している．この反応では，LTMPなどを用いる従来のリチオ化反応とは異なる興味深い部位選択性を示し，芳香複素環上の環プロトンの酸性度の高さを反映して炭素アニオンが生成することが示されている．しかし，当初この反応の触媒化は困難と考えられたが，芳香族有機ケイ素化合物を用いた触媒反応開発により，芳香環上の炭素-ケイ素結合の活性化に成功し新たな可能性が示唆された．その後ホスファゼンP4塩基を用いて種々の有機ケイ素化合物，有機亜鉛化合物の触媒的活性化を利用する反応開発を行うなかで，ホスファゼン塩基を触媒として活用するための触媒システムの設計を行うこととした．この設計の一つとして，有機ケイ素化合物を新しい触媒反応の活性化剤として反応系に添加して用いることを考え，図11-7に示すように，有機ケイ素添加剤により，脱プロトン化剤を再生しうるのではないかという作業仮説を立てることとした．

芳香環の修飾反応については，すでに有機ケイ素化合物を用いることにより，触媒量のP4塩基で選択的な芳香族求核置換反応が進行することを明らかにしている．そこでこれらの反応をさらに発展させて，芳香環の触媒的な脱プロトン化へと展開することを検討した．ベンゾチアゾールを用いて種々の有機ケイ素化合物を添加剤として反応の触媒化を試みたところ，プロピニルシランが最も効果的であることが明らかになった[10]．この触媒システムの機構の解明はさらに今後の検討課題であるが，有機ケイ素化合物と有機超強塩基の組み合わせに，これまで知ら

PhCOPh (1.2 eq.), 添加物 (1.2 eq.), ^{t}Bu-P4 base (10 mol%) / DMF, -40℃ to rt, 24 h　(7)

エントリー	添加物	溶媒	収率(%)
1	Et_3SiH	DMF	0
2	Me_3SiCH_2COOEt	DMF	53
3	$Me_3SiCH_2CONEt_2$	DMF	59
4	Me_3SiCH_2CN	DMF	trace
5	$Me_3SiCCMe$ (TMSP)	DMF	92
6	$Me_3SiCCMe$ (TMSP)	toluene	96

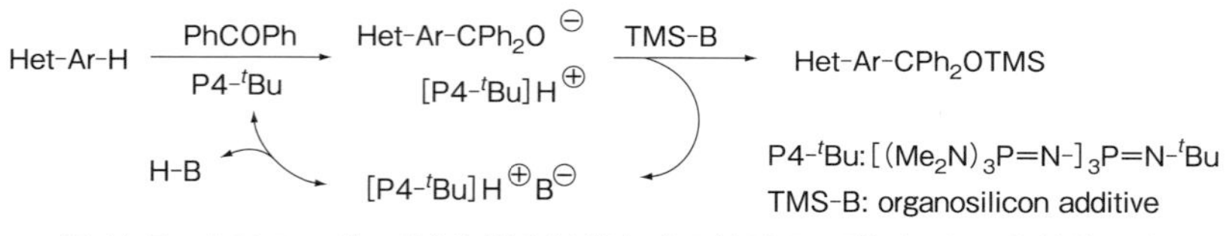

図11-7　ホスファゼンP4塩基を触媒とする芳香環の脱プロトン化修飾反応

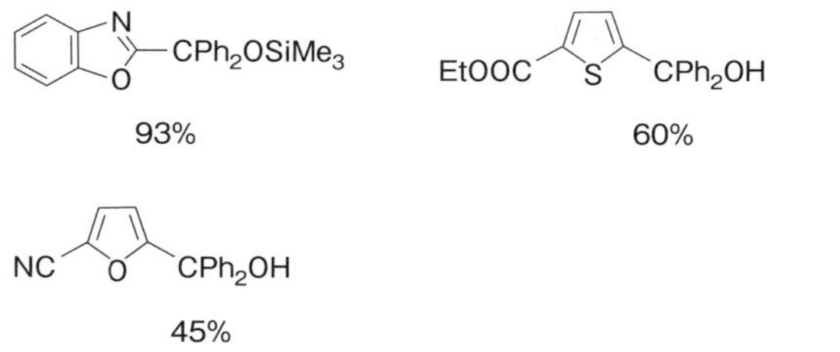

CPh2OSiMe3　93%

EtOOC　CPh2OH　60%

NC　CPh2OH　45%

図 11-8　ホスファゼン P4 塩基触媒によるヘテロ芳香環の修飾

れていない可能性が秘められていると考えられた．

この最適条件と考えられた反応条件を用いて，ベンゾチアゾール以外のヘテロ芳香環の触媒的な脱プロトン化–修飾反応について検討したところ，図 11-8 に示すように反応が進行し，求電子性の官能基の共存が可能であることが明らかになった．まだ改善の余地はあるものの，ホスファゼン塩基を触媒とした芳香環の脱プロトン化–修飾反応の一つの可能性が示された．

しかしこの触媒的な脱プロトン化反応では，無置換のベンゾチオフェンやベンゾフランなどの脱プロトン化は困難であり，適用範囲がまだ限られているため，さらに新たな触媒的な脱プロトン化システムの開発が必用と考えられた．

2　オニウムアミド塩基

ホスファゼン塩基の特徴の一つとして，プロトン化されたホスファゼニウムの陽電荷が幅広く非局在化することにより，対アニオンの反応性を高めることが知られている．ホスファゼン塩基と構造的に共通しているオニウムであるホスファゼニウム塩[11]を用いて，これまでに知られていなかった新しい脱プロトン化のための超強塩基試薬としてオニウムアミド塩基を活用することを考案した．従来は，金属アミドが脱プロトン化のための強塩基として用いられてきたが，金属カチオンをアンモニウムやホスホニウムなどのオニウムに置き換えることにより，新しいアミド塩基の化学が展開できるものと考えられる（図 11-9）．

金属性の試薬を用いることなく反応性の高い炭素アニオンを発生させるための方法論として，ケイ素

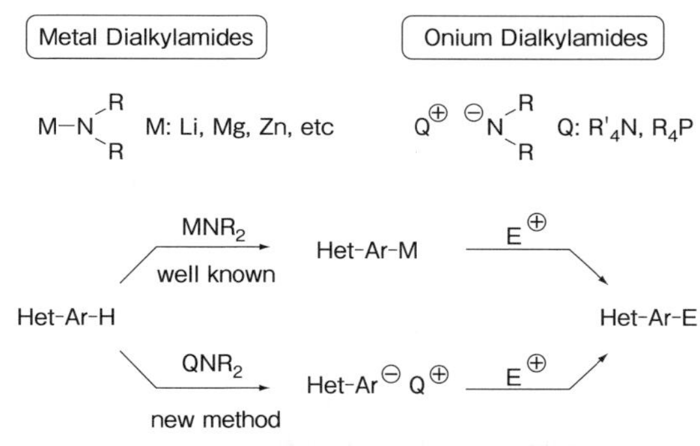

図 11-9　アミド塩基を用いる芳香環の脱プロトン化修飾反応

化アミン類を反応性の高いオニウムフッ化物と反応させ，ケイ素化合物とフッ化物イオンの親和性を利用して新しい脱プロトン化のための反応剤として，オニウムアミドを系内で発生させ反応に用いることとした．まず，ジアルキルアミノトリメチルシラン類とフッ化物イオンとの反応を用いるオニウムジアルキルアミドの発生法について，適用範囲を検討することとした．図 11-10 に示すようなフッ化オニウム類とアミノシラン類との組み合わせにより，種々のオニウムアミドの発生を試みるとともに，その脱プロトン化反応における挙動を検討したところ，オニウムとしては P5F と TMAF が利用可能であり，またアミノシランとしてはトリストリメチルシリルアミンが優れていることが明らかになった．TBAF を用いた場合にはテトラブチルアンモニウムのアミドは脱離反応の進行により不安定と考えられ，芳香環の脱プロトン化の前に分解していると考えられる．アミドとしては HMDS が最も優れており，室温でオニウムアミドが系内で発生していると考えられる．

ホスファゼニウムのアミド類を系内発生させることにより，反応性の高いオニウムが系内で発生し，ベンゾフェノンの共存下で脱プロトン化反応と求電子剤との反応が連続して進行し，ベンゾチアゾールの触媒的な脱プロトン化修飾を達成できることが明らかとなった〔式（8）〕．ジアルキルシランを用いた場合には，オニウムアミドの発生に高い反応温度が必要と考えられ，ジメチルアミノシランを用いた場合には 80 ℃，ジエチルアミノシランを用いた場合には 100 ℃の高温を要した．ジイソプロピルシラン

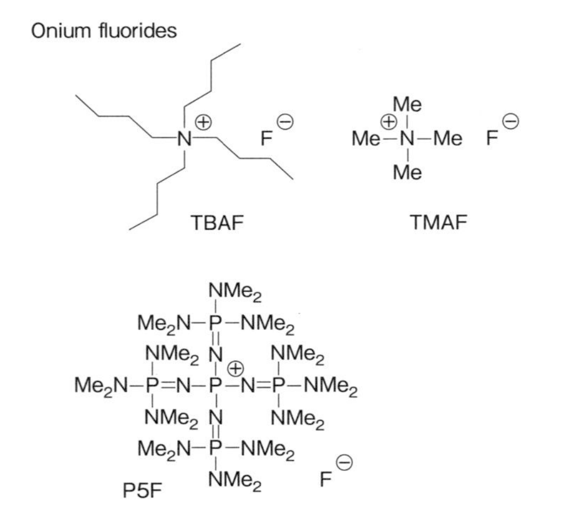

Aminosilane

R=Me, Et, ^{i}Pr

図 11-10　オニウムアミド塩基試薬の前駆体

P5F (5 mol%)
PhCOPh, R_2NSiMe_3
トルエン，温度，時間

(8)

エントリー	R	温度(℃)	時間(h)	収率(%)
1	Me	80	24	88
2	Et	100	48	87
3	*i*-PR	100	48	0
4	Me_3Si	rt	24	94

の場合には 100 ℃においても反応は進行しなかった．一方，トリストリメチルシリルアミンを用いた場合には，室温にて HMDS アミドが発生しているものと考えられ，ベンゾフェノンとの反応は室温で円滑に進行した[12]．

また式(9)に示すようにベンゾオキサゾールの反応においては，ジメチルアミノシランを用いた場合

P5F (5 mol%)
PhCOPh, Me_2NSiMe_3
トルエン，80 ℃，24 h
59%

P5F (5 mol%)
PhCOPh, TMS_2NSiMe_3
トルエン，rt，24 h
97%

(9)

はオキサゾール環が開環した生成物が得られるのに対して，トリストリメチルシリルアミンを用いた場合には，目的の脱プロトン化-修飾による生成物が良好な収率で得られている．

この反応は，ベンゾフラン，ベンゾチオフェン，トリアゾールなどにおいても適用可能であることが示されている(図 11-11)．この反応はその後，オニウムとしてテトラメチルアンモニウムを用いても同様に反応が円滑に進行することが明らかになっているが，P5F に比べてやや反応性は劣り，求電子剤によってはホスファゼニウムを用いる必要があるものもある[13]．

反応機構は図 11-12 に示すように考えられており，開始段階ではフッ化物アニオンによりオニウムアミドが生成し，脱プロトン化とカルボニル化合物への付加が進行し，ここで生成したアルコキシドがケイ素化アミンを活性化してオニウムアミドが再生し，触媒サイクルが成立するものと考えられる．

この反応は，芳香複素環 *N*-オキシドを求電子剤として用いることにより，ヘテロビアリール類の合成に用いることも可能である．キノリン *N*-オキシドおよびイソキノリン *N*-オキシドからそれぞれへ

71% (rt)　75% (rt)　37% (80℃)

図 11-11　オニウムアミド塩基触媒によるヘテロ芳香環の修飾

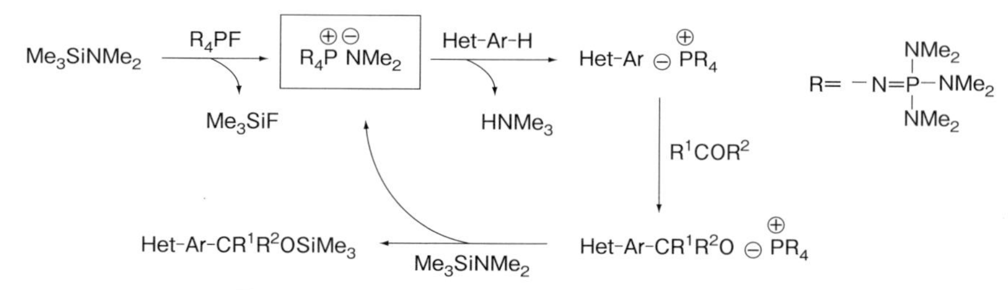

図 11-12　オニウムアミド触媒反応の推定反応機構

QF (10 mol%), Me_2NSiMe_3

トルエン, 120 ℃, 48 h

QF=P5F 84%

QF=TMAF 70%

(10)

テロビアリール誘導体へと簡便に導くことができた〔式(10)〕[14].

3　Ruppert 試薬を用いる脱プロトン化-ケイ素化反応

芳香環の脱プロトン化-修飾のための有機触媒プロセスとして，系内でオニウムアミドを発生させる手法の開発について述べてきた．アミノシラン類とフッ化オニウムの反応によって生成するオニウムアミドにより芳香環の脱プロトン化を行う．共存する求電子剤としてのカルボニル化合物への付加反応によって生成するアルコキシドによりアミノシランからオニウムアミドが再生し，触媒サイクルが成立すると考えられている．ここで，脱プロトン化剤前駆体としての役割と求電子剤としての役割を兼ね備えた有機ケイ素化合物を用いることにより，芳香環の脱プロトン化-ケイ素化反応が一段階で達成できる触媒システムを開発できるものと考えた．用いる有機ケイ素化合物を種々スクリーニングした結果，Ruppert 試薬として知られるトリフルオロメチルトリメチルシランと触媒量のフッ化物塩との組み合わせにより，芳香複素環の脱プロトン化ケイ素化反応が一段階で円滑に進行することを見いだした．すなわちトリフルオロメチルカルバニオンが芳香環の脱プロトン化剤として機能しうることが見いだされた(図 11-13).

まず無置換のベンゾチオフェンを用いて反応の最適化を行ったところ，フッ化物塩としてはフッ化セシウム，フッ化ルビジウムが優れており，溶媒としてはアミド系の溶媒が適しており，特に DMI が最も良い結果を与えた．基質によりやや適した条件は異なり，5 位メチル体では，フッ化セシウムを用いて長時間反応を行うことにより良い結果が得られた．また 5-シアノ体，5-ブロモ体では，フッ化ルビジウムがより効果的であった．またこの反応は，3-ブロモ体でもケイ素化反応が円滑に進行することが明らかとなった〔式(11)〕[15].

次に，置換チオフェン類にこのケイ素化反応の適用を試みた．2-ブロモ体のみならず 2-ヨード体などの反応性の高い化合物においてもハロゲンを損なうことなく，5 位を選択的にケイ素化することができた〔式(12)〕．また，有機金属化学の手法では達成が困難と考えられるニトロ基が置換する化合物においてもケイ素化反応は円滑に進行した．特にエトキシカルボニル基やシアノ基の場合には，フッ化物としてフッ化ルビジウムを用いた場合においてのみ良好な結果が得られた．

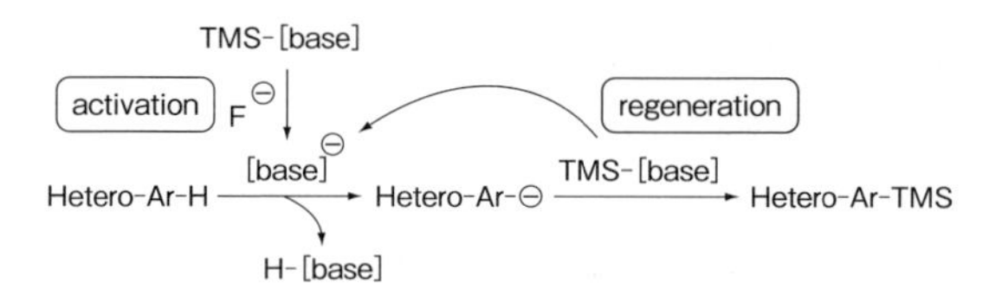

図 11-13　Ruppert 試薬を用いるヘテロ芳香環の C-H ケイ素化反応

$$\text{Y, X-benzothiophene-2-H} \xrightarrow[\text{DMI, 0 ℃, 時間}]{\text{MF (0.5 eq.), CF}_3\text{TMS (3 eq.)}} \text{Y, X-benzothiophene-2-TMS} \quad (11)$$

エントリー	X	Y	MF	時間	収率(%)[a]
1	H	Me	RbF	2	10
2	H	Me	CsF	24	83 (81)[b]
3	H	CN	RbF	2	93 (79)[b]
4	H	CN	CsF	2	60
5	H	Br	RbF	2	100 (93)[b]
6	H	Br	CsF	2	91
7	Br	H	RbF	2	66
8	Br	H	CsF	2	77

a) Determined by ^{1}H NMR. b) Isolated yield.

$$\text{FG-thiophene-H} \xrightarrow[\text{DMI, 0 ℃, 2 h}]{\text{RbF (0.5 eq.), CF}_3\text{TMS (3 eq.)}} \text{FG-thiophene-TMS} \quad (12)$$

エントリー	R	収率(%)
1	Br	88
2	I	80
3	NO_2	80
4	COOEt	40
5	CN	92

ベンゾチオフェン誘導体，チオフェン誘導体で良好な結果が得られ，ニトロ基との共存も可能であることが示されたので，次にニトロベンゼン誘導体のケイ素化反応を検討した．無置換のニトロベンゼンとの反応は進行しなかったが，ブロモ基，ヨード基をもつニトロベンゼン誘導体でケイ素化反応が進行した〔式(13)〕．またジニトロベンゼンもケイ素化が進行することが判明した．さらなる反応の最適化により収率の向上をはかっている．

4 まとめとこれからの課題と展望

有機超強塩基を用いる芳香環の脱プロトン化反応-修飾の触媒システムの開発について述べてきた．当初の研究では有機超強塩基を触媒として用いるのは

$$\text{3-R-nitrobenzene (H)} \xrightarrow[\text{DMI, 0 ℃, 2 h}]{\text{MF (0.5 eq.), CF}_3\text{TMS (3 eq.)}} \text{3-R-2-TMS-nitrobenzene} \quad (13)$$

エントリー	R	MF	収率(%)
1	Br	RbF	50
2	I	RbF	20
3	NO_2	CsF	40

困難と考えられていたが，有機ケイ素化合物と組み合わせることにより，新たな活性化のシステムを構築できることがわかってきた．また，強塩基性のオニウムアミド系脱プロトン化剤を安定な塩基前駆体と安定な活性化剤の親和性を使った活性化により発生させることが可能であることも明らかとなった．アルキルリチウムやアルキルマグネシウムなどの反応性の高い試薬を用いなくても，系内で反応性の高い脱プロトン化剤を発生できることも見いだされ，今後さらに多官能性芳香環の修飾反応に新たな方法論を提供できるものと考えられる．今回の触媒システムはまだ発展段階であり改良の余地もあるが，将来的には，不斉変換も含めた分子変換触媒反応へと展開可能な触媒システムの設計ができるものと期待される．

◆ 文 献 ◆

[1] 根東義則，上野正弘，田中好幸，有機合成化学協会誌，**63**, 453 (2005).

[2] R. Schwesinger, H. Schlemper, *Angew. Chem., Int. Ed. Engl.*, **26**, 1167 (1987).

[3] J. G. Verkade, P. B. Kisanga, *Tetrahedron*, **59**, 7819 (2003).

[4] G. A. Kraus, N. Zhang, J. G. Verkade, M. Nagarajan, P. B. Kisanga, *Org. Lett.*, **2**, 2409 (2000).

[5] (a) P. Beak, V. Snieckus, *Acc. Chem. Res.*, **15**, 306 (1982); (b) V. Snieckus, *Chem. Rev.*, **90**, 879 (1990); (c) H. W. Gschwend, H. R. Rodriguez, *Org. React.*, **26**, 1 (1979).

COLUMN

★いま一番気になっている研究者

Phil S. Baran
（アメリカ・スクリプス研究所 教授）

ヘテロ芳香環，なかでもπ電子不足系の含窒素ヘテロ芳香環は，医薬品開発において重要な役割を果たしており，その直接的なC–H官能基化の自由度の確保は生理活性を示す小分子の最適化をはかる上で欠かすことができない．さまざまな方法論が開発され用いられてきたが，なかでも遷移金属を触媒とするC–H活性化反応が大きな役割を果たしてきた．しかし，医薬品の開発においては重金属類の混入は厳しく規制されていることもあり，遷移金属を使用しない方法論の開発も求められている．ラジカル反応によるC–H官能基化は古くから研究されてきたが，反応条件や反応選択性において大きく改善の余地が残されていた．

Baranらは，さまざまな亜鉛スルフィネート試薬とTBHPにより簡便にラジカル種を発生させる反応を開発し，幅広い含窒素芳香ヘテロ環上においてC–H官能基化を達成した．従来ラジカル反応を用いるC–H官能基化では，環上の置換基，反応溶媒や液性により部位の選択性が異なることが知られていたが，その予測と選択性の制御は難しいと考えられていた．彼らは過去のデータを精査し，また開発した反応剤をさまざまな反応条件において行いその選択性を解析することにより，選択性予測のガイドラインを提案し，予測がある程度可能になることを示している．ラジカルの発生法にはさまざまな方法が開発されているが，ガイドラインの設定によりさらに効果的なラジカル反応の活用ができるものと考えられる．

Y. Fujiwara, J. A. Dixon, F. O'Hara, E. D. Funder, D. D. Dixon, R. A. Rodriguez, R. D. Baxter, B. Herle, N. Sach, M. R. Collins, Y. Ishihara, P. S. Baran, *Nature*, 8, 1042 (2012).

F. O'Hara, D. G. Blackmond, P. S. Baran, "Radical-Based Regioselective C–H Functionalization of Electron-Deficient Heteroarenes: Scope, Tunability, and Predictability," *J. Am. Chem. Soc.* 135, 12122 (2013).

[6] T. Imahori, Y. Kondo, *J. Am. Chem. Soc.*, **125**, 8082 (2003).
[7] K. Shen, Y. Fu, J.-N. Li, L. Liu, Q.-X. Guo, *Tetrahedron*, **63**, 2007, 1568 (2007).
[8]（a）E. Colvin, "Silicon in Organic Synthesis," Butterworth (1981);（b）W. P. Weber, "Silicon Reagents for Organic Synthesis," Springer-Verlag (1983).
[9]（a）M. Ueno, C. Hori, K. Suzawa, M. Ebisawa, Y. Kondo, *Eur. J. Org. Chem.*, **2005**, 1965;（b）K. Suzawa, M. Ueno, A. E. H. Wheatley, Y. Kondo, *Chem. Commun.*, **2006**, 4850.
[10] Y. Hirono, K. Kobayashi, M. Yonemoto, Y. Kondo, *Chem. Commun.*, **46**, 7623 (2010).
[11] R. Schwesinger, R. Link, P. Wenzl, S. Kossek, M. Keller, *Chem. Eur. J.*, **12**, 429 (2006).
[12]（a）K. Inamoto, H. Okawa, H. Taneda, N. Sato, Y. Hirono, M. Yonemoto, S. Kikkawa, Y. Kondo, *Chem. Commun.*, **48**, 9771 (2012);（b）H. Taneda, K. Inamoto, Y. Kondo, *Chem. Commun.*, **50**, 6523 (2014).
[13] K. Inamoto, H. Okawa, S. Kikkawa, Y. Kondo, *Tetrahedron*, **70**, 7917 (2014).
[14]（a）Y. Araki, K. Kobayashi, M. Yonemoto, Y. Kondo, *Org. Biomol. Chem.*, **9**, 78 (2011);（b）K. Inamoto, Y. Araki, S. Kikkawa, M. Yonemoto, Y. Tanaka, Y. Kondo, *Org. Biomol. Chem.*, **11**, 4438 (2013).
[15] M. Sasaki, Y. Kondo, *Org. Lett.*, **17**, 848 (2015).

Chap 12

キラル相間移動触媒の新展開

New Development of Chiral Phase Transfer Catalysts

丸岡 啓二　坂本 龍
（京都大学大学院理学研究科）

Overview

触媒的不斉合成の分野において，有機分子触媒化学はこの十数年の間に著しい進歩を遂げてきた．なかでも，相間移動触媒反応は，繁雑な操作を必要とせず，含水条件でも反応が行え，実用化が容易であることから，工業的な面からも大いに注目されてきた．これまでに，シンコナアルカロイド型相間移動触媒や，軸不斉ビナフチル構造を有した第四級アンモニウム塩型キラル相間移動触媒など，さまざまなデザインのキラル相間移動触媒が創製され，それらを利用して数多くの不斉反応が開発されてきた．ごく最近になっても，中性条件下での相間移動反応やアニオン性相間移動触媒といった，新たな相間移動反応の報告が相次いでなされており，今なお精力的に研究が行われている．本章では，この数年に報告された新しい形式の興味深い反応系や，新規触媒デザインを例として，相間移動触媒反応化学の最近の進展について概説する．

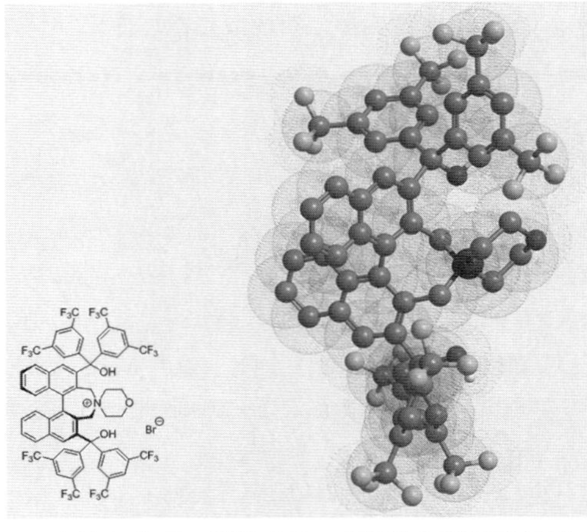

▲中性条件下で機能する二官能性相間移動触媒
［カラー口絵参照］

■ ***KEYWORD*** 📖マークは用語解説参照

- 相間移動触媒（phase transfer catalyst）📖
- 二相系（biphase system）
- 不斉アルキル化（asymmetric alkylation）
- シンコナアルカロイド（cinchona alkaloid）
- 第四級アンモニウム塩（quaternary ammonium salt）
- 第四級ホスホニウム塩（quaternary phosphonium salt）
- 不斉フッ素化（asymmetric fluorination）
- 不斉アミノ化（asymmetric amination）
- 不斉共役付加反応（asymmetric conjugate addition）
- 二官能性触媒（bifunctional catalyst）📖

Current Review

はじめに

相間移動触媒とは，水相と有機相といった互いに混じり合わない二相間を行き来することで，もしくはその二相の界面で，化学反応を促進させる機能をもつ触媒の総称である．相間移動触媒を用いた反応(相間移動反応)は，水溶液中，穏和な反応条件，簡便な実験操作で行うことができ，大量スケールでの反応にも応用できるなど，数多くの合成化学的利点をもっている[1]．特に，テトラアルキルアンモニウム塩($R_4N^+Br^-$)を触媒として用いる相間移動反応は，重金属触媒を必要としないため，環境調和型の有機合成化学といった観点からも魅力的な反応系である．図 12-1 に，テトラアルキルアンモニウム塩を触媒として用いた，一般的な相間移動反応の反応機構を，カルボニル化合物の反応を例として示す．まず，水酸化ナトリウムなどの塩基(MOH)が，酸性度の高いカルボニル化合物の α 位のプロトンを引き抜くことで，エノラート中間体が形成する．その後，生じたエノラートと相間移動触媒が反応し，求核剤として働くアンモニウムエノラート中間体を形成する．この活性の高いアンモニウムエノラートが求電子剤と反応することにより，目的生成物を与えると同時に，触媒が再生する．

相間移動触媒(図 12-2)の不斉化への取り組みは，1984 年に報告されたシンコナアルカロイド相間移動触媒による不斉アルキル化反応を発端とし，今日に至るまで世界中で精力的に行われてきた[2]．これまでシンコナアルカロイド相間移動触媒に代表される天然由来の構造をもつものや，筆者らのグループが独自に設計した *N*-スピロ型キラル相間移動触媒に代表されるデザイン型触媒など，さまざまなキラル相間移動触媒が開発されており，それらを用いた実用的不斉合成法も数多く開発されてきた[3]．近年になっても，新たな反応系式による興味深い相間移動反応や，新規構造の相間移動触媒が相次いで報告されるなど精力的な研究が行われている．本章では，新たなアプローチに基づいた相間移動触媒反応の最近の進展について，筆者らの研究を中心に解説する．なお，紙数の都合で紹介しきれなかった，最近の不斉相間移動反応に関しては優れた総説にまとめられており，そちらを参照いただきたい[4]．

1 ジカチオン型シンコナアルカロイド相間移動触媒

シンコナアルカロイド相間移動触媒は，1984 年メルク社の Dolling らによる，α フェニルインダノ

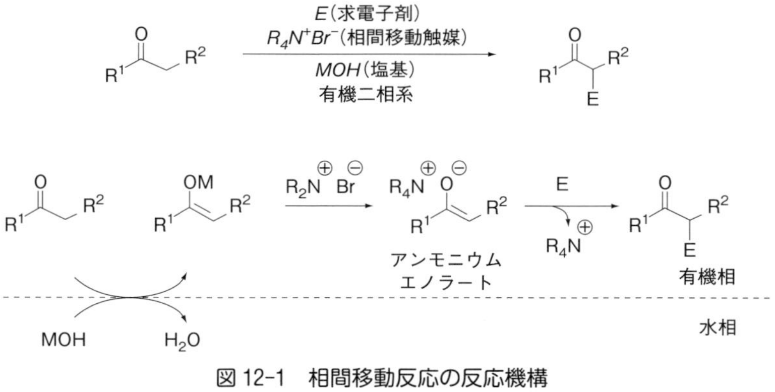

図 12-1　相間移動反応の反応機構

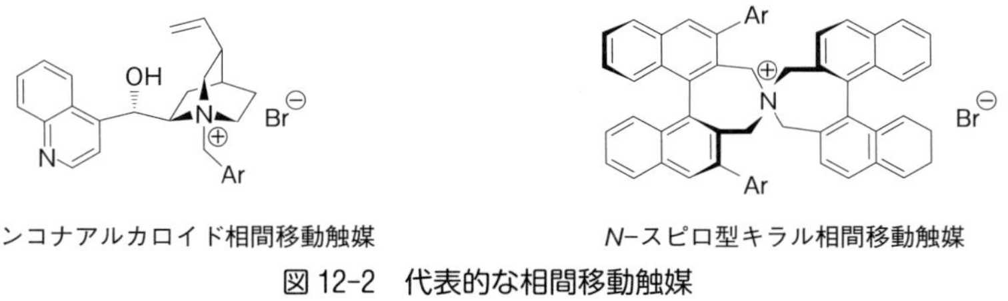

図 12-2　代表的な相間移動触媒

ン誘導体の不斉メチル化反応[5]や，O'Donnel らにより報告されたグリシンシッフ塩基の不斉アルキル化反応による α アミノ酸の不斉合成の論文[6]を発端として，これまで活発な研究が行われてきた．シンコナアルカロイド相間移動触媒〔図 12-3（a）〕は，原料の入手の容易さのほか，キヌクリジンの窒素やヒドロキシ基，オレフィン部位へさまざまな置換基を導入することによる，キラルカチオン部位の修飾が可能であることから〔図 12-3（b）〕，同一の基本骨格から多様な触媒ライブラリの構築が容易である．現在でも，この修飾アプローチに基づいた新規シンコナアルカロイド相間移動触媒が開発されている．

2014 年，メルク社の安田らは，これまでにない新たなタイプのシンコナアルカロイド相間移動触媒を報告した[7]．彼らは，相間移動条件による塩化ベンジル誘導体の分子内不斉スピロ環化反応の検討を行っていた際，シンコナアルカロイド触媒 **3** の合成ロットによって，反応の収率や選択性の再現性がとれないことに気づいた．詳細にその原因を精査した結果，**3** のキヌクリジン部位のベンジル化反応の段階において，キノリンの窒素部位も同時にベンジル化されてジカチオンとなった，シンコナアルカロイド **4a** が副生成物として混入していたことが判明した．そこで安田らは，そのジカチオン型シンコナアルカロイド **4a** を別途合成し，本反応系に適用したところ，**4a** が従来の触媒 **3** よりも高い反応性と選択性をもっていることを見いだした．最終的に，ジカチオン型触媒 **4b** を 0.3 mol %用いることにより，目的の生成物を高収率高選択的に得ることに成功した（図 12-4）．従来のシンコナアルカロイド触媒による相間移動反応では，5 ～10 mol %の触媒量が一般的に必要であったのに対し，今回新たに見いだされたジカチオン型触媒はわずか 0.3 mol %でも良好な結果を与えるなど，極めて高い触媒能をもっている．現在のところ，ジカチオン型にすることによる反応性，選択性の向上の原因は不明であり，ジカチ

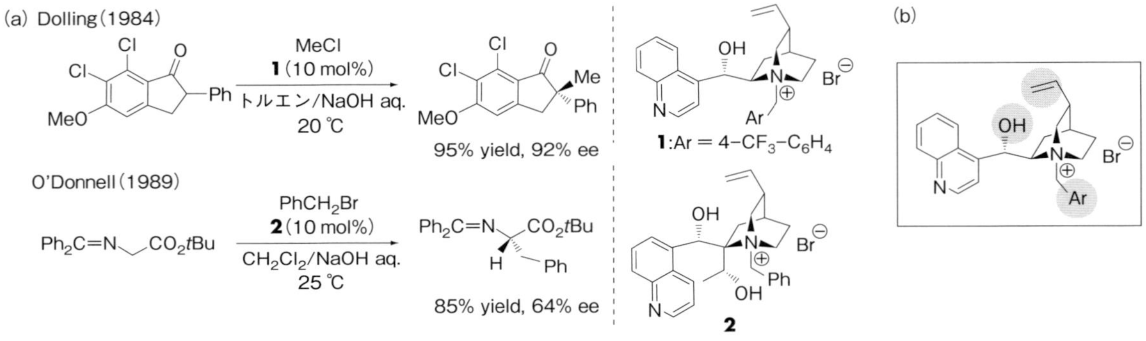

図 12-3　（a）シンコナアルカロイド相間移動触媒を用いた不斉反応，（b）触媒構造の修飾部位

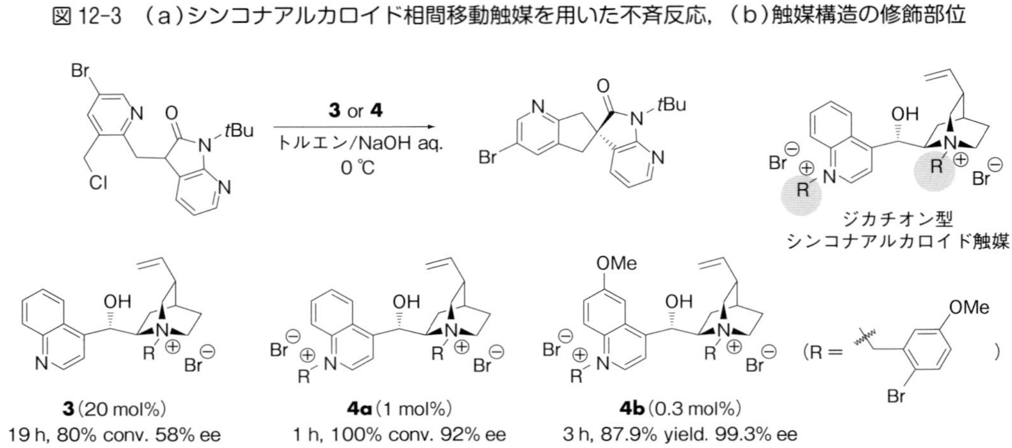

図 12-4　ジカチオン型相間移動触媒を用いた分子内不斉スピロ環化反応

オン型相間移動触媒のさらなる展開に向けた，詳細な反応機構の解明が望まれる．

2 中性条件下における相間移動反応

相間移動反応の反応条件は，有機溶媒と水の二相系に，基質，触媒，そして水酸化カリウムといった無機塩基を用いるものが一般的である．この塩基の添加は，初めに示した反応機構からも相間移動反応を進行させるうえで必須であると考えられてきた．しかしこのことは，塩基性条件下で基質や生成物が分解してしまう反応を，相間移動触媒系へ適用することが一般的に困難であるという欠点にもつながっていた．長年にわたり不斉相間移動反応の開発に取り組んできた筆者らのグループにおいても[8]，相間移動反応には塩基が必須であるものとして，研究を行ってきた．ところがごく最近筆者らは，これまでの常識を覆し，塩基の添加をまったく必要としない中性条件下で進行する新たな不斉相間移動触媒反応を見いだした[9]．

筆者らは，オキシインドール誘導体の不斉共役付加反応の開発研究に取り組んでいた際，当然ながら最初は，炭酸カリウムなどの塩基を用いて反応の検討を行っていた．二官能性のキラル相間移動触媒[10] **5a** を用いて反応を試みたところ，炭酸カリウム存在下，良好な収率および立体選択性で目的生成物が得られた．さらなる選択性の向上を目指し塩基の検討を行った結果，驚くべきことに，塩基を用いなくとも本反応は円滑に進行することがわかった．また，興味深いことに，この反応には水は必須であり，トルエンのみの均一溶媒中ではまったく反応が進行しない．

現在考えられている反応機構としては，まず基質と触媒が直接作用し，アンモニウムエノラート中間体と臭化水素が系中に生じる．トルエンの均一溶媒中では，エノラート中間体と臭化水素がただちに反応し，逆反応が起こるため，目的の反応は進行しないと考えられる．一方，水・トルエンの二相系においては，発生した臭化水素がすみやかに水相へと移動することにより，平衡が偏り，エノラート中間体の形成が促進される．そのため，アンモニウムエノラート中間体が，求電子剤と円滑に反応することができたと考えられている．本反応系は，水を主とした溶媒で，中性温和な条件下，極めて少ない触媒量でも円滑に進行することから，環境調和型の理想的な反応系の実現といえる（図 12-5）．

このように，筆者らは思いがけないかたちで中性条件下での相間移動反応系を見いだすことに成功した．しかし，先に示した反応は，塩基を用いた通常

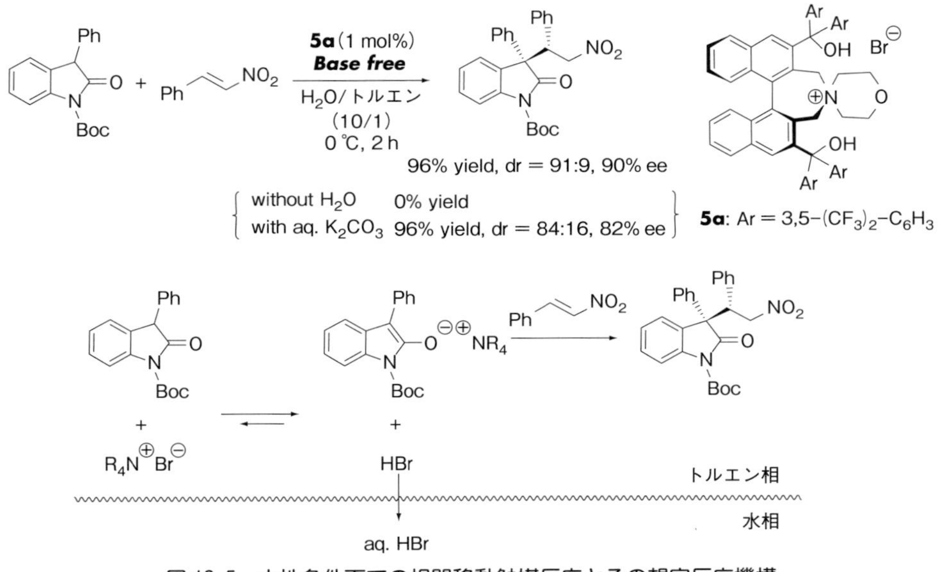

5a (1 mol%)
Base free
H_2O/トルエン (10/1)
0 ℃, 2 h
96% yield, dr = 91:9, 90% ee

without H_2O 0% yield
with aq. K_2CO_3 96% yield, dr = 84:16, 82% ee

5a: Ar = 3,5-$(CF_3)_2$-C_6H_3

トルエン相
水相
aq. HBr

図 12-5 中性条件下での相間移動触媒反応とその想定反応機構

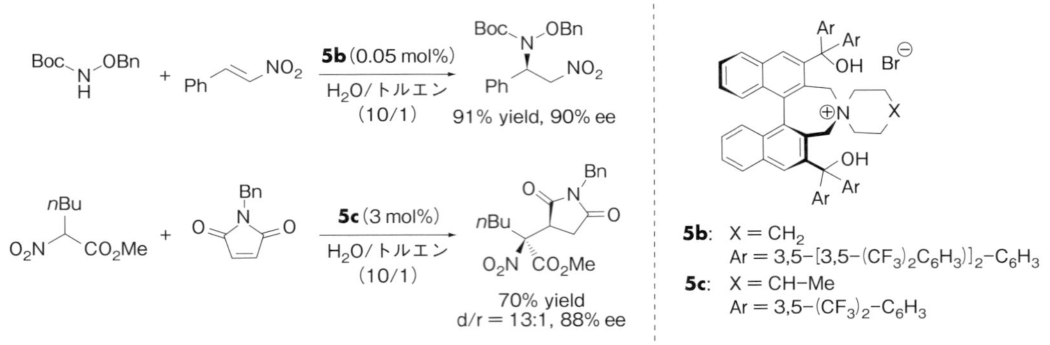

図 12-6 中性条件下相間移動反応の展開

の相間移動反応条件下でも行える反応である．そこで筆者らは次に，中性条件だからこそ可能な反応系の開発を目指した．すなわち，塩基性水溶液を用いた通常の相間移動反応では，基質や生成物が分解してしまう反応に対して，中性条件下での相間移動触媒反応系の適用を試みた．結果として，ニトロオレフィンに対するアミノ化反応[9b]や，ニトロアセテートのマレイミドへの共役付加反応[9c]の開発に成功した．いずれの反応も，塩基存在下の相間移動条件では，良好な結果を与えることはできず，中性条件下での相間移動触媒反応を利用することにより初めて達成できた反応といえる(図 12-6)．

3 第四級ホスホニウム塩相間移動触媒

これまで紹介してきたように，相間移動触媒の基本骨格は，光学活性な第四級アンモニウム塩を用いるものがほとんどであった．一方で，第四級アンモニウム塩に対応するリン化合物である，第四級ホスホニウム塩をキラル相間移動触媒へと適用した例は極めて数が限られている．最近，第四級ホスホニウム塩キラル相間移動触媒の報告が丸岡および大井の研究グループよりなされ，その相間移動触媒としての有用性が示されている(図 12-7)[11]．

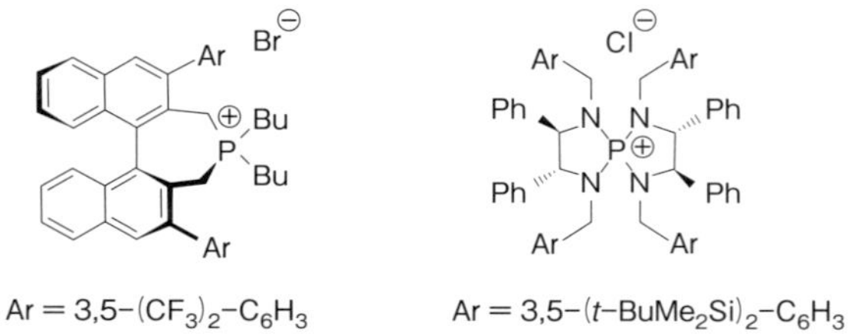

図 12-7 第四級ホスホニウム塩キラル相間移動触媒

第四級ホスホニウム塩を相間移動触媒反応に適用することが困難である原因のひとつに，強塩基存在下でのホスホニウム塩の不安定性が挙げられる．そこで筆者らは，3 節で紹介した中性条件下での相間移動反応系であれば，ホスホニウム塩の分解は問題にならないのではないかと考え，中性条件下で機能する新たなホスホニウム塩キラル相間移動触媒の開発に取り組んだ[12a]．市販されているさまざまなキラルホスフィン化合物の，ベンジル化反応によって得られる第四級ホスホニウム塩を用い，中性条件下でのオキシインドールと α,β 不飽和アルデヒドの共役付加反応をモデル反応として検討を行った．その結果，図 12-8 に示すビナフチル構造をもつ二官能性のホスホニウム塩触媒 **6** が，本反応に最も良い収率および選択性を与えることがわかった．**6** がもつフェノール性ヒドロキシ基をメチル基で保護した触媒を用いたところ，大幅な選択性の低下(26% ee)が見られたことから，フェノール性ヒドロキシ基の酸性プロトンも基質と相互作用することにより高い選択性を実現したものと考えられる．さらに筆者らは，このフェノール部位をアミド官能基へと変換した新たなホスホニウム塩キラル相間移動触媒 **7** を創製した[12b]．この新たな触媒骨格では，アミド部位の置換基を変えることにより，アミドの酸性度や，触媒の立体環境の細かなチューニングが容易となる．**7** を利用することにより，筆者らは β ケトエステル誘導体の α スルフェニル化反応やクロロ化反応を

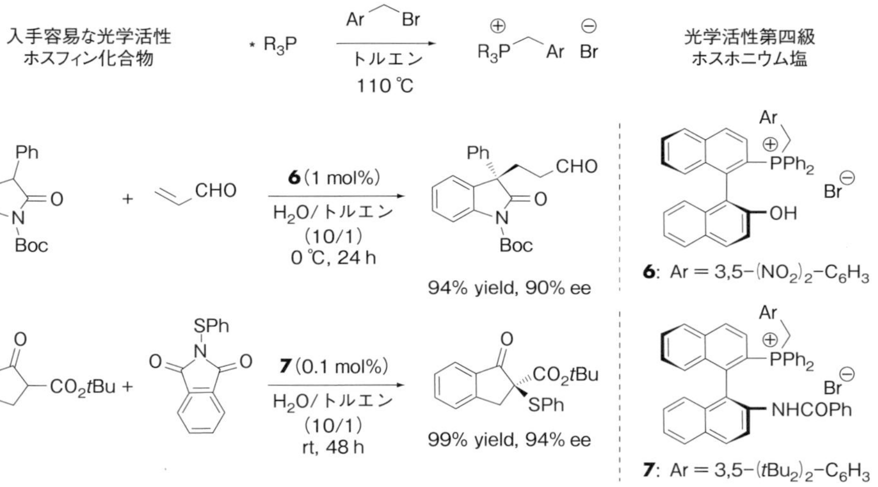

図 12-8　二官能性第四級ホスホニウム塩キラル相間移動触媒を用いた不斉反応

新たに見いだした．

4 アニオン性キラル相間移動触媒

これまでの不斉相間移動触媒反応といえば，触媒として用いる光学活性な第四級アンモニウムイオンなどのキラルなカチオン種と，基質由来のアニオン種が，活性の高いキラルなイオンペアを形成することにより，反応が進行するものが一般的であった〔図 12-9(a)〕．ところがごく最近，この相間移動反応における触媒と基質の役割を逆転させた反応，すなわち，キラルなアニオン性の触媒と，カチオン性の反応剤が相互作用することにより，活性の高いキラルイオンペアを形成することで進行する反応(アニオン性相間移動触媒反応)が高い注目を集めている〔図 12-9(b)〕．このような，新たな形式の相間移動反応系が実現されれば，これまでにない反応系の確立が期待できる．実際，Toste らのグループは，このアニオン性相間移動触媒反応という新たなアプローチに基づいた新規反応を相次いで報告している[13]．

Toste らは，触媒として光学活性ビナフトール由来のリン酸 **8** を，カチオン性の反応剤としてフッ素化剤 Selectfluor を用いた，ジヒドロピラン誘導体の不斉フッ素化環化反応を 2011 年に報告した(図 12-10)．この反応は，先述したアニオン性相間移動反応の形式で進行しているものと考えられている．すなわち，ジカチオンの塩である Selectfluor は，無極性溶媒には不溶であるため，そのままでは反応に

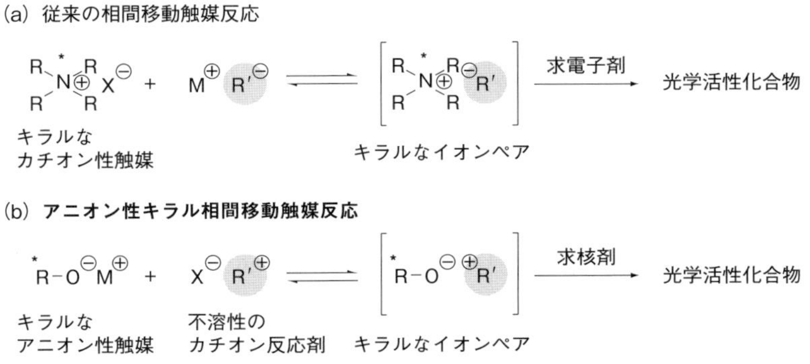

図 12-9　相間移動反応の反応形式

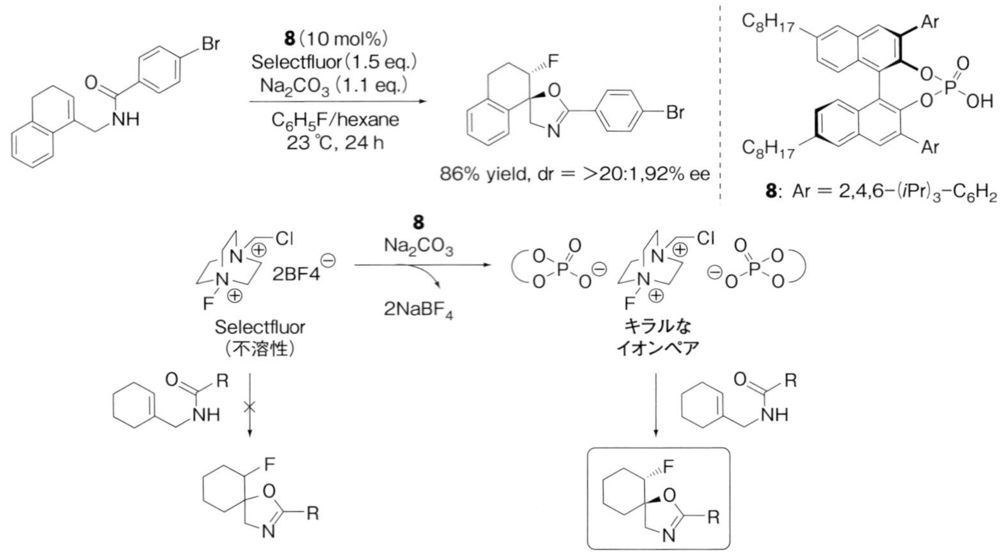

図 12-10　アニオン性相間移動触媒による不斉フッ素化反応

関与することはできないが，キラルなアニオン触媒と，有機溶媒へと可溶なイオンペアを形成することにより，反応が進行するようになる．その際，触媒のリン酸に対する非線形効果が観測されたことから，1当量の Selectfluor に対し，2つのキラルリン酸がイオンペアを形成していると考えられている．

これまでに報告された不斉フッ素化反応は，光学活性エノラートやエナミンを経由する反応，すなわちカルボニル基の α 位でのフッ素化がほとんどであり，反応の多様性には乏しかった．Toste らの報告以降，このアニオン性相間移動反応を利用することで，これまで実現が難しかった不斉フッ素化反応が数多く報告されている．さらに Toste らは，このアニオン性相間移動反応の概念を，アリールジアゾニウム塩を利用した不斉アミノ化反応へと展開しており，アニオン性相間移動反応のさらなる応用が期待される[14]．

5 まとめとこれからの展望

本章では，近年見いだされた新たな構造，性質，反応性をもった相間移動触媒の開発研究を中心に解説した．今回紹介した報告以外にも，数多くの新規相間移動反応が日々報告されており，この分野は今なお著しい進展を遂げている．もちろん，相間移動触媒反応には解決すべき課題も残されている．たとえば，反応の多様性は遷移金属触媒を用いるものと比較すると多いとはいえず，高い一般性と実用性を兼ね備えた相間移動反応による不斉合成反応の開発が強く望まれる．また，触媒量の低減化への取り組みは今後のさらなる実用化を踏まえたとき，必ず解決しなければならない問題であろう．これらの課題の解決に向けた，真に新しい触媒骨格の創製や，これまでの相間移動触媒の常識にとらわれない新たな反応形式の確立が，今後の大きな課題といえる．

◆ 文 献 ◆

[1]（a）"Handbook of Phase-Transfer Catalysis," ed. by Y. Sasson, R. Neumann, Blackie Academic & Professional, London (1997)；（b）"Phase-Transfer Catalysis," Acs Symposium Series 659, ed. by M. E. Halpern, American Chemical Society (1997).

[2] K. Maruoka, "Asymmetric Phase Transfer Catalysis," Willy-VCH, Weinheim (2008).

[3]（a）T. Ooi, K. Maruoka, *Angew. Chem., Int. Ed.*, 46, 4222 (2007)；（b）T. Hashimoto, K. Maruoka, *Chem. Rev.*, 107, 5656 (2007).

[4] S. Shirakawa, K. Maruoka, *Angew. Chem., Int. Ed.*, 52, 4312 (2013).

[5] U.-H. Dolling, P. Davis, E. J. J. Grabowski,

J. Am. Chem. Soc., **106**, 446 (1984).
[6] M. J. O'Donnell, W. D. Bennett, S. Wu, *J. Am. Chem. Soc.*, **111**, 2353 (1989).
[7] B. Xiang, K. M. Belyk, R. A. Reamer, N. Yasuda, *Angew. Chem., Int. Ed.*, **53**, 8375 (2014).
[8] (a) T. Ooi, M. Kameda, K. Maruoka, *J. Am. Chem. Soc.*, **121**, 6519 (1999); (b) T. Ooi, M. Kameda, K. Maruoka, *J. Am. Chem. Soc.*, **125**, 5139 (2003).
[9] (a) R. He, S. Shirakawa, K. Maruoka, *J. Am. Chem. Soc.*, **131**, 16620 (2009); (b) L. Wang, S. Shirakawa, K. Maruoka, *Angew. Chem., Int. Ed.*, **50**, 5327 (2011); (c) S. Shirakawa, S. J. Terao, R. He, K. Maruoka, *Chem. Commun.*, **47**, 10557 (2011).
[10] (a) T. Ooi, D. Ohara, M. Tamura, K. Maruoka, *J. Am. Chem. Soc.*, **126**, 6844 (2004); (b) T. Ooi, D. Ohara, K. Fukumoto, K. Maruoka, *Org. Lett.*, **7**, 3195 (2005); (c) X. Wang, Q. Lan, S. Shirakawa, K. Maruoka, *Chem. Commun.*, **46**, 321 (2010).
[11] (a) R. He, X. Wang, T. Hashimoto, K. Maruoka, *Angew. Chem., Int. Ed.*, **47**, 9466 (2008); (b) R. He, C. Ding, K. Maruoka, *Angew. Chem., Int. Ed.*, **48**, 4559 (2009); (c) D. Uraguchi, Y. Asai, T. Ooi, *Angew. Chem., Int. Ed.*, **48**, 733 (2009).
[12] (a) S. Shirakawa, A. Kasai, T. Tokuda, K. Maruoka, *Chem. Sci.*, **4**, 2248 (2013); (b) S. Shirakawa, T. Tokuda, A. Kasai, K. Maruoka, *Org. Lett.*, **15**, 3350 (2013).
[13] (a) V. Rauniyar, A. D. Lackner, G. L. Hamilton, F. D. Toste, *Science*, **334**, 1681 (2011); (b) R. J. Phipps, K. Hiramatsu, F. D. Toste, *J. Am. Chem. Soc.*, **134**, 8376 (2012); (c) T. Honjo, R. J. Phipps, V. Rauniyar, F. D. Toste, *Angew. Chem., Int. Ed.*, **51**, 9684 (2012); (d) H. P. Shunatona, N. Früh, Y.–M. Wang, V. Rauniyar, F. D. Toste, F. D. *Angew. Chem., Int. Ed.*, **52**, 7724 (2013).
[14] (a) H. M. Nelson, S. H. Reisberg, H. P. Shunatona, J. S. Patel, F. D. Toste, *Angew. Chem., Int. Ed.*, **53**, 5600 (2014); (b) H. M. Nelson, J. S. Patel, H. P. Shunatona, F. D. Toste, *Chem. Sci.*, **6**, 170 (2015).

Current Review

Chap 13

有機ニトロキシルラジカルおよび類縁化学種を触媒とする酸化的分子変換

Oxidative Transformations Using Organic Nitroxyl Radials and Their Derivatives as Catalysts

岩渕　好治
(東北大学大学院薬学研究科)

Overview

有機窒素酸化物には，特異かつ有用な反応性を示すものが数多く知られている．第二級アミンの酸化物のうち，不対電子をもつ *N*,*N*–二置換 N–O・原子団（*N*–オキシル基）を含む化合物は，広くニトロキシルラジカル（またはニトロキシド）と総称される．ニトロキシルラジカルには室温でも長期間安定な「超安定ラジカル」として存在するものが多数見いだされ，多くの化学者の関心を集めてきた．今日ではその化学の体系化が進み，その常磁性を活用した機能性材料や，可逆的な電子移動過程を活用した二次電池の開発，ESR スピントラップ法やイメージングなど，物質科学から生命科学にわたる広い領域で応用研究が進められている[1,2]．本章では，ニトロキシルラジカルを酸化還元触媒として活用する有機分子変換を展望する．

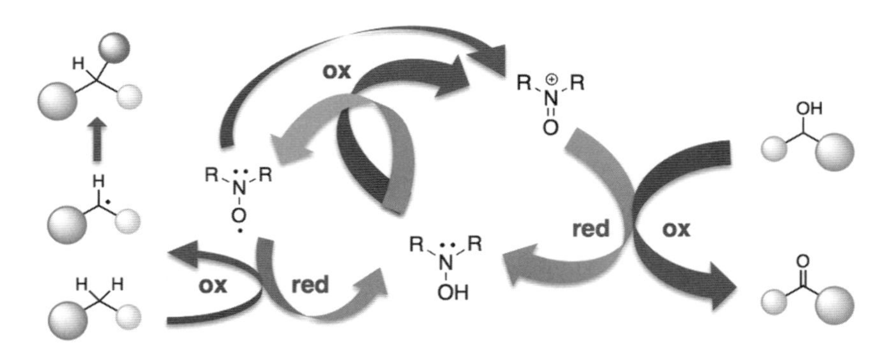

▲ *N*–oxyl 型酸化還元触媒［カラー口絵参照］

■ ***KEYWORD*** マークは用語解説参照

- ■酸化触媒（oxidation catalyst）
- ■ニトロキシルラジカル（nitroxyl radical）
- ■オキソアンモニウム塩（oxoammonium satl）
- ■ヒドロキシルアミン（hydroxylamine）
- ■アルコール酸化（alcohol oxidation）

1　ニトロキシルラジカルおよびその酸化還元により生じる化学種

代表的な有機窒素酸化物の構造を図 13-1 に示す．第二級アミンの酸化物の 1 つとして知られるニトロキシルラジカルは，O 原子上の不対電子が N 原子の孤立電子対と二中心三電子の共鳴混成構造をつくり（図 13-2），ラジカルとして「例外的」な安定性を獲得し，N 原子上の置換基の立体電子効果を受けて多様な反応性を示す．有機分子変換における酸化触媒（あるいは前駆体）としての有用性が見いだされているニトロキシルラジカルは，その置換基の構造から（a）*N,N*-ジアシル置換型ニトロキシルラジカルと，（b）*N,N*-ジアルキル置換型ニトロキシルラジカルの 2 つに大別される（図 13-3）．

N,N-ジアシル置換型ニトロキシルラジカルは，対応するヒドロキシルアミンを前駆体として用い，反応系中で用事発生させて利用される．有機合成において汎用される PINO は，NHPI を O_2 雰囲気下 80 ℃で加熱すると容易に生成することが ESR で確認されている[3]（図 13-4）．

N,N-ジアルキル置換型ニトロキシルラジカルは，一般に第二級アミンの酸化，あるいは第二級ヒドロキシルアミンの酸化によって合成される．代表的な超安定ラジカルである TEMPO は，室温でも 1 年以上保存できる（図 13-5）．一方，*N*-オキシルに置換するアルキル基の α 炭素に水素原子がある場合，速やかに不均化してニトロンとヒドロキシルアミンを与えることが知られている[4]（図 13-6）．

AZADO や ABNO など，架橋多環式第二級アミンの酸化によって得られるニトロキシルラジカルは，Bredt 則によってニトロンへの異性化から「保護」されて，例外的に安定に存在できる[5]（図 13-3）．

ほかのラジカル種と同様に，ニトロキシルラジカルも閉殻電子構造を求める二方向の反応性を示す．すなわち，自身が酸化剤となり 1 電子還元を受ける様式の反応と，自身が 1 電子酸化されオキソアンモニウムイオンとなる反応である[6]（図 13-6）．

N,N-ジアシル置換型ニトロキシルラジカルは，アシル基の影響で求電子性が高まり，酸化型の反応性を示す[7]．一方，*N,N*-ジアルキル置換型ニトロキシルラジカルは，電子供与性のアルキル基の影響で電子豊富となり，ラジカル禁止剤や他の不安定ラジカル中間体の捕捉（ラジカルリビング重合）など，電子供与性に基づく用途が広く知られ，酸化型の反応は電子豊富な基質において観測されるに留まっている．*N,N*-ジアルキル置換型ニトロキシルラジカルは，合成化学的には，オキソアンモニウムイオンの前駆体として用いられる．オキソアンモニウムイオンは高い酸化力をもち，2 電子酸化型の反応を行った後にヒドロキシルアミンとなる．そこで，オキソアンモニウムイオンへと再酸化する反応剤を共存させて，酸化還元触媒として活用する方法が開発されてきた[8]（図 13-7）．

以下，触媒構造と反応機構の観点から，（i）ニト

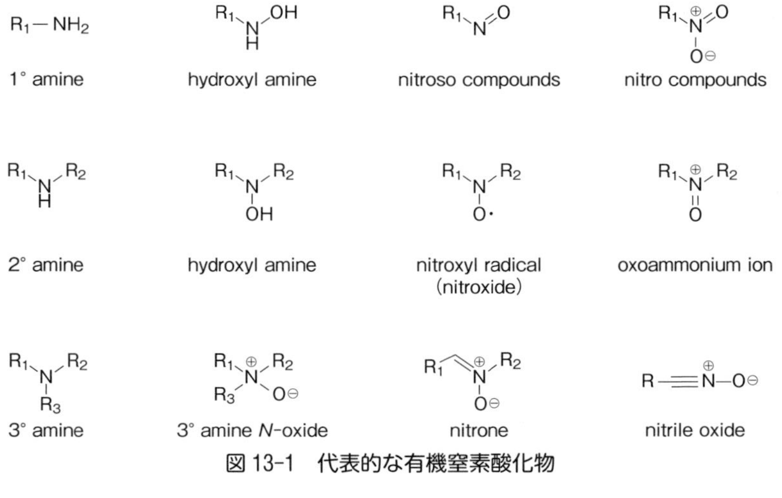

図 13-1　代表的な有機窒素酸化物

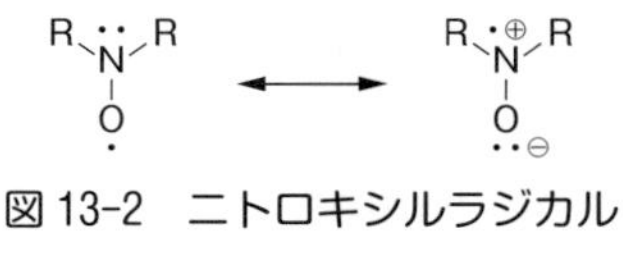

図 13-2　ニトロキシルラジカル

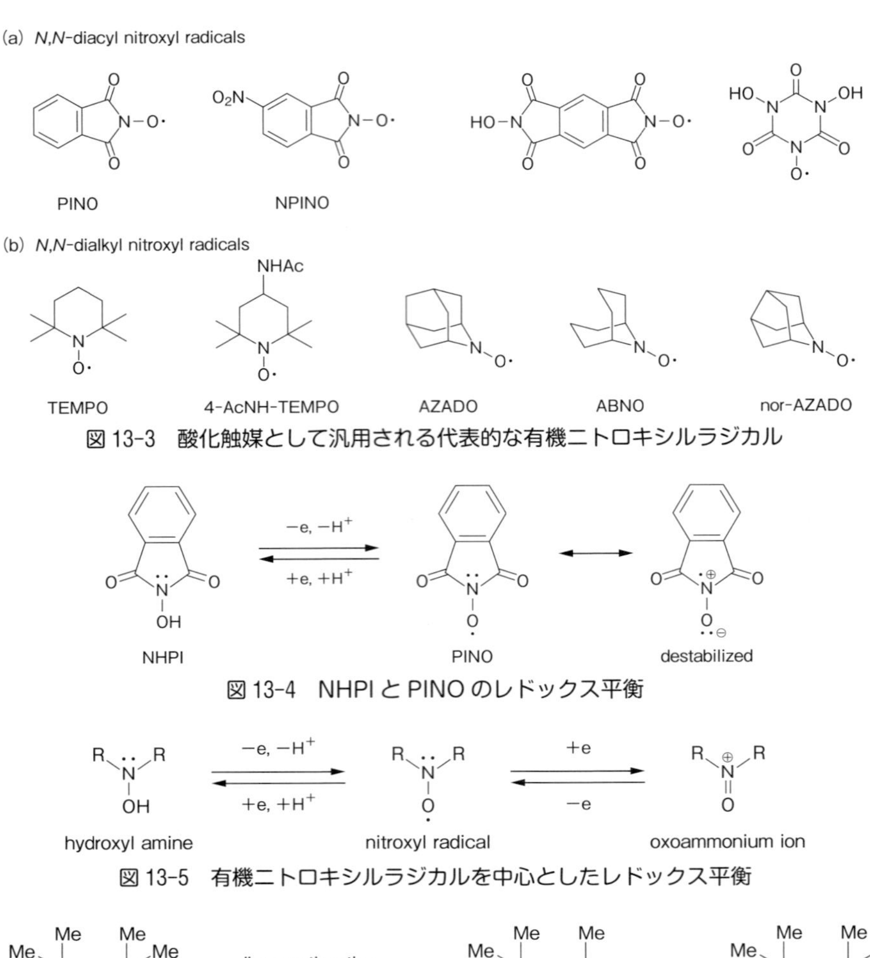

図 13-3 酸化触媒として汎用される代表的な有機ニトロキシルラジカル

図 13-4 NHPI と PINO のレドックス平衡

図 13-5 有機ニトロキシルラジカルを中心としたレドックス平衡

図 13-6 α-水素をもつ有機ニトロキシルラジカルの不均化反応

ロキシルラジカル自体が酸化活性種として働く反応と，（ii）ニトロキシルラジカルが 1 電子酸化されて生じるオキソアンモニウムイオンが酸化活性種として働く反応に分類して代表的反応を紹介する．

2 *N,N*-ジアシル置換型ニトロキシルラジカルが触媒する酸化反応

PINO を触媒とする反応は，1977 年に Grochowski らによって初めて報告され[9]，その後，石井らによって「炭素ラジカル生成触媒」として活用する礎が築かれた．1995 年，石井らは，分子状酸素と NHPI からの PINO 生成を鍵とする触媒的自動酸化反応を報告した[10]．PINO による芳香族ベンジル化合物の sp^3 炭素-水素結合からの水素引き抜きを起点として，ヒドロペルオキシドの生成と分解を経た酸化が達成されている（図 13-8）．

PINO は ROO·に比べて 10 倍以上高い水素ラジカル引き抜き速度を示す．これは，ROO・に比べて極性の高い PINO が，水素ラジカル引き抜きの遷移状態を安定化するためと説明される．一方，NHPI は優れた水素供与体として働き，ROO・に水素ラジカルを与えて PINO を再生し，再び炭素ラジカル

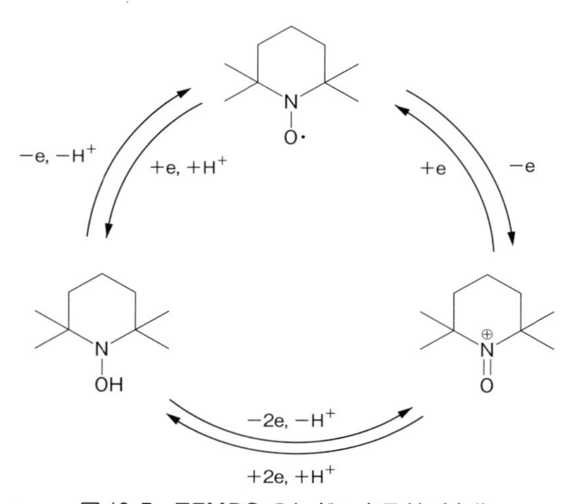

図 13-7　TEMPO のレドックスサイクル

生成触媒として働く[11].

NHPI/O_2 触媒システムは，アルコールのカルボニル化合物への空気酸化も実現する．PINO によるアルコール α 位水素の引き抜き起点として，α-ヒドロキシ-α-ヒドロペルオキシドを生じ，このものからの過酸化水素の脱離を経てカルボニル化合物を生成する[10]（図 13-9）.

適切な炭素ラジカル捕捉剤と組み合わせることによって，さまざまな C-H 官能基化反応が開発されてきた．石井らは，PINO を触媒とするアルケンへのアルデヒドの極性転換型付加反応を報告した[12]．PINO によるアルデヒドからアシルラジカルの生成を起点として，アルケンへの付加，NHPI からの水素供与により，PINO の再生を繰り返して触媒反応が進行する（図 13-10）.

井上らは，アゾジエステルをアミノ化剤とした官能基適用性の広い C(sp^3)-H アミノ化反応を開発した[13]（図 13-11）.

井上らは NDHPI-Selectfluor からなる触媒システムを構築し，C(sp^3)-H を直接的に C(sp^3)-F に変換する独創性の高いラジカル的フッ素化反応の開発にも成功した[14]（図 13-12）.

N,N-ジアシル置換型ニトロキシルラジカルは，有機化合物の C-H 結合から直接水素を引き抜いて

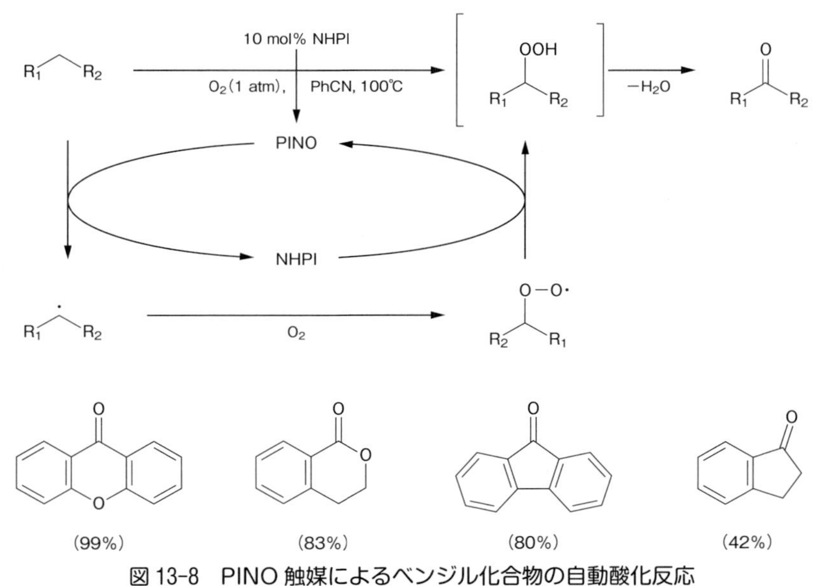

図 13-8　PINO 触媒によるベンジル化合物の自動酸化反応

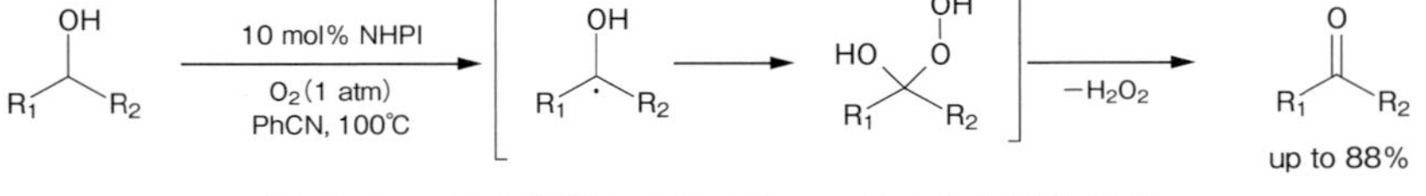

図 13-9　PINO 触媒によるアルコールの空気酸化反応

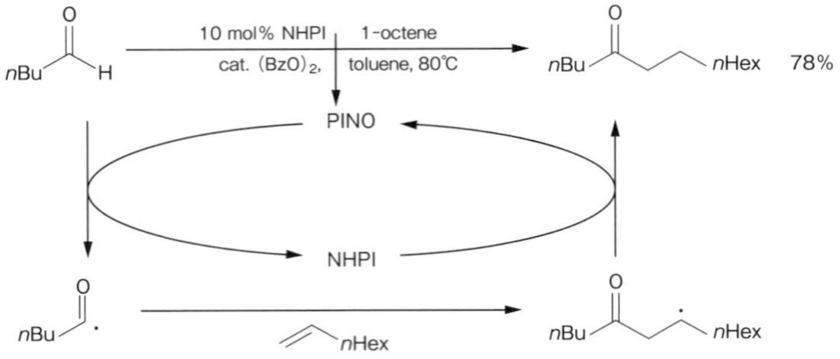

O
nBu H
10 mol% NHPI　1-octene
cat. $(BzO)_2$,　toluene, 80℃
O
nBu nHex　78%
PINO
NHPI
O
nBu ·
nHex
O
nBu · nHex

図 13-10　PINO 触媒によるアルデヒドのアルケンへの極性転換型付加反応

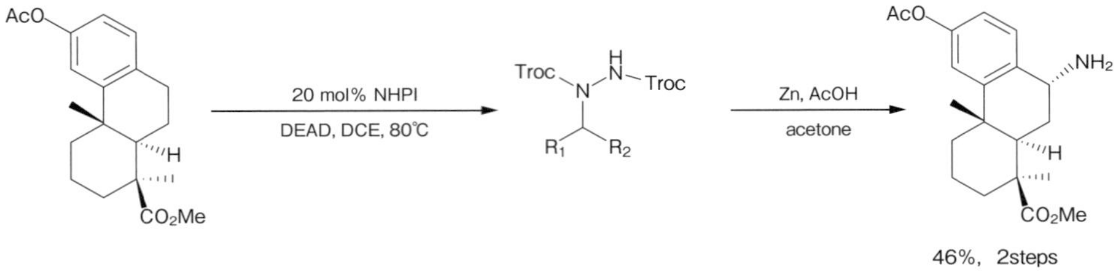

AcO
H
CO_2Me
20 mol% NHPI
DEAD, DCE, 80℃
Troc N N Troc
H
R_1 R_2
Zn, AcOH
acetone
AcO
NH_2
H
CO_2Me
46%, 2steps

図 13-11　PINO 触媒による C(sp^3)-H アミノ化反応

2.5 mol%
HO－N　N－OH
R_1 R_2
Selectfluor,　DCE, 50℃
F
R_1 R_2
$R_2N-O\cdot$
R_2N-OH
R_1 · R_2
H－N　N　Cl
$2BF_4^-$
N　N　$2BF_4^-$　Cl
F－N　N　$2BF_4^-$　Cl

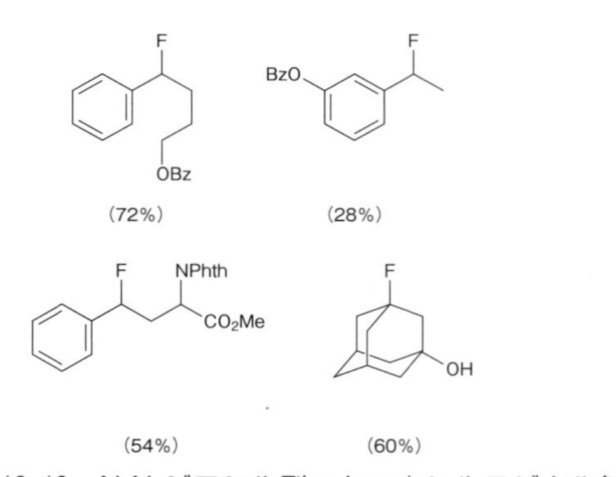

図 13-12　*N,N*-ジアシル型ニトロキシルラジカル触媒による C(sp^3)-H フッ素化反応

炭素ラジカルを生成するユニークな触媒として，特異な反応性・官能基共存性をもつ分子変換の開発を先導すると期待される．

3　*N,N*-ジアルキル置換型ニトロキシルラジカルを触媒とする酸化反応

N,N-ジアルキル置換型ニトロキシルラジカルの合成化学における用途は，試薬として入手可能なTEMPO およびその誘導体によって開拓されてきた．

3-1　*N,N*-ジアルキル置換型ニトロキシルラジカルが酸化活性種として働く触媒的酸化反応

N,N-ジアルキル置換型ニトロキシルラジカル自身が酸化活性種として働く触媒反応は，電子豊富な化合物を基質とする反応系において見いだされるようになってきた．

Han らは，4-MeO-TEMPO を触媒として，アルデヒドと 2-アミノフェノール(あるいは 2-アミノチオフェノール，2-アミノアニリン)から形成されるシッフ塩基からの酸化的環化を惹起して，ベンゾイソキサゾール(ベンゾチアゾール，ベンゾイミダゾール)を効率的に合成することに成功した[15](図 13-13)．

Jiao らは，電子豊富な *N*-アルキル-9,10-ジヒド

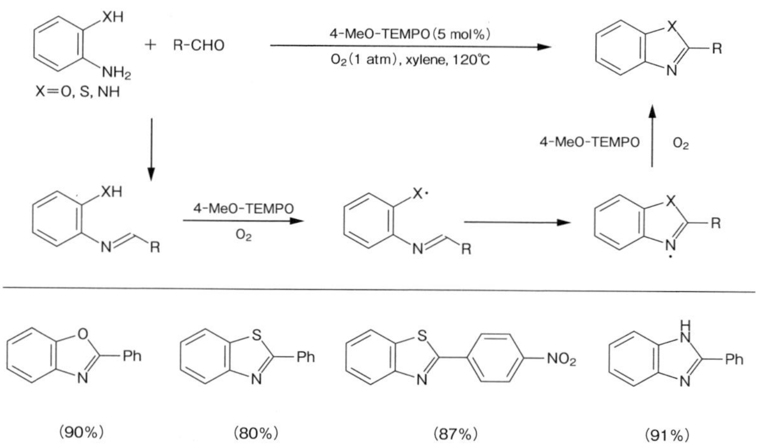

図 13-13　4-MeO-TEMPO 触媒による酸化的ベンゾチアゾール類の合成

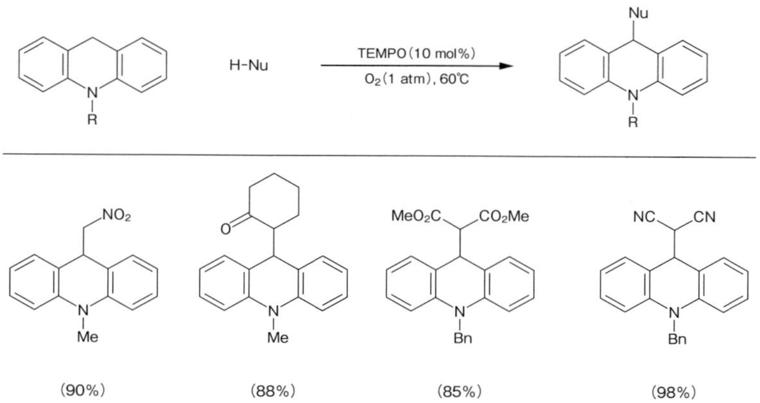

図 13-14　TEMPO 触媒による酸化的カップリング反応

ロアクリジンと活性メチレン化合物との酸化的カップリング反応に TEMPO-O_2 触媒系を適用した[16]（図 13-14）.

本反応は NHPI でも進行する（36 h，71%）が，TEMPO がより短時間で良好な結果（18 h，90%）を与えている．TEMPOH から TEMPO が再生する過程の速さが反映されたものと考えられる．

3-2　オキソアンモニウムイオンが酸化活性種として働く触媒的酸化反応

（1）TEMPO 酸化と AZADO 酸化

1975 年，TEMPO を触媒とし *m*CPBA を共酸化剤とする初の触媒的アルコール酸化反応[17]が報告されて以来，NaOCl[18]，PhI(OAc)$_2$[19]，TCCA[20]，oxone®[21]，NaOCl・5H_2O[22]ら，さまざまなバルク酸化剤の適用性が開発されてきた．ここで注目すべきは，オキソアンモニウムイオンによる酸化は，反応系の液性に依存して異なる機構で進行することである．すなわち pH < 4 ではヒドリド転位型の機構が，一方 pH > 5 ではアルコールの付加に続く oxy-Cope 型脱離を経る機構が優位となって進行する[23]（図 13-15）.

TEMPO は遷移金属フリーの触媒的アルコール酸化を実現することから，工業応用可能な数少ない手法として活用されている[24]．また TEMPO 酸化は，第一級アルコールと第二級アルコール共存下に第一級アルコール選択的な酸化を可能とする一方で，立体的に込み入ったアルコールの酸化を苦手としていた[25]．筆者らは，触媒活性中心近傍の立体障害が

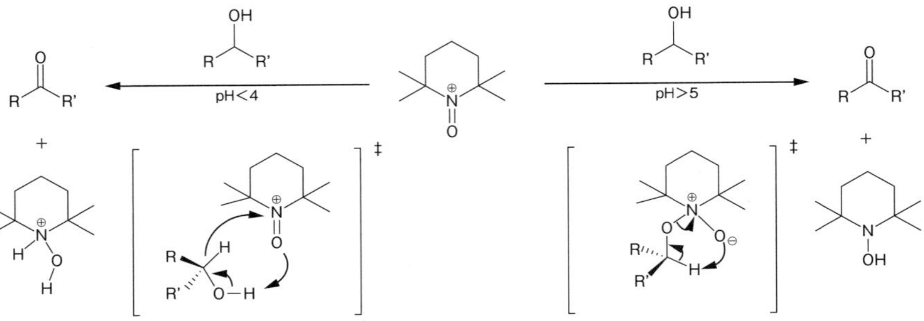

図 13-15　オキソアンモニウムイオンを活性種とするアルコール酸化の機構

低減したニトロキシルラジカルの可能性に着目して検討を行い，AZADO や ABNO が TEMPO をはるかに上回る触媒活性を示すとともに，TEMPO では酸化困難な立体障害の大きいアルコールでも高効率に酸化すること見いだした．AZADO の発見と開発の経緯については他著に譲ることとし[26]，本章ではその後の研究によって開拓されたアルコール酸化における新たな展開について紹介する．

（2）アルコール空気酸化反応

空気中の酸素を酸化剤とする酸化反応は，グリーンケミストリーの観点から一層の発展が期待されている．かねてより TEMPO を触媒とする空気酸化が活発に研究されてきたが，基質適用性に本質的な問題を残していた．筆者らは，初の遷移金属フリーの空気酸化として Liang らによって報告された $TEMPO/NaNO_2/Br_2$ システムをヒントとして，修飾 AZADO を触媒とする反応条件を精査した．その結果，5-F-AZADO(7)がとくに高い活性を示し，[5-F-AZADO(1 mol%)/$NaNO_2$(10 mol%)/AcOH/O_2(balloon)/rt]という条件においてさまざまなアルコールを効率的に酸化できることを見いだした[27]（図 13-16）．

触媒の構造活性相関を検討した結果，5-F-AZADO はフッ素原子の電子求引効果によって，本反応で副生する触媒毒(HNO_3 や H_2O)から保護されて活性を保持していたことが明らかとなった[28]（図 13-17）．

（3）究極の高活性アルコール酸化触媒：Nor-AZADO

AZADO よりもコンパクトで活性中心部を露出

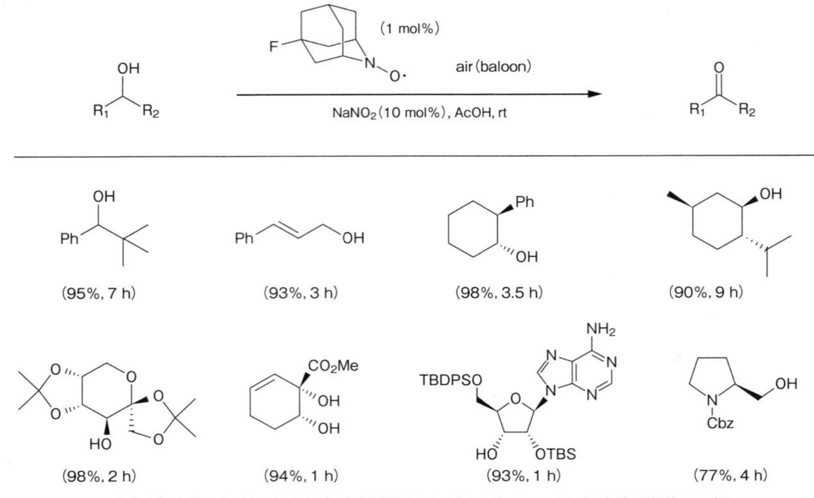

図 13-16　5-F-AZADO 触媒によるアルコールの空気酸化反応

NaNO2
AcOH
HNO2
O2
HNO3
H3O+
1/2 O2
NO
H2O
NO2
X
OH
R1
R2
O

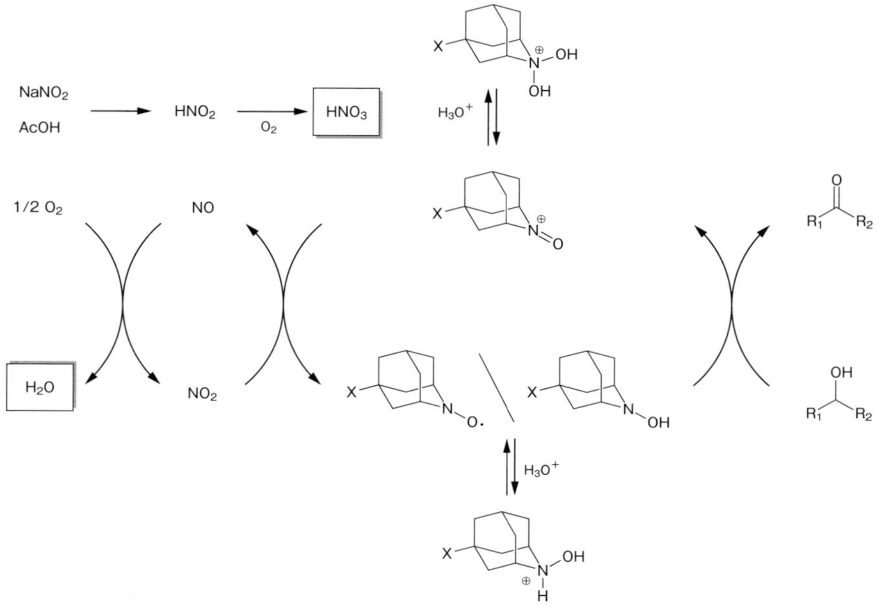

図 13-17　5-F-AZADO 触媒によるアルコールの空気酸化の反応機構

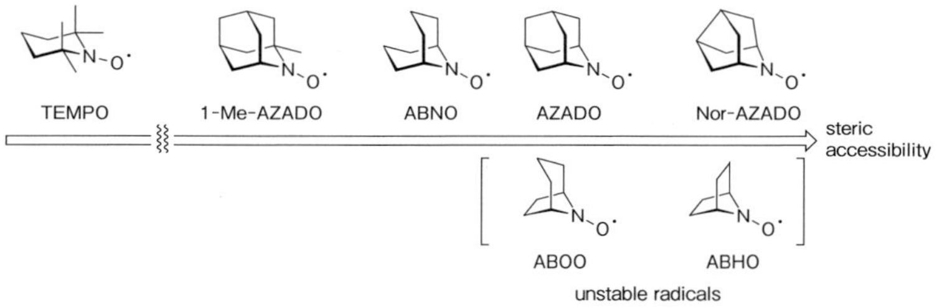

TEMPO
1-Me-AZADO
ABNO
AZADO
Nor-AZADO
steric
accessibility
ABOO
ABHO
unstable radicals

図 13-18　有機ニトロキシルラジカル酸化触媒の構造活性相関

させた有機ニトロキシルラジカルは，より優れた触媒となると期待された．しかし，環サイズが縮小した ABOO[8-azabicyclo[3.2.1]octane *N*-oxyl]や ABHO[7-azabicyclo[2.2.1]heptane *N*-oxyl]は安定性が顕著に低下し，徐々に分解することが報告されていた．アルコール酸化触媒として活用できる有機ニトロキシルラジカル(オキソアンモニウムイオン)の構造限界を究明すべく，AZADO の分子骨格に比べて 1 炭素分，環縮小した Nor-AZADO の酸化触媒として性能を検証した(図 13-18)．

NaOCl を共酸化剤とする Anelli らの条件下に検討を行った結果，Nor-AZADO は AZADO よりも高い触媒活性を示すことが確認された[29](図 13-19)．

Nor-AZADO は，立体的に込み入ったアルコールの酸化が必要とされる局面で，信頼性の高い結果を与え始めている．

(4) 高活性第一級アルコール選択的触媒 DMN-AZADO

3-2 節の最初で述べたように TEMPO は第一級アルコール選択的酸化触媒として天然物合成において重用されているが，十分な結果が得られない場合もあり TEMPO の代替となる触媒が求められていた．

TEMPO はピペリジン環の反転を伴う分子振動によって α 位の 4 つのメチル基がより効果的に触媒活性部位を遮蔽している．これに対して 1,5-DMN-AZADO は，かご状構造によってピペリジン環の反転を起こさないリジッドな骨格をもつことから，選択性を備えつつ，高い活性を示す触媒となる

cat (X mol%)
NaOCl (1.5 eq)
KBr, n-$Bu_4N^+Br^-$
$aq.$ $NaHCO_3$, CH_2Cl_2
0℃

	Loading amount (mol%)	time (min)	TEMPO	AZADO	Nor-AZADO
	1	20	97	99	99
	0.01	30	28	99	99
	0.003	40	…	74	92
	1	20	5	99	99
	0.01	30	…	98	98
	0.003	40	…	87	92

図 13-19　TEMPO，AZADO，Nor-AZADO の触媒活性の比較

TEMPO　DMN-AZADO

図 13-20　TEMPO と DMN-AZADO

と期待された(図 13-20).

ベツリンを基質とし，$PhI(OAc)_2$ を共酸化剤として結果から，DMN-AZADO の優れた選択性を確認した[30](図 13-21).

DMN-AZADO は，ジオールからヒドロキシカルボン酸への第一級アルコール選択的酸化反応や第一級アルコール選択的酸化反応による酸化的ラクトン化反応においても TEMPO をはじめ既存のニトロキシルラジカル触媒を凌駕する結果を与えた[30](図 13-22).

3-3　*N,N*-ジアルキル置換型ニトロキシルラジカル–Cu 協奏触媒によるアルコール空気酸化

アルカロイドや医薬候補物質を始めとする含窒素化合物の合成では，しばしばアミノアルコールのアルコール選択的酸化が必要となる局面に遭遇する．しかし，酸化剤の多くは，アルコールよりも先にアミンを酸化するか，アミン存在下に失活してしまう．例外的に，第三級アミンを含むアルコールにおいて，Swern 酸化や TPAP 酸化(cat. Pr_4NRuO_4/NMO)を用いた例が知られるが，環境調和性，コスト面で課題を残している．

筆者らは以前から，この「アミノアルコール問題」の解決を期して検討を行ってきたが，最近 Stahl らによって報告された TEMPO-銅触媒系によるアルコール空気酸化反応条件[31]を AZADO に適用した

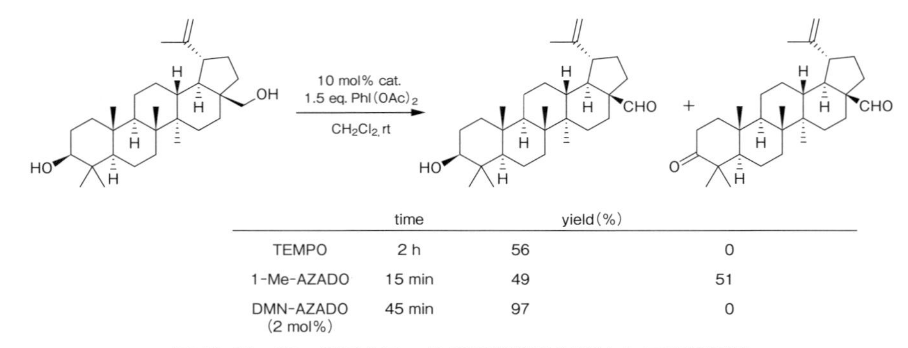

	time	yield (%)	
TEMPO	2 h	56	0
1-Me-AZADO	15 min	49	51
DMN-AZADO (2 mol%)	45 min	97	0

図 13-21　第一級アルコール選択的酸化触媒としての活用性

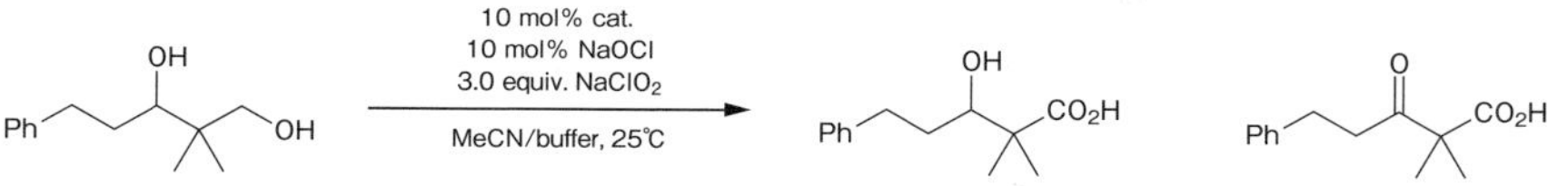

10 mol% cat.
10 mol% NaOCl
3.0 equiv. $NaClO_2$
MeCN/buffer, 25℃

	time	yield (%)	
TEMPO	24 h	58	0
DMN-AZADO	2 h	47	9
DMN-AZADO	1 h	90	0

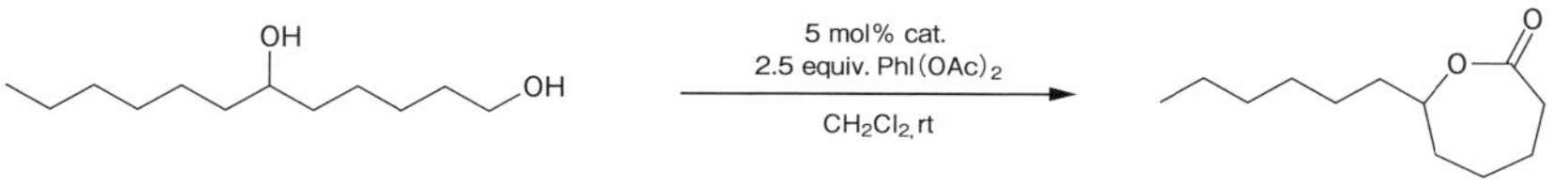

5 mol% cat.
2.5 equiv. $PhI(OAc)_2$
CH_2Cl_2, rt

	time	yield (%)
TEMPO	9 h	75
DMN-AZADO	3 h	78

図 13-22　第一級アルコール選択的酸化に基づく分子変換への適用性

ところ，これまでいかなる方法でも実現できなかったアミノアルコールの酸化が，空気酸化条件で速やかに進行し，高収率で所望の酸化成績体を得ることを見いだした．

反応条件を精査した結果，AZADO，CuCl，2,2-bipyridyl（bpy），DMAP という試薬の組み合わせを用いることで，常温・常圧空気という穏和な条件下に，さまざまなアミノアルコール基質を，高効率的，かつ高化学選択的に酸化可能であることが判明した[32]（図 13-23）．TEMPO では，アミノアルコールの酸化自体がほとんど進行しないことは興味深い．

さらに筆者らは，二種の天然アルカロイド合成の最終工程に本手法を適用し，その合成化学的な有用性を実証した[32]（図 13-24）．

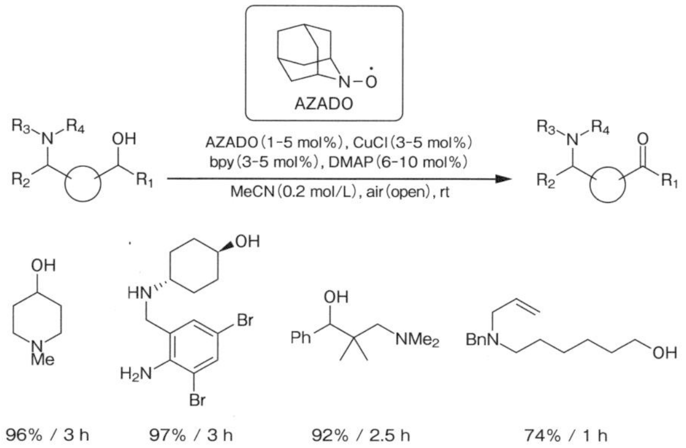

AZADO
AZADO (1-5 mol%), CuCl (3-5 mol%)
bpy (3-5 mol%), DMAP (6-10 mol%)
MeCN (0.2 mol/L), air (open), rt

96% / 3 h　97% / 3 h　92% / 2.5 h　74% / 1 h

図 13-23　無保護アミノアルコールのアルコール選択的な空気酸化反応

このユニークな選択性は，Cu（Ⅱ）-アルコキシドの生成が Cu（Ⅱ）-アミドの生成に優先して進行するためと考察される（図 13-25）．

本触媒反応は，無保護アミノ基を含有するアルコールを高効率・高選択的に酸化する初めての一般

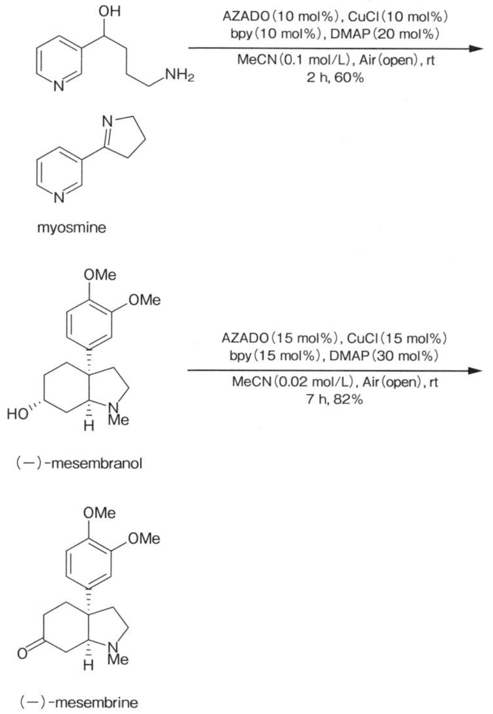

AZADO (10 mol%), CuCl (10 mol%)
bpy (10 mol%), DMAP (20 mol%)
MeCN (0.1 mol/L), Air (open), rt
2 h, 60%

myosmine

AZADO (15 mol%), CuCl (15 mol%)
bpy (15 mol%), DMAP (30 mol%)
MeCN (0.02 mol/L), Air (open), rt
7 h, 82%

(−)-mesembranol

(−)-mesembrine

図 13-24　AZADO-Cu 協奏触媒のアルカロイド合成への応用

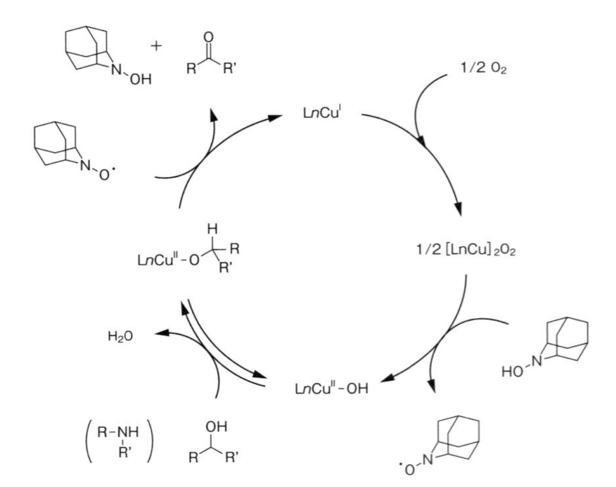

図 13-25　AZADO-Cu 協奏触媒によるアルコール空気酸化の推定機構

的手法と位置付けられる．今後，含窒素化合物の分子設計・効率合成に応用されることが期待される．

4 おわりに

有機ニトロキシルラジカルおよび類縁誘導体を触媒とする酸化的分子変換について，2010 年以降に発展が見られた反応を中心に紹介した．酸化還元を容易に受ける超安定ラジカルの特性を活かした酸化的分子変換が開発され続けており，今後もラジカルならではというユニークで有用な反応が開発されると期待される．

◆ 文　献 ◆

[1] G. I. Likhtenshtein, "Nitroxide," Wiley–VHC (2008).
[2] R. G. Hicks, "Stable Radicals," Wiley (2010).
[3] Y. Ishii, T. Iwahama, S. Sakaguchi, K. Nakayama, Y. Nishiyama, *J. Org. Chem.*, **61**, 4520 (1996).
[4] M. L. Hombrouck, A. Rassat, *Tetrahedron*, **30**, 433 (1974).
[5] R. M. Dupeyre, A. Rassat, *Tetrahedron*, **34**, 1501 (1978).
[6] J. M. Bobbitt, N, C. L. Flores, *Heterocycles*, **27**, 509 (1988).
[7] Y. Ishii, S. Sakaguchi, T. Iwahama, *Adv. Synth. Catal.*, **343**, 193 (2001).
[8] A. E. de Nooy, A. C. Besemer, H. van Bekkum, *Synthesis*, **1996**, 1153 .
[9] E. Grochowski, T. Boleslawska, J. Jurczak, *Synthesis*, **1997**, 718.
[10] Y. Ishii, K. Nakayama, M. Takeno, S. Sakaguchi, T. Iwahama, Y. Nishoyama, *J. Org. Chem.*, **60**, 3934 (1995).
[11] A. F. Parsons, "An Introduction to Free Radical Chemistry," Blackwell Science (2000).
[12] S. Tsujimoto, T. Iwahama, S. Sakaguchi, Y. Ishii, *Chem. Commun.*, **2001**, 2352.
[13] Y. Amada, Shin, Kamijo, T. Hoshikawa, M. Inoue, *J. Org. Chem.*, **77**, 9959 (2012).
[14] Y. Amada, M. Nagatomo, M. Inoue, *Org. Lett.*, **15**, 2160 (2013).
[15] Y.-X. Chen, L.-F. Qian, W. Zhang, B. Han, *Angew. Chem., Int. Ed.*, **47**, 9330 (2008).
[16] B. Zhang, N. Jiao, *Chem. Commun.*, **48**, 4498 (2012).
[17] J. A. Cella, J. A. Kelly, E. F. Kenehan, *J. Org. Chem.*, **40**, 1860 (1975).
[18] P. L. Anelli, C. Biffi, F. Montanari, S. Quici, *J. Org. Chem.*, **52**, 2559 (1987).
[19] A. De Mico, R. Margarita, L. Parlanti, A. Vescovi, G. Piancatelli, *J. Org. Chem.*, **62**, 6974 (1997).
[20] L. D. Luca, G. Giacomelli, S. Masala, A. Porcheddu, *A. J. Org. Chem.*, **68**, 4999 (2003).
[21] C. Bolm, A. S. Magnus, J. P. Hildebrand, *Org. Lett.*, **2**, 1173 (2000).
[22] T. Okada, T. Asawa, Y. Sugiyama, T. Iwai, M. Kirihara, Y. Kimura, *Tetrahedron*, **72**, 2818 (2016).
[23] W. F. Bailey, J. M. Bobbitt, *J. Org. Chem.*, **72**, 4504 (2007).
[24] R. Ciriminna, M. Pagliaro, Org., *Process Res. Dev.*, **14**, 245 (2010).
[25] M. Amar, S. Bar, M. A. Iron, H. Toledo, B. Tumanskii, L. J. W. Shimon, M. Botoshansky, N. Fridman, A. M. Szpilman, *Nat. Commun.*, **6**, 6070 (2015).
[26] Y. Iwabuchi, *Chem. Pharm. Bull.*, **61**, 1197 (2013).
[27] M. Shibuya, Y. Osada, Y. Sasano, M. Tomizawa, Y. Iwabuchi, *J. Am. Chem. Soc.*, **133**, 6497 (2011).
[28] M. Shibuya, S. Nagasawa, Y. Osada, Y. Iwabuchi, *J. Org. Chem.*, **79**, 10256 (2014).
[29] M. Hayashi, Y. Sasano, S. Nagasawa, M. Shibuya, Y. Iwabuchi, *Chem. Pharm. Bull.*, **59**, 1570 (2011).
[30] R. Doi, M. Shibuya, T. Maruyama, Y. Yamamoto, Y. Iwabuchi, *J. Org. Chem.*, **80**, 401 (2015).
[31] J. M. Hoover, S. S. Stahl, *J. Am. Chem. Soc.*, **133**, 16901 (2011).
[32] Y. Sasano, S. Nagasawa, M. Yamazaki, M. Shibuya, J. Park, Y. Iwabuchi, *Angew. Chem., Int. Ed.*, **53**, 3236 (2014).

Current Review

Chap 14

超原子価ヨウ素触媒反応
～メタルフリー酸化的カップリング反応への触媒設計～

Hypervalent Iodine Catalyzed Reactions
～Catalyst Design for Metal-Free Oxidative Coupling Reactions～

北 泰行
（立命館大学総合科学技術研究機構）

土肥 寿文
（立命館大学薬学部創薬科学科）

Overview

酸化は官能基変換や結合形成法として多くの化成品の合成過程に含まれる重要な反応であるが，古くは重金属酸化剤等が使われ，その重篤な毒性が社会的にも問題となった．金属元素を含まない酸化触媒の例は限定されており，結合形成に使えるものはとくに少なく，遷移金属触媒を量論量の共酸化剤と組み合わせて用いているのが現状である．これを，資源として豊富でかつ安全で環境に優しい酸化剤のみで行えれば，未来に残る持続可能な合成技術として役立つ．この課題に応えうる合成化学として，金属様の酸化還元挙動を示す新しい有機触媒の開発が重要で，超原子価ヨウ素触媒の開発はその一つとして，産業的な利用を目指した研究が活発になされている．本章では，その有機触媒酸化の発展のこれまでの経緯と現状について，紹介する．

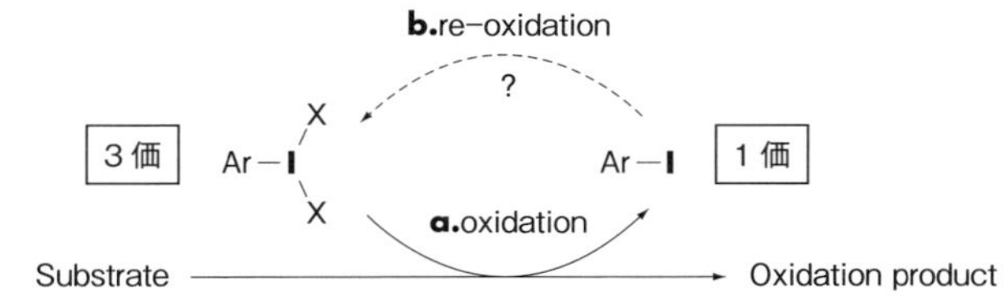

▲超原子価ヨウ素(Ⅲ)反応剤の一般的な反応形式
反応後には等量の1価のヨードアレーンが副生するため，これを再酸化して，有機触媒的に使用する．［カラー口絵参照］

■ **KEYWORD** 📖マークは用語解説参照

■ヨウ素(Iodine)
■超原子価化合物(Hypervalent Compound)
■酸化反応(Oxidation Reaction)
■メタルフリー反応(Metal-Free Reaction)
■カップリング反応(Coupling Reaction)
■グリーンケミストリー(Green Chemistry)

1 はじめに―超原子価ヨウ素反応剤と触媒的利用研究

ヨウ素は日本が自給自足可能な数少ない元素資源の一つであり，新しい利用用途の開拓は天然資源に乏しい日本にとっての利益となる．有機合成での単体ヨウ素自身の酸化剤としての利用は限られているが，3価や5価の超原子価ヨウ素反応剤（図14-1）は最安定な1価の状態へと戻ろうとするため高い酸化能を示すことから，1980年代中頃から有用な酸化剤として有機合成反応に多く用いられるようになった[1]．当時はむしろ重金属酸化剤を用いる研究が盛んであったが，筆者らはアントラサイクリン合成に関する創薬研究を企業と共同研究した際に，酸化水銀を用いないと反応しないWacker型酸化が超原子価ヨウ素反応剤で効果的に進行することに気づいた[2]．すでに30年ほどになるが，この発見を契機に，薬学部に所属していた筆者らは，超原子価ヨウ素反応剤が鉛や水銀，タリウムなどの毒性の高い重金属酸化剤と類似の反応性を示すことに注目し，本格的に合成的利用研究を開始した．今では当初期待した重金属酸化剤の代替としての役割をはるかに超えて，希少な金属触媒の代わりとなるような独自の興味ある反応性をもつことがわかってきた[3]．

3価反応剤
OCOR
I
OCOR
phenyliodine(Ⅲ) diacetate
(**PIDA**, R=CH3)
phenyliodine(Ⅲ) bis(trifluoroacetate)
(**PIFA**, R=CF3)
OH
I
OTs
I=O
[hydroxy(tosyloxy)] iodobenzene
(**HTIB**)
iodosobenzene
5価反応剤
AcO
OAc
I
OAc
O
O
(Ac=COCH3)
Dess-Martin periodinane
(**DMP**)
HO
O
I
O
O
I
O
O
o-iodoxybenzoic acid
(**IBX**)
iodylbenzene

図14-1　有機合成で代表的な超原子価ヨウ素反応剤

再酸化
(b)
超原子価ヨウ素
有機ヨウ素化合物
X
Ar—I
X
X=ligand
Ar—I
共生成物
(廃棄物)
+ 2X⁻
(a)
反応基質
酸化反応
酸化生成物

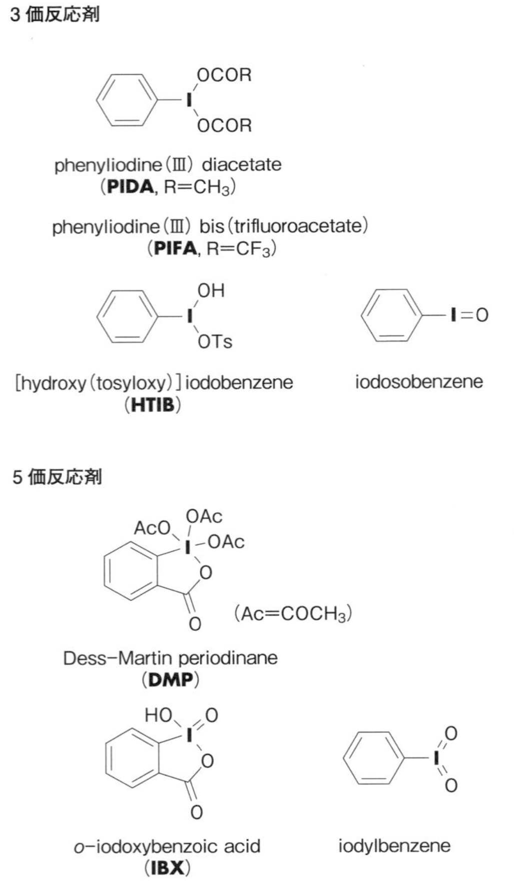

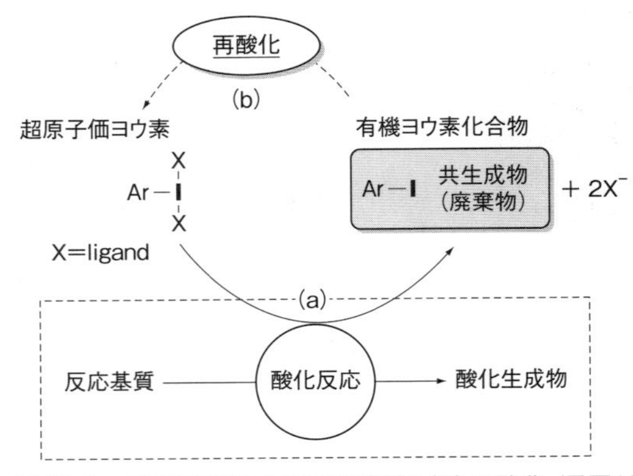

図14-2　超原子価ヨウ素反応剤（3価）の酸化-還元サイクル

一方，超原子価ヨウ素反応剤を触媒的に利用する試みは最近までほとんどなく，認知され始めたのは，ここ十年ほどのことである．3価の超原子価ヨウ素種の発生を触媒サイクルで説明すると，反応剤は基質と反応後に1価の状態となるため〔図14-2（a）〕，これを素早く，効率良く3価へと戻す再酸化条件が必要である〔図14-2（b）〕．このような例として，渕上らによる電解条件で触媒量のヨウ素化合物の存在下，チオアセタール類からジフッ素化体を得る報告があったが[4]，当時は注目されなかった．最近になって，超原子価ヨウ素化合物を緩和な条件で収率良く合成する化学酸化剤が明らかにされ，これを再酸化条件に用いることで，触媒活性種の発生が格段に効果的となった．2005年の触媒反応の報告を皮切りに，有機ヨウ素化合物は21世紀発の新しい有機触媒として認められ，触媒的な反応が続々と達成されている[5]．

2 超原子価ヨウ素活性種の発生を利用した触媒反応

3価超原子価ヨウ素触媒

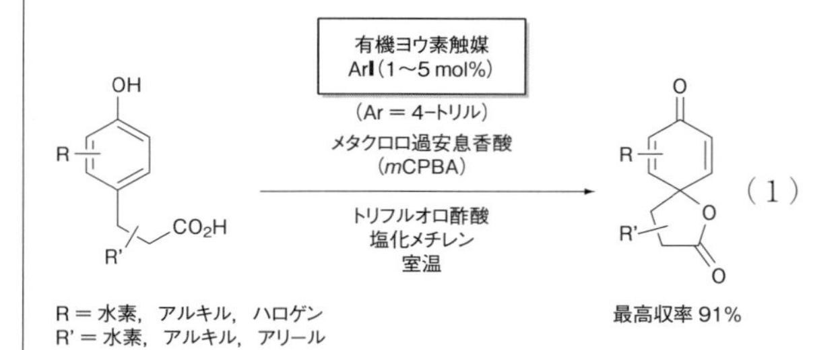

(1)

3価超原子価ヨウ素触媒

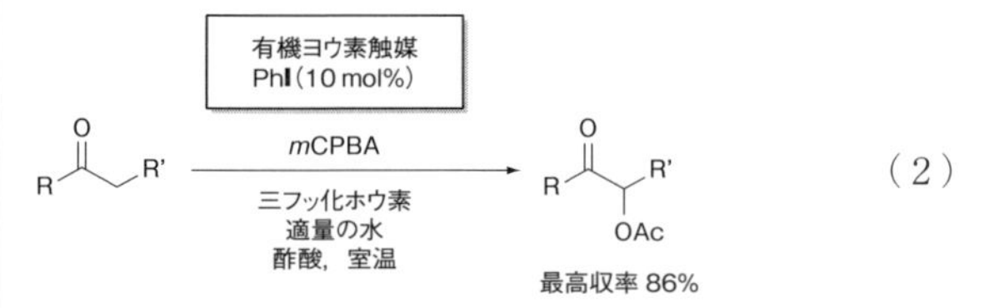

(2)

5価超原子価ヨウ素触媒

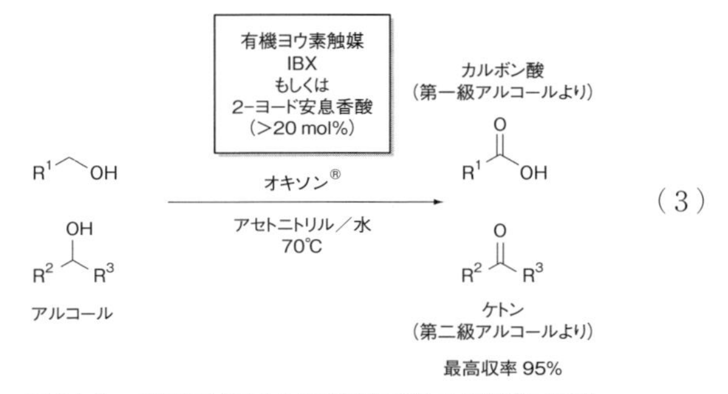

(3)

図 14-3 超原子価ヨウ素触媒反応の先駆的な例

反応基質が副反応を起こさない緩和な条件で働く適切な再酸化条件を選択し，超原子価ヨウ素活性種をすみやかに発生できれば，ヨウ素反応剤は触媒量で済むはずである．触媒的利用が検討されなかったのは意外だが，これは有機ヨウ素原子の酸化の難しさにある．ヨードベンゼン類の酸化電位は比較的高く，多くの化合物は電解条件では副反応を起こすために，再酸化条件に耐える基質には限りがある．超原子価ヨウ素反応剤の合成に用いられてきた過酢酸溶液や過ホウ素酸ナトリウム等の無機酸化剤は，酸性条件が厳しいことや有機溶媒中で用いないといった制限から，これも適していない．超原子価ヨウ素反応剤が注目され，その合成の改良過程で，メタクロロ過安息香酸(*m*CPBA)やオキソン®($KHSO_5$ などの混合物)は酸化に対して敏感な官能基共存下でも，ヨウ素原子への特異的な酸化剤として3価および5価の触媒再生に効果的に機能することがわかった[6,7]．

先駆的な例として，2005年に筆者らはリサイクル型反応剤の合成の際に有効であった *m*CPBA を効果的な再酸化剤として用い3価の超原子価ヨウ素活性種を反応系中で触媒的に利用するフェノール類の脱芳香族化型酸化反応を報告した[8]〔式(1)〕．落合らも *m*CPBA を酢酸溶媒中で用いて，ヨードベンゼンを触媒としたケトン類の α-アセトキシ化反応を同年に報告した[9]〔式(2)〕．5価のヨウ素活性種の発生についてはオキソン®を再酸化剤として用いた，*o*-ヨード安息香酸を触媒とするアルコール類の酸化反応が示された[10]〔式(3)〕．

以降，再酸化条件に *m*CPBA やオキソン®を用いることで，従来のヨウ素反応剤を量論を用いた反応の触媒的な改良が多く検討された．反応条件の精査や触媒の開発が並行して行われ，今ではより実用的な過酢酸や過酸化水素を用いた効果的な超原子価ヨウ素種の再生が実現し，中性に近い緩和な条件での反応や天然物合成にも応用されている[11]．現在までに報告のある超原子価ヨウ素種触媒の例について，反応とともに代表的なものを以下に示す(図14-4)[12,13]．式(4)や式(5)のように，量論反応とは選択性の異なる例や，新しい反応も報告されている[13]．

さらに本触媒的利用法に基づき，不斉合成への応用も拓けている．まず最初の例として，2007年に Wirth らは *o*-ヨードベンジルアルコール誘導体をキラル触媒として用いた不斉 α-トシロキシ化反応を報告したが，不斉収率は27%以下であった[14]．このような状況下，ナフトール類の脱芳香族化とスピロ環形成を伴う不斉酸化で，剛直なスピロビインダン骨格がヨウ素原子の近傍の不斉環境の構築に効果的であることがわかり，高い選択性を示す新しいヨウ素触媒が提案された(図14-5)[15]．本報告は有機

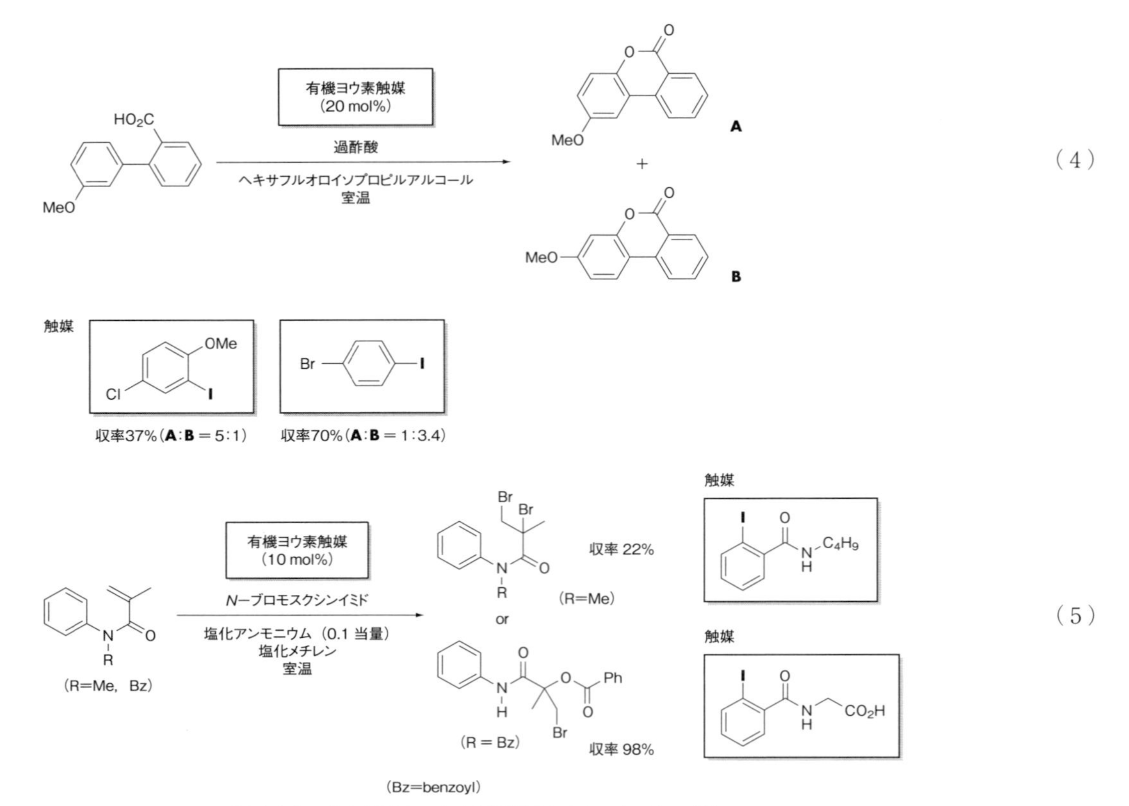

図 14-4 超原子価ヨウ素触媒反応のいくつかの例

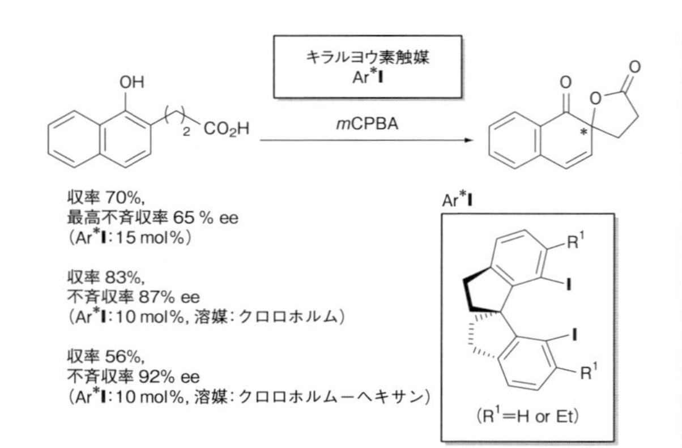

図 14-5 キラル有機ヨウ素触媒を用いる最初のフェノール不斉酸化

触媒を用いたフェノール類の不斉酸化の初めての例になる．

高選択的な反応を行うキラル反応剤の設計と不斉反応のための適切な反応条件が示されたことで，本領域の研究に拍車がかかっている．石原らは，藤田らのキラル反応剤[16]を改良した C_2 対称性のしなやかなキラルヨウ素触媒が，同反応できわめて高選択的であることを報告した(図 14-6)[17, 18]．これらの触媒設計は，いずれも優れた不斉収率を達成した希な成功例で，その後，いくつかの不斉酸化反応の触媒として，それぞれ利用されている[19, 20]．

3 高活性超原子価ヨウ素種の設計と酸化的カップリングへの展開

酸化的カップリングは，炭素-水素結合を結合形成へと利用する原理的に最も直接的な方法である．有機金属化合物(亜鉛；根岸，ホウ素；鈴木，など)と有機ハロゲン化物を用いる遷移金属触媒クロスカップリングとは違い，あらかじめ活性化された基質の合成の手間がなく，金属塩に関して廃棄物の生成を減らすことができる．このようなグリーンケミストリーとしての魅了的な面がある一方，酸化的カップリングの研究では望みでない制御不能なホモ二量体の生成や過剰酸化が問題となっていた(図

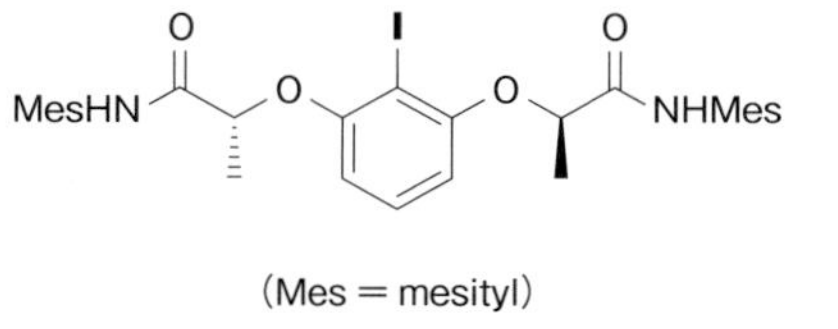

MesHN　O　I　O　NHMes

(Mes = mesityl)

収率 60%
最高不斉収率 92% ee

(15 mol%，クロロホルム中，0℃)

図 14-6　石原らの C_2 対称性のしなやかなヨウ素触媒

14-7)．そのため，代表的な芳香環カップリングの成功例は，遷移金属触媒と酸化剤とを組み合わせる例に限られていた[21]．

超原子価ヨウ素反応剤は適切な反応条件や活性化法の選択により，芳香環に対して優れた選択性を示す酸化剤である．著者らは，超原子価ヨウ素反応剤の電子豊富な芳香環との π 錯体(電荷移動錯体)の選択性や芳香環 σ 錯体(ヨードニウム塩)における特徴的な反応性を活かすことで，二量体を生じない世界発のメタル触媒フリーな芳香環酸化的カップリングを報告した[22, 23]．室温や低温下で反応は進み，超原子価ヨウ素反応剤の立体的要因で生成物の過剰酸化を起こさないことから，電子豊富な芳香族ビアリールを得る方法として優れている．そのため，酸化的クロスカップリングの成功例がいくつか報告されたが[24]，超原子価ヨウ素反応剤の触媒化についての報告はなく，その実現には高活性な触媒の設計が必要である．

触媒性能向上のための分子設計は，報告は非常に少ないものの，アルコール類の酸化やケトン類の α, β-脱水素化反応における 2-ヨードキシ安息香酸(IBX)を改良した，石原らの 2-ヨードキシベンゼンスルホン酸類(IBSs)の開発がある[25]．リガンド効果や超原子価ヨウ素ねじれによる反応加速を触媒分子にうまくまとめ，活性や触媒回転数の飛躍的な向上につなげた好例であるが，5 価の超原子価ヨウ素反応剤は酸化的カップリングには有効でない．

一方，筆者らは先に述べた最近の触媒的不斉合成への展開[15]のなかで，キラル触媒として設計したスピロビインダン型ヨウ素触媒(図 14-5)が，PIDA や PIFA に比べ，反応の収率面でも勝ることに気づいた．この要因として，酸素架橋をもつ超原子価ヨウ素二量体構造を考え，より単純な PIDA や PIFA 二量体(図 14-8)[26]の反応性を調べると，やはり PIDA や PIFA と比べて高い反応速度を示すことがわかった[27]．ヨードベンゼンからの直接的な PIDA や PIFA 二量体の発生は難しいので，酸素架橋型のヨウ素二量体構造に基づく高活性触媒の分子設計として，二つの芳香環をあらかじめ連結し，各ヨウ素原子同士が適切な距離をとった，ビアリール型新規触媒を提案した．

実際にこの触媒は窒素原子の酸化にとくに有効で，3 mol% 以下の触媒量で酸化的スピロラクタム合成をほぼ完璧に触媒する(図 14-9)[28]．架橋型ヨウ素触媒の高い反応性により，本触媒系ではフェノール自身に比べて反応性の低いフェニルエーテル環で，脱芳香族化を伴う反応がきわめて効果的に進行する．活性種の発生を希過酢酸条件で行えるため，廃棄物が水と酢酸のみとなる，グリーンケミストリーの面でも優れた方法を実現した．本触媒系はフェノール類の酸化を始め，その他の反応にも有効に用いられるようになっている[29]．

アニリン類と芳香族化合物とのクロスカップリング(図 14-10)では，単純なヨウ化ベンゼンは効果的な触媒とならない．一方，この高活性ヨウ素触媒は，同反応で効果的な触媒として働く．とくに，電子供与基であるメトキシ基を導入した触媒で，定量的に

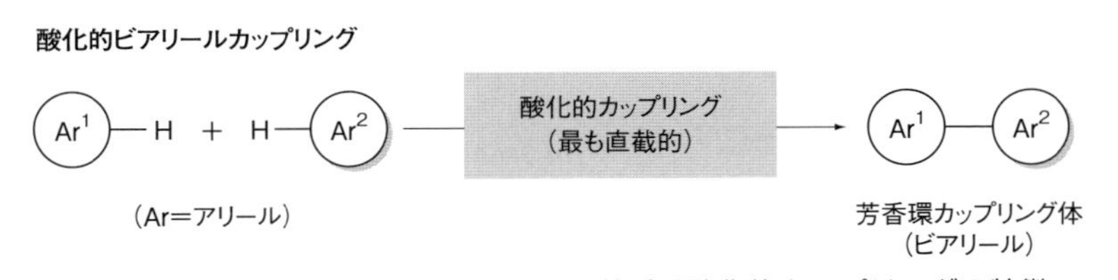

図 14-7　芳香環酸化的カップリングの特徴

Designer reagent

OCOR
I
O
I
OCOR
触媒設計
biaryl linkage
OCOR
I
O
I
OCOR

PIDA dimer (R = CH_3)
PIFA dimer (R = CF_3)

触媒的な発生が容易
(ヨウ素が近接)

図 14-8 酸素架橋型超原子価ヨウ素触媒の設計

生成物が得られる．保護基として導入したメシル基(Ms)と生成物に導入された *o*-アリール基のかさ高さにより，有機ヨウ素触媒は懸念される過剰酸化を起こさないので，触媒自身の反応活性が収率に大きく影響している．過剰量の芳香族カップリング相手が必要ではあるものの，触媒反応は室温条件下，ほとんどの場合で3時間以内に完結する．これは，有機触媒を用いる芳香環の酸化的クロスカップリングの初めての例である[30]．

ここでは，二電子酸化によってアニリンからのカチオン種が発生しているものと考えられる(図 14-11)．通常，アニリン類の酸化的カップリングでは窒素原子上での反応が問題となるが[31, 32]，アルキルスルホニル基の酸素原子による n-π^* 相互作用に基づく安定化が芳香環上の正電荷の発達を手助けし，正電荷の分布はアニリン芳香環のオルト位に強く局在化する[33]．そのため，カップリング相手とのオルト位での炭素-炭素結合形成が優先して起こるものと推察される[34]．

本系では触媒のヨウ素原子が *m*CPBA により酸化されて超原子価状態となり，これが高活性種として働き，酸化的カップリング反応を起こす．電子供与性のメトキシ基は触媒の再酸化過程を容易にする．触媒活性種は図 14-8 における酸素架橋型超原子価ヨウ素種が考えられるが，興味深いことに，これら自身のカップリングに対する反応性は少し低く，あらかじめ調製して量論反応条件で使用すると，生成物はあまり良い収率では得られない．すなわち，本触媒的カップリングでは酸素架橋型超原子価ヨウ素種から派生する，さらに高活性な酸化活性種が含まれていることが示唆されている．このように超原子価ヨウ素種の触媒活性についてはまだまだ解明すべき点が多いが，有機ヨウ素化合物が分子設計により，今後益々多くの酸化的カップリング反応へと応用できる可能性を示すものとして，本成功は重要である．

4 今後の展望

以上のように，超原子価ヨウ素を用いる合成化学は，その触媒的な利用に始まり，不斉反応への展開，さらには遷移金属の使用なしでは困難であった芳香環酸化的カップリングや，その他いくつかの炭素-水素結合の直截的な変換反応に応用できるなど，21世紀に入って大きな発展を遂げた．高度に酸化された構造を含む天然物や生体関連分子，機能性材料は多いため，新しい酸化的手法の開発は，医薬品関連物質や機能性分子の創生分野で重要である．これまで報告のあった量論反応の多くが触媒的に再現できるなど，本領域は大きな成果を上げているが，超原子価ヨウ素触媒に精微な分子設計を施すことで，触

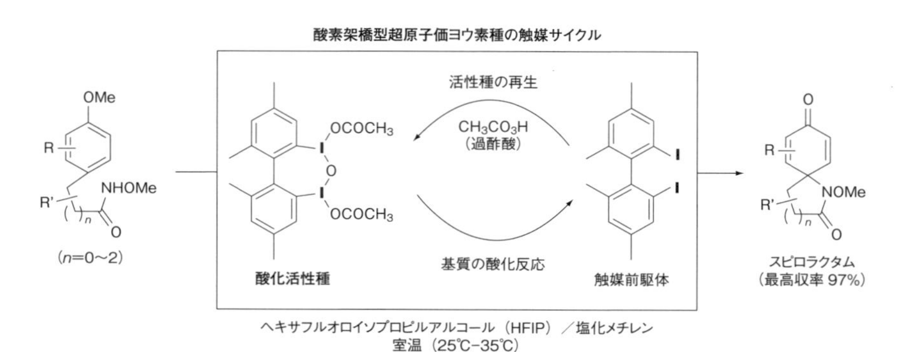

図 14-9 酸素架橋型超原子価ヨウ素触媒によるスピロラクタム形成

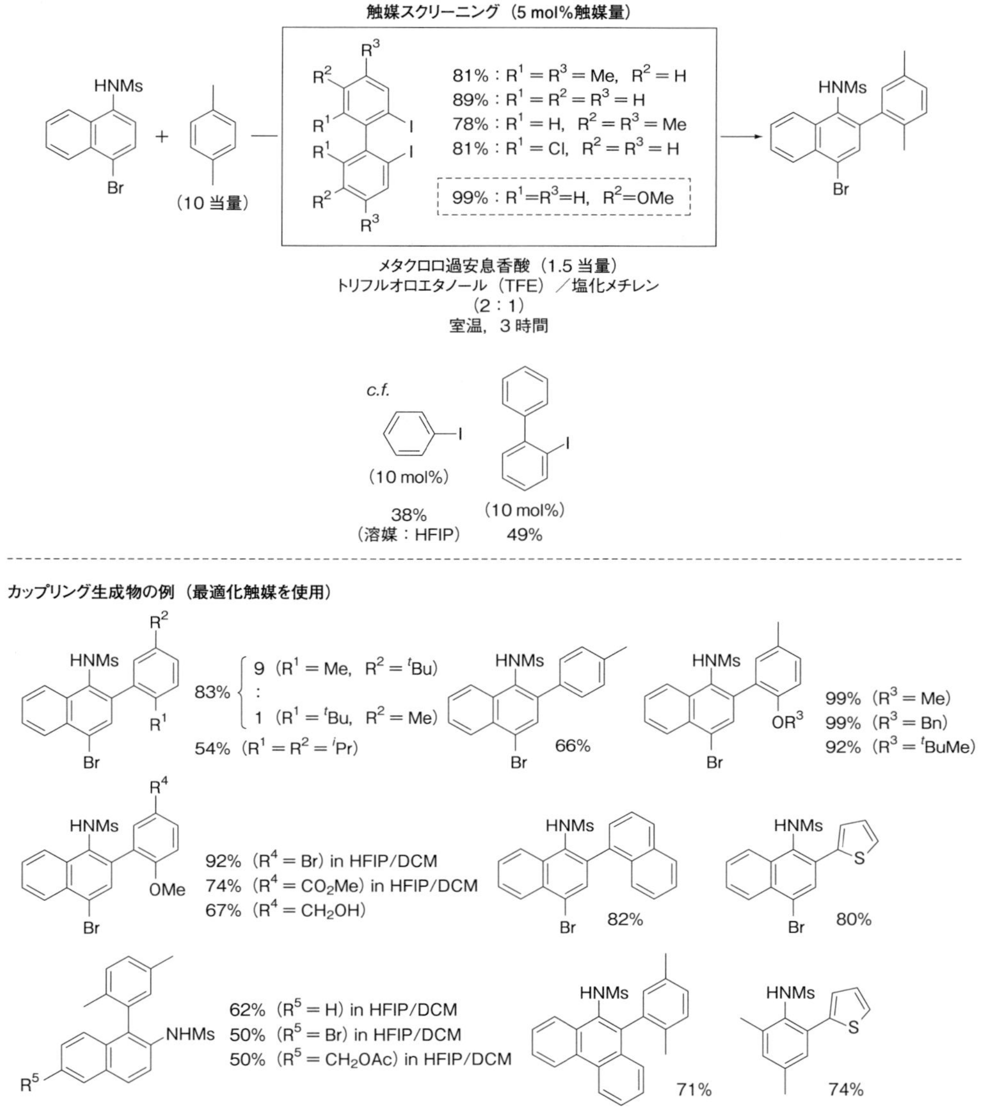

触媒スクリーニング（5 mol%触媒量）

HNMs
Br
（10 当量）
81%：$R^1 = R^3 =$ Me,　$R^2 =$ H
89%：$R^1 = R^2 = R^3 =$ H
78%：$R^1 =$ H,　$R^2 = R^3 =$ Me
81%：$R^1 =$ Cl,　$R^2 = R^3 =$ H
99%：R^1=R^3=H,　R^2=OMe

メタクロロ過安息香酸（1.5 当量）
トリフルオロエタノール（TFE）／塩化メチレン
（2：1）
室温，3 時間

c.f.
（10 mol%）
38%
（溶媒：HFIP）
（10 mol%）
49%

カップリング生成物の例（最適化触媒を使用）

83% { 9（$R^1 =$ Me,　$R^2 = {}^t$Bu）: 1（$R^1 = {}^t$Bu,　$R^2 =$ Me）
54%（$R^1 = R^2 = {}^i$Pr）
66%
99%（$R^3 =$ Me）
99%（$R^3 =$ Bn）
92%（$R^3 = {}^t$BuMe）
92%（$R^4 =$ Br）in HFIP/DCM
74%（$R^4 = CO_2Me$）in HFIP/DCM
67%（$R^4 = CH_2OH$）
82%
80%
62%（$R^5 =$ H）in HFIP/DCM
50%（$R^5 =$ Br）in HFIP/DCM
50%（$R^5 = CH_2OAc$）in HFIP/DCM
71%
74%

図 14-10　アニリン類と芳香族化合物の触媒的芳香環カップリング反応

媒酸化で問題となる過剰酸化の抑制および生成物制御のための基質-生成物間の認識がさらに高度化し，新しい合成反応がさらに提案できると考える．一方，工業的な利用等の際に重要となる触媒の活性（触媒量や回転数）については限界が見えており，触媒的不斉合成については，不斉環境構築のための分子設計に注力するのみでなく，本稿で紹介したような活性向上のためのアイデアを触媒開発に組み込むことが重要となる．

近年のノーベル賞の受賞対象研究にも多く見られるように，これまでの合成化学は遷移金属触媒の化学の急速な発展とともに歩んできたが，日本は資源小国であるので，希少資源に頼りすぎない合成化学を展開することも，元素戦略上，肝要である．ここで紹介した酸化的カップリング等，これまで希少資源の使用なくして困難であったいくつかの反応が有機ヨウ素触媒を用いて実現されつつあるが，このような研究はまだ端緒についたばかりで，分子骨格構

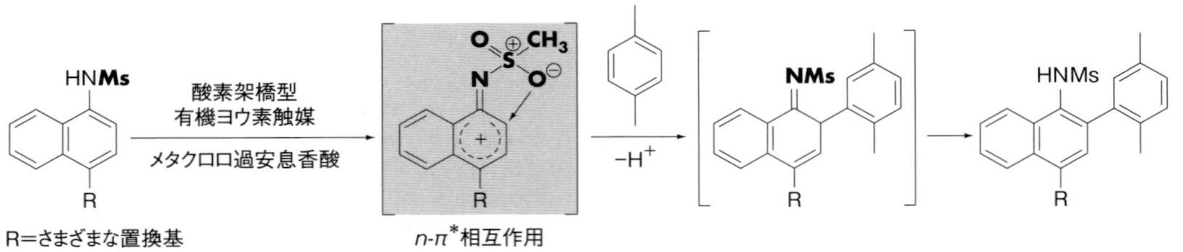

図 14-11　芳香環上でのカップリング機構（窒素上での反応は抑制される）

築に重要な炭素-炭素結合形成の反応開発例は少ない[35]．従来の金属元素の代替としての目的だけでなく，超原子価ヨウ素の独自の反応性を有機金属化学とも適度に融和すれば，新しい合成化学が拓けるはずである．単に量論反応の効率性の追求を目指した触媒化ということのみでなく，超原子価ヨウ素の秘める未知の反応性を並行して開拓することが重要で，今後もそのような開発競争が盛んに行われることを期待する．

◆ 文　献 ◆

[1] 総説：（a）T. Wirth, M. Ochiai, A. Varvoglis, V. V. Zhdankin, G. F. Koser, H. Tohma, Y. Kita, "Hypervalent Iodine Chemistry Modern Developments in Organic Synthesis, Top. Curr. Chem., Vol. 224," ed. by T. Wirth, Springer–Verlag（2003）;（b）V. V. Zhdankin, P. J. Stang, *Chem. Rev.*, **108**, 5299（2008）;（c）L. F. Silva, Jr., B. Olofsson, *Nat. Prod. Rep.*, **28**, 1722（2011）.

[2]（a）Y. Tamura, T. Yakura, J. Haruta, Y. Kita, *Tetrahedron Lett.*, **26**, 3837（1985）;（b）Y. Kita, T. Yakura, H. Terashi, J. Haruta, Y. Tamura, *Chem. Pharm. Bull.*, **37**, 891（1989）.

[3] 総説：（a）Y. Kita, H. Tohma, T. Yakura, *Trends Org. Chem.*, **3**, 113（1992）;（b）H. Tohma, Y. Kita, *Top. Curr. Chem.*, **224**, 209（2003）;（c）H. Tohma, Y. Kita, *Adv. Synth. Catal.*, **346**, 111（2004）;（d）Y. Harayama, Y. Kita, *Curr. Org. Chem.*, **9**, 1567（2005）;（e）T. Dohi, M. Ito, N. Yamaoka, K. Morimoto, H. Fujioka, Y. Kita, *Tetrahedron*, **65**, 10797（2009）;（f）T. Dohi, N. Yamaoka, Y. Kita, *Tetrahedron*, **66**, 5775（2010）;（g）T. Dohi, Y. Kita, in *Iodine Chemistry and Application*, "Hypervalent Iodine," ed. by T. Kaiho, Wiley–Blackwell（2015）.

[4]（a）T. Fuchigami, T. Fujita, *J. Org. Chem.*, **59**, 7190（1994）;（b）T. Fujita, T. Fuchigami, *Tetrahedron Lett.*, **37**, 4725（1996）.

[5] 超原子価ヨウ素反応剤の触媒的利用についての総説：（a）R. D. Richardson, T. Wirth, *Angew. Chem., Int. Ed.*, **45**, 4402（2006）;（b）M. Ochiai, K. Miyamoto, *Eur. J. Org. Chem.*, **2008**, 4229;（c）T. Dohi, Y. Kita, *Chem. Commun.*, **2009**, 2073;（d）M. S. Yusubov, V. V. Zhdankin, *Mendeleev Commun.*, **20**, 185（2010）;（e）F. V. Singh, T. Wirth, *Chem.-Asian J.*, **9**, 950（2014）;（f）D. Liu, A. Lei, *Chem.-Asian J.*, **10**, 806（2015）.

[6]（a）D. G. Morris, A. G. Shepherd, *J. Chem. Soc., Chem. Commun.*, **1981**, 1250;（b）R. A. Moss, K. Bracken, T. J. Emge, *J. Org. Chem.*, **60**, 7739（1995）;（c）H. Tohma, A. Maruyama, A. Maeda, T. Maegawa, T. Dohi, M. Shiro, T. Morita, Y. Kita, *Angew. Chem., Int. Ed.*, **43**, 3595（2004）.

[7] M. Frigerio, M. Santagostino, S. Sputore, *J. Org. Chem.*, **64**, 4537（1999）.

[8] T. Dohi, A. Maruyama, M. Yoshimura, K. Morimoto, H. Tohma, Y. Kita, *Angew. Chem., Int. Ed.*, **44**, 6193（2005）.

[9]（a）M. Ochiai, Y. Takeuchi, T. Katayama, T. Sueda, K. Miyamoto, *J. Am. Chem. Soc.*, **127**, 12244（2005）; ケトンのα位トシロキシ化反応も，その後報告されている．（b）Y. Yamamoto, H. Togo, *Synlett*, **2006**, 798.

[10]（a）A. P. Thottumkara, M. S. Bowsher, T. K. Vinod, *Org. Lett.*, **7**, 2933（2005）.

[11] 筆者らの例：（a）T. Dohi, Y. Minamitsuji, A. Maruyama, S. Hirose, Y. Kita, *Org. Lett.*, **10**, 3559（2008）;（b）Y. Minamitsuji, D. Kato, H. Fujioka, T. Dohi, T. Kita, *Aust. J. Chem.*, **62**, 648（2009）.

[12]（a）A. Moroda, H. Togo, *Synthesis*, **2008**, 1257;（b）K. Miyamoto, Y. Sakai, S. Goda, M. Ochiai, *Chem. Commun.*, **48**, 982（2012）;（c）W. Zhong, S. Liu, J. Yang, X. Meng, Z. Li, *Org. Lett.*, **14**, 3336（2012）;（d）S. Suzuki, T. Kamo, K. Fukushi,

T. Hiramatsu, E. Tokunaga, T. Dohi, Y. Kita, N. Shibata, *Chem. Sci.*, **5**, 2754 (2014); (e) S. Manna, P. O. Serebrennikova, O. N. Chupakhin, *Org. Lett.*, **17**, 4588 (2015); (f) C. Zhu, Y. Liang, X. Hong, H. Sun, W.-Y. Sun, K. N. Houk, Z. Shi, *J. Am. Chem. Soc.*, **137**, 7564 (2015); (g) K. Miyamoto, Y. Sei, K. Yamaguchi, M. Ochiai, *J. Am. Chem. Soc.*, **131**, 1382 (2009); (h) P. P. Thottumkara, T. K. Vinod, *Org. Lett.*, **12**, 5640 (2010); (i) T. Yakura, T. Konishi, *Synlett*, **2007**, 765; (j) M. Uyanik, R. Fukatsu, K. Ishihara, *Org. Lett.*, **11**, 3470 (2009).

[13] (a) X. Wang, J. Gallardo–Donaire, R. Martin, *Angew. Chem., Int. Ed.*, **53**, 11084 (2014); (b) A. Ulmer, M. Stodulski, S. V. Kohlhepp, C. Patzelt, A. Pcthig, W. Bettray, T. Gulder, *Chem.-Eur. J.*, **21**, 1444 (2015).

[14] 触媒的不斉反応の最初の例：(a) R. D. Richardson, T. K. Page, S. Altermann, S. M. Paradine, A. N. French, T. Wirth, *Synlett*, **2007**, 538；不斉反応の総説：(b) F. Berthiol, *Synthesis*, **47**, 587 (2015); (c) A. Parra, S. Reboredo, *Chem.-Eur. J.*, **19**, 17244 (2013); (d) H. Liang, M. A. Ciufolini, *Angew. Chem., Int. Ed.*, **50**, 11849 (2011).

[15] (a) T. Dohi, A. Maruyama, N. Takenaga, K. Senami, Y. Minamitsuji, H. Fujioka, S. B. Cämmerer, Y. Kita, *Angew. Chem., Int. Ed.*, **47**, 3787 (2008); 後に，触媒の最適化を行い，不斉収率の向上に成功した．(b) T. Dohi, N. Takenaga, T. Nakae, Y. Toyoda, M. Yamasaki, M. Shiro, H. Fujioka, A. Maruyama, Y. Kita, *J. Am. Chem. Soc.*, **135**, 4558 (2013).

[16] (a) M. Fujita, S. Okuno, H. J. Lee, T. Sugimura, T. Okuyama, *Tetrahedron Lett.*, **48**, 8691 (2007); (b) M. Fujita, Y. Yoshida, K. Miyata, A. Wakisaka, T. Sugimura, *Angew. Chem., Int. Ed.*, **49**, 7068 (2010).

[17] (a) M. Uyanik, T. Yasui, K. Ishihara, *Angew. Chem., Int. Ed.*, **49**, 2175 (2010); (b) M. Uyanik, T. Yasui, K. Ishihara, *Tetrahedron*, **66**, 5841 (2010); (c) M. Uyanik, T. Yasui, K. Ishihara, *Angew. Chem., Int. Ed.*, **52**, 9215 (2013). 本触媒は，単純フェノール類のスピロ環化にも有効である．

[18] 触媒反応の例は少ないが，このしなやかな触媒はアルケン類の分子間および分子内の不斉アミド化等のいくつかの反応に適用拡大されている：M. Uyanik, K. Ishihara, *J. Synth. Org. Chem., Jpn*, **70**, 1116 (2012).

[19] (a) J. Yu, J. Cui, X.-S. Hou, S.-S. Liu, W.-C. Gao, S. Jiang, J. Tian, C. Zhang, *Tetrahedron: Asymmetry*, **22**, 2039 (2011); 類似のスピロ型構造をもったキラルヨウ素触媒：(b) K. A. Volp, A. M. Harned, *Chem. Commun.*, **49**, 3001 (2013).

[20] (a) S. Haubenreisser, T. H. Woeste, C. Martinez, K. Ishihara, K. Muñiz, *Angew. Chem., Int. Ed.*, **55**, 413 (2016); (b) D.-Y. Zhang, L. Xu, H. Wu, L.-Z. Gong, *Chem.-Eur. J.*, **21**, 10314 (2015); (c) H. Wu, Y.-P. He, L. Xu, D.-Y. Zhang, L.-Z. Gong, *Angew. Chem., Int. Ed.*, **53**, 3466 (2014).

[21] 金属触媒を用いた先駆的な例：(a) D. R. Stuart, K. Fagnou, *Science*, **316**, 1172 (2007); (b) R. Li, L. Jiang, W. Lu, *Organometallics*, **25**, 5973 (2006).

[22] (a) T. Dohi, M. Ito, K. Morimoto, M. Iwata, Y. Kita, *Angew. Chem., Int. Ed.*, **47**, 1301 (2008); (b) Y. Kita, K. Morimoto, M. Ito, C. Ogawa, A. Goto, T. Dohi, *J. Am. Chem. Soc.*, **131**, 1668 (2009); (c) T. Dohi, M. Ito, N. Yamaoka, K. Morimoto, H. Fujioka, Y. Kita, *Angew. Chem., Int. Ed.*, **49**, 3334 (2010); (d) T. Dohi, M. Ito, I. Itani, N. Yamaoka, K. Morimoto, H. Fujioka, Y. Kita, *Org. Lett.*, **13**, 6208 (2011).

[23] 関連する最近のカップリングと応用については，以下の総説と論文を参考にされたい：(a) Y. Kita, T. Dohi, K. Morimoto, *J. Synth. Org. Chem., Jpn*, **69**, 1241 (2011); (b) Y. Kita, T. Dohi, *Chem. Rec.*, **15**, 886 (2015); (c) T. Dohi, Y. Kita, *Curr. Org. Chem.*, **20**, 580; 非対称化カップリング：(d) K. Morimoto, N. Yamaoka, C. Ogawa, T. Nakae, H. Fujioka, T. Dohi, Y. Kita, *Org. Lett.*, **12**, 3804 (2010); (e) K. Morimoto, T. Nakae, N. Yamaoka, T. Dohi, Y. Kita, *Eur. J. Org. Chem.*, 6326 (2011); (f) K. Morimoto, K. Sakamoto, Y. Ohnishi, T. Miyamoto, M. Ito, T. Dohi, Y. Kita, *Chem.-Eur. J.*, **19**, 2067 (2013); (g) N. Yamaoka, K. Sumida, I. Itani, H. Kubo, Y. Ohnishi, S. Sekiguchi, T. Dohi, Y. Kita, *Chem.-Eur. J.*, **19**, 15004 (2013); *N*–アリール化カップリング：(h) K. Morimoto, Y. Ohnishi, A. Nakamura, K. Sakamoto, T. Dohi, Y. Kita, *Asian J. Org. Chem.*, **3**, 382 (2014); (i) K. Morimoto, R. Ogawa, D. Koseki, Y. Takahashi, T. Dohi, Y. Kita, *Chem. Pharm. Bull.*, **63**, 819.

[24] (a) Y. Gu, D. Wang, *Tetrahedron Lett.*, **51**, 2004 (2010); (b) E. Faggi, R. M. Sebastian, R. Pleixats,

A. Vallribera, A. Shafir, A. Rodriguez–Gimeno, C. Ramirez de Arellano, *J. Am. Chem. Soc.*, **132**, 17980 (2010); (c) L. Ackermann, M. Dell'Acqua, S. Fenner, R. Vicente, R. Sandmann, *Org. Lett.*, **13**, 2358 (2011); (d) J. Wen, R.-Y. Zhang, S.-Y. Chen, J. Zhang, X.-Q. Yu, *J. Org. Chem.*, **77**, 766 (2012); (e) S. Castro, J. J. Fernandez, R. Vicente, F. J. Fananas, F. Rodriguez, *Chem. Commun.*, **48**, 9089 (2012).

[25] (a) M. Uyanik, M. Akakura, K. Ishihara, *J. Am. Chem. Soc.*, **131**, 251 (2009); (b) M. Uyanik, K. Ishihara, *Aldrichimica Acta*, **43**, 83 (2010).

[26] (a) N. W. Alcock, T. C. Waddington, *J. Chem. Soc.*, 4103 (1963); (b) J. Gallos, A. Varviglis, N. W. Alcock, *J. Chem. Soc., Perkin Trans. 1*, **1985**, 757.

[27] (a) N. Takenaga, T. Uchiyama, D. Kato, H. Fujioka, T. Dohi, Y. Kita, *Heterocycles*, **82**, 1327 (2011); PIDAおよびPIFA二量体は，その他の反応においても高い反応性を示すことが明らかになった；(b) T. Dohi, T. Uchiyama, D. Yamashita, N. Washimi, Y. Kita, *Tetrahedron Lett.*, **52**, 2212 (2011); (c) T. Dohi, T. Nakae, N. Takenaga, T. Uchiyama, K. Fukushima, H. Fujioka, Y. Kita, *Synthesis*, **44**, 1183 (2012).

[28] T. Dohi, N. Takenaga, K. Fukushima, T. Uchiyama, D. Kato, S. Motoo, H. Fujioka, Y. Kita, *Chem. Commun.*, **46**, 7697 (2010). 触媒前駆体は，筆者らの研究室で開発したPIFAを用いた酸化的ビアリールカップリング法（参考文献34c）によって，市販化合物から一段階で合成できる.

[29] (a) T. Dohi, D. Kato, R. Hyodo, D. Yamashita, M. Shiro, Y. Kita, *Angew. Chem., Int. Ed.*, **50**, 3784 (2011); (b) T. Dohi, T. Nakae, Y. Ishikado, D. Kato, Y. Kita, *Org. Biomol. Chem.*, **9**, 6899 (2011); (c) A. P. Antonchick, R. Samanta, K. Kulikov, J. Lategahn, *Angew. Chem., Int. Ed.*, **50**, 8605 (2011); (d) R. Samanta, J. O. Bauer, C. Strohmann, A. P. Antonchick, *Org. Lett.*, **14**, 5518 (2012); (e) C. Roben, J. A. Souto, E. C. Escudero–Adan, K. Muñiz, *Org. Lett.*, **15**, 1008 (2013); (f) L. Fra, K. Muñiz, *Chem.-Eur. J.*, **22**, 4640 (2016).

[30] M. Ito, H. Kubo, I. Itani, K. Morimoto, T. Dohi, Y. Kita, *J. Am. Chem. Soc.*, **135**, 14078 (2013).

[31] (a) Y. Kikugawa, M. Kawase, *Chem. Lett.*, **1990**, 581; (b) N. Itoh, T. Sakamoto, E. Miyazawa, Y. Kikugawa, *J. Org. Chem.*, **67**, 7424 (2002); (c) R. Samanta, J. Lategahn, A. P. Antonchick, *Chem. Commun.*, **48**, 3194 (2012).

[32] (a) H. Tohma, H. Watanabe, S. Takizawa, T. Maegawa, Y. Kita, *Heterocycles*, **51**, 1785 (1999); アニリン類とチオフェン類の酸化的ビアリールカップリングの検討：(b) A. Jean, J. Cantat, D. Berard, D. Bouchu, S. Canesi, *Org. Lett.*, **9**, 2553 (2007); 最近，Canesiらはアニリン類と芳香族化合物の環化カップリング体を酸で処理すると，ビアリール類が生成することを報告している：(c) G. Jacquemot, M.-A. Menard, C. L'Homme, S. Canesi, *Chem. Sci.*, **4**, 1287 (2013).

[33] たとえば, P. Kocienski, *Phosphorus Sulfur Relat. Elem.*, **24**, 97 (1985).

[34] 芳香環の直接的な一電子酸化による芳香族カチオンラジカル種の生成機構も排除することができず，反応機構の完全な決定には至っていない：(a) Y. Kita, H. Tohma, K. Hatanaka, T. Takada, S. Fujita, S. Mitoh, H. Sakurai, S. Oka, *J. Am. Chem. Soc.*, **116**, 3684 (1994); (b) Y. Kita, H. Tohma, M. Inagaki, K. Hatanaka, T. Yakura, *Tetrahedron Lett.*, **32**, 4321 (1991); (c) H. Tohma, M. Iwata, T. Maegawa, Y. Kita, *Tetrahedron Lett.*, **43**, 9241 (2002); 総説：(d) Y. Kita, T. Takada, H. Tohma, *Pure Appl. Chem.*, **68**, 627 (1996).

[35] (a) K. Morimoto, K. Sakamoto, T. Ohshika, T. Dohi, Y. Kita, *Angew. Chem., Int. Ed.*, **55**, 3652 (2016); (b) 対応する量論反応：K. Morimoto, K. Sakamoto, Y. Ohnishi, T. Miyamoto, M. Ito, T. Dohi, Y. Kita, *Chem.-Eur. J.*, **19**, 8726 (2013).

Chap 15

有機分子触媒と遷移金属触媒とを協奏的に利用した分子変換反応

Cooperative Catalytic Transformations Using Organocatalysts and Transition Metal Catalysts

三宅 由寛（名古屋大学大学院工学研究科）　中島 一成　西林 仁昭（東京大学大学院工学系研究科）

Overview

有機合成化学においてさまざまな変換反応を行う“触媒”の存在は必要不可欠なものであり，そのなかで“有機分子触媒”と“遷移金属触媒”は独自の発展を遂げてきた．これらの触媒は基質の活性化の形式が大きく異なるため，二種類の触媒がそれぞれ独立して異なる基質を活性化し，生成した中間体同士が反応し生成物を与える反応（協奏的触媒反応）を適切に設計することで，単独の触媒では達成できないような高度な立体選択性，特異な反応性の発現が期待できる．本章ではエナンチオ選択的協奏的触媒反応について概観する．

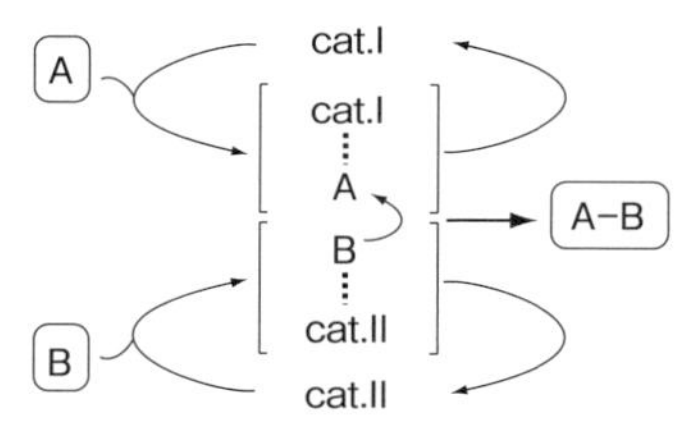

▲複数の触媒を用いた反応の概念図

■ KEYWORD マークは用語解説参照

■協奏的触媒反応（cooperative catalytic reactions）

Current Review

1 緒　言

有機合成化学における重要な研究課題の一つは高選択的かつ高効率で結合生成を行う反応を開発することである．反応開発をするうえで触媒による基質の活性化（触媒と基質間での相互作用による反応活性種の創出）は，反応の促進（活性化エネルギーの低下）と選択性の発現（遷移状態構造の制御）をつかさどる重要な過程である．そのなかで“遷移金属触媒”は最も研究されているものの一つであり，さまざまな反応形式が見いだされている．また，本書で紹介されている“有機分子触媒”も近年重要な位置を占めており，立体選択的な反応だけでなく，興味深い反応が開発されている．これら二種類の触媒は活性化の形式が大きく異なるため，それぞれに特徴的な変換反応が報告されており，さまざまな化合物の合成経路を設計するうえで欠かすことができない役割を担っている．

そのなかで“有機分子触媒”と“遷移金属触媒”とを組み合わせた反応系の開発が近年さかんに行われており，それぞれの特色を同時に生かす手法として注目されている[1]．この系は二種類の触媒を同一反応で混合して用いるという非常に単純な手法である．しかし実際には，異なる触媒同士がそれぞれの反応を阻害したり，行いたい反応の順序が入れ替わるといった問題点があり，反応がまったく進行しない場合や，多成分の生成物を与える場合も多く見られる．これらの問題点を解決するためには，適切な触媒を組み合わせることで反応速度や反応中間体を制御することが非常に重要になる．

この反応形式は大きく二種類に分類できる（図15-1）．一つはそれぞれの触媒が別々の触媒サイクルで作用し，基質が連続的に反応し生成物を与える系〔図15-1（a）〕，もう一つは二種類の触媒がそれぞれ独立して異なる基質を活性化し，生成した中間体同士が反応し生成物を与える協奏的な反応系〔図15-1（b）〕である．いずれの場合も活性化の形式が大きく異なる“有機分子触媒”と“遷移金属触媒”の特色を活かした反応が開発されている．特に後者は結合生成段階で二種類の触媒が関与するため，高い選択性，特異な反応性の発現が期待できる．本章ではエナンチオ選択的な協奏的触媒反応〔図15-1（b）〕に焦点を絞り，代表的な研究について紹介する．

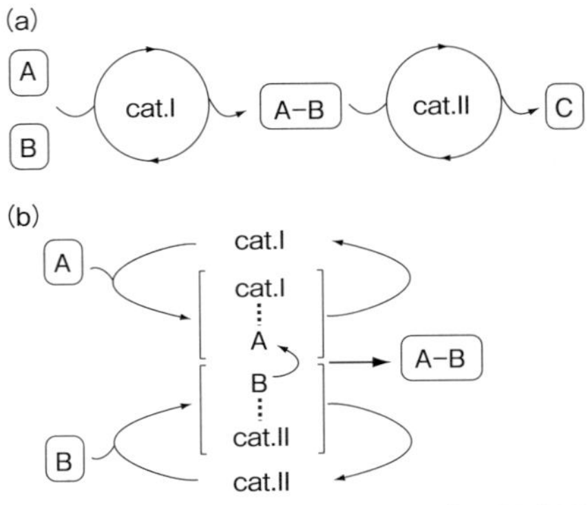

図15-1　複数の触媒を用いた反応の概念図

2 相間移動触媒との協奏的反応

“有機分子触媒”と“遷移金属触媒”との協奏的触媒反応における先駆的な研究として，竹本らによる相間移動触媒を用いたアリル位置換反応が報告されている（図15-2）[2]．遷移金属触媒による不斉アリル位置換反応は広く研究されているが，プロキラルな求核剤を用いた高選択的反応は限られていた．この反応では，光学活性な相間移動触媒により求核剤が活性化されているため，高い選択性が発現する〔図15-2（a）〕．さらに光学活性なイリジウム触媒と組み合わせることで，分岐型アリル化生成物が中程度のジアステレオ選択性かつ高いエナンチオ選択性で得られた〔図15-2（b）〕．

3 アミン触媒との協奏的反応

（1）エナミン型触媒反応

前述した例のように，求電子剤を遷移金属触媒が，求核剤を有機分子触媒が活性化し反応する形式は，二種類の触媒の異なる反応性を組み合わせることができるため，さかんに研究されており，そのなかでもアミン触媒によるエナミン型触媒反応の利用が重要な位置を占めてきた．2006年にCórdovaらはパラジウム触媒とピロリジンを触媒に用いたアルデヒドのα位アリル化反応を報告している〔図15-3（a）〕[3a]．アミン触媒としてJørgensen–林触媒を用いると，良好なエナンチオ選択性は発現するが低収率にとど

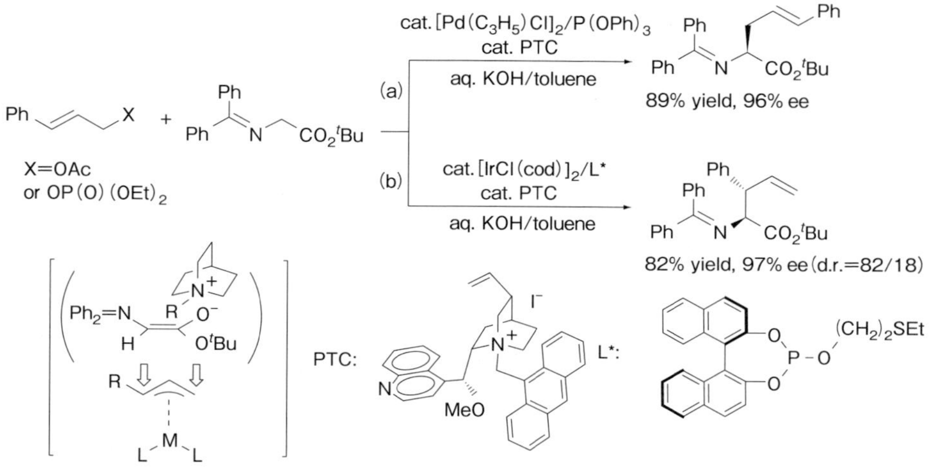

図 15-2 相間移動触媒との協奏的触媒反応

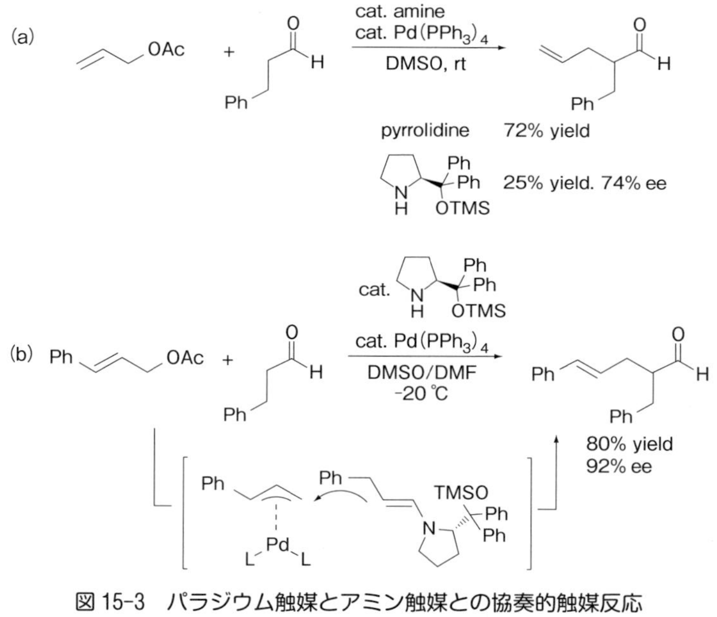

図 15-3 パラジウム触媒とアミン触媒との協奏的触媒反応

まった．この結果はアミン触媒と遷移金属触媒との間での錯形成が反応を阻害することを示しており，触媒設計，反応条件の設定がこれらの反応で重要であることが認識された．その後，溶媒，反応温度を詳細に検討し，高収率かつ高エナンチオ選択性を達成した〔図 15-3(b)〕[3b]．π-アリル金属と有機触媒とを用いた反応は不斉配位子を同時に用いることで，より複雑な骨格を高選択的に構築することが可能となる．2013 年に Carreira らは，不斉配位子と光学活性アミンの絶対配置や構造の組み合わせを変えることで生成する四種類の異性体を，それぞれ高い選択性で作り分けることに成功している(図 15-4)[4]．この反応では，α 位の立体はアミン触媒が，β 位の立体はイリジウム触媒が独立に制御することで達成される．

筆者らも，2010 年に独自に開発した硫黄架橋二

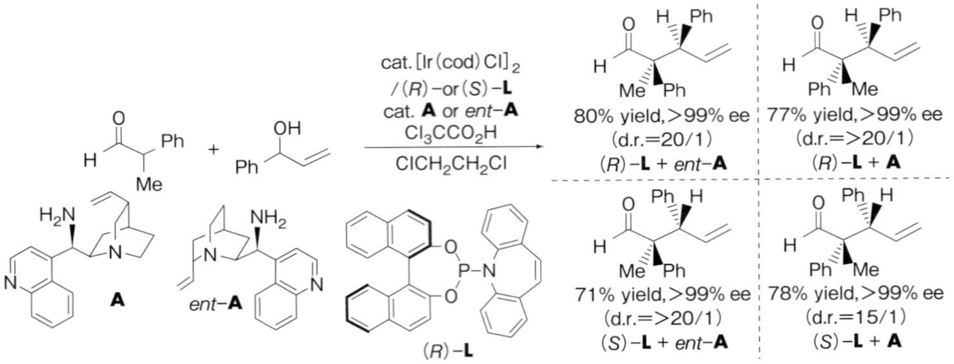

図 15-4　イリジウム触媒とアミン触媒との協奏的触媒反応

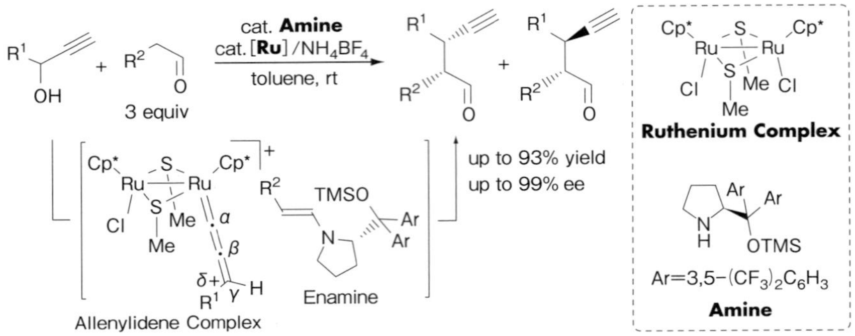

図 15-5　ルテニウム触媒とアミン触媒との協奏的触媒反応

核ルテニウム触媒と光学活性アミン触媒とを組み合わせることで，高エナンチオ選択的なアルデヒドの α 位プロパルギル化反応を見いだしている(図 15-5)[5a]．本反応は，ルテニウム-アレニリデン中間体と光学活性なエナミン中間体が反応することで生成物が得られる．さらに α,β-不飽和アルデヒドを基質に用いた不斉プロパルギル化反応[5b]や，銅触媒と組み合わせたプロパルギル化反応[5c]の開発にも成功している．

アルデヒドの α 位アリル化およびプロパルギル化反応は，ルイス酸と光学活性アミン触媒とを用いた協奏的反応系でもさかんに研究されている．これらは非常に単純な系であるが，ルイス酸とルイス塩基(アミン)が容易に錯形成し，触媒が失活してしまうため，適切な種類，構造，反応条件を設定する必要がある．

Cozzi らは，$InBr_3$ によりアリルアルコールまたはプロパルギルアルコールを直接活性化し，MacMillan 型触媒と組み合わせることで，エナンチオ選択的なアルデヒドの α 位アリル化を達成している〔図 15-6 (a)〕[6]．筆者らも同時期にエナンチオ選択的なプロパルギル化にも成功している〔図 15-6(b)〕[7]．最近，Xiao は $IrCl_3$ や CuCl と光学活性アミン触媒とを用いることで，ベンジルアルコールを用いたエナンチオ選択的ベンジル化にも成功している[8]．

ほかの求電子剤として，超原子価ヨウ素試薬を用いた反応が報告されている．MacMillan らは Togni 試薬を銅触媒で活性化し，エナミンと反応させることで，不斉 α 位トリフルオロメチル化に成功している(図 15-7)[9a]．本手法はさまざまなヨードニウム塩に適用可能であり，アリール化[9b]やビニル化[9c]においても高エナンチオ選択性が達成されている．

(2) イミニウム型触媒反応

アミン触媒のエナミン型と並ぶ重要な活性化法が，イミニウム型触媒反応である．この形式は連続反応型〔図 15-1(a)〕で広く研究されているが，遷移金

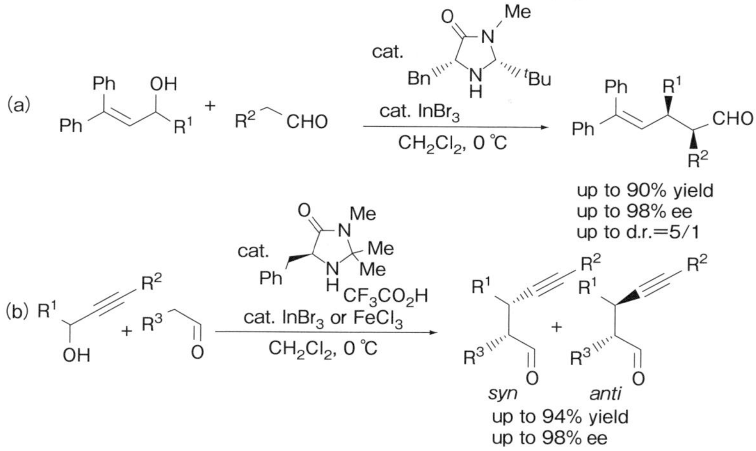

(a) Ph, OH, Ph, R^1 + R^2 CHO — cat. (Bn, O, N, Me, N, H, ^{t}Bu) cat. $InBr_3$, CH_2Cl_2, 0 ℃ → Ph, R^1, Ph, CHO, R^2

up to 90% yield
up to 98% ee
up to d.r.=5/1

(b) R^1, R^2, OH + R^3, O — cat. (O, N, Me, Me, Me, Ph, N, H) CF_3CO_2H, cat. $InBr_3$ or $FeCl_3$, CH_2Cl_2, 0 ℃ → R^1, R^2, R^3, O (*syn*) + R^1, R^2, R^3, O (*anti*)

up to 94% yield
up to 98% ee

図 15-6　インジウム触媒とアミン触媒による協奏的触媒反応

CF_3–I–O (Togni 試薬) + O, R — cat. (O, N, Me, Me, Me, Ph, N, H) CF_3CO_2H, cat. CuCl, $CHCl_3$, -20℃ → O, CF_3, R

up to 87% yield
up to 97% ee

[F_3C–I$^+$, O–CuCl$^-$ + O, N, Me, Me, Me, Ph, N, R]

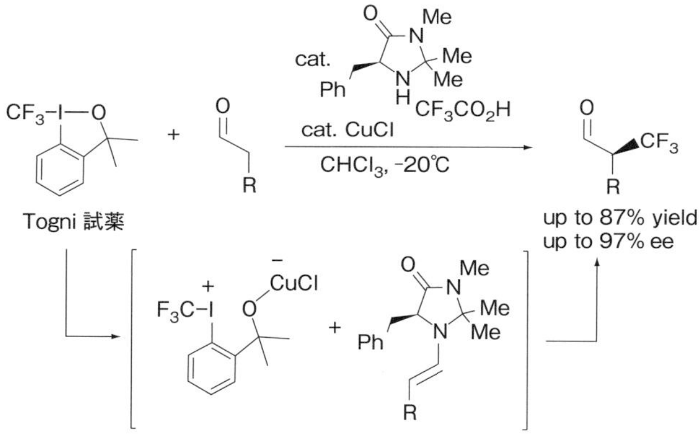

図 15-7　銅触媒とアミン触媒（エナミン型）による協奏的触媒反応

属触媒との協奏的反応の例も報告されている．

Córdova らは，Jørgensen-林触媒により活性化した α,β-不飽和アルデヒドに対する銅触媒によるシリル化反応を報告している（図 15-8）[10a]．イミニウムイオン中間体に対する銅の配位と続く挿入反応を経て，生成物が得られる．銅触媒による求核剤の導入は，ボリル化[10b]や亜鉛試薬によりアルキル化，アリール化[10c]も進行する．

4 ブレンステッド酸触媒との協奏的反応

アミン触媒と同様に有機分子触媒のなかで重要な位置を占める触媒として，ブレンステッド酸触媒が

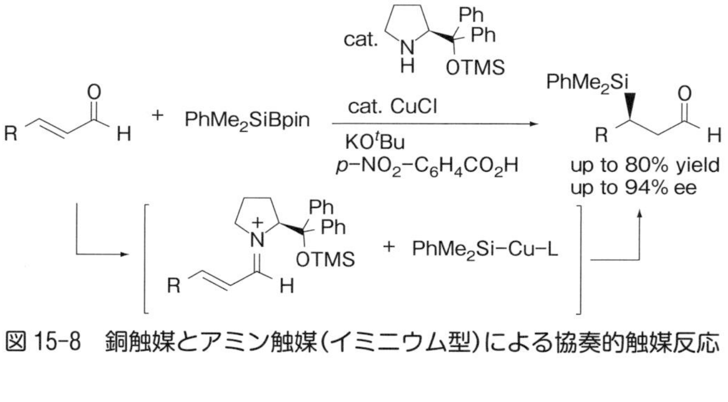

R, O, H + $PhMe_2SiBpin$ — cat. (N, H, Ph, Ph, OTMS), cat. CuCl, KO^{t}Bu, p-NO_2–$C_6H_4CO_2H$ → $PhMe_2Si$, O, R, H

up to 80% yield
up to 94% ee

[N$^+$, Ph, Ph, OTMS, R, H + $PhMe_2Si$–Cu–L]

図 15-8　銅触媒とアミン触媒（イミニウム型）による協奏的触媒反応

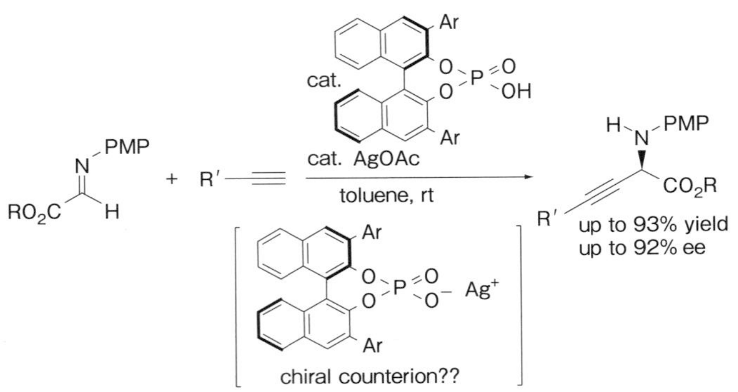

図 15-9 銀触媒とリン酸触媒による協奏的触媒反応

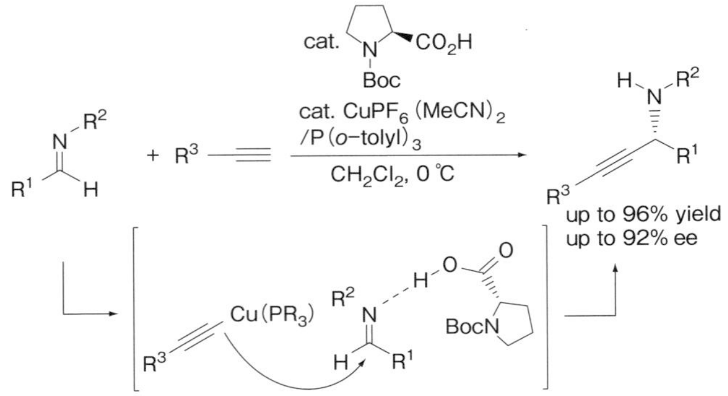

図 15-10 銅触媒とカルボン酸触媒による協奏的触媒反応

あり，代表例として光学活性 BINOL を基盤とするリン酸触媒があげられる．

2007 年に Rueping らが光学活性リン酸触媒と銀触媒とを用いた *α*-イミノエステルのアルキニル化反応を報告している（図 15-9）[11]．本報告はブレンステッド酸と遷移金属触媒を組み合わせた初めての例であるが，リン酸アニオンが不斉配位子として作用し，選択性が発現した可能性も排除できない[12]．

Arndtsen らは，*N*-Boc-プロリンをブレンステッド酸触媒に用いた高エナンチオ選択的イミンのアルキニル化反応を達成している（図 15-10）[13]．本反応では銅触媒が末端アルキンを活性化し，*N*-Boc-プロリンがイミンを活性化することで速やかに反応が進行する．

リン酸によるイミンの活性化とカルベン挿入反応とを組み合わせた反応も報告されている〔図 15-11（a）〕[14]．ロジウム-カルベン錯体とアルコールが反応することでイリドが生成し，イミンと反応することで生成物が得られる．アルコールの代わりに芳香環の C-H 結合挿入後にイミンと反応する例も報告されている〔図 15-11（b）〕[15]．

List らはリン酸触媒とパラジウム触媒とを用い，分岐型アルデヒドとアリルアミンを基質とする *α* 位アリル化反応の開発に成功している（図 15-12）[16a]．この反応では，系中で発生したエナミンとリン酸とからイオン対がまず生成し，次にパラジウム触媒が酸化的付加することで *π*-アリル中間体が生成する．このとき，リン酸部位がパラジウムとエナミンに同時に相互作用することで高い選択性が発現する．本反応は，さらに触媒量のアミンとアリルアルコールから，系中でアリルアミンを発生させる三成分触媒系にも展開できた[16b]．パラジウム触媒とリン酸触媒の組み合わせは強力な反応系を構築でき，アリル位アミノ化でも高エナンチオ選択性が発現している（図 15-13）[17]．

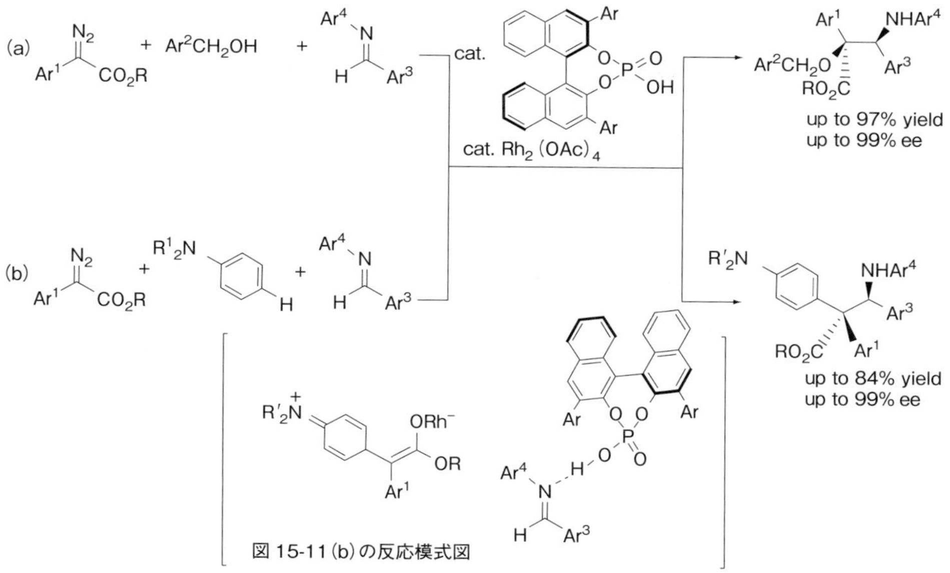

図 15-11(b)の反応模式図

図 15-11　ロジウム触媒とリン酸触媒による協奏的触媒反応

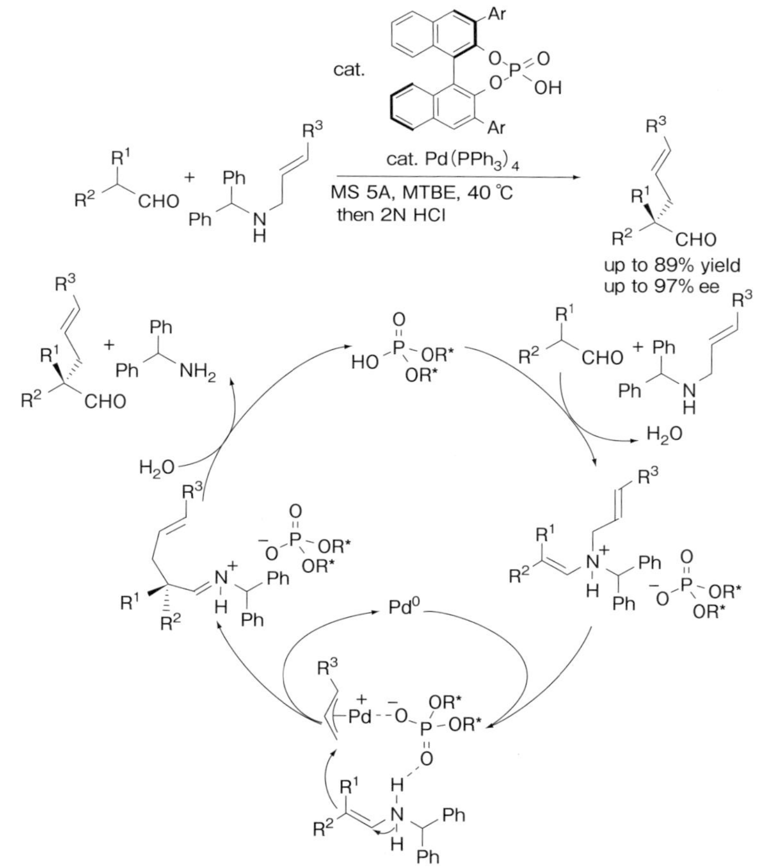

図 15-12　パラジウム触媒とリン酸触媒による協奏的α位アリル化反応

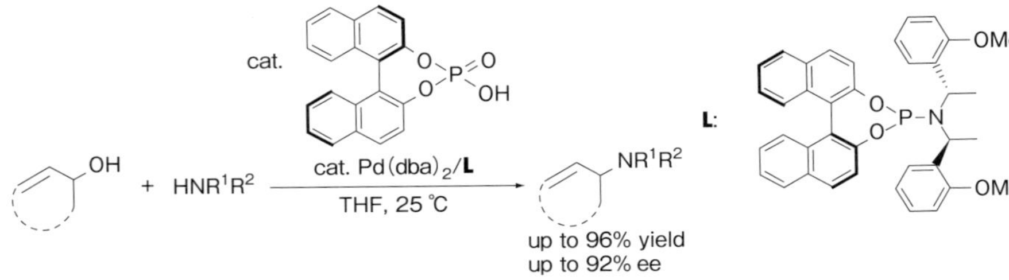
cat.
O
P
O
OH
O
L:
OMe
OMe
O
P
N
O
OH
+ HNR^{1}R^2
cat. Pd(dba)$_2$/L
THF, 25 ℃
NR^{1}R^2
up to 96% yield
up to 92% ee

図 15-13　パラジウム触媒とリン酸触媒による協奏的アリル位アミノ化反応

5 その他の有機触媒との協奏的反応

N-ヘテロ環状カルベン（NHC）は，遷移金属触媒における配位子としても広く用いられているが，近年，有機分子触媒としても精力的に研究されている．α,β-不飽和アルデヒドを NHC 触媒で活性化し生成したホモエノラート等価体は，魅力的な求核種であり，マグネシウム触媒で活性化したヒドラゾンと反応させることで環化反応が進行し，高エナンチオ選

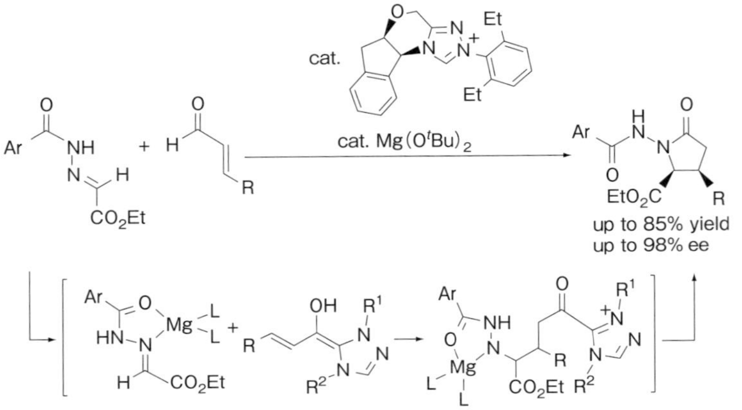
cat.
Et
Et
Ar
NH
N
H
CO$_2$Et
+ H
R
cat. Mg(O^{t}Bu)$_2$
up to 85% yield
up to 98% ee
EtO$_2$C
R
Mg
L
L
HN
CO$_2$Et
OH
R^1
R^2
CO$_2$Et

図 15-14　マグネシウム触媒と NHC 触媒による協奏的触媒反応

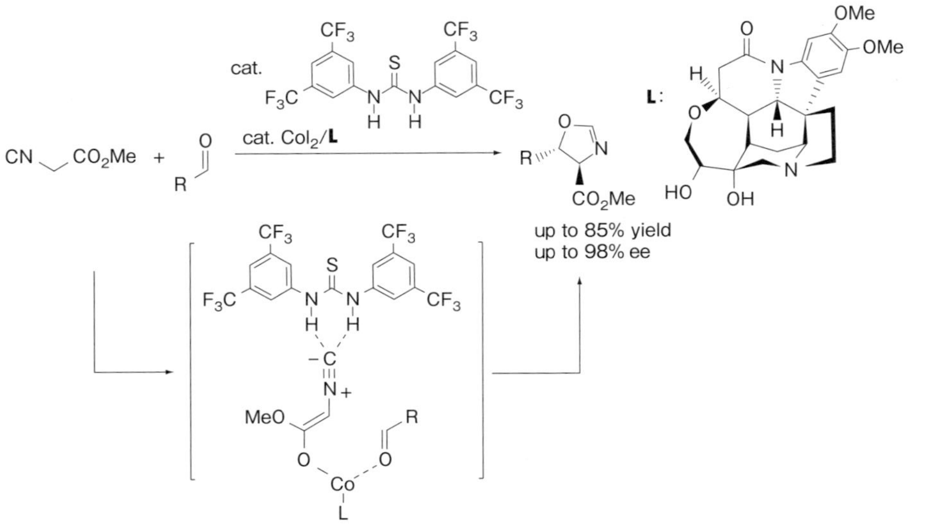
cat.
CF$_3$
F$_3$C
S
CN
CO$_2$Me
+
R
cat. CoI$_2$/L
CO$_2$Me
up to 85% yield
up to 98% ee
L:
OMe
OMe
HO
OH
MeO
Co
L

図 15-15　コバルト触媒とチオウレア触媒による協奏的触媒反応

択的にラクタムが得られる(図 15-14)[18a]．ルイス酸としてチタン触媒と組み合わせた環化反応も報告されており，NHC 触媒も適切に設計することで，配位子としてだけでなく，協奏的触媒反応にも利用できる[18b, c]．

また，チオウレアのような水素結合により活性化する触媒も有用であり，光学活性なコバルト触媒と組み合わせたアルドール反応が報告されている(図 15-15)[19]．

6 分子内に協奏的機能部位をもつハイブリッド型触媒の設計

ここまで紹介した協奏的触媒反応は二種類の触媒を混合するだけでよいため，さまざまな組み合わせを試すことができ，新しい結合生成反応が数多く見いだされている．では，この二つを連結し，分子内に協奏的機能部位をもつハイブリッド型触媒を設計した場合，どのような効果が見られるだろう(図 15-16)．二つの触媒活性部位がより近傍に位置し，反応性中間体の構造や接近方向のより厳密な制御が可能になるため，より高度な立体選択性の発現が期待できる．

筆者らは最近，リン酸アミド部位をもつハイブリッド型二核ルテニウム錯体を合成し，それを用いた協奏的触媒反応として，エンカルバメートを求核剤に用いたプロパルギル化反応の開発に成功した(図 15-17)[20]．本反応では図 15-5 に示した反応と同様に，ルテニウム-アレニリデン中間体とリン酸アミドにより活性化されたエンカルバメートが反応することで生成物が得られ，それらが近傍かつ適切な位置に存在するため，高ジアステレオおよび高エナンチオ選択性を達成している．実際，リン酸アミド触媒とルテニウム触媒を混合しただけの触媒系では選択性は発現せず，連結リンカー部位の長さも選択性に大きく影響した．

cat.II
cat.I
A
A–B
cat.II
cat.I
A
cat.II
cat.I
B
cat.I
A
B

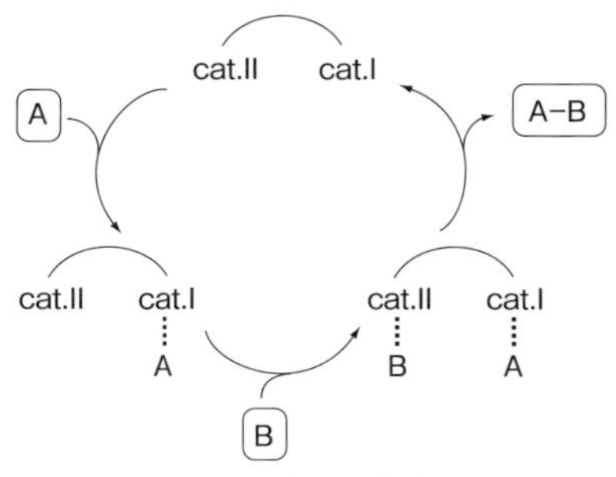

図 15-16　同一分子内に協奏的機能部位をもつ触媒反応の概念図

7 まとめと今後の展望

以上，本章ではエナンチオ選択的な協奏的触媒反応の代表的な報告例を紹介した．“有機分子触媒”と“遷移金属触媒”の特徴的な反応性に基づいた多彩な変換反応が開発されていることがおわかりいただけたと思う．これら二つの触媒は互いに得意な反応形

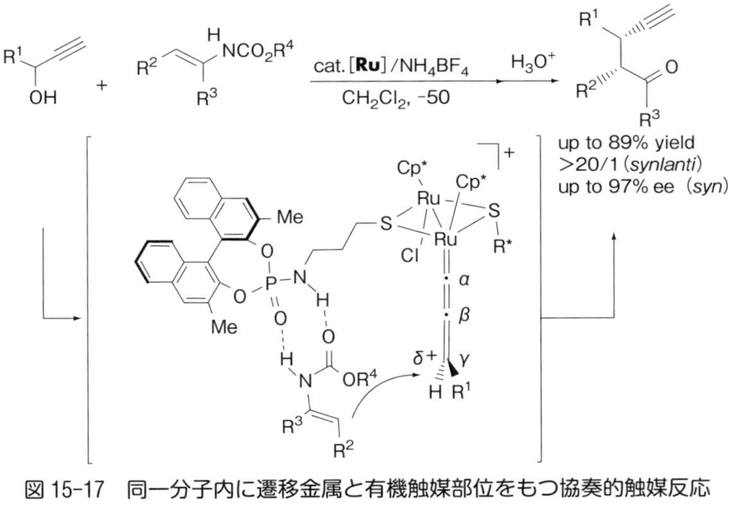

cat. [Ru]/NH4BF4
CH2Cl2, -50
H3O+
up to 89% yield
>20/1 (synlanti)
up to 97% ee (syn)

図 15-17　同一分子内に遷移金属と有機触媒部位をもつ協奏的触媒反応

式が異なるため，協奏的触媒反応として非常に適した組み合わせである．しかし，錯形成などに由来する触媒の不活性化が見られる場合があるため，その構造や組み合わせ，反応条件には工夫が必要である．また，分子内に協奏的機能部位をもつハイブリッド型触媒も，これまで困難であった骨格構築法を開発するうえで重要な手法になりうるため，今後の発展が期待される．

◆ 文 献 ◆

[1]（a）A. E. Allen, D. W. C. MacMillan, *Chem. Sci.*, **3**, 633 (2012);（b）Z. Du, Z. Shao, *Chem. Soc. Rev.*, **42**, 1337 (2013).

[2]（a）M. Nakoji, T. Kanayama, T. Okino, Y. Takemoto, *Org. Lett.*, **3**, 3329 (2001);（b）M. Nakoji, T. Kanayama, T. Okino, Y. Takemoto, *J. Org. Chem.*, **67**, 7418 (2002);（c）T. Kanayama, K. Yoshida, H. Miyabe, Y. Takemoto, *Angew. Chem., Int. Ed.*, **42**, 2054 (2003).

[3]（a）I. Ibrahem, A. Córdova, *Angew. Chem., Int. Ed.*, **45**, 1952 (2006);（b）S. Afewerki, I. Ibrahem, J. Rydfjord, P. Breistein, A. Córdova, *Chem. Eur. J.*, **18**, 2972 (2012).

[4]（a）S. Krautwald, D. Sarlah, M. A. Schafroth, E. M. Carreira, *Science*, **340**, 1065 (2013);（b）S. Krautwald, M. A. Schafroth, D. Sarlah, E. M. Carreira, *J. Am. Chem. Soc.*, **136**, 3020 (2014).

[5]（a）M. Ikeda, Y. Miyake, Y. Nishibayashi, *Angew. Chem., Int. Ed.*, **49**, 7289 (2010);（b）M. Ikeda, Y. Miyake, Y. Nishibayashi, *Organometallics*, **31**, 3810 (2012);（c）A. Yoshida, M. Ikeda, G. Hattori, Y. Miyake, Y. Nishibayashi, *Org. Lett.*, **13**, 592 (2011).

[6]（a）M. G. Capdevila, F. Benfatti, L. Zoli, M. Stenta, P. G. Cozzi, *Chem. Eur. J.*, **16**, 11237 (2010);（b）R. Sinisi, M. V. Vita, A. Gualandi, E. Emer, P. G. Cozzi, *Chem. Eur. J.*, **17**, 7404 (2011).

[7] K. Motoyama, M. Ikeda, Y. Miyake, Y. Nishibayashi, *Eur. J. Org. Chem.*, **2011**, 2239.

[8] J. Xiao, *Org. Lett.*, **14**, 1716 (2012).

[9]（a）A. E. Allen, D. W. C. MacMillan, *J. Am. Chem. Soc.*, **132**, 4986 (2010);（b）A. E. Allen, D. W. C. MacMillan, *J. Am. Chem. Soc.*, **133**, 4260 (2011);（c）E. Skucas, D. W. C. MacMillan, *J. Am. Chem. Soc.*, **134**, 9090 (2012).

[10]（a）I. Ibrahem, S. Santoro, F. Himo, A. Córdova, *Adv. Synth. Catal.*, **353**, 245 (2011);（b）I. Ibrahem, P. Breistein, A. Córdova, *Angew. Chem., Int. Ed.*, **50**, 12036 (2011);（c）S. Afewerki, P. Breistein, K. Pirttilä, L. Deiana, P. Dziedzic, I. Ibrahem, A. Córdova, *Chem. Eur. J.*, **17**, 8784 (2011).

[11] M. Rueping, A. P. Antonchick, C. Brinkmann, *Angew. Chem., Int. Ed.*, **46**, 6903 (2007).

[12] 光学活性リン酸アニオンを持つ金触媒反応の例：G. L. Hamilton, E. J. Kang, M. Mba, F. D. Toste, *Science*, **317**, 496 (2007).

[13] Y. Lu, T. C. Johnstone, B. A. Arndtsen, *J. Am. Chem. Soc.*, **131**, 11284 (2009).

[14] W. Hu, X. Xu, J. Zhou, W.-J. Liu, H. Huang, J. Hu, L. Yang, L.-Z. Gong, *J. Am. Chem. Soc.*, **130**, 7782 (2008).

[15] S. Jia, D. Xing, D. Zhang, W. Hu, *Angew. Chem., Int. Ed.*, **53**, 13098 (2014).

[16]（a）S. Mukherjee, B. List, *J. Am. Chem. Soc.*, **129**, 11336 (2007);（b）G. Jiang, B. List, *Angew. Chem., Int. Ed.*, **50**, 9471 (2011).

[17] D. Banerjee, K. Junge, M. Beller, *Angew. Chem., Int. Ed.*, **53**, 13049 (2014).

[18]（a）D. E. A. Raup, B. Cardinal-David, D. Holte, K. A. Scheidt, *Nat. Chem.*, **2**, 766 (2010);（b）B. Cardinal-David, D. E. A. Raup, K. A. Scheidt, *J. Am. Chem. Soc.*, **132**, 5345 (2010);（c）D. T. Cohen, B. Cardinal-David, K. A. Scheidt, *Angew. Chem., Int. Ed.*, **50**, 1678 (2011).

[19] H. Y. Kim, K. Oh, *Org. Lett.*, **13**, 1306 (2011).

[20] Y. Senda, K. Nakajima, Y. Nishibayashi, *Angew. Chem., Int. Ed.*, **54**, 4060 (2015).

Chap 16

光を用いる有機分子触媒反応

Photochemical Organocatalysis

松原　亮介
（神戸大学理学部化学科）

Overview

光をエネルギー源とする光化学反応は，熱的反応では実現できない分子変換を可能にする．さらに昨今のエネルギー問題などを考えると，実質無限に存在する太陽エネルギーの利用を視野に入れた研究は今後ますます重要になる．光を吸収してエネルギーへと変換するアンテナ部分は光化学反応の要であり，その立体的因子や電子的因子のわずかな差がアウトプットの大きな変化につながる．そのため，その開発においては，通常の有機分子触媒のそれと同じく，綿密なデザインと試行錯誤が必要とされる．そこが面白く，研究者の腕と根性の見せ所となる．本章では，エナンチオ選択的な反応に焦点を絞り，光を用いる有機分子触媒反応に関する最近の研究を紹介する．

▲ラボスケールでの光反応の様子［カラー口絵参照］

■ **KEYWORD** マークは用語解説参照

- ■レドックス光増感反応（photoredox reaction）
- ■光増感剤（photosensitizer）
- ■一電子移動（single electron transfer）
- ■励起状態（excited state）
- ■キラルテンプレート（chiral template）
- ■光スイッチング（photoswitching）
- ■波長（wavelength）
- ■半占軌道（singly occupied molecular orbital：SOMO）
- ■光環化（photocyclization）
- ■ラジカル（radical）

1 さまざまな光反応

近年，有機分子触媒と光を組み合わせた新反応開発の研究が注目を集めてきている．その開発の原動力の一つは，太陽エネルギーの有効活用への取り組みであろう．しかし筆者は，有機分子触媒がもつ反応性の限界からの脱却ももう一つの原動力ではないかと考える．あいまいな表現になるが，有機分子触媒は，極性をもつ官能基同士の反応においてはその反応性の向上や立体制御に活躍するが，遷移金属触媒が得意とするような非極性官能基の活性化などは現状苦手である．

光は，エネルギーをもつ電磁波である．波長が 300 nm の紫外光であれば，そのエネルギーは 400 kJ/mol 程度に相当し，炭素-炭素単結合の結合エネルギーに匹敵する．すなわち，熱的には切断が困難である結合も，光のエネルギーを用いると切断可能となる．また質量がないため多めに使用しても後処理を煩わせることはない．これらの事実は，有機反応にとって光が非常に魅力的であることを示している．

光が分子に及ぼす影響を簡単に説明する．通常の有機分子は一重項基底状態として存在し，電子が二個収納された被占軌道と電子が入っていない空軌道の二種類の分子軌道が存在する．この有機分子に光を照射すると，被占軌道に収納されていた電子一つが空軌道へ移動し，それらの軌道は電子一つが収納されている二つの半占軌道となる（図 16-1）．この状態では，以下のような，基底状態にはない反応性を呈する．

①結合性軌道と反結合性軌道に電子が一つずつ入り結合次数が 0 となるので，結合がホモリティックに切れやすい．

②半占軌道 A の電子を他分子に与えやすい．すなわち還元力が大きい．

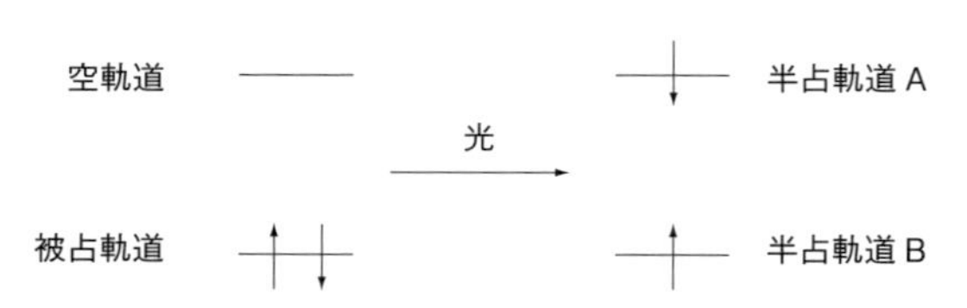

図 16-1　光励起による電子状態の変化

③半占軌道 B に他分子から電子を受け入れやすい．すなわち酸化力も大きい．

④励起状態が $\pi\pi^*$ 遷移であった場合，π 結合が切断され，二重結合の回転（E-Z 異性化）が起こる．

⑤半占軌道はラジカル的性質をもつため，ラジカル反応に特有な，非極性多重結合への付加や水素原子の引き抜き反応などが起こる．

もう一つの光反応の特徴は，あらゆる化合物が光を吸収してエネルギーに変換できるわけではないことである．励起が起こるためには，そのエネルギーに相当する波長の光でないと吸収しない．また，光吸収率も軌道の状態などによりさまざまである．この特徴により，光の波長を選択する（ランプの種類や光学フィルターを使用すれば可能）ことで，特定の化合物の特定の部分のみを選択的に励起することができる．基質，反応剤，触媒のいずれを励起させるかは化学者の自由であり，そのデザインを考えることは光反応開発の醍醐味である．

この章では，有機分子触媒と光反応を組み合わせた化学をいくつか紹介する．古くから研究されている増感剤もいわば有機分子触媒であるので，増感剤を用いるラセミ体合成はここでは扱わず，有機分子触媒を用いた新しいデザインに基づくエナンチオ選択的光反応に絞って紹介する．なお，原理上触媒的に進行するが，選択性向上のために当量以上用いている反応も対象とした．

2 基質が光励起されるエナンチオ選択的光反応

光化学によってラセミ体を与える反応は多く知られている．その基質に光学活性な触媒分子を配位させて光照射を行うと，キラル環境さえ整えば光学活性体の生成が期待できる（図 16-2）．

Bach らは，剛直なケンプのトリアシッド骨格をもつキラルテンプレート **1** を考案した〔図 16-3(a)〕[1]．キラルテンプレート **1** は，水素結合により基質と会合し，かさ高いベンゾキサゾール部位によりプロキラルな基質の片方の面を覆う〔図 16-3(b)〕．立体的理由により溶液中での **1** 同士の自己会合率は低いため，基質と **1** の会合体が優先して形成され

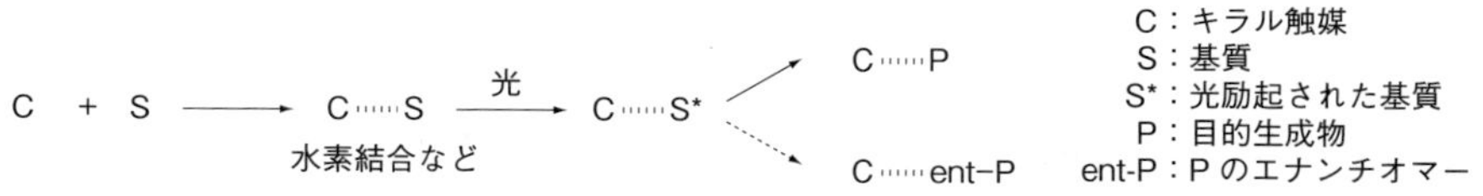

C：キラル触媒
S：基質
S*：光励起された基質
P：目的生成物
ent-P：P のエナンチオマー

$C + S \longrightarrow C\cdots S \xrightarrow{光} C\cdots S^* \rightarrow C\cdots P$ / $C\cdots$ent-P

水素結合など

図 16-2　基質が光励起されるエナンチオ選択的光反応

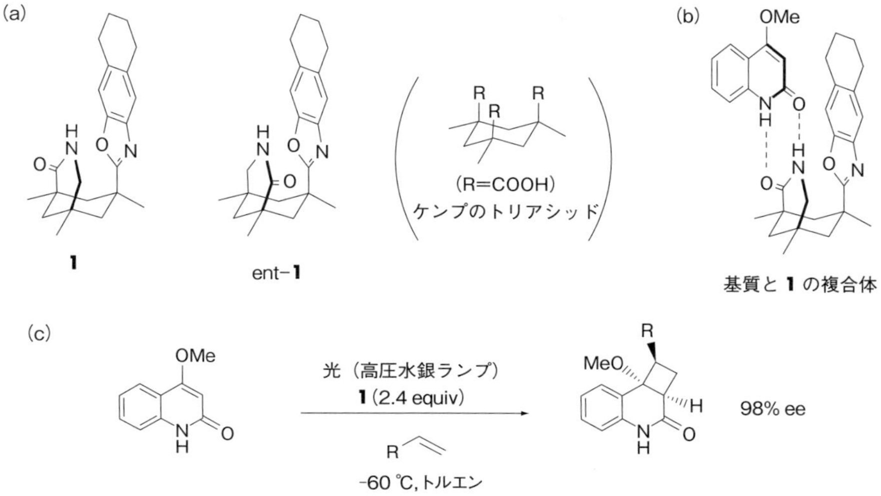

(a) 1　ent-1　(R=COOH) ケンプのトリアシッド

(b) 基質と 1 の複合体

(c) 光（高圧水銀ランプ） 1 (2.4 equiv)　-60 ℃, トルエン　98% ee

図 16-3　キラルテンプレートを用いる[2 + 2]光付加環化反応

（a）ケンプのトリアシッドを骨格とするキラルテンプレート **1**.（b）基質とキラルテンプレート **1** の複合体の構造.（c）エナンチオ選択的[2 + 2]光付加環化反応.

る．ラクタムのカルボニル基の位置が分子全体の対称性を崩し，**1** のキラリティーを作り上げている．このキラルテンプレートを用いると，2-キノロンとアルケンとの分子間[2 + 2]光付加環化反応が最高98% ee で進行する〔図 16-3(c)〕.

図 16-3(c)の反応では，触媒 **1** に反応加速効果はないため，**1** と会合していない基質も光励起し，ラセミ体の生成物を与えてしまう．そのため高いエナンチオ選択性を得るためには，必然的に，基質に対して過剰量の **1** を用いる必要がある．この問題点を根本的に解決するため Bach らは，ルイス酸が配位すると吸収波長が大きく変化するシクロヘキセノン誘導体に着目した〔図 16-4(a)〕[2]．このグラフから，約 350-400 nm の範囲に絞って照射すると，**2** は励起されないが，**2** とルイス酸との複合体のみ励起できることがわかる．

以上の知見をもとに，**3** に示すキラルルイス酸（これが有機分子触媒かどうかは読者に判断を委ねる）を 50 mol%用いて，350-400 nm の光を **2** に照射すると，高い不斉収率で[2 + 2]付加環化成績体 **4** が得られた〔図 16-4(b)〕．この時キラルルイス酸 **3** は，不斉環境を構築すると同時に，**2** の吸収波長を変化させる働きもしている．特定の波長の光しか吸収しないという，光反応の特性をうまく利用してラセミ体を与える経路を抑制した，巧みな反応デザインといえるだろう．

ラセミ体を与える経路をうまく抑制している例をもう一つ紹介する．Inoue らは，キラルテンプレートとしてシクロデキストリン誘導体を用いて，2-アントラセンカルボン酸のエナンチオ選択的[4 + 4]付加環化二量化反応を報告している（図 16-5）[3]．この反応系では，キラルテンプレートを 10 mol%まで減じても，高い選択性が発現した．テンプレート内部では基質二分子が接近し反応が加速され，逆にテンプレート外部では基質が凝集し光反応に不活性となり，ラセミ体を与える経路を抑制している．

(a)

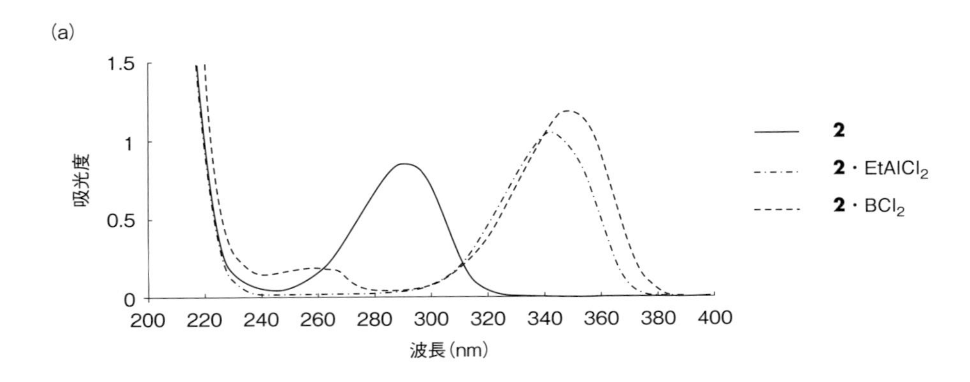

1.5
1
0.5
0
吸光度
200 220 240 260 280 300 320 340 360 380 400
波長(nm)
2
2・EtAlCl2
2・BCl2

(b)

光(λ = 350-400 nm)
3(50 mol%)
-70 ℃, CH2Cl2
2
4
84%
88% ee
3
Br3Al
CF3

図 16-4　キラルルイス酸を用いる[2 + 2]光付加環化反応

（a）基質 **2** のルイス酸添加による吸光度変化.（b）エナンチオ選択的[2 + 2]光付加環化反応.

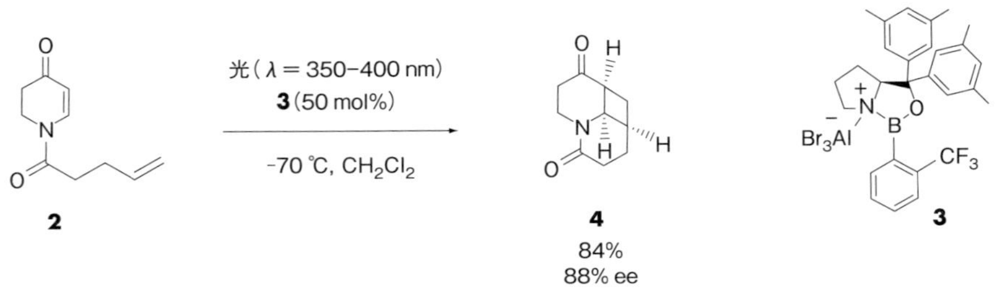

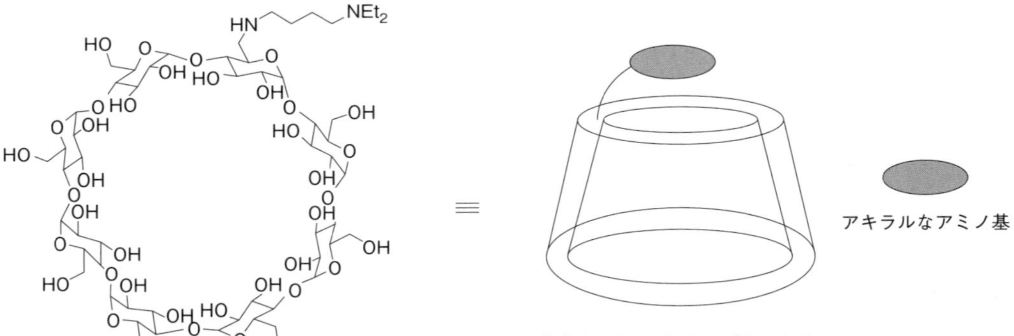

HN
NEt2
≡
アキラルなアミノ基

修飾されたγ-シクロデキストリン

5

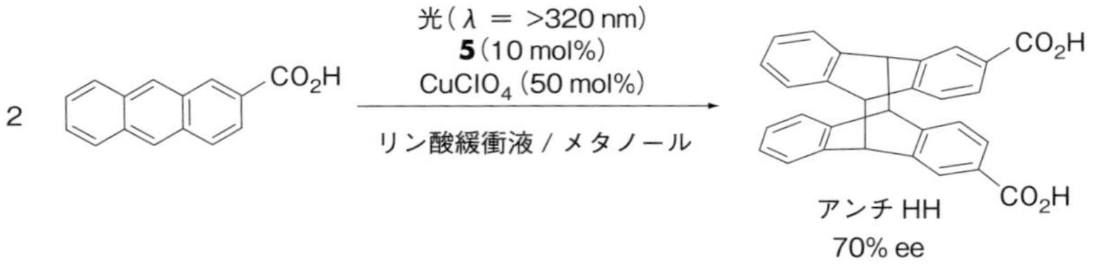

2
CO2H
光(λ = >320 nm)
5(10 mol%)
CuClO4 (50 mol%)
リン酸緩衝液 / メタノール
CO2H
CO2H
アンチ HH
70% ee

図 16-5　2-アントラセンカルボン酸のエナンチオ選択的[4 + 4]付加環化反応

3 キラル触媒が光励起されるエナンチオ選択的光反応

以上述べてきたように，基質を光励起させる反応においては，触媒基質複合体の光反応速度を，基質単体の光反応速度より速くする反応系デザインが，エナンチオ選択性の発現に重要であった．それに対し，キラル触媒を光励起させる反応にすると，基質が反応するためには，必ずキラル触媒に接触する必要があるためラセミ体生成を抑制しやすい，という考えに至る(図 16-6)．

Bach らはこの考えを，触媒 **6** により実現した〔図 16-7(a)〕[4,5]．**6** は図 16-3 の **1** と似ているが，ベンゾキサゾールが光増感機能をもつキサントンに変更されている．キサントンは基質の 2-キノロンよりも長波長側に吸収波長をもつため，キサントンのみを選択的に励起することができる．励起された三重項のキサントンは，接近した基底状態の基質を三重項へと励起し自分自身は基底状態に戻る，すなわち三重項増感剤として働く．さらにキサントンは立体的に大きく，2-キノロンと **6** との複合体において，片方のエナンチオ面を効果的にブロックする〔図 16-7(a)〕．基質 **7** の分子内[2 + 2]付加環化反応では，わずか 5 mol%の触媒 **6** でも高いエナンチオ選択性が発現している〔図 16-7(b)〕．

この反応の実現には，基質である 2-キノロンの一重項励起状態と三重項励起状態のエネルギー準位に大きな差が必要である．一重項励起状態のエネルギー準位は吸光スペクトルの波長に相当する．選択的に増感剤だけを励起するためには，基質の吸収波長は増感剤のそれよりも短波長(すなわち高エネルギー)でなくてはいけない．しかし，基質が増感剤からエネルギーを受け取って三重項励起状態になるためには，基質の三重項エネルギー準位は増感剤のそれより低くなければいけない．

4 エナンチオ選択的レドックス光増感反応

増感剤が反応にどのように関与するかはさまざまであるが，その一つに電子移動増感がある．光励起した分子(増感剤)は酸化力も還元力も基底状態より増加しており(図 16-1)，他分子から一電子を奪う，または一電子を与えることで反応が進行する機構である．この反応では，電子を与えた(もしくは受け取った)増感剤はそのままでは元の基底状態に戻らないので，触媒としては機能できない．

その問題を解決するレドックス光増感反応について説明する．図 16-8(a)に示すように，まず光励起し還元力の高まった増感剤(S*)から電子受容体(A)に一電子移動が起こる．その後，電子を奪われ

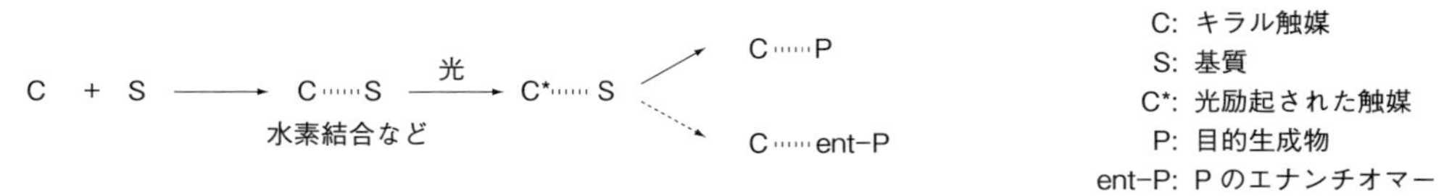

図 16-6　キラル触媒が光増感剤となるエナンチオ選択的光反応

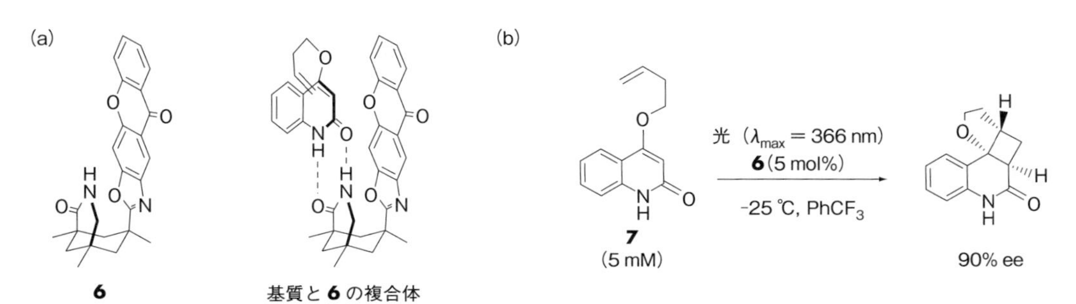

図 16-7　増感剤含有キラルテンプレート **6** の分子構造(a)および **6** を用いるエナンチオ選択的[2 + 2]光付加環化反応(b)

酸化力をまだ残している増感剤($S^{+\cdot}$)が別分子の電子供与体(D)と反応して基底状態(S)に戻って触媒サイクルが完結する．一連の反応で生じた A のラジカルアニオン($A^{-\cdot}$)や D のラジカルカチオン($D^{+\cdot}$)は，図 16-8(c)や図 16-8(d)に示すように，ラジカル的な反応を経て生成物(P)になる．図 16-8(d)は，反応活性な $D^{+\cdot}$ と $A^{-\cdot}$ がお互いに反応して生成物を与える反応であり，無駄の少ない反応といえる．図 16-8(b)は D と A の反応する順番が逆であり，本質的には図 16-8(a)と同じである．

MacMillan らは，彼らが開発したキラルなイミダゾリジノン **8** と増感剤である $Ru(bpy)_3Cl_2$(**9**)をそれぞれ触媒量用いた，エナンチオ選択的レドックス光増感反応を開発した〔図 16-9(a)〕[6]．

この反応は，①光照射なしでは反応は進行しない，②ルテニウム触媒を添加しないと反応はほとんど進行しない，③臭化アルキル **11** は $^*Ru(bpy)_3^{2+}$(**12**)を消光しないが，エナミン **10** は **12** を消光する，④(2-フェニルシクロプロピル)アセトアルデヒド **13** を基質として用いてもラジカル的開環反応は起こさない．これらの事実から，図 16-9(b)の反応機構を提唱した．過去の報文により[7]良好な不斉環境を構築できると予想された中間体エナミン **10** に対して，光反応から生じた炭素ラジカルが反応する．その結果生じたラジカル種が電子供与体として $^*Ru(bpy)_3^{2+}$(**12**)と反応して，レドックス光増感の触媒回転を完結させている．電子受容体と電子供与体それぞれから生じたラジカルイオン種がお互いに反応して生成物を与える図 16-8(d)のタイプの反応である．

5 光スイッチングによる不斉環境の制御

不斉触媒を外部からの刺激により変化させて不斉

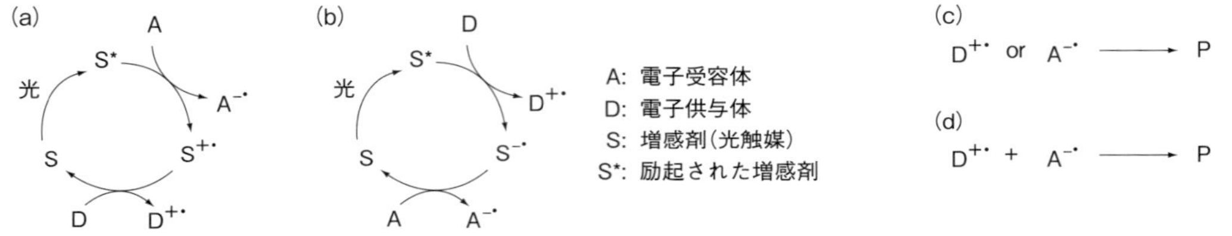

(a) 光 S S* A $A^{-\cdot}$ $S^{+\cdot}$ D $D^{+\cdot}$

(b) 光 S S* D $D^{+\cdot}$ $S^{-\cdot}$ A $A^{-\cdot}$

A: 電子受容体
D: 電子供与体
S: 増感剤(光触媒)
S*: 励起された増感剤

(c) $D^{+\cdot}$ or $A^{-\cdot}$ ⟶ P

(d) $D^{+\cdot}$ + $A^{-\cdot}$ ⟶ P

図 16-8　レドックス光増感反応の反応機構

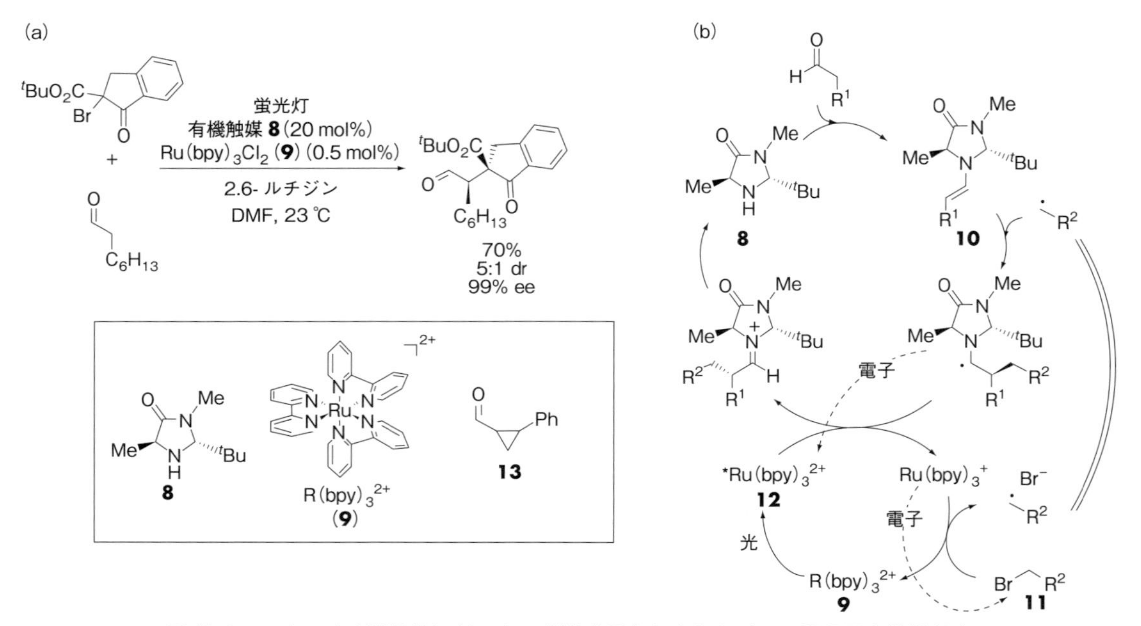

図 16-9　エナンチオ選択的レドックス光増感反応(a)およびその提唱反応機構(b)

環境をコントロールする研究が活発に行われている．外部刺激としては，アキラルな反応剤，溶媒，温度，pH の変化などさまざまあるが，光はもっとも簡便に用いることのできる外部刺激の一つである．

Feringa らは，彼らが独自に開発していた，外部刺激によって一方向へのみ順次回転する分子モーターを利用して，光刺激に応答して不斉環境を変化させる分子 **14** を報告した〔図 16-10(a)〕[8]．分子モーターは，かさ高い第四級アルケンをその駆動部に持つ分子であり，光や加熱冷却などの外部刺激により四段階にて一回転する．ただし，そのうちの一つは極低温でないと構造を保持できないため，実用的には三つの状態を行き来する．彼らは，チオウレア官能基とジメチルアミノピリジンユニットをそれぞれ分子モーターの末端に備えた分子 **14** を創製し，モーターの三状態それぞれでの触媒活性を調査した〔図 16-10(b)〕．その結果，触媒能がほとんどない，*S* 体を優先して与える，*R* 体を優先して与える，といった触媒活性の変化が観測された．光による分子構造変化を，生成物の収率や選択性というアウトプット変化にうまく関連付けた反応デザインといえる．

6 まとめとこれからの展望

以上，エナンチオ選択的反応を中心に，光と有機分子触媒を融合させた光化学について述べた．光を受け取り励起される分子が，基質の場合や，有機分子触媒や金属触媒の場合もあり，反応の種類はさまざまであることがおわかりいただけたかと思う．さらに，扱いやすい外部刺激としての光の利用についても最後に紹介した．

どんなに優れた触媒も熱力学的な平衡の位置を変えるわけではない．この限界を取り払う添加剤が光である，と筆者は解釈している．金属を含有できない，すなわち利用できる元素に制限がある“有機分子触媒”と名前をもつ分子を扱う化学者にとって，光化学との融合は無限の可能性を与える希望の光であり，今後さらに多くの新反応が開発されることで

(a)

(*P*,*P*)-*trans*-**14**

光(312 nm), 20 ℃

1) 光(312 nm), −60 ℃
2) −10℃

(*M*,*M*)-*cis*-**14**

70 ℃

(*P*,*P*)-*cis*-**14**

(b)

触媒(0.3 mol%)

CD_2Cl_2, −15 ℃, 15 h

触媒	収率	エナンチオ過剰率
(*P*,*P*)-*trans*-**14**	7%	2% (*R*)
(*M*,*M*)-*cis*-**14**	50%	50% (*S*)
(*P*,*P*)-*cis*-**14**	83%	54% (*R*)

図 16-10　光と熱による触媒 **14** の構造変換(a)および不斉マイケル反応への適用(b)

あろう.

光反応は行ったことがなく抵抗がある，という読者も多いのではないかと思う．たしかに，光照射装置や特殊なガラス容器を準備する必要がある．また，波長選択や官能基のモル吸光係数，励起状態での性質など光化学特有のパラメータを考慮しなければいけない．しかしながら，300 nm 以上の光であれば，安価な LED ランプやブラックライト，家庭用の蛍光灯などで間に合う場合もあるし，反応容器はパイレックス製の通常のガラス容器で問題ない．また，反応の加速や選択性の向上を目的として分子デザインを考えていく反応開発のスタンスは，通常の有機反応の場合とさして変わらない．興味がある方はぜひ挑戦してみてほしい．

◆ 文 献 ◆

[1] T. Bach, H. Bergmann, *J. Am. Chem. Soc.*, **122**, 11525 (2000).
[2] R. Brimioulle, T. Bach, *Science*, **342**, 840 (2013).
[3] C. Ke, C. Yang, T. Mori, T. Wada, Y. Liu, Y. Inoue, *Angew. Chem., Int. Ed.*, **48**, 6675 (2009).
[4] A. Bauer, F. Westkämper, S. Grimme, T. Bach, *Nature*, **436**, 1139 (2005).
[5] C. Müller, A. Bauer, T. Bach, *Angew. Chem., Int. Ed.*, **48**, 6640 (2009).
[6] D. A. Nicewicz, D. W. C. MacMillan, *Science*, **322**, 88 (2008).
[7] M. P. Brochu, S. P. Brown, D. W. C. MacMillan, *J. Am. Chem. Soc.* **126**, 4108 (2004).
[8] J. Wang, B. L. Feringa, *Science*, **331**, 1429 (2011).

+ COLUMN +

★いま一番気になっている研究者

David A. Nicewicz

（アメリカ・ノースカロライナ大学助教）

Nicewicz らは，アルケンとヘテロ原子求核剤（アルコール，アミン，ハロゲンなど）とのアンチマルコフニコフ型付加反応を開発した．通常のアルケンとヘテロ原子求核剤との反応は，ブレンステッド酸を触媒として，マルコフニコフ則に従って生成物を与える．分子内反応のときのような立体的な制限をかけたりせず，アンチマルコフニコフ型の付加生成物を得るのは難しい．Nicewicz らは可視光により励起する光増感剤を用いたレドックス光増感反応によりそれを実現した．光増感剤としては，福住，大久保らが開発した励起状態の酸化力が大きいアクリジニウム塩(E_{red} = +2.06 V vs SCE, MeCN)を用いた．光励起されたアクリジニウム塩がアルケンを酸化し，アルケンはラジカルカチオンを生成する．このラジカルカチオンがヘテロ原子求核剤と反応し炭素ラジカルを生じる．このとき，多置換炭素上にラジカルが生じた方が安定であるために，アンチマルコフニコフ型で付加反応が進行すると考えられる．この段階で，一電子還元を受けたアクリジニウム塩が炭素ラジカルに電子を渡せば触媒反応が完結するのだが，その段階が遅い反応であることがわかった．彼らは，チオールやマロニトリルなどの水素原子源を添加してこの問題を解決しているところが巧妙である．光と有機分子触媒の組み合わせにより，熱反応では得られない反応性や選択性を与える反応を開発していくうえで，基盤となる反応といえる．

D. S. Hamilton, D. A. Nicewicz, "Direct Catalytic Anti-Markovnikov Hydroetherification of Alkenols," *J. Am. Chem. Soc.*, **134**, 18577 (2012).

Chap 17

ペプチド触媒

Peptide Catalyst

工藤　一秋
（東京大学生産技術研究所）

Overview

酵素は，高効率・高選択的な優れた触媒であり，その機能はポリペプチド鎖のとる三次元的な分子構造に立脚している．ポリペプチドの構成要素がα-アミノ酸であることから，同様にα-アミノ酸をつなげてできる人工ペプチドを高機能触媒に，という発想が自然に生まれてくる．しかしながら実際には，ただやみくもにアミノ酸をつなげてみても，触媒機能をもつペプチドは簡単にはできてこない．本章では，ペプチド触媒研究が大きな進展を見せた2000年前後から現在までの流れを中心に，ペプチド触媒が何をきっかけにどのように発展してきたか，それらはどんなアミノ酸で構成されるか，さらには現在何がどこまでできるのかについて解説する．

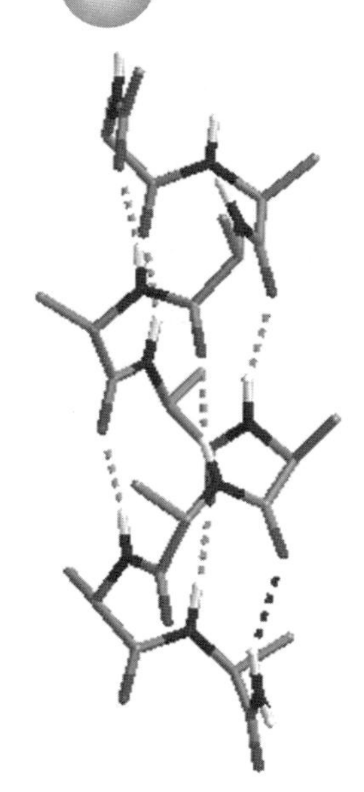

▲ペプチドのα-ヘリックス構造
［カラー口絵参照］

■ **KEYWORD** 📖マークは用語解説参照

■ペプチド触媒（peptide catalyst）
■二次構造（secondary structure）
■ターン構造（turn structure）📖
■ヘリックス構造（helix structure）
■アミン触媒（amine catalyst）
■速度論的光学分割（kinetic resolution）
■位置選択的反応（regioselective reaction）
■サイト選択的反応（site selective reaction）
■ライブラリスクリーニング（library screening）
■非天然アミノ酸（non-natural amino acid）

はじめに

酵素は，生体内で高効率かつ高選択的に反応を進める触媒である．ここでいう選択性には，立体選択性はもちろん，人工触媒では達成が難しい位置選択性，サイト選択性，および化学選択性も含まれる．そのように優れた触媒機能を示す酵素だが，基質特異性が極めて高く，生体に必要な反応しか触媒しないため，有機合成での使用は限られる．酵素の特長をそなえつつも，生体反応以外の反応を効率的・選択的に進める触媒が手に入れば，その価値は大きい．酵素の機能がその三次元的な分子構造に由来していることは明らかで，それはポリペプチド鎖の高次構造に支えられている．このことから，同様に高次構造を与えることが期待できる人工ペプチドを触媒に，という発想が自然に生まれてくる．ここでは，ペプチド触媒研究の流れと最新の情報を紹介する．

1 ペプチド触媒ことはじめ

まず，ペプチド触媒の歴史を簡単に振り返ってみたい[1]．

1975 年に井上らは，2.5 mol%の H-[Glu(OBzl)]$_{10}$-NHBu 存在下でチオールの 3-メチル-3-ブテン-2-オンへの共役付加を行うと，生成物が 47% ee で得られることを報告した．このポリアミノ酸は NCA(*N*-カルボキシ酸無水物)の重合で得たもので，*α*-ヘリックス構造(口絵参照)をとる．その 5 年後，HOO$^-$ によるカルコンのエポキシ化反応において，やはり，*α*-ヘリックス構造をとる H-(Ala)$_{30}$-NHBu を 21 mol%用いると，90% ee 以上もの不斉収率が実現できることを Juliá らが発表している．また 1982 年には大久保らが，ベシクル中での *N*-アシルアミノ酸エステルのジペプチド Cbz-Leu-His-OH(Cbz＝カルボベンゾキシ基)による加水分解において，基質のエナンチオマー間で反応速度が大きく違うこと($k_L/k_D > 80$)を報告している．それ以降もペプチドを触媒とする反応に関していくつか発表があったが，上述の反応を含めいずれも不斉発現の機構がはっきりせず，反応基質の適用範囲にも限りがあって，大きな進展には至らなかった．

本格的にペプチド触媒の分野が動き出したのは，1998 年に Miller らがトリペプチドを触媒とするキラル第二級アルコールの速度論的光学分割アシル化を報告してからである[2]．彼らの触媒分子設計は，図 17-1 に示したペプチド **1** が水素結合によりターン構造をとることを利用したもので，イミダゾール部位が酸無水物と反応して活性中間体を形成，これがアシルドナーとなってエステル化が進む．彼らはその後，このターン構造を機軸にしてペプチド触媒を大きく発展させたが，その成果は後に改めて紹介する．

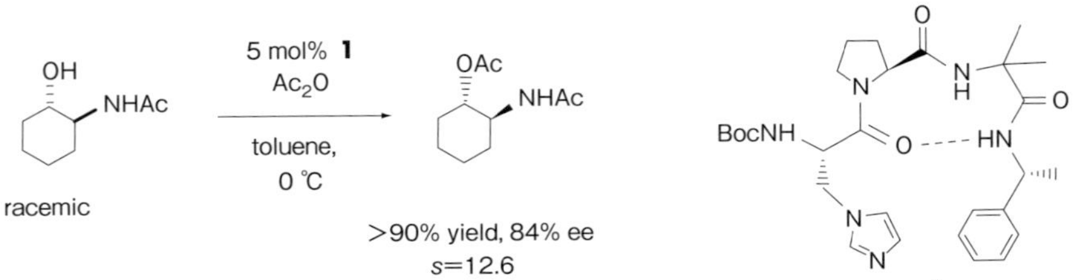

OH NHAc racemic
5 mol% **1**, Ac$_2$O, toluene, 0 ℃
OAc NHAc
>90% yield, 84% ee
s=12.6
BocNH, O, N, H, HN, N, N
1

図 17-1 ペプチド触媒による速度論的光学分割

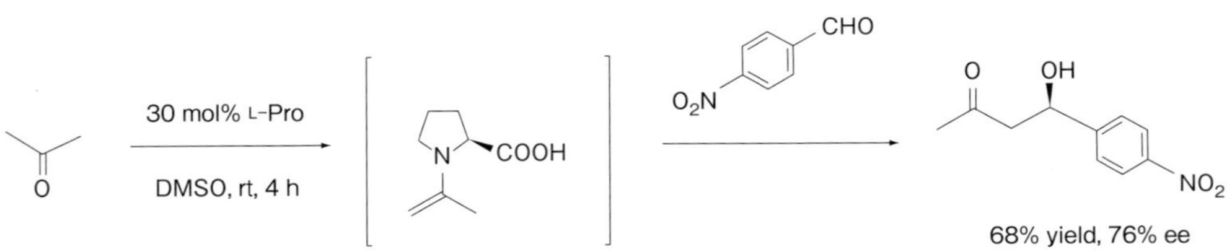

O
30 mol% L-Pro, DMSO, rt, 4 h
N COOH
CHO, O$_2$N
O OH NO$_2$
68% yield, 76% ee

図 17-2 プロリン触媒による交差不斉アルドール反応

ペプチド触媒の研究に火をつけたという意味では，より波及効果が大きかったのは，2000年のListらによるプロリン触媒交差不斉アルドール反応の報告である(図17-2)[3]．この反応はエナミン機構で進むので，触媒は必ずしもアミノ酸のプロリンである必要はなく，N末端にプロリンをもつペプチドでも同様のことが起こりうる．ペプチド鎖が望ましい関与をすれば触媒機能の向上が期待される，というわけである．

2 ゴールドラッシュ時代

まず“本家”のListら自身が，N末端プロリルペプチド触媒への展開を試みている[1]．ジペプチドH-Pro-Xxx-OH(Xxx：天然の20種のアミノ酸から選び出した8種)を触媒とする交差不斉アルドール反応について2003年に発表しているが，プロリン自身のもつエナンチオ選択性をしのぐ結果には至らず，2例行ったトリペプチド触媒も，やはり同様だった．

それ以降2007年頃までに，相当数のグループがペプチド触媒による不斉交差アルドール反応を手がけた．報告のほとんどはジペプチドないしはトリペプチド触媒に関するもので，N末端プロリルペプチドに限らず，広く検討された．ジペプチドならば“腕ずく”で進めることも不可能ではなく，基質・添加剤・反応条件を最適化した結果，極めて高い収率・選択性を与えるケースも報告された．また，ペプチドという方向性とは別に，プロリン誘導体を触媒に，というものも数々検討され，まさにゴールドラッシュの時代だったといえる．

しかしここではあえて，図17-2の基質の反応に固定して，しかも，α-アミノ酸だけからできたペプチド触媒に限って眺めると，プロリン触媒の不斉収率を上回ったのはWennemersらのH-Pro-Pro-Asp-NH_2(80% ee)のみだった[4]．このトリペプチド触媒には，そのこと以外にも2つの大きな特徴がある．一つめは，触媒活性の高さだ．プロリンやほかのペプチド触媒が軒並み20 mol%以上の量を必要とするところ，この触媒はわずか1 mol%で反応を進行させた．もう一つは反応のエナンチオ選択性で，ほかのプロリン型触媒と逆のエナンチオマーを優先して与えている．これらのことは，N末端のプロリンだけではなくペプチド全体が反応に関わった証左といえる．彼女らのグループはそれ以降，後述するようにこのペプチド触媒の特長を最大限に引き出す展開を取った．

筆者らも，N末端プロリルペプチドのもつ可能性に引き込まれて，研究に着手した．結果としてはH-D-Pro-Tyr-Phe-NH-resin(resin ＝ ペプチド固相合成用のPEG-PS樹脂)の73% eeが最高で，プロリンの値に届かなかった[5]．ただし，反応に水系溶媒(H_2O/THF ＝ 1/1)を用いており，プロリン触媒の反応で知られていた「水の存在によるeeの大幅な低下」を回避したという点で，独自性を出すことができた．また，ペプチドを固相合成用の両親媒性樹脂から切り離さずに用いることで，ペプチド精製の手間が省けるとともに，触媒反応を行った際の触媒の回収・再利用が容易にできた．

不斉交差アルドール反応を進めるキラルアミン触媒はペプチド以外にも数多くあり，この反応にとどまる限りは，ペプチド触媒固有の価値を示すのは難しい．以下に，不斉交差アルドール反応以外の反応を対象に，筆者らを含め系統的にペプチド触媒研究を進めてきたグループのその後を紹介する．

3 ペプチド触媒の新たな展開

3-1 エナミン触媒

Wennemersらは，前項のトリペプチド触媒を見いだして以降，この触媒やその類縁体を用いてさらなる反応の検討を進め，エナミン機構によるアルデヒドのニトロオレフィン類への共役付加において，極めて効率の高い新たなトリペプチド触媒H-D-Pro-Pro-Glu-NH_2(**2**)を見いだした[6]．反応は，わずか0.1 mol%の触媒存在下で進行する．この量は，有機触媒としてはかなり少なく，また生成物は生理活性が期待されるキラルなγ-アミノ酸に誘導できることから，創薬分野で実用可能なペプチド触媒を開発したといえる(図17-3)．彼女らはその後，求電子剤のニトロアルケンとしてα,β-二置換のもの，ならびにβ位二置換のものを用いて，それぞれ3連

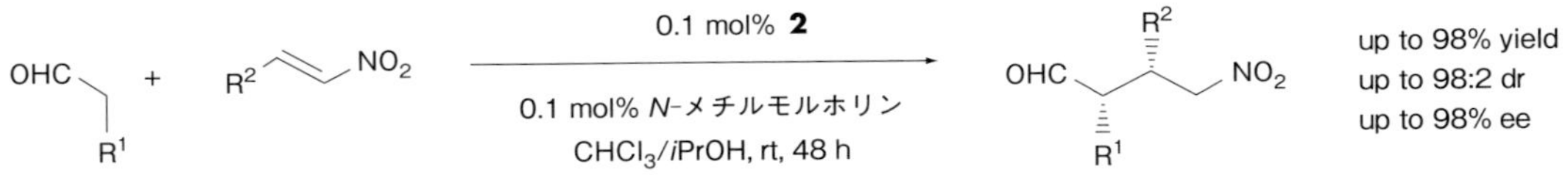

OHC(R^1) + R^2CH=CHNO_2 → (0.1 mol% **2**, 0.1 mol% *N*-メチルモルホリン, $CHCl_3$/*i*PrOH, rt, 48 h) OHC–CH(R^1)–CH(R^2)–CH_2NO_2

up to 98% yield
up to 98:2 dr
up to 98% ee

図 17-3　ペプチド触媒によるアルデヒドのニトロオレフィンへの共役付加

続不斉炭素をもつ化合物の高立体選択的合成，および全炭素置換第四級不斉炭素をもつ化合物の不斉合成へと拡張している[7]．一方で，フローケミストリーへの展開も図り，樹脂固定化ペプチドを詰めたカラムに原料溶液をゆっくりと通じることで，数十グラムオーダーのスケール並びに高い立体選択性で付加体が得られることを報告した．

3-2　イミニウム触媒

一方筆者らは，ペプチドをイミニウムイオン機構型アミン触媒(以下，イミニウム触媒と称する)とする反応への転換を図り，「水に強い」という固定化ペプチド触媒のイメージをさらに前面に押し出すべく，水系溶媒中でのβ置換エナールへの不斉ヒドリド移動反応を行った〔図 17-4(a)〕．しかし，H-Pro-NH-resin および H-Pro-$(Leu)_2$-NH-resin のいずれを用いても転化率は 3 %以下で，当時ささやかれていた「プロリンアミドはイミニウム触媒にはならない」という通説は，正しそうに思われた．ところが，あえてもっと長いポリロイシン鎖をもつ H-Pro-$(Leu)_{25.4}$-NH-resin を試したところ転化率は 21%に上がり，さらに溶媒を THF/H_2O = 2/1 から 1/2 に変えると 63%にまで上昇して，ポリロイシン鎖の形成する疎水場に反応基質が集まるような感触を得た．なお，この触媒のポリロイシン鎖部分は，NCA の開環重合によって得たものである．エナンチオ選択性は 24% ee と高くはなかったが，反応が進みさえすればアミノ酸配列の最適化でなんとかなると楽観して試行錯誤を進め，90%以上の ee を示すペプチド触媒 H-Pro-D-Pro-Aib-Trp-Trp-$(Leu)_{25}$-NH-resin(**3**; Aib = 2-アミノイソ酪酸)にたどり着いた[8]．この同じ触媒が，同様にイミニウムイオン機構で進むほかの不斉反応〔図 17-4(b)〕，さらにはエナミンもしくはそのカチオンラジカルを経て進む反応〔図 17-4(c)〕にも適用可能であるとわかった[9]．

NMR，IR，および CD スペクトル，ならびに対照実験の結果などから，このペプチド触媒は図 17-5 に示したように，末端 5 残基がターン構造をとって反応中間体の一方の面を塞ぐことによって反応をエナンチオ選択的に進めることが示唆された．また，α-ヘリックス構造をとるポリロイシン鎖部分には，水系溶媒中で N 末端側ターン構造を安定化させるはたらきがあることがわかった．

このペプチド **3** を起点に，ペプチド触媒に固有な反応を目指した．まず，全炭素置換第四級不斉炭素の構築反応をターゲットとし，β位二置換エナールへのニトロメタンの高エナンチオ選択的(>95% ee)

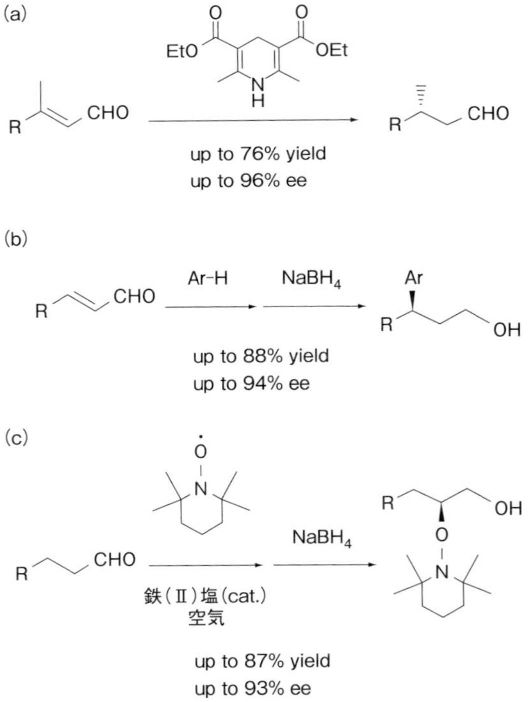

(a)
EtO / OEt (Hantzsch ester)
R–C(Me)=CH–CHO → R–CH(Me)–CH₂–CHO
up to 76% yield
up to 96% ee

(b)
R–CH=CH–CHO → (Ar-H) → ($NaBH_4$) R–CH(Ar)–CH₂–CH₂OH
up to 88% yield
up to 94% ee

(c)
R–CH₂–CH₂–CHO → (TEMPO, 鉄(II)塩(cat.), 空気) → ($NaBH_4$) R–CH₂–CH(O–N)–CH₂OH
up to 87% yield
up to 93% ee

図 17-4　ペプチド触媒 **3** を用いたイミニウムイオン機構(a)，(b)ならびにエナミン機構(c)での不斉反応．いずれも 20 mol %の触媒存在下，THF/H_2O = 1/2，室温での反応

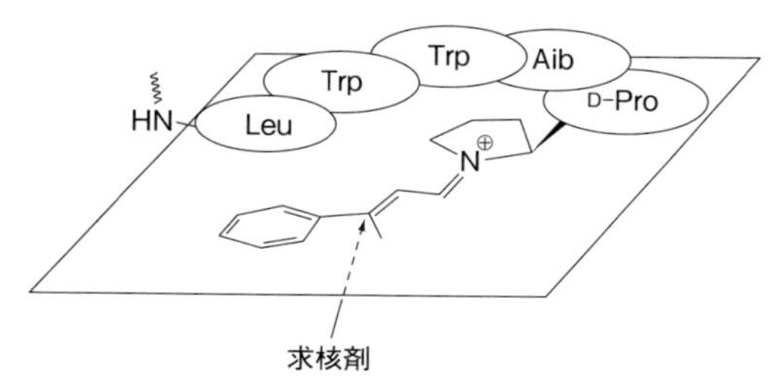

図 17-5 ペプチド触媒 3 による反応の推定機構

共役付加反応を実現した〔図 17-6(a)〕[10]．ホルミル基とニトロ基の双方から見てβ位に第四級不斉炭素をもつこの生成物は，くしくも先に述べたWennemersらの付加生成物と同じ骨格をもっており，彼女らはエナミン機構，筆者らはイミニウムイオン機構の反応を通じ，それぞれにペプチド触媒の利点を活かして同様な生成物にたどり着いたという事実は興味深い．なお，イミニウム機構での第四級不斉炭素形成反応については，後に林らがジフェニルプロリノール触媒で進行することを報告しているが[11]，エナンチオ選択性はペプチド触媒を用いた系の方が高い．

ペプチド触媒に期待されることといえば，やはりミニ酵素様の振る舞い，つまり「サイズの大きな触媒分子が基質分子を適切に認識して反応を進めること」だろう．これに関し，筆者らは位置選択的な反応，すなわち$\alpha,\beta,\gamma,\delta$-不飽和アルデヒドへの1,6-優先的な付加反応を実現した〔図 17-6(b)〕[12]．この反応では，過剰量のヒドリド源を用いているので，1,6-付加に続いて1,4-付加が起こった飽和アルデヒドが主生成物となっている．低分子有機触媒を用いた場合には1,4-付加が優先することから，この系では反応位置がペプチド触媒によって制御されたと考えている．詳細は不明だが，ペプチド触媒を使うと中間体イミニウムイオンのδ位がβ位よりも“むき出し”になるためと推察している．筆者らはまた，面不斉化合物のキラル識別能に基づく速度論的光学分割も発表している〔図 17-6(c)〕[13]．面不斉化合

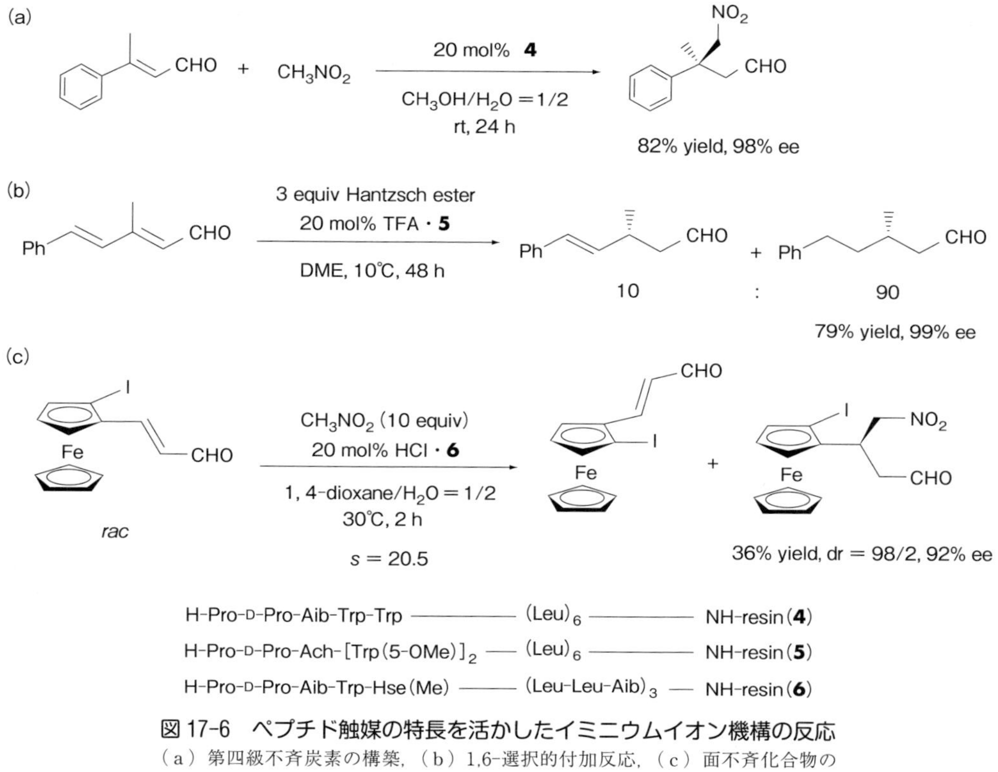

(a)

CHO + CH_3NO_2 —— 20 mol% **4**, $CH_3OH/H_2O = 1/2$, rt, 24 h → NO_2, CHO

82% yield, 98% ee

(b)

Ph–CHO —— 3 equiv Hantzsch ester, 20 mol% TFA・**5**, DME, 10℃, 48 h → Ph–CHO + Ph–CHO

10 : 90

79% yield, 99% ee

(c)

I, Fe, CHO, *rac* —— CH_3NO_2 (10 equiv), 20 mol% HCl・**6**, 1, 4-dioxane/H_2O = 1/2, 30℃, 2 h → CHO, I, Fe + I, NO_2, Fe, CHO

$s = 20.5$

36% yield, dr = 98/2, 92% ee

H-Pro-D-Pro-Aib-Trp-Trp —— $(Leu)_6$ —— NH-resin(**4**)

H-Pro-D-Pro-Ach-$[Trp(5\text{-}OMe)]_2$ —— $(Leu)_6$ —— NH-resin(**5**)

H-Pro-D-Pro-Aib-Trp-Hse(Me) —— $(Leu\text{-}Leu\text{-}Aib)_3$ —— NH-resin(**6**)

図 17-6 ペプチド触媒の特長を活かしたイミニウムイオン機構の反応

(a) 第四級不斉炭素の構築，(b) 1,6-選択的付加反応，(c) 面不斉化合物の速度論的光学分割．Hse(Me)＝ホモセリンメチルエーテル．

物は分子サイズが大きくてかつ不斉点をもたないため，そのキラル識別は一般に困難であり，実際，低分子触媒ではうまくいかないことを確認している．この速度論的光学分割は，反応中間体であるイミニウム塩への求核付加をペプチド分子が効果的に制限することによって実現していると考えている．

3-3　アシル化ならびに類似反応の触媒

Miller らは，ゴールドラッシュにはまったく目もくれず，最初に紹介したラセミアルコールの速度論的光学分割アシル化反応に軸足を置いて研究を進めた[1]．アルコールのアシル化のみならず，リン酸エステル化，スルフィン酸エステル化，さらには間接的ではあるがキラルアミン類のアシル化による速度論的光学分割[14]へと，大きく展開した．また，速度論的光学分割の応用として，鏡面対称化合物の非対称化反応も行っている．興味深い例として，ビスフェノール型骨格をもつ鏡面対称化合物の非対称化をあげておく（図 17-7）[1]．触媒として Boc-His(*N*-Me)-Asn(Trt)-Aib-Ser(*t*Bu)-Leu-Phe-OMe(**7**; Trt ＝トリチル基)を用いた場合に収率 68%，72% ee で生成物を与え，C 末端側の 2 残基をキラルジアミンに置き換えた化合物では収率 80%，95% ee とさらに良好な結果を得ている．この非対称化反応は酵素ですら困難で，ペプチド触媒の独自性の好例といえる．

彼らは，ペプチド触媒による分子認識能を鏡像異性体の識別にとどめずに，創薬へとつながる生理活性物質のサイト選択的修飾反応にも適用している．エリスロマイシン A は 5 つの OH 基をもつが，そのなかで図 17-8 の（a）と（b）に示した OH 基の反応性が大きい．これをアシル化する際に，分子認識能をもたない *N*-メチルイミダゾール(NMI)を触媒に用いたときとペプチド Boc-His(*N*-Me)-D-Pro-Aib-Trp(Boc)-Phe-OMe(**8**)を使った場合でアシル化が優先する OH 基が逆転することが見いだされた[1]．

最近では，抗生物質の作用機序に立脚して予測可

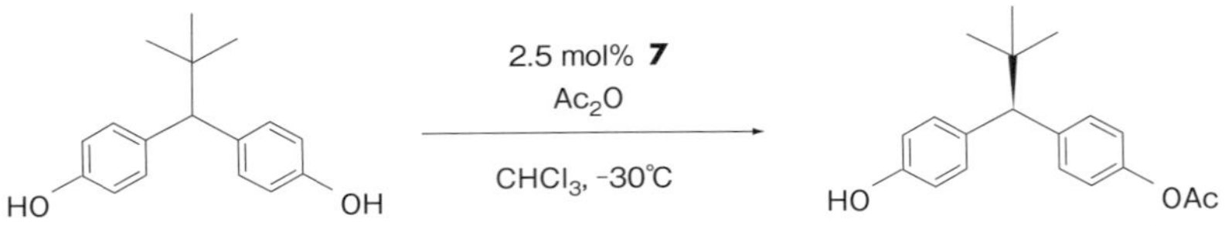

2.5 mol% **7**
Ac_2O
$CHCl_3$, -30℃

図 17-7　ペプチド触媒 **7** による反応点の離れた鏡面対称化合物の非対称化

NMI：c/d ＝ 5/1
peptide **9**：c/d ＝ 1/27

NMI：a/b ＝ 4/1
peptide **8**：a/b ＝ 1/5

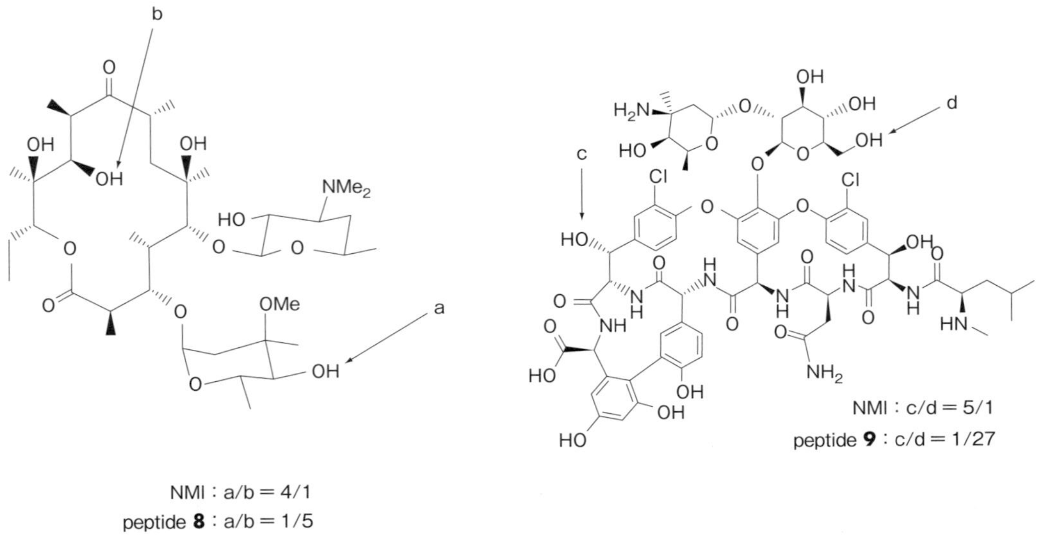

図 17-8　エリスロマイシン A（左）ならびにバンコマイシンのサイト選択的修飾（右）

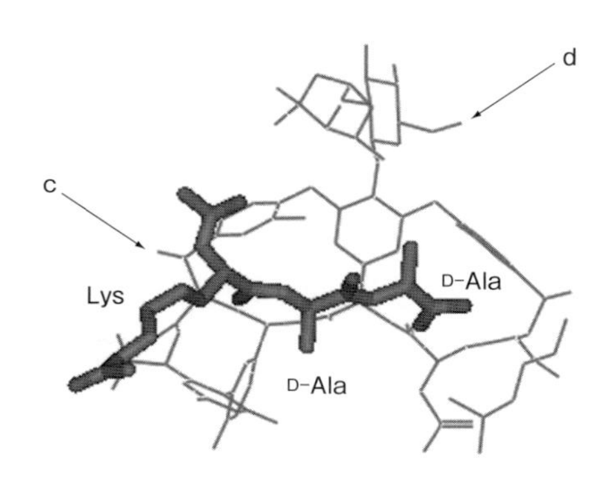

図 17-9 Ac-Lys(Ac)-D-Ala-D-Ala-O$^-$(太線)とバンコマイシン(細線)の複合体(PDB ID: 1FVM)の結晶構造

能な形でサイト選択性を実現することにも成功している．たとえば，アミノ基，カルボキシ基，フェノール性OH基を保護したバンコマイシンをチオノカーボナートに導く反応でCbz-Lys(Cbz)-D-Ala-D-His(*N*-Me)-O$^{-+}NBu_4$(**9**)を触媒に用いると，ペプチドによる反応サイトの制御が基質固有の選択性を凌駕した結果が得られている[15]．このペプチド触媒**9**は，Ac-Lys(Ac)-D-Ala-D-Ala-O$^-$とバンコマイシンの複合体の結晶構造(図 17-9)に基づいて設計されたもので，ペプチドC末端側D-Alaの側鎖にNMIをつなげた構造をもち，そのNMIがちょうど図 17-8の(d)のヒドロキシ基の近くに来るようになっていて，これにより高いサイト選択性を達成している．

3-4 酸化触媒

Millerらはまた，反応系中でアスパラギン酸の側鎖カルボキシ基を過酸へと誘導し，その過酸を酸化剤とする酸化反応系を打ち立てて，含アスパラギン酸ペプチド触媒による選択的反応を展開した〔図 17-10(a)〕[16]．

Baeyer-Villiger反応では，基質自体のもつ性質を“乗り越えて”ペプチドが転位基を制御する系を見いだすとともに，立体選択性のコントロールにも成功している〔図 17-10(b)〕[17]．

さらに圧巻は，サイト選択的エポキシ化反応である．彼らは，三置換アルケンを分子内に3箇所もつ

+ COLUMN +

★いま一番気になっている研究者

Scott J. Miller
(エール大学 教授)

ペプチド触媒を語るうえではずせないのは，やはりMiller教授だ．彼らは，知られている有機触媒反応をペプチドに適用することよりも，触媒反応自体を自ら開発することに力を注ぎ，オリジナリティーの高いペプチド触媒につなげている．たとえば，彼らはアルコールのアシル化のためのペプチド触媒に*N*-メチルイミダゾール部位をもつ修飾ヒスチジンを使っているが，この同じ修飾ヒスチジンを塩基触媒として使ったアジドアニオンの不斉マイケル付加を開発している．本文中で紹介した，アスパラギン酸側鎖から系中で過酸を発生させる方法もまた，彼らのオリジナルだ．さらには，ペプチドを触媒とするフェノールの臭素化反応を開発して，それを軸不斉フェノールの動的な速度論的光学分割へと発展させている．一方，彼らの研究を違う角度から見ると，総じて官能基変換反応に重きが置かれていることに気が付く．創薬の分野ではしばしば天然物がリード化合物となり，その分子を一部改変することで副作用を除いたり活性を上げたりするアプローチがあるが，天然物の誘導体を一から合成するよりも，サイト選択的に誘導化できるならばその方がはるかに効率的である．そこで必要とされるのは分子骨格を変える炭素-炭素結合生成(あるいは切断)反応ではなく，官能基変換反応である．彼らの研究はそういった方向を目指していると思われ，実際，抗生物質などのサイト選択的誘導化と生成物のアッセイへと展開している．どこまで発展を遂げるのか，目が離せない存在である．

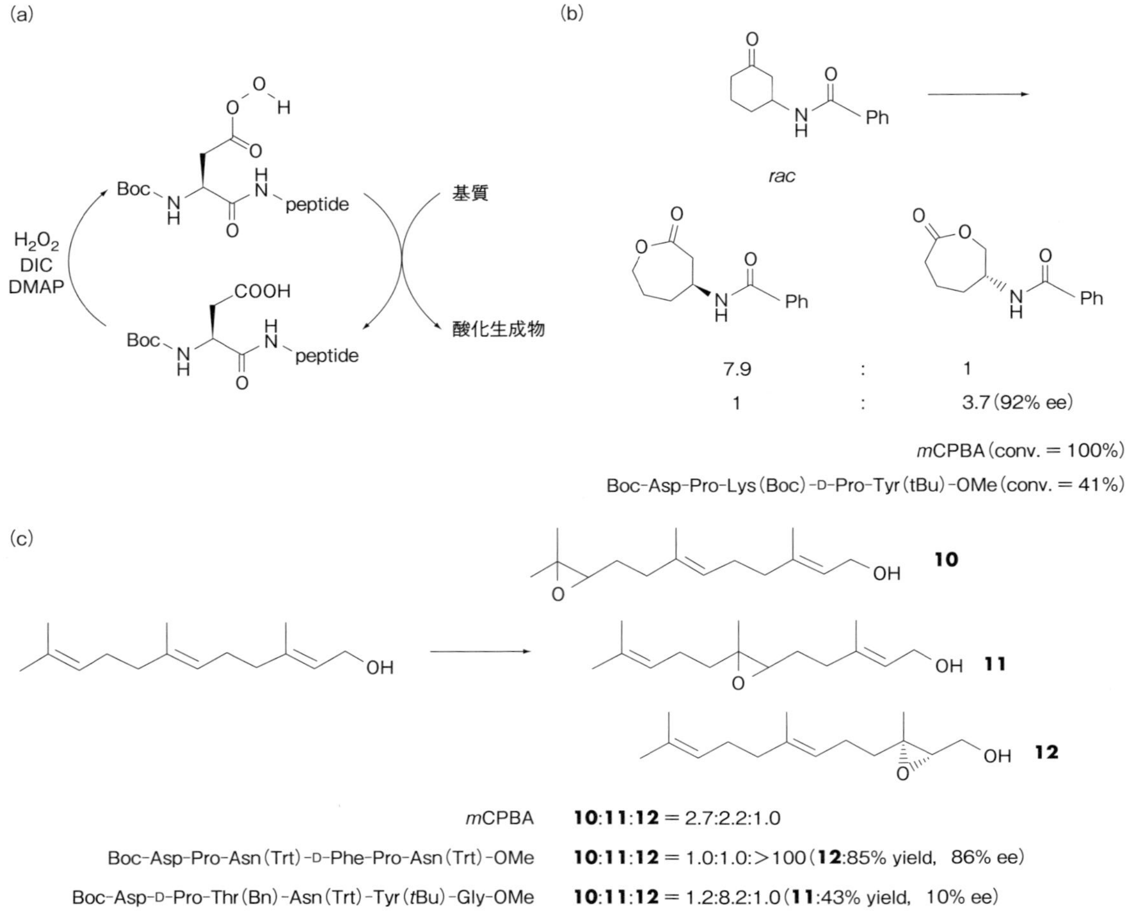

(a)

基質

酸化生成物

H_2O_2
DIC
DMAP

(b)

rac

7.9 : 1
1 : 3.7 (92% ee)

*m*CPBA (conv. = 100%)
Boc-Asp-Pro-Lys (Boc) -D-Pro-Tyr (tBu) -OMe (conv. = 41%)

(c)

*m*CPBA	**10**:**11**:**12** = 2.7:2.2:1.0
Boc-Asp-Pro-Asn (Trt) -D-Phe-Pro-Asn (Trt) -OMe	**10**:**11**:**12** = 1.0:1.0:>100 (**12**:85% yield, 86% ee)
Boc-Asp-D-Pro-Thr (Bn) -Asn (Trt) -Tyr (*t*Bu) -Gly-OMe	**10**:**11**:**12** = 1.2:8.2:1.0 (**11**:43% yield, 10% ee)

図 17-10　ペプチド触媒による酸化反応の機構（a），サイト選択的 Baeyer-Villiger 反応（b），サイト選択的エポキシ化反応（c）

ファルネソールを基質に用いて，その 2,3 位および 6,7 位の C=C をそれぞれサイト選択的にエポキシ化するペプチド触媒を見いだしている〔図 17-10（c）〕[18]．2,3 位ならば，シャープレス酸化で高選択的にエポキシ化できることはよく知られるが，アンカーとなる OH から相当離れた 6,7 位のアルケンをサイト選択的に反応させることは，低分子触媒ではまず不可能といっていい．サイト選択性は完璧ではないし，エナンチオ選択性はほとんどないといった荒削りなところはあるものの，ともかくもこのような反応が実現可能であることを示したインパクトの大きさは計り知れない．

4 コンビナトリアル化学的手法によるペプチド触媒の探索

ペプチド触媒の開発で手がかかるのは，配列の最適化だ．現状では，明確な指針は残念ながらあまりない．たとえば天然の 20 種のアミノ酸を使うと仮定した場合，トリペプチドでも $20^3 = 8000$ 通りの組み合わせがある．それだけではない．お気づきの方も多いと思うが，これまでに紹介してきた高機能性ペプチド触媒は，そのほとんどが 1 つ以上の非天然アミノ酸や保護アミノ酸を含んでいる．天然の酵素が 20 種の L-アミノ酸を何十，何百とつなげて触媒反応に必要な場を作り出しているのに対して，なるべく短いペプチドで高機能な触媒を作り上げようとした場合に，アミノ酸残基数の少なさを種類の多様性によってカバーするのは，必然的な流れといえる．このようなアミノ酸の拡張を視野に入れると組み合わせの数はさらに増えて，一つずつ合成して評価するのではとても手に負えない．そこで役立つのがコンビナトリアル化学的アプローチ，つまりペプチドライブラリを作製してそのなかから活性なものを取り出す，という方法である．コンビナトリアル化学は，もともとは生理活性ペプチドの探索に端を発しているので，このアプローチはペプチド触媒を見つけるにはうってつけといえる．ただし，何らかの方法でペプチドの触媒能を視覚化する必要がある．

最初にそれを行ったのは Miller らのグループで，彼らはアントラセンの青色の蛍光を利用した[1]．ペプチドを固定する樹脂に，同時に 9-アンスリルメチルアミノ基も固定しておく．紫外光でアントラセン部分が励起されるが，それはアミノ基からの電子移動によってすぐにクエンチされるため，蛍光発光はない．ペプチド触媒で OH 基のアシル化が起こると，アシル化剤である無水酢酸から酢酸が遊離して，それがアミンと塩を形成する．そうなるともはや励起種のクエンチは起こらないため，蛍光が見える，という仕掛けである．これにより，彼らはキラルな第二級アルコールの速度論的光学分割に適したペプチド触媒を探し出すことに成功した〔図 17-11（a）〕．Wennemers らは，触媒活性のアッセイ法として，ペプチド合成用樹脂に反応基質のケトンも固定化しておき，色素ラベル化したアルデヒドを外部から加えることで，交差アルドール反応に対して触媒活性のあるペプチドをもつ樹脂のみが着色する，という

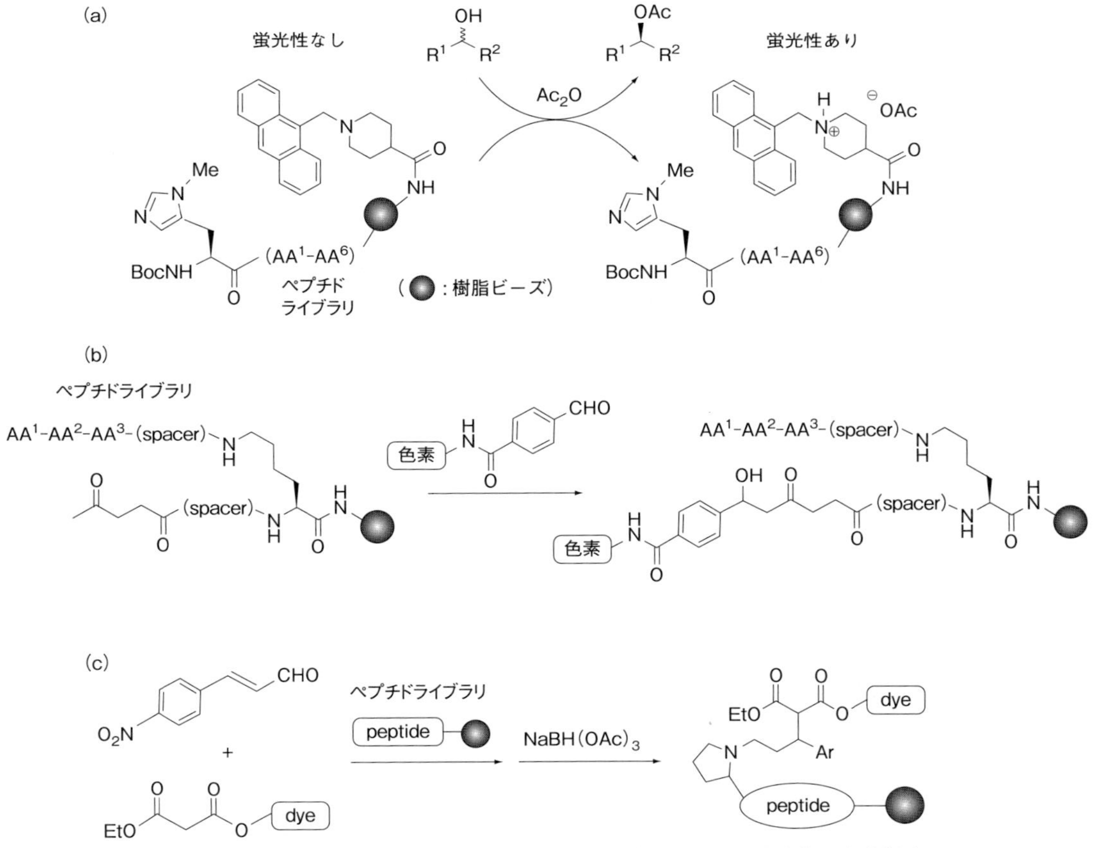

図 17-11　ライブラリスクリーニングによるペプチド触媒の最適化．（a）蛍光の消光解消を利用したもの，（b），（c）色素ラベルされた反応剤の固定化を利用したもの

仕掛けを作り上げた．H-AA_1-AA_2-AA_3-NH-resin というトリペプチドについて，それぞれの場所のアミノ酸に 15 種を用いて，3375 種のペプチドからなるライブラリを作製，これを用いて活性ペプチドを見いだすことに成功している〔図 17-11（b）〕[4]．しかしながら，それらはいずれも樹脂上にペプチド以外のものも同時に固定化しなければならず，手間がかかるうえ，その適用可能範囲には制限がある．

これに対して筆者らのグループでは，ペプチドのみが固定化された樹脂の中からエナールへのマロン酸エステルの不斉マイケル付加に触媒活性のあるものを見つけることに成功している．そこでは，着色性の反応生成物を還元アミノ化反応を用いて樹脂上に固定化する技術を用いている〔図 17-11（c）〕[19]．

ところで，この話を聞いて「おや？」と思った人もいるだろう．これらはいずれも，触媒活性の高いペプチドを見いだすための方法であって，決して高選択的触媒を探すものではないからだ．ライブラリスクリーニングは，目的にかなったものといえるのだろうか．

これに関し，おおまかな傾向として，少なくともエナンチオ選択性に関しては「活性が高いものは選択性も高い場合が多い」という興味深い結果が得られている[20]．これは，通常の低分子の触媒では少し考えにくいことだが，活性が高いペプチド触媒は遷移状態のエネルギーを下げる何らかの仕掛け（付加的な分子間相互作用）をもっており，その仕掛けはペプチドのもつキラルな場のもとで作用すると考えれば理解できるだろう．なお，サイト選択性など，エナンチオ以外の選択性に関しては，活性と選択性の正の相関は必ずしも成り立たず，その場合にはやはり多くのケースを試すほかないのが現状である．

5 おわりに

以上述べてきたように，ペプチド触媒には，選択性の点でほかの触媒では困難な反応を実現することが期待され，また，コンビナトリアル化学的なアプローチによる最適化が可能という特長がある．今後，さらなるサイト選択的反応の拡張ならびに，目的の基質の反応に最適な配列をライブラリスクリーニングで見いだすオンデマンド触媒への展開が期待される．

◆ 文 献 ◆

[1] E. A. C. Davie, S. M. Mennen, Y. Xu, S. J. Miller, *Chem. Rev.*, **107**, 5759 (2007).

[2] S. J. Miller, G. T. Copeland, N. Papaioannou, T. E. Horstmann, E. M. Ruel, *J. Am. Chem. Soc.*, **120**, 1629 (1998).

[3] B. List, R. A. Lerner, C. F. Barbas, III, *J. Am. Chem. Soc.*, **122**, 2395 (2000).

[4] P. Krattiger, R. Kovasy, J. D. Revell, S. Ivan, H. Wennemers, *Org. Lett.*, **7**, 1101 (2005).

[5] K. Akagawa, S. Sakamoto, K. Kudo, *Tetrahedron Lett.*, **46**, 8185 (2005).

[6] M. Wiesner, J. D. Revell, S. Tonazzi, H. Wennemers, *J. Am. Chem. Soc.*, **130**, 5610 (2008).

[7] B. Lewandowski, H. Wennemers, *Curr. Opin. Chem. Biol.*, **22**, 40 (2014).

[8] (a) K. Akagawa, H. Akabane, S. Sakamoto, K. Kudo, *Org. Lett.*, **10**, 2035 (2008); (b) K. Akagawa, H. Akabane, S. Sakamoto, K. Kudo, *Tetrahedron: Asymmetry*, **20**, 461 (2009).

[9] K. Kudo, K. Akagawa, "Polymeric Chiral Catalyst Design and Chiral Polymer Synthesis," ed. by S. Itsuno, Wiley (2011), p. 91.

[10] K. Akagawa, K. Kudo, *Angew. Chem., Int. Ed. Engl.*, **51**, 12786 (2012).

[11] Y. Hayashi, Y. Kawamoto, M. Honda, D. Okamura, S. Umemiya, Y. Noguchi, T. Mukaiyama, I. Sato, *Chem. Eur. J.*, **20**, 12072 (2014).

[12] K. Akagawa, J. Sen, K. Kudo, *Angew. Chem., Int. Ed. Engl.*, **52**, 11585 (2013).

[13] M. Akiyama, K. Akagawa, H. Seino, K. Kudo, *Chem. Commun.*, **50**, 7893 (2014).

[14] B. S. Fowler, P. J. Mikochik, S. J. Miller, *J. Am. Chem. Soc.*, **132**, 2870 (2010).

[15] B. S. Fowler, K. M. Laemmerhold, S. J. Miller, *J. Am. Chem. Soc.*, **134**, 9755 (2012).

[16] G. Peris, C. E. Jakobsche, S. J. Miller, *J. Am. Chem. Soc.*, **129**, 8710 (2007).

[17] D. K. Romney, S. M. Colvin, S. J. Miller, *J. Am. Chem. Soc.*, **136**, 14019 (2014).

[18] P. A. Lichtor, S. J. Miller, *Nat. Chem.*, **4**, 990 (2012).

[19] K. Akagawa, N. Sakai, K. Kudo, *Angew. Chem., Int. Ed.*, **54**, 1822 (2015).

[20] (a) G. T. Copeland, S. J. Miller, *J. Am. Chem. Soc.*, **121**, 4306 (1999); (b) G. T. Copeland, S. J. Miller, *J. Am. Chem. Soc.*, **123**, 6496 (2001).

Chap 18

有用物質合成(医薬品等)への応用

Synthetic Application of Biologically Active Molecules

林　雄二郎
(東北大学大学院理学研究科)
石川　勇人
(熊本大学大学院先端科学研究部)

Overview

21世紀になり，有機分子触媒を利用する不斉触媒反応の開発が爆発的進展を遂げた．これら開発された反応は，高い不斉収率，化学収率，立体選択性を伴って目的化合物が得られるだけでなく，触媒の取扱いやすさやドミノ反応に展開しやすいなどの利点を多くもっているため，医薬品や天然物の全合成に利用され始めた．本章では，医薬品もしくは医薬品候補化合物として重要なバクロフェン，テルカゲパント，オセルタミビル，プロスタグランジン類，および天然由来香料であるβ-サンタロールの不斉有機触媒反応を鍵工程とした全合成について筆者らの最近の研究を交えて紹介する．

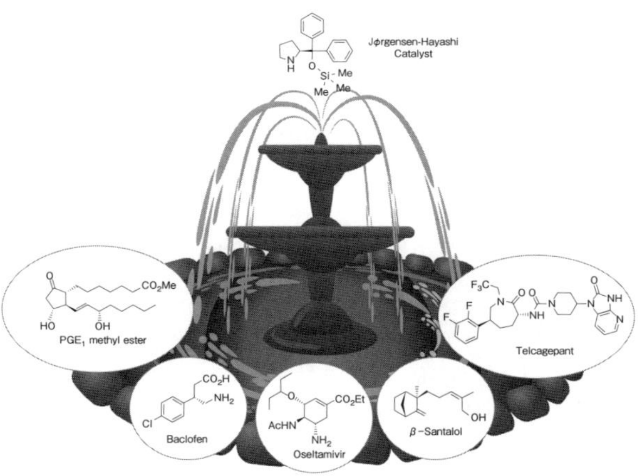

▲ Jørgensen-林触媒を利用して合成された有用物質
［カラー口絵参照］

■ **KEYWORD** 📖マークは用語解説参照

- ■全合成(total synthesis)
- ■ジフェニルプロリノールシリルエーテル触媒(Diphenylprolinol silyl ether catalyst)📖
- ■ドミノ反応(domino reaction)
- ■ワンポット反応(one-pot reaction)📖
- ■バクロフェン(Baclofen)
- ■テルカゲパント(Telcagepant)
- ■オセルタミビル(Oseltamivir)
- ■プロスタグランジン(Prostaglandin)
- ■β-サンタロール(β-Santalol)

1 不斉有機分子触媒反応を用いる有用化合物合成の背景

近年，有機分子触媒を利用する不斉反応が爆発的進展を遂げている．一般に有機触媒は安価で毒性が低く，水や酸素に安定であるなどの実験操作上の利点をもつ．したがって，不斉有機触媒反応は光学活性な医薬品や生物活性物質の全合成研究において極めて魅力的な手法である．

全合成研究では骨格構築反応だけでなく，官能基変換や保護基の導入など多段階の反応を必要とする．少しでも工程数を短くし，簡便に目的化合物を合成することは，全合成において重要な課題となっている．また，有機分子触媒は比較的次の反応を阻害することがない．この特性を利用した有機分子触媒を用いたドミノ反応が近年大きな注目を集め，短段階全合成の一つの手法として数多く開発されてきた．例えば2006年，Endersらは三成分ドミノ反応による光学活性4置換シクロヘキセン環構築反応を報告し，プロリンから誘導される第二級アミン型有機触媒の高い潜在能力を示した[1]．一方，一つのフラスコで次々と反応を行うワンポット反応が有機触媒反応を鍵工程とした全合成において近年注目されるようになった[2]．本章では，有機触媒反応を鍵工程とした有用化合物の全合成について，筆者らの研究を中心に解説する．

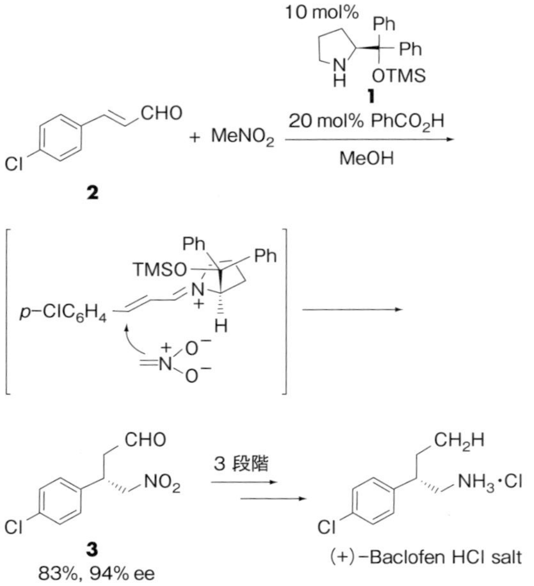

10 mol% 1 (Ph, Ph, N H, OTMS)

2 (Cl, CHO) + $MeNO_2$ —20 mol% $PhCO_2H$ / MeOH→

[p-ClC_6H_4, TMSO, Ph, Ph, N+, H, O−, N+, O−] →

3 (Cl, CHO, NO_2) 83%, 94% ee —3 段階→ (+)-Baclofen HCl salt (Cl, CO_2H, NH_3·Cl)

図18-1 林らによるバクロフェンの全合成

2 不斉マイケル反応を鍵工程とするバクロフェン，テルカゲパントの合成

触媒的不斉マイケル反応は有機触媒の得意とする反応の一つであり，数多くの手法がこれまでに報告されている．すなわち，第二級アミン触媒，チオウレア触媒，相間移動触媒といったバラエティに富んだ触媒が不斉マイケル反応を触媒し，有用な化合物を供給する．本節では，バクロフェン，テルカゲパントの合成を例に挙げ，それぞれの合成における有機触媒反応について解説する．

バクロフェンは筋弛緩剤として現在臨床で用いられている医薬品であり，γ-アミノ酸構造をもっている．医薬品としてラセミ体が市販されているが，R体が活性本体である．したがって，光学活性バクロフェンの工業的に応用可能な合成法の開発が望まれている．2007年，筆者ら[3]，Wangら[4]によって独立にジフェニルプロリノールシリルエーテル触媒**1**を用いたバクロフェンの合成が報告された（図18-1）．なお，ジフェニルプロリノールシリルエーテル触媒**1**は，2005年に林ら，Jørgensenらにより独立に開発された触媒であり，近年，さまざまな不斉反応に応用されている汎用性の高い触媒である．バクロフェン合成の鍵工程は，α，β-不飽和アルデヒド**2**を基質としたニトロメタンの不斉マイケル反応である．本反応は第二級アミン型触媒**1**存在下，アルコール中で進行し，高収率，高立体選択的にマイケル付加体**3**が得られる．触媒反応における立体制御は，触媒とアルデヒドから生成する光学活性イミニウムイオン中間体に対し，かさ高い置換基を避けるように，求核剤であるニトロメタンが接近することで発現する．生成物のアルデヒドとニトロ基をそれぞれカルボン酸，第一級アミンへと変換し，極めて効率的なバクロフェン合成が達成された．なお，2016年，筆者らは自身の合成を深化させ，より効率的なバクロフェンのワンポット合成を達成した[5]．

一方，竹本らにより，独自に開発されたチオウレア触媒**4**によるバクロフェンの不斉合成が報告さ

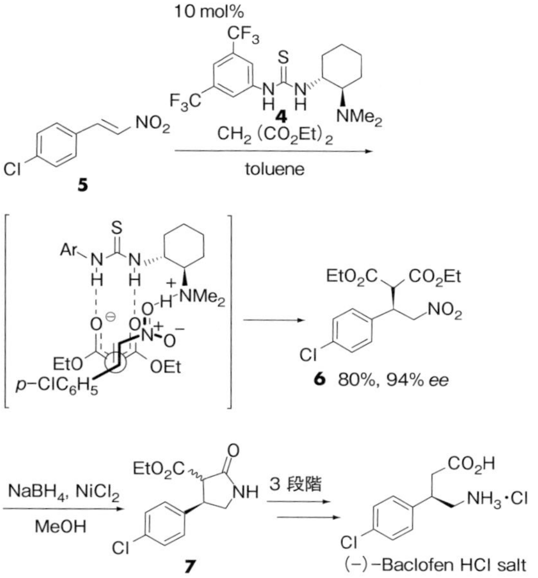

図 18-2 竹本らによるバクロフェンの全合成

れた(図 18-2)[6]．チオウレア触媒**4**は，アミノ基とチオウレア部位の水素結合を駆動力として不斉を誘起する非常に合理的な触媒となっている．すなわち，ニトロスチレン**5**を求電子剤，マロン酸ジエチルを求核剤として，触媒**4**存在下反応を行うと，水素結合によりそれぞれの反応剤が立体選択的に接近し，不斉マイケル反応が進行する．得られるマイケル付加体**6**の光学純度は94% *ee*，収率は80%である．続いて，ニトロ基の還元，環化反応により，ラクタム**7**に変換された．**7**からバクロフェンへの変換は脱炭酸に続く加水分解反応により達成された．また，2009年，Adamoらによって，シンコナアルカロイド由来の相間移動触媒によるバクロフェンの合成が報告されている[7]．バクロフェンの合成は有機触媒の立体制御機構を理解するうえで好例であり，同じ標的分子を多様な触媒を用いて合成できることを示している．ここで紹介したいずれの合成も，十分工業的に応用可能な合成となっていることも注目に値する．

また，筆者らが開発したα，β-不飽和アルデヒドに対するニトロメタンの不斉マイケル反応は，メルク社によってテルカゲパントの全合成に利用された(図 18-3)[8]．テルカゲパントは，カルシトニン遺伝子関連ペプチド受容体(CRLR)の拮抗薬として見いだされ，片頭痛の治療候補薬として期待されている分子である．合成課題として，光学活性二置換7員環ラクタムをどのように構築するかが挙げられる．メルク社はシンナムアルデヒド誘導体**8**を基質とするニトロメタンとの不斉マイケル反応を100 kgスケールで行い，γ-ニトロアルデヒド**9**を高収率，高エナンチオ選択的に得た．クネベナーゲル縮合を含む4段階の化学修飾によりアルデヒドを伸長し，アミノ酸ユニットを導入した**10**を得た．続いて，酸無水物を経由して7員環ラクタムを構築し，さらに塩基処理によりアセトアミド基を熱力学的に安定なα配向とした**11**を選択的に得ている．さらに，アセトアミド基の加水分解，アミン側鎖の導入を行

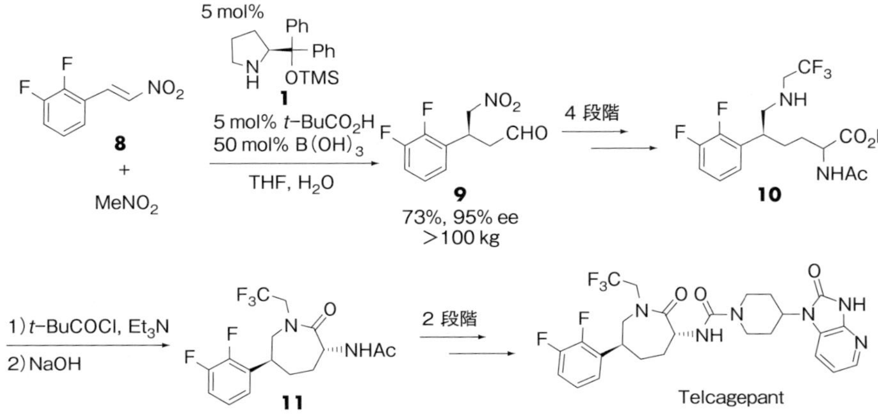

図 18-3 メルク社によるテルカゲパントの全合成

い，テルカゲパントの効率的全合成を達成した．本合成の達成により，工業的なスケールにおいても，ジフェニルプロリノールシリルエーテル触媒による不斉マイケル反応が有用であることが証明された．

3 不斉マイケル反応およびドミノ反応を駆使したオセルタミビルのワンポット全合成

近年，高い致死率を示す高病原性鳥インフルエンザを始めとした新型インフルエンザウイルスの世界的大流行が危惧されており，インフルエンザ治療薬であるタミフル（ロシュ社，化合物名オセルタミビルリン酸塩）が大きな注目を集めている．ウイルスがヒト細胞内で増殖する際に重要な役割を果たすノイラミニダーゼを特異的に阻害する本薬剤が，経口投与で高い有効性を示すことから，全世界でタミフル錠の備蓄が行われている．筆者らは本医薬品の合成に有機触媒を取り入れ，さらにより効率的な合成を目指してドミノ反応，ワンポット反応を利用することにした[9]．オセルタミビル合成の鍵反応はニトロアルケンとアルデヒドの第二級アミン型触媒を用いた不斉マイケル反応とした（図 18-4）．すなわち，*α*-アルコキシアセトアルデヒド **13** と（*Z*）-*N*-2-ニトロエチニルアセトアミド（**14**）を独自に開発したジフェニルプロリノールジフェニルメチルシリルエーテル触媒 **12** 存在下，添加剤としてギ酸を加え，クロロベンゼン中室温で撹拌すると，目的とするマイケル付加体 **15** がエナンチオおよびジアステレオ選択的に得られた．最初のマイケル反応はアルデヒドと触媒から生じる活性シスエナミンとニトロアルケンが，触媒のかさ高い置換基を避けるように接近し進行する．得られるマイケル付加体のエナンチオ選択性は 99% *ee* である．反応機構の詳細は，論文を参照されたい．続いて，反応系内にリン酸エステル誘導体 **16** と炭酸セシウムを加えて撹拌したのち，エタノールを加えると，ドミノマイケル／ホーナー・ワズワース・エモンス反応が進行し，環化体 **17** が得られる．C5 位の立体を制御するため低温下トルエンチオールを加え，**18** とした．最後に，亜鉛を用いたニトロ基の還元と炭酸カリウムを用いたレトロマイケル反応によるトルエンチオールの脱離に伴う二重結合の再生を行い，オセルタミビルを得た．全工程をワンポットで行い，溶媒交換はせず，フラスコに試薬を順次加えていくという極めて単純な操作である．総収率はグラムスケール合成で 28% であり，安価かつ毒性の低い試薬類を用いた工業的に応用可能な合成となっている．ここにドミノ反応やワンポット反応を得意とする有機触媒の能力を最大限に活用した前人未到の「ワンポット全合成」を達成した．

また，筆者らは同様の合成手法を用いてグルカゴン様ペプチド 1（GLP-1）分解酵素-4（DPP-4）選択的阻害活性をもっている ABT-341 のワンポット合成も達成した．詳細は論文を参照されたい[10]．

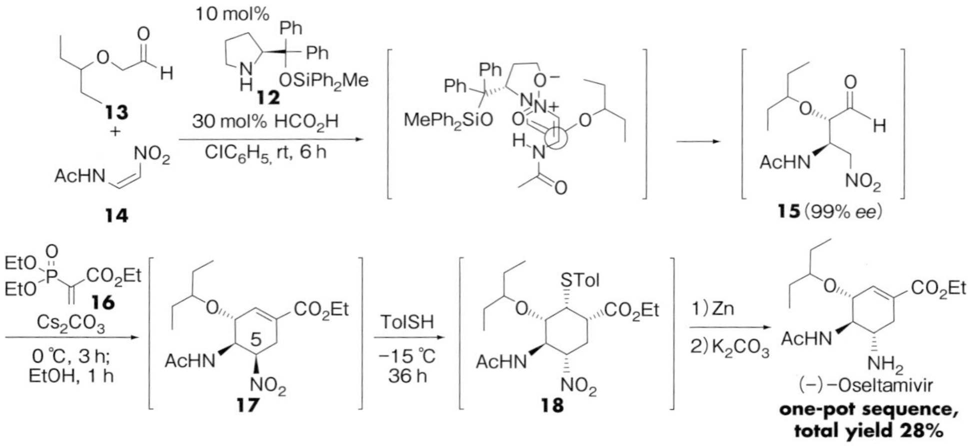

図 18-4　石川・林らによるオセルタミビルのワンポット全合成

＋COLUMN＋

★いま一番気になっている研究者

Eric N. Jacobsen
(アメリカ・ハーバード大学　教授)

Jacobsen 教授は 1986 年カリフォルニア大学バークレー校で学位取得後，マサチューセッツ工科大学の Karl B. Sharpless 教授(現所属：アメリカ・スクリプス研究所)のもとでポスドクとして研鑽を積まれた(当時，Sharpless 教授は有機金属を用いた不斉酸化反応の専門家で，2001 年にノーベル化学賞を受賞している)．その後，イリノイ州立大学シャンペイン・ウルバーナ校でアカデミックキャリアをスタートし，1993 年に現所属であるハーバード大学の教授となった．

Jacobsen 教授は経歴からもわかるように，もともと有機金属を用いた不斉酸化反応の分野で非常に大きな成果を上げている高名な先生である．1998 年にコンビナトリアルケミストリーの手法を駆使して，不斉ストレッカー反応に有効なチオウレア触媒を世界に先駆けて見いだした[*J. Am. Chem. Soc.*, **120**, 4901 (1998)]．この触媒は金属を用いないペプチド模倣型触媒であった．それ以降，精力的に有機触媒の研究を展開し，これまでに独自に開発したチオウレア触媒の水素結合能を巧みに利用した不斉マンニッヒ反応，ピクテット・シュペングラー反応，ディールス・アルダー反応，ヒドロアミノ化反応など，数多くの不斉反応を開発している．反応機構の解析も非常に丁寧に行われていることも特筆に値する．また，自身で開発した反応を使って数多くの生物活性天然物の全合成を達成している．有機触媒を利用する反応開発，生物活性化合物の全合成の両分野で目が離せない研究者である．

4　ドミノ不斉マイケル/分子内ヘンリー反応を鍵工程としたプロスタグランジン類の全合成

アルドール反応は，有機合成化学上極めて重要な炭素-炭素結合形成反応であり，合成中間体として重要な β-ヒドロキシカルボニル化合物を与える．アラキドン酸の代謝物として知られるプロスタグランジン類は，人体に存在する局所ホルモンとして知られている化合物群である．これら化合物群は循環器，消化器，骨の恒常性維持，局所炎症に伴う血管透過性亢進，細胞性免疫応答など，多様な生理機能，病態生理機能にかかわっている．顕著な薬理活性をもつことから，これまでにプロスタグランジンの骨格をもつ医薬品が世界中で開発されている．また，プロスタグランジン類は数多くの研究者によってその全合成が達成されており，なかでも 1969 年に報告された Corey らによる全合成は数多くのプロスタグランジン類を網羅的に合成できる優れた手法である[11]．しかし，その合成には多段階を要することから，より効率的な合成法の開拓が望まれていた．そのような背景のなか，2012 年，Aggarwal らはアミノ酸の一種であるプロリンを触媒とするスクシンアルデヒド(**19**)のアルドール二量化反応を利用した $PGF_2\alpha$ の短段階合成を達成した[12]．

一方，2013 年，筆者らは独自に開発したドミノ不斉マイケル／分子内ヘンリー反応を鍵工程とした PGE_1 メチルエステルの 3 ポット合成を報告した(図 18-5)[13]．シクロオクテンから 3 段階で誘導したニトロアルケン **20** とスクシンアルデヒド(**19**)を基質とし，5 mol%のジフェニルプロリノールシリルエーテル触媒 *ent*-**1** および反応の加速効果をもつ *p*-ニトロフェノール存在下，不斉マイケル反応を行い，続いて反応系内で生成するビスアルデヒド体をジイソプロピルエチルアミンで処理することで，分子内ヘンリー反応によりアルデヒド **21** へと導いた．最初の反応の後処理をすることなく，連続してリン酸エステル **22** とのホーナー・ワズワース・エモンス反応を行い，プロスタグランジンに必要な全炭素が導入された鍵中間体 **23** をワンポット収率 81%で得た．(−)-Diisopinocamphenyl chloroborane (DIPCl)を用いて **23** の C15 位カルボニル基をジア

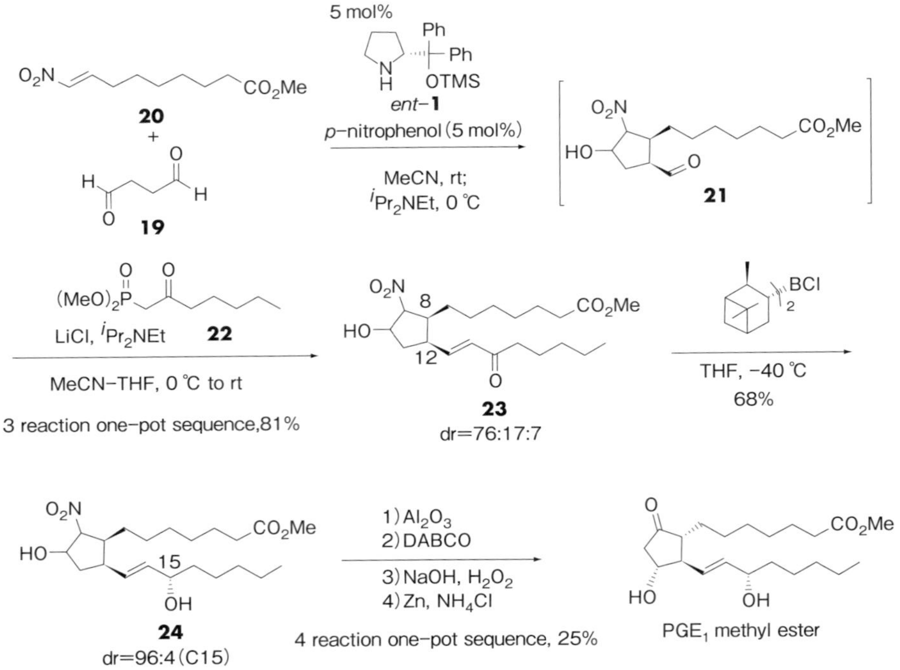

図 18-5　林らによる PGE_1 メチルエステルの全合成

ステレオ選択的に還元し(dr ＝ 96：4)，アリルアルコール **24** とした．続いて，ニトロアルコール部位の脱水反応によるニトロアルケンへの変換，独自に開発した塩基性条件での酸化的 Nef 反応[14]，過酸化水素，水酸化ナトリウムによるエポキシ化，亜鉛による還元的エポキシドの開環反応をワンポットで行い，PGE_1 メチルエステルを得た．本合成ではニトロアルケン **20** から全工程 7 段階，3 ポット，総収率 14%，とこれまでに報告されている合成法と比べて飛躍的に短工程かつ効率的な合成となっている．

5 不斉 Diels-Alder 反応を鍵工程とした β-サンタロールの全合成

Diels-Alder 反応は，簡便に多置換 6 員環構造を構築できる極めて有用な反応であり，その不斉反応への展開もこれまでに数多く報告されている．筆者らは，第二級アミン型触媒であるジアリールプロリノールシリルエーテル **25** の過塩素酸塩と，α, β-不飽和アルデヒドから生成する活性イミニウムイオン中間体が，Diels-Alder 反応のジエノフィルとして有効に働くことを見いだしており，シクロペンタジエンを基質とした不斉 Diels-Alder 反応を報告している[15]．また，本反応では反応溶媒として有機溶媒は一切用いず，水のみで反応は進行する．さらに，通常の Diels-Alder 反応では得ることが難しい exo 体が高い不斉収率で得られる．Firmenich 社は，筆者らが開発したこの Diels-Alder 反応を用いて，β-サンタロールの全合成を達成した(図 18-6)[16]．β-サンタロールは，インドの白檀の樹皮に含まれる香しい匂いのする高価な香料である．鍵反応は，筆者らが開発したクロトンアルデヒドとシクロペンタジエンを基質とする Diels-Alder 反応であり，exo 選択的に環化反応が進行し，高いエナンチオ選択性で目的とするビシクロ化合物 **26** を与える．本反応の触媒量はわずか 1.5 mol% であることも注目に値する．主生成物として得られる **26** は続く 5 段階の化学変換を経て，プロパルギルアルコール **28** へと変換され，続いて銅塩触媒を用いた転位反応により，第四級不斉中心を効率的に構築している．さらに 2 段階の化学変換を行い β-サンタロールの合成を達成した．本合成は水に安定な有機触媒の利点を活か

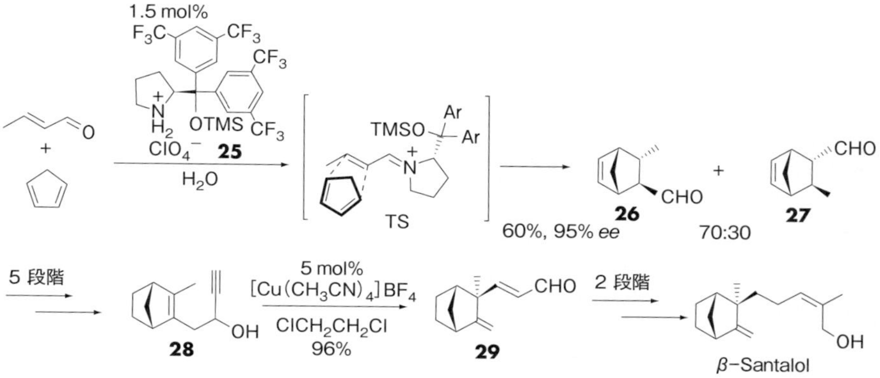

図 18-6　Firmenich 社による β-サンタロールの全合成

した簡便かつ実用的な合成となっている.

6 まとめとこれからの展望

本章では，不斉有機触媒反応がどのように有用化合物の全合成に応用されているのかをバクロフェン，テルカゲパント，オセルタミビル，プロスタグランジン，β-サンタロールを例に挙げて解説した．いずれの合成も，それぞれの有機触媒の特徴を活かした合成となっている．この 15 年の間，不斉有機触媒反応は有機合成における新しいトレンドとして爆発的に発展してきた．最近ではそれらの知見を活かした新たな展開が求められはじめ，一つの方向として有用化合物の全合成研究へと舵が切られている．さらにドミノ反応，ワンポット反応，水中反応など，有機触媒の利点を最大限に利用する手法が次々と脚光を浴び，学術的だけでなく工業的にも注目されている．しかしながら，有機触媒の潜在能力はまだまだ発展途上であり，本領域のさらなる発展のためには有機触媒反応を基軸としたドミノ反応やワンポット反応に加え，フロー合成，固相合成といった手法を導入していくことが必要であろう．筆者らも全合成研究を通して，有機触媒の新たな付加価値を提言できるような研究を展開していきたいと考えている.

◆ 文　献 ◆

[1] D. Enders, M. R. M. Hüttl, C. Grondal, G. Raabe, *Nature*, **441**, 861 (2006).

[2] Y. Hayashi, *Chem. Sci.*, **7**, 866 (2016).

[3] H. Gotoh, H. Ishikawa, Y. Hayashi, *Org. Lett.*, **9**, 5307 (2007).

[4] L. Zu, H. Xie, H. Li, J. Wang, W. Wang, *Adv. Synth. Catal.*, **349**, 2660 (2007).

[5] Y. Hayashi, D. Sakamoto, D. Okamura, *Org. Lett.*, **18**, 4 (2016).

[6] T. Okino, Y. Hoshi, T. Furukawa, X. Xu, Y. Takemoto, *J. Am. Chem. Soc.*, **127**, 119 (2005).

[7] A. Baschieri, L. Bernardi, A. Ricci, S. Suresh, M. F. A. Adamo, *Angew. Chem., Int. Ed.*, **48**, 9342 (2009).

[8] F. Xu, M. Zacuto, N. Yoshikawa, R. Desmond, S. Hoerrner, T. Itoh, M. Journet, G. R. Humphrey, C. Cowden, N. Strotman, P. Devine, *J. Org. Chem.*, **75**, 7829 (2010).

[9] T. Mukaiyama, H. Ishikawa, H. Koshino, Y. Hayashi, *Chem. Eur. J.*, **19**, 17789 (2013).

[10] H. Ishikawa, M. Honma, Y. Hayashi, *Angew. Chem., Int. Ed.*, **50**, 2824 (2011).

[11] E. J. Corey, N. M. Weinshenker, T. K. Schaaf, W. Huber, *J. Am. Chem. Soc.*, **91**, 5675 (1969).

[12] G. Coulthard, W. Erb, V. K. Aggarwal, *Nature*, **489**, 278 (2012).

[13] Y. Hayashi, S. Umemiya, *Angew. Chem., Int. Ed.*, **52**, 3450 (2013).

[14] S. Umemiya, K. Nishino, I. Sato, Y. Hayashi, *Chem. Eur. J.*, **20**, 15753 (2014).

[15] Y. Hayashi, S. Samanta, H. Gotoh, H. Ishikawa, *Angew. Chem., Int. Ed.*, **47**, 6634 (2008).

[16] C. Fehr, I. Magpantay, J. Arpagaus, X. Marquet, M. Vuagnoux, *Angew. Chem., Int. Ed.*, **48**, 7221 (2009).

トピックス①

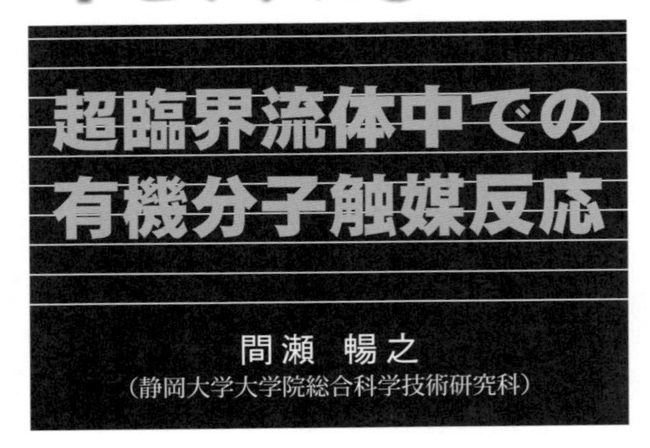

超臨界流体中での有機分子触媒反応

間瀬 暢之
（静岡大学大学院総合科学技術研究科）

はじめに

固体，液体，気体という古典的な三つの状態（三態）に加えて，臨界温度（Tc），臨界圧力（Pc）以上の状態を超臨界流体（supercritical fluid: SCF）と呼ぶ．SCF は物質を溶解する液体の特性と，拡散性に優れる気体の特性の両方を兼ね備えた特徴的な流体である．さらに SCF は，温度や圧力の制御により溶解性と拡散性を連続的に変化でき，気体の回収も容易である．特に超臨界二酸化炭素（supercritical carbon dioxide, $scCO_2$）は安価・安全・不燃性・低表面張力・低粘度であるとともに，臨界温度が比較的穏和（Tc = 31.1 ℃，Pc = 7.38 MPa）であることから，容易に超臨界状態にすることができる．この特性を活かして，半導体や MEMS（微小電気機械システム）などの分野では超微細部の洗浄・乾燥溶媒として，食品や香料などの分野では抽出溶媒として利用されている．さらに，近年，環境に優しい技術として有機合成化学に使われるようになってきており[1]，本トピックスでは $scCO_2$ 中での有機分子触媒反応に焦点を当てる．

1 有機分子触媒による CO_2 の固定化：C1 資源

CO_2 の炭素原子は電気陰性度の高い酸素に挟まれており，電子欠乏状態にある．そのため，CO_2 はルイス酸性を示す（図 1）．したがって，CO_2 はさまざま求核剤と反応することから C1 資源として有用であり，C1 資源化は CO_2 の固定化にもつながる．碇屋らは，$scCO_2$（10 MPa，100 ℃）中で NHC 触

求電子剤（E^+）
δ^+
O = C = O
δ^-　δ^-
求核剤（Nu^-）

- C1 資源
- グリーン溶媒
- ドライプロセス

図 1　二酸化炭素の構造と特徴

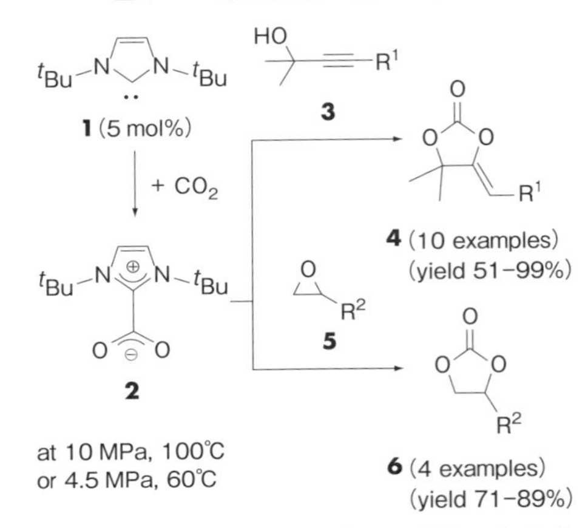

図 2　NHC 触媒による環状カーボネート合成

媒 **1** が CO_2 と付加体 **2** を形成し，アルキン **3** やエポキシド **5** と反応することにより，環状カーボネートを生成することを明らかにした（図 2）[2]．また，第三級ホスフィン触媒とは異なり，高い求核性をもつ NHC 触媒は，$scCO_2$ 中だけでなく，気体状 CO_2（4.5 MPa，60 ℃）中でも環化反応が進行することから効率が良い．

2 有機分子触媒による不斉合成と重合：グリーン溶媒

図 1 に示すように，CO_2 は本質的に求電子または求核反応に対して活性がある．したがって，CO_2 をグリーン溶媒として利用する際，CO_2 が基質・試薬・触媒と反応し，反応活性の著しい低下が観測される場合がある．しかし，有機分子触媒は，比較的弱い複数の相互作用を介した基質－触媒ネットワークを構築することにより，基質選択的に反応するなどの特長がある．Zlotin らは，二官能性有機分子触媒 **8** または **11** によるニトロアルケン **7** へのマイケル付加反応を，液体状 CO_2 または $scCO_2$ 中で短時間・高収率・高立体選択的に達成している〔図

3(a)〕[3,4]．さらに，反応混合物からの生成物の単離を$scCO_2$抽出により実施し，79%の単離収率で付加体 **13** を得ている．

グリーン溶媒としてのCO_2の活用は，ポリマー合成にも近年適用されている．生分解性ポリマーとして注目されているポリ乳酸 **15** は，モノマーであるラクチド **14** ならびにポリ乳酸 **15** のさまざまな溶媒に対する低溶解性のため，高温条件下での塊状重合，またはハロゲン系溶媒中での溶液重合により合成されている．しかし，$scCO_2$はモノマーを低温で溶解し，さらにさまざまな有機分子触媒がモノマー選択的，かつCO_2に鈍感な触媒として機能することから，1時間以内にポリ乳酸 **15** を定量的に与える〔図3(b)〕[5,6]．また，有機分子触媒は，$scCO_2$抽出により除去できるとともに，有機溶媒を含まないドライプロセスでポリマーが得られる．さらに，界面活性剤の添加により形状を制御したり，ブレンステッド酸触媒によりポリ乳酸のエピメリ化を抑制したりできる．したがって，本手法により高品質ポリ乳酸合成が達成されている．

2015年の時点でSCF中での有機分子触媒反応は限られており，装置が比較的高価なことから導入が遅れていると推測される．しかし，SCFによるカフェインの抽出が実用化され，SCFクロマトグラフが一般的に普及し始めている現在，$scCO_2$中でも基質選択的に機能する有機分子触媒的有機合成へのさらなる応用が期待される．

◆ 文 献 ◆

[1] G. Brunner, *Annu. Rev. Chem. Biomol. Eng.*, 1, 321 (2010).

[2] Y. Kayaki, M. Yamamoto, T. Ikariya, *Angew. Chem., Int. Ed.*, 48, 4194 (2009).

[3] A. G. Nigmatov, I. V. Kuchurov, D. E. Siyutkin, S. G. Zlotin, *Tetrahedron Lett.*, 53, 3502 (2012).

[4] I. V. Kuchurov, A. G. Nigmatov, E. V. Kryuchkova, A. A. Kostenko, A. S. Kucherenko, S. G. Zlotin, *Green Chem.*, 16, 1521 (2014).

[5] 間瀬暢之ら，特許出願2010-173296, 2010-176518, 2013-101179, 2014-192515.

[6] I. Blakey, A. Yu, S. M. Howdle, A. K. Whittaker, K. J. Thurecht, *Green Chem.*, 13, 2032 (2011).

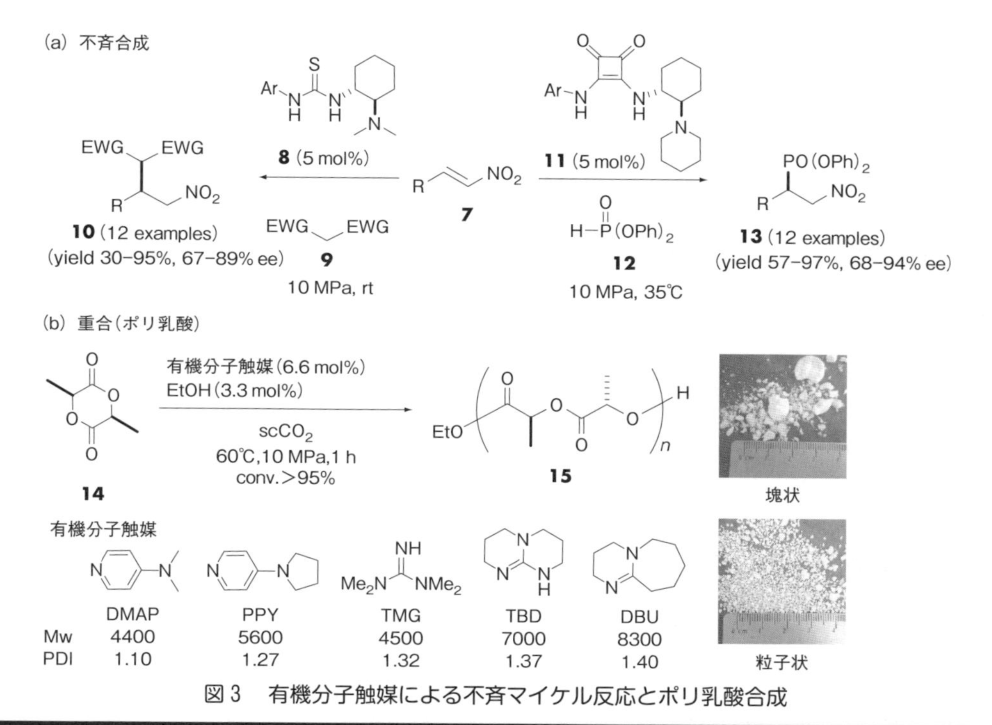

図3 有機分子触媒による不斉マイケル反応とポリ乳酸合成

トピックス②

ポリマー合成への応用

磯野 拓也・佐藤 敏文
（北海道大学大学院工学研究院）

はじめに

ポリマー材料は身の回りの至るところで使用されており，それら無しでは現代生活は成立しない．ポリマーはモノマーと呼ばれる低分子化合物の重合で得られるが，このプロセスにはしばしば触媒が必要とされる．さまざまなモノマーの重合において金属触媒の有用性が見いだされており，ポリマーの工業的生産システムに革新的な進歩をもたらしてきた．しかし，金属触媒がポリマー材料中に残存し悪影響を及ぼす可能性があり，環境材料や電子材料，生体材料への応用が制限される．このような背景から，有機分子触媒による重合法の開発は工業的に極めて重要な意味をもつ．

2000年にMacMillanらが有機分子触媒のコンセプトを提唱したその翌年，Hedrickらは有機分子触媒による初のリビング重合を報告した．彼らは触媒に4-ジメチルアミノピリジン(DMAP)を用いてラクチド(LA)の開環重合を行い，生分解性プラスチックとして知られるポリ乳酸を合成した[1]．従来法ではオクチルスズが触媒として用いられてきたが，ポリ乳酸の使用用途を考えると金属触媒からの脱却は極めて意義深い．本トピックスでは，有機分子触媒によるリビング重合系をいくつか紹介したい(図１)．

1 有機分子触媒による環状モノマーの開環重合

環状エステル，環状カーボネート，エポキシドに代表される環状モノマーは，開環重合によりそれぞれ脂肪族ポリエステル，ポリカーボネート，ポリエーテルを与える[2]．そのなかでも，環状エステル類に対する有機分子触媒重合が数多く報告されてきた．用いられる有機分子触媒はおおまかに塩基触媒と酸触媒のいずれかに分類される．塩基触媒としては，DMAP，*N*-ヘテロサイクリックカルベン(IMes, IPrなど)，アミジン(DBUなど)，フォスファゼン塩基(t-Bu-P_2，t-Bu-P_4など)などがあげられる．これらの塩基触媒はLA，ε-カプロラクトン(ε-CL)，β-ブチロラクトン(β-BL)，トリメチレンカーボネート(TMC)を含む広範囲の環状エステル類や環状カーボネートの開環重合に対して有効であり，適切なモノマーと触媒の組み合わせを用いることで，重合はリビング的に進行する〔図１(a)〕．塩基触媒を用いた場合，触媒がモノマーあるいは開始剤／生長末端を活性化することで重合が進行する．これに対し，モノマーと開始剤／生長末端の両方を同時に活性化する触媒系も見いだされている．その一例がチオウレア／アミン系触媒(TU/A)であり，チオウレア部位がモノマーを，アミン部位が開始剤／生長末端をそれぞれ活性化している．

有機塩基触媒は環状エステルに加え，エポキシドの開環重合にも用いられる．アルコールなどの開始剤存在下，t-Bu-P_4を触媒としてエチレンオキシドや置換エポキシドを重合すると，分子量分散度が非常に狭いポリエーテルが得られる〔図１(b)〕[3]．t-Bu-P_4による脱プロトン化で生じるオキシアニオンが活性種となり，アニオン開環重合が進行する．通常，エポキシドのアニオン開環重合には金属アルコキシドが用いられるが，重合には高温を必要とすることから，連鎖移動反応という副反応を併発する．一方，t-Bu-P_4／アルコールを用いることで重合は室温で進行し，副反応が抑制される．

開環重合に用いられる有機分子触媒の大多数は塩基触媒であるが，酸触媒を利用した重合系も検討されている〔図１(a)〕．ペンタフルオロフェニルビス(トリフリル)メタン($C_6F_5CHTf_2$)は，δ-VLおよびε-CLの重合に適用されており，トリフリルイミド(Tf_2NH)のような超強酸は，さらにLAやβ-BLの重合も可能である[4]．一方，筆者らは，酸性度の低いリン酸ジフェニル(DPP)が各種環状エステル類の開環重合において優れた重合活性を示すことを見いだした[4]．これは，DPP が酸として作用することでモノマー活性化を引き起こすだけでなく，ホスホリル酸素が水素結合アクセプターとして，開始剤／生長末端も同時活性化するためである．

2 有機分子触媒によるビニルモノマーの重合

有機分子触媒によるビニルモノマーの重合で最も成功を収めた例は，グループ移動重合(GTP)である．GTP は向山アルドール反応を素反応とする重合法であり，メタクリレートやアクリレート系モノマーのリビング重合法として知られている．従来法では，金属元素を含むルイス酸などが触媒として用いられてきたが，最近，さまざまな有機塩基(IPr や *t*-Bu-P_4 など)ならびに有機酸(Tf_2NH や $C_6F_5CHTf_2$)が GTP の優れた触媒となることが判明している〔図 1 (c)〕[5]．従来法と比較しても，重合可能モノマーの範囲や分子量・分子分散度の制御性などの面において，優位な結果が報告されている．

3 有機分子触媒重合の現在と未来

有機分子触媒による重合は，従来の金属触媒重合に取って代わるポリマー合成法として期待される．しかし，研究の歴史が未だ浅く，重合メカニズムや触媒設計に関する知識の蓄積はもとより，適用可能な重合系のさらなる拡充が求められる．最近，有機分子触媒のポリウレタン合成への応用が報告されており[6]，さらなる発展が望まれる．触媒の回収・再利用法の開発や触媒量の低減など，多くの課題が残されているが，有機分子触媒重合の工業化に期待が高まる．

◆ 文 献 ◆

[1] F. Nederberg, E. F. Connor, M. Mëller, T. Glauser, J. L. Hedrick, *Angew. Chem, Int. Ed.*, **40**, 2712 (2001).

[2] N. E. Kamber, W. Jeong, R. M. Waymouth, R. C. Pratt, B. G. G. Lohmeijer, J. L. Hedrick, *Chem. Rev.*, **107**, 5813 (2007).

[3] 磯野拓也，佐藤悠介，覚知豊次，佐藤敏文，高分子論文集，**72**, 295 (2015).

[4] 牧口孝祐，覚知豊次，佐藤敏文，有機合成協会誌，**71**, 706 (2013).

[5] K. Fuchise, Y. Chen, T. Satoh, T. Kakuchi, *Polym. Chem.*, **4**, 4278 (2013).

[6] H. Sardon, A. Pascual, D. Mecerreyes, D. Taton, H. Cramail, J. L. Hedrick, *Macromolecules*, **48**, 3153 (2015).

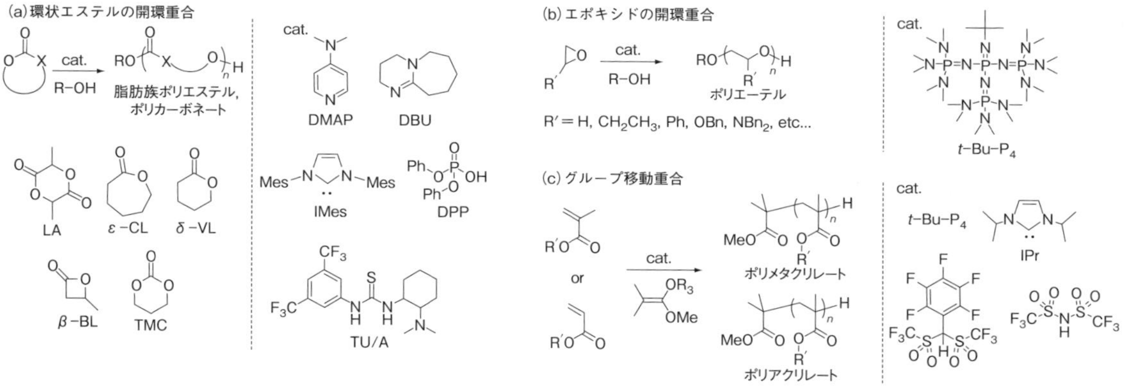

図 1 有機触媒重合に用いられるモノマーと触媒の構造

トピックス③

有機分子触媒を用いる脱古典的不斉ドミノ反応の開発動向

滝澤　忍
（大阪大学産業科学研究所）

はじめに

ドミノ反応とは，一つの素反応が別の部分に活性官能基を生成し，それが「ドミノ倒し」のように連鎖的に反応を起こす形式を指す．小滝の水が階段状に流れ落ちる様にも似ていることからカスケード反応とも呼ばれる．二つの反応が同時に進行するタンデム反応，三つ以上の反応基質が関与する多成分連結反応と，厳格な区別が必要だとする意見があるものの，これら連続反応を明確に区別することは難しい．

一つの容器内で 1 回の操作で連続反応が進行するドミノ反応は，中間体の単離精製を必要とせず，時間，シリカゲルや溶媒等の試薬類，エネルギーならびに労働力を軽減できる環境低負荷型プロセスとして注目されている．さらに触媒的不斉ドミノ反応では，光学活性な中間体の両エナンチオマーとキラルな触媒との間に有利な組み合わせと不利な組み合わせが生じることから，次の中間体の光学純度が向上することも期待できる．生じた中間体が不安定で分解しやすい場合でも，ただちに次の反応に供されるため，通常の方法では得るのが難しい生成物も簡便な操作で合成できる．

これまでに，有機分子触媒の高い官能基選択性を利用したドミノ反応が報告されている．その多くは，1）第一・二級アミン触媒が生成するエナミン-イミニウム中間体を活用するドミノ反応，2）酸塩基型触媒による Michael 型反応を基盤とするドミノ反応，3）*N*-ヘテロ環状カルベン（NHC：*N*-heterocyclic carbene）触媒が生成する Breslow 中間体を利用した極性転換型ドミノ反応に大別される．これは，古典的イオン反応を基盤としているためであり，有機分子触媒を用いるドミノ反応は，いかに魅力的な反応基質をデザインするかに主眼が置かれがちである．そこで本トピックスでは，有機分子触媒を用いた脱古典的不斉ドミノ反応について，最近の報告を紹介する．

1 金属触媒と有機分子触媒の複合触媒を用いる不斉ドミノ反応

2014 年 Chi らは，アルキン **1**，アジ化物 **2** および，ケチミン **3** の三つの反応基質に，銅触媒と NHC 触媒の複合触媒を巧みに利用することで，スピロ-アゼチジンオキシインドール誘導体 **4** が得られることを報告している[1]．この Huisgen/[2 + 2]型ドミノ反応を成功に導くには，銅触媒が促進する Huisgen 反応で生成したケテンイミン（図 1）に，NHC 触媒の付加が効率的に進行しなければならない．しかし NHC は強いルイス塩基性をもち，金属に強く配位することが知られている．この反応において，NHC 銅錯体は Huisgen 反応を促進するものの，[2 + 2]反応には不活性なため，NHC が銅塩と錯形成すると，目的ドミノ体 **4** は得られない．反応条件を精査した結果，適切な塩基 CsF を用いると，Huisgen 反応と[2 + 2]環化反応の両方が進行して，ドミノ体 **4** が 70% ee で得られた．

複合触媒を用いるドミノ反応は，互いの触媒サイクルに対し過度な干渉を行わない反応条件の設定が必要なものの，単一触媒では達成できない変換が実現可能となる．使用できる触媒とその組み合わせも多彩なことから，ますます盛んになるであろう．

2 有機硫黄触媒によるラジカル型不斉ドミノ反応

2014 年，丸岡らは有機硫黄ラジカル不斉触媒を開発し，有機分子触媒では初めての不斉ラジカル反応の開発に成功している[2]．大嶌らが見いだしたビニルシクロプロパン **5** とビニルエーテル **6** との環

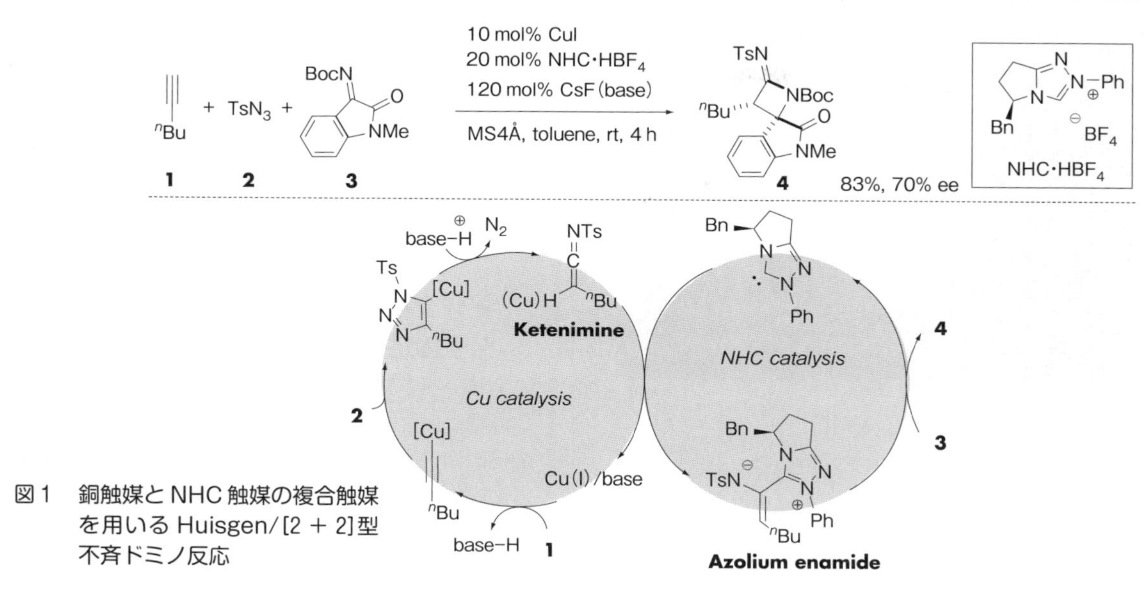

図1　銅触媒とNHC触媒の複合触媒を用いるHuisgen/[2 + 2]型不斉ドミノ反応

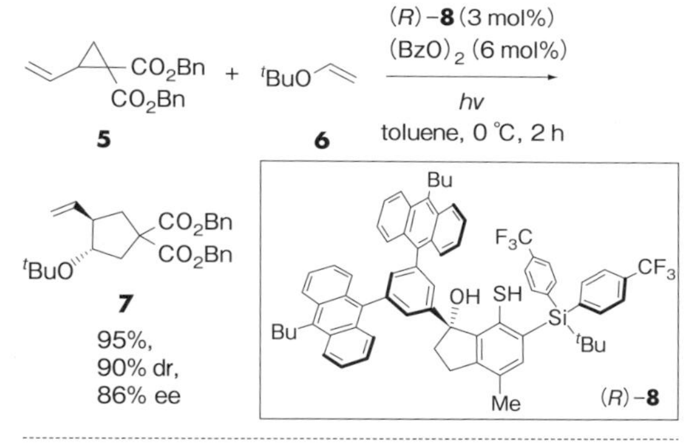

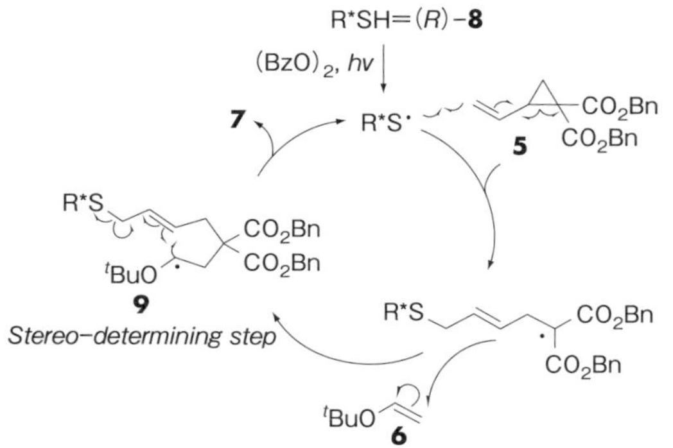

図2　キラルな有機硫黄ラジカル種を用いる環開裂／環化型不斉ドミノ反応

開裂／環化型ドミノ反応[3a]をモデルに，当初はさまざまなビナフチル骨格をもつ有機硫黄ラジカル触媒を精査したものの，目的付加体 **7** のエナンチオ過剰率は最高で 44% ee であった．選択性が決定する鍵反応中間体 **9**（図2）に類似した化合物のX線単結晶構造解析から，ビナフチル骨格よりも剛直な 1-インダノールを母核とする新規な触媒を探索した．その結果，触媒 **8** を用いると 86% ee で目的環化体 **7** が得られた．

一般に，有機分子触媒は金属触媒と比べて活性が低く，現在，多くの化学者が有機分子触媒の活性改善に取り組んでいる．有機硫黄ラジカル不斉触媒は反応性が高く，さらにラジカル種を利用できることから，脱古典的ドミノ反応開発への貢献が期待される．最近では，NHC 触媒も不斉ラジカル触媒として利用できることが報告され[4]，有機ラジカル触媒は，複合触媒への利用を含め今後の動向が注目される．

◆ 文　献 ◆

[1] K. Namitharan, T. Zhu, J. Cheng, P. Zheng, X. Li, S. Yang, B.–A. Song, Y. R. Chi, *Nat. Commun.*, **5**, 3982 (2014).
[2] T. Hashimoto, Y. Kawamata, K. Maruoka, *Nat. Chem.*, **6**, 702 (2014).
[3] (a) K. Miura, K. Fugami, K. Oshima, K. Utimoto, *Tetrahedron Lett.*, **29**, 5135 (1988); (b) K. S. Feldman, A. L. Romanelli, R. E. Ruckle, R. F. Miller, *J. Am. Chem. Soc.*, **110**, 3300 (1988).
[4] (a) Y. Du, Y. Wang, X. Li, Y. Shao, G. Li, R. D. Webster, Y. R. Chi, *Org. Lett.*, **16**, 5678 (2014); (b) Y. Zhang, Y. Du, Z. Huang, J. Xu, X. Wu, Y. Wang, M. Wang, S. Yang, R. D. Webster, Y. R. Chi, *J. Am. Chem. Soc.*, **137**, 2416 (2015); (c) N. A. White, T. Rovis, *J. Am. Chem. Soc.*, **136**, 14674 (2014).

有機分子触媒の高分子固定化

原口 直樹・伊津野 真一
（豊橋技術科学大学大学院工学研究科）

はじめに

生成物を迅速かつ高選択性で得られる触媒開発や反応開発に加え，近年の環境に対する意識の向上から，副生成物の抑制，有機溶媒使用量の低減，高い原子効率や高エネルギー効率を満たし，環境に配慮した持続可能な合成プロセス，いわゆるグリーンサスティナブルケミストリーが求められている．

有機分子触媒を用いた化学合成は，生成物への金属の混入がないだけでなく，酸素や水分に対する高い安定性，温和な反応条件や容易な実験操作など多くの利点をもつ．一方，有機金属触媒に比べ，一般的な有機分子触媒の回転頻度は低く，反応には多くの触媒量を必要とするため，有機分子触媒の実用化を考えた場合，コスト面，触媒の除去などの生成物の精製，触媒の回収・再使用など解決すべき問題が多い．

これらの問題を解決するアプローチの一つとして，有機分子触媒の高分子や無機物質への固定化が有効である．固定化型有機分子触媒の利用により，1）生成物からの触媒の簡便な除去，2）触媒の容易な回収と再使用，3）フローケミストリーへの展開，4）パラレル合成，ライブラリ合成，自動合成への展開などが可能となる．

有機分子触媒の一般的な高分子固定化法[1]は，Merrifield樹脂やポリ(エチレングリコール)などの高分子側鎖や鎖末端に，共有結合を介して有機分子触媒を固定化する方法であるが，触媒固定化時の副反応や固定化による触媒活性の低下が起こることがあり，本来の触媒活性を損なわず，簡便に有機分子触媒を高分子に固定化する手法の開発が重要である．本トピックスでは，有機分子触媒の高分子固定化に焦点を当て，イオン結合を利用した有機分子触媒の新たな高分子固定化法と，有機分子触媒の高分子主鎖への導入について紹介する．

1 イオン結合を利用した有機分子触媒の高分子固定化

p-トルエンスルホン酸ナトリウムなどのスルホン酸塩と，テトラブチルアンモニウムブロミドなどの四置換アンモニウム塩を混合すると，イオン交換反応が進行し，スルホン酸アンモニウムが得られる．そこで，このスルホン酸アンモニウム生成反応をアンモニウム塩やアミン塩をもつ有機分子触媒の高分子固定化反応に利用した．

シンコナアルカロイド第四級アンモニウム塩とスルホン酸塩をもつジビニルベンゼン架橋ポリスチレンのイオン交換反応は，水-塩化メチレン中，室温で副反応なく速やかに進行し，目的とする高分子固定化有機分子触媒が得られた〔図1(a)〕[2]．本固定化法は，シンコナアルカロイド第四級アンモニウムに加え，丸岡，大井らが開発したスピロ型キラル第四級アンモニウム塩，MacMillanらが開発したイミダゾリジノン型アミン塩，柴﨑らが開発したキラル酒石酸を不斉源とした第四級アンモニウム塩や，長澤らが開発したグアニジン塩などの有機分子触媒を，わずか1段階で高分子固定化することが可能である．

この固定化法では，有機分子触媒の高分子固定化にアンモニウムカチオンとスルホネートアニオンのイオン結合を利用しているため，1）固定化のための触媒の修飾を必要とせず，市販の試薬の利用が可能である，2）簡便な高分子固定化が可能である，3）触媒の構造修飾は対アニオンのみであり，低分子触媒と同等の触媒性能が期待できるなどの利点をもつ．また，さまざまな高分子を固定化用担体に用いることができるため，使用目的に応じた高分子固定化有機分子触媒の設計が可能である．

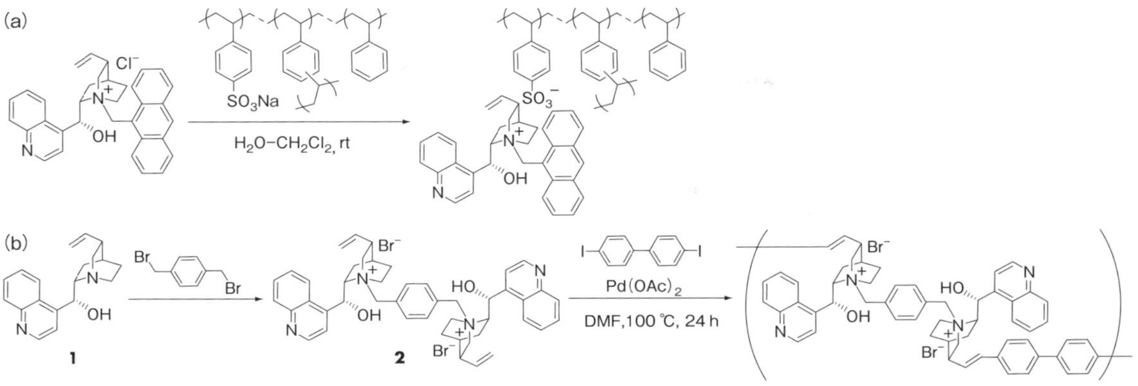

図１　（a）イオン結合を利用したシンコナアルカロイド第四級塩の高分子固定化，
（b）シンコナアルカロイド第四級塩の高分子主鎖への導入

2 有機分子触媒の高分子主鎖への導入

高分子主鎖中に導入した有機分子触媒は，高分子主鎖の立体的または電子的影響を受けるため，対応するモデル触媒と異なる触媒性能を示すことが予想される．しかしながら，有機分子触媒を高分子主鎖中に導入した例は限られており，合成法や高分子中の繰り返し構造が触媒性能に与える影響について，系統的な知見は得られていなかった．そこで，筆者らは有機分子触媒を用いた重合反応により，有機分子触媒の高分子主鎖への導入を行った．たとえば，ジハライドによるシンコナアルカロイド **1** の第四級化反応により得られたシンコナアルカロイド第四級アンモニウム塩二量体 **2** と，ジヨード化合物による溝呂木 -Heck 重合により，シンコナアルカロイド第四級アンモニウムを高分子主鎖に導入することに成功した〔図１（b）〕[3]．

本合成法は，有機分子触媒の二量化反応と重合反応の組み合わせにより，多彩な繰り返し構造をもつ高分子触媒を合成できる．例えばシンコナアルカロイドの場合，キヌクリジンの第四級化反応，ヒドロキシ基のエーテル化反応やエステル化反応，二重結合の溝呂木 -Heck 反応，thiol-ene 反応，ヒドロシリル化反応や三重結合への変換後の薗頭カップリング反応を二量化反応や重合に適用でき，高分子触媒の系統的な合成が可能となった．さらに，アンモニウム塩型有機分子触媒二量体とジスルホン酸塩によるイオン交換反応による重合により，高分子主鎖中に有機分子触媒とイオン結合を同時にもつ，新規高分子触媒の開発に成功している[4,5]．

3 まとめと今後の展望

高分子固定化有機分子触媒による反応は，グリーンサスティナブルケミストリーに直結する重要な合成プロセスであり，潜在的な需要は大きいものの，その実用例は未だに少なく，実用的な高分子固定化触媒の開発が急務となっている．近年になって，高分子担体を含めた触媒の精密設計の重要性が広まりつつあり，高分子固定化触媒がモデル触媒以上の触媒活性を示す例が，いくつかの研究グループにより報告されるようになってきた．今後，高分子固定化触媒の特徴を生かした系，たとえば低分子触媒系では不可能な反応系の実現による新しい高分子固定化触媒の展開に期待したい．

◆ 文　献 ◆

［1］N. Haraguchi, S. Itsuno, "Polymeric Chiral Catalyst Design and Chiral Polymer Synthesis," ed by S. Itsuno, Wiley (2011), p. 17.
［2］Y. Arakawa, N. Haraguchi, S. Itsuno, *Angew. Chem., Int. Ed.*, 47, 8232 (2008).
［3］M. M. Parvez, N. Haraguchi, S. Itsuno, *Macromolecules*, 47, 1922 (2014).
［4］S. Itsuno, D. K. Paul, M. A. Salam, N. Haraguchi, *J. Am. Chem. Soc.*, 132, 2864 (2010).
［5］N. Haraguchi, H. Kiyono, Y. Takemura, S. Itsuno, *Chem. Commun.*, 48, 4011 (2012).

Part III

役に立つ 情報・データ

この分野を発展させた 革新論文36

1 ヨードベンゼンと塩素との反応による超原子価ヨウ素化合物の生成

C. Willgerodt, "Ueber Einige Aromatische Jodidchloride," *J. Prakt. Chem.*, **33**, 154 (1886).

ヨードベンゼン(PhI)の塩素ガスとの反応では芳香環塩素化体(ClC_6H_4I)は生成せず，ヨウ素原子が塩素化された超原子価ヨウ素化合物($PhICl_2$)が予期せず，よい収率で得られた．単離・同定した化合物はそれほど安定でなく，空気中で徐々に分解し，もとのヨードベンゼンに戻る性質がある．この偶然の発見を見逃さなかった研究者の観察力が，今日の超原子価ヨウ素化学の発展の始まりである．

2 シンコナアルカロイドの不斉触媒としての活用

H. Pracejus, "Organische Katalysatoren, LXI. Asymmetrische Synthesen mit Ketenen, I. Alkaloid-Katalysierte Asymmetrische Synthesen von α-Phenyl-Propionsäureestern," *Justus Liebigs Ann. Chem.*, **634**, 9 (1960).

1960年にPracejusは，シンコナアルカロイドを触媒に用いてフェニルメチルケテンをメタノリシスすると，メチルエステルが中程度のエナンチオ選択性で生成することを見いだした．その後，シンコナアルカロイドが求核触媒としてケテンを攻撃して発生する双性イオンエノラートが活性種であることが示唆され，さまざまなキラル求核触媒を用いる不斉反応開発の端緒となった先駆的な研究である．

3 レドックス光増感反応

C. Pac, A. Nakasone, H. Sakurai, "Photosensitized Electron-Transfer Reaction of Electron Donor-Acceptor Pairs by Aromatic Hydrocarbons," *J. Am. Chem. Soc.*, **99**, 5806 (1977).

Pacらは，フェナントレンを増感剤としてパラジシアノベンゼンとフランが光反応を起こし，付加脱離生成物を与えることを報告した．この反応では，光励起したフェナントレンがパラジシアノベンゼンに電子を与え，ラジカルカチオンとなったフェナントレンがフランから電子を奪う．それぞれラジカルイオンとなったパラジシアノベンゼンとフランが反応して生成物を与える．原理的に犠牲酸化還元剤を必要とせず，原子効率の高い触媒系が構築可能である．この研究成果が，その後大きく発展する，遷移金属触媒や有機分子触媒を用いるレドックス光増感反応の先駆けとなった．

4 シンコナアルカロイドの触媒機構について

H. Hiemstra, H. Wynberg, "Addition of Aromatic Thiols to Conjugated Cycloalkenones, Catalyzed by Chiral β-Hydroxy Amines. A Mechanistic Study on Homogeneous Catalytic Asymmetric Synthesis," *J. Am. Chem. Soc.*, **103**, 417 (1981).

1981年にHiemstraとWynbergは，シンコナアルカロイドを触媒とするベンゼンチオールのシクロヘキセノンへの不斉マイケル付加反応について，はじめてキヌクリジン窒素とC9ヒドロキシ基が水素結合を介して求核剤ならびに基質と協同的にかかわる反応機構を提唱した．それは，現在主流となっているシンコナアルカロイド酸-塩基複合型触媒機構の基本原理である．

APPENDIX

5 デス・マーチン反応剤によるアルコール類の酸化反応

D. B. Dess, J. C. Martin, "Readily Accessible 12-I-5[1] Oxidant for the Conversion of Primary and Secondary Alcohols to Aldehydes and Ketones," *J. Org. Chem.*, **48**, 4155 (1983).

デス・マーチン反応剤は，緩和な条件でのアルコール類の酸化剤として，現在，天然物合成などに広く用いられている．反応剤の調製は，2-ヨード安息香酸を酸性下に臭素酸カリウムと反応させて2-ヨードキシ安息香酸(IBX)へ酸化し，続いてこれを無水酢酸と反応させることでデス・マーチン反応剤を合成している．アルコールの酸化は室温・中性に近い条件で進行し，第一級アルコールの場合には反応はアルデヒドできれいに止まる．合成化学の分野で，超原子価ヨウ素反応剤を有名にした重要な論文である．

6 キラル相間移動触媒を用いる不斉メチル化反応

U. -H. Dolling, P. Davis, E. J. J. Grabowski, "Efficient Catalytic Asymmetric Alkylations. Enantioselective Synthesis of (+)-Indacrinone via Chiral Phase-Transfer Catalysis," *J. Am. Chem. Soc.*, **106**, 446 (1984).

シンコナアルカロイドから誘導した第四級アンモニウム塩を相間移動触媒へと適用したはじめての論文．相間移動条件下による不斉メチル化反応を高エナンチオ選択的に進行させることに成功した．シンコナアルカロイドは天然に豊富に存在し，擬似エナンチオマーを比較的安価で入手でき，さらにその構造の修飾も容易である．そのため，この報告以降，シンコナアルカロイド型相間移動触媒の研究が世界中で行われるようになり，不斉相間移動触媒の化学が大きく発展することになった．

7 芳香環脱プロトン化反応の新たな可能性

P. E. Eaton, C.-H. Lee, Y. Xiong, "Magnesium Amide Bases and Amido-Grignards. 1. Ortho Magnesiation," *J. Am. Chem. Soc.*, **111**, 8016 (1989).

芳香環の脱プロトン化反応としては，1930年代後半にWittigあるいはGilmanによりそれぞれ独立に開発された有機リチウム化合物による脱プロトン化が，芳香環の修飾法として多くの研究者により幅広く一般的な手法として用いられてきた．Eatonらは，1989年にマグネシウムアミドを用いて安息香酸エステルの官能基選択的な直接マグネシオ化に成功した．その後Knochelらをはじめ多くの研究者が精力的にマグネシウム，亜鉛，銅などのジアルキルアミドを用いた高選択的な直接メタル化を研究した．この論文をきっかけに，芳香環の脱プロトン化反応についての研究の方向性が大きく変わり，多様な展開により洗練された芳香環のC-H官能基化が可能となった．

8 環状α-スルフィニルラジカルのアリル化反応におけるジアリール尿素の立体選択性への影響

D. P. Curran, L. H. Kuo, "Altering the Stereochemistry of Allylation Reactions of Cyclic α-Sulfinyl Radicals with Diarylureas," *J. Org. Chem.*, **59**, 3259 (1994).

従来，反応の立体制御は基質に含まれるエーテルやイミンなどのルイス塩基性置換基に配位して環状中間体を形成するルイス酸の添加が主流であった．1994年にCurranらは，硫黄上に不斉中心をもつスルホキシドに対するアリルスズを用いたアリル化反応において，尿素の添加により反応性とジアステレオ選択性がともに向上することを報告した．スルフィニル酸素と尿素が水素結合を介して複合体を形成するため，スルフィニル酸素の逆側から求核剤が攻撃することで選択性が向上すると推定した．一方，Jacobsenらは，パラレル合成した触媒ライブラリーのなかから，金属塩非共存下でもStrecker反応を立体選択的に促進するキラルなチオウレア触媒を発見し〔M. S. Sigman, E. N. Jacobsen, *J. Am. Chem. Soc.*, 120, 4901 (1998)〕，その後のキラルチオウレア触媒の研究に大きな影響を与えた．

APPENDIX

9 触媒前駆体としてのトリアゾリウム塩

D. Enders, K. Breuer, G. Raabe, J. Runsink, J. H. Teles, J.-P. Meleder, K. Ebel, S. Brode, "Preparation, Structure, and Reactivity of 1,3,4-Triphenyl-4,5-dihydro-1*H*-1,2,4-triazol-5-ylidene, a New Stable Carbene," *Angew. Chem., Int. Ed.*, **34**, 1021 (1995).

それまではチアゾリウム塩をNHC触媒前駆体としていたが，不斉触媒化がなかなか進まなかった．これに対し，TelesとEndersらはホルムアルデヒドの二量化反応において，トリアゾリウム塩がNHC触媒前駆体として機能することを報告した．また，同時期に宮下らはイミダゾリウム塩もNHC触媒前駆体となることを報告している．このトリアゾールおよびイミダゾールを母核とするNHC触媒の登場は，その後の極性転換反応や分子内酸化還元反応をはじめとするNHC触媒のユニークな反応性の開拓や新たな光学活性アゾリウム塩の開発のきっかけとなった重要な論文と位置づけられる．

10 面不斉DMAP型触媒を用いるアルコールの速度論的分割

J. C. Ruble, H. A. Latham, G. C. Fu, "Effective Kinetic Resolution of Secondary Alcohols with a Planar-Chiral Analogue of 4-(Dimethylamino) pyridine. Use of the Fe (C_5Ph_5) Group in Asymmetric Catalysis," *J. Am. Chem. Soc.*, **119**, 1492 (1997).

ラセミ体アルコールのアシル化による速度論的分割は21世紀直前までは酵素法の独壇場であった．いわば，有機合成の手の届かない一種神聖な領域であった．この分野に合成化学での革新的なアプローチを行った研究で，不斉求核触媒の分野に大きな進展をもたらした．なお，さらに先駆研究として，効率性は劣るもののVedejsらによるキラルリン触媒の開発もあげられる〔E. Vedejs, O. Daugulis, S. T. Diver, *J. Org. Chem.*, **61**, 430 (1996)〕.

11 アシラーゼ様活性を示す最小のペプチド．ペプチド立体配座による反応の立体特異性の制御

G. T. Copeland, E. R. Jarvo, S. J. Miller, "Minimal Acylase-Like Peptides. Conformational Control of Absolute Stereospecificity," *J. Org. Chem.*, **63**, 6784 (1998).

生物有機化学の分野で知られていたターン構造ペプチドの分子設計を触媒開発に取り込むことによって，それまで漠然と考えられてきた「ペプチド分子の高次構造による触媒反応の制御」をはじめて現実のものとした．Boc-His(N-Me)-Pro-Aib-Xxx(Xxxはいろいろなα-アミノ酸)というペプチドを触媒としてトランス(2-アセチルアミノ)シクロヘキサノールの速度論的光学分割を行っている．ターン構造部位を形成するプロリンにL体を用いたときとD体の場合とで優先して反応するエナンチオマーが逆転したことから，L-ヒスチジン部位の点不斉でなく，ペプチド鎖全体の三次元構造が反応の立体制御に効くことを明らかにした．

12 光学活性なTBD誘導体を触媒としたエナンチオ選択的ストレッカー反応

E. J. Corey, M. J. Grogan, "Enantioselective Synthesis of α-Amino Nitriles from *N*-Benzhydryl Imines and HCN with a Chiral Bicyclic Guanidine as Catalyst," *Org. Lett.*, **1**, 157 (1999).

光学活性なTBD(1,4,6-triazabicyclo[3.3.0]oct-4-ene)誘導体を有機分子触媒として用いた初の報告である．光学活性なTBD誘導体の合成は1989年に報告されていたが，合成法のみであり，その有用性は示されていなかった．この論文では，光学活性なTBD誘導体存在下，イミンに対してシアン化水素を作用させると，対応するα-アミノニトリルが最高86% eeで得られることを見いだしており，光学活性なグアニジン化合物が不斉有機分子触媒として機能することをはじめて示した．

APPENDIX

⑬ デザイン型キラル相間移動触媒を用いた光学活性α－アミノ酸の実用的不斉合成

T. Ooi, M. Kameda, K. Maruoka, "Molecular Design of a C2-Symmetric Chiral Phase-Transfer Catalyst for Practical Asymmetric Synthesis of α-Amino Acids," *J. Am. Chem. Soc.*, **121**, 6519 (1999).

ビナフトール由来の第四級アンモニウム塩キラル相間移動触媒の最初の論文である．従来の相間移動触媒の骨格はシンコナアルカロイド由来のものがほとんどであり，構造の柔軟性に乏しかった．この報告では，市販されているビナフトールを原料とし，合理的な触媒を設計することで，きわめて高い触媒能をもつ触媒の実現に成功した．この報告以降，目的の反応に応じた，デザイン型相間移動触媒の開発研究が活発になされるようになった．この触媒は，「丸岡触媒®」という登録商標が取られ，市販されている．

⑭ プロリン触媒による直接的不斉アルドール反応

B. List, R. A. Lerner, C. F. Barbas, III, "Proline-Catalyzed Direct Asymmetric Aldol Reactions," *J. Am. Chem. Soc.*, **122**, 2395 (2000).

プロリンが，エナミン機構で反応する触媒として分子間反応に適用可能であることを示した記念碑的論文．プロリンが Wieland-Miescher ケトンの分子内アルドール反応において不斉触媒として働くことは1970年代に知られていたが，限られた基質の特異的反応と長らく信じられてきた．一方 List らは，分子間不斉アルドール反応に高い活性を示す抗体触媒 38C2 を開発し，この触媒が Wieland-Miescher ケトンの分子内アルドール反応にも高い不斉触媒能を示すことを見いだしていた．そこで，38C2 がそうであるようにプロリンも分子間反応を触媒するのでは，という発想に至り，プロリン触媒の発見につながった．この論文はその後，ペプチド触媒を含むエナミン型不斉触媒研究の爆発的な広がりをもたらし，多くの研究者がこの分野に参入することになり，有機分子触媒という分野を著しく発展させる契機となった．

⑮ イミニウム塩を経由する不斉触媒反応

K. A. Ahrendt, C. J. Borths, D. W. C. MacMillan, "New Strategies for Organic Catalysis: The First Highly Enantioselective Organocatalytic Diels-Alder Reaction," *J. Am. Chem. Soc.*, **122**, 4243 (2000).

MacMillan らは，α, β-不飽和アルデヒドをジエノフィルとする Diels-Alder 反応において，第二級アミンが優れた触媒となることを明らかにし，高度な不斉認識能をもつ MacMillan 触媒を報告した．不斉 Diels-Alder 反応は，それまではキラルな有機金属ルイス酸触媒が用いられてきたが，比較的構造が簡単で合成が容易な第二級アミンで不斉が発現し，酸素や水分を厳密に除去しなくてもよく，有機分子触媒の有用性が示された反応である．中間体はイミニウム塩であり，以後のイミニウム塩を反応中間体とする不斉触媒反応の爆発的な進展のもととなる先駆的研究成果である．また同年(2000年)には，プロリンを用いた有機触媒のもう一つの重要な反応中間体であるエナミンを経由する反応が List らにより報告された(革新論文14参照)．これら二つの論文は有機分子触媒の金字塔といえる．

⑯ 有機分子触媒と遷移金属触媒との協奏的触媒反応のはじめての成功例

M. Nakoji, T. Kanayama, T. Okino, Y. Takemoto, "Chiral Phosphine-Free Pd-Mediated Asymmetric Allylation of Prochiral Enolate with a Chiral Phase-Transfer Catalyst," *Org. Lett.*, **3**, 3329 (2001).

パラジウム触媒と光学活性な相間移動触媒とを組みあわせた不斉アリル位置換反応に関する論文．求核剤側の不斉点の制御に相間移動触媒を用いている．有機分子触媒と遷移金属触媒との協奏的触媒反応の先駆的な論文である．

APPENDIX

17 二機能性有機分子触媒を用いるマロン酸エステルのニトロアルケンへの不斉マイケル付加反応の開発

T. Okino, Y. Hoashi, Y. Takemoto, "Enantioselective Michael Reaction of Malonates to Nitroolefins Catalyzed by Bifunctional Organocatalysts," *J. Am. Chem. Soc.*, **125**, 12672 (2003).

これまで，チオウレアの二つの酸性プロトンがイミン窒素原子やカルボニル酸素原子と水素結合することによって反応基質を認識，活性化しうることが提唱されていたが，報告例はStrecker反応やDiels-Alder反応など限定的であった．竹本らは，第三級アミノ基をもつキラルチオウレア触媒が求核剤と求電子剤を協同的に活性化し，反応を高収率・高立体選択的に進行させることを見いだした．酸性プロトンと塩基部位が共存可能であることを提示し，多機能性の概念を有機分子触媒に導入した点で革新的である．触媒設計は，二つの官能基をキラルスペーサーで連結するシンプルなものであり，また第三級アミン以外にもさまざまな官能基を導入できる．これらの利点から，実際に適用できる反応の種類が格段に広がり，その後のキラル有機分子触媒の開発・発展に大きく貢献した．

18 キラルブレンステッド酸触媒として機能するキラルリン酸

T. Akiyama, J. Itoh, K. Yokota, K. Fuchibe, "Enantioselective Mannich-Type Reaction Catalyzed by a Chiral Brønsted Acid," *Angew. Chem., Int. Ed.*, **43**, 1566 (2004).

D. Uraguchi, M. Terada, "Chiral Brønsted Acid-Catalyzed Direct Mannich Reactions via Electrophilic Activation," *J. Am. Chem. Soc.*, **126**, 5356 (2004).

(*R*)-BINOL由来のキラル環状リン酸ジエステルがキラルブレンステッド酸触媒として優れた触媒能を示し，イミンに対する求核付加反応であるMannich型反応が高いエナンチオ選択性で進行することが，2004年に秋山と寺田の二つの研究グループから独自に報告された．アルデヒド，イミンなどの求電子的な活性化は，これまで一般的に金属錯体が用いられてきたが，キラルな対アニオンをもつプロトンが，イミンを求電子的に活性化し，イミンへの求核付加反応がエナンチオ選択的に進行することを明らかにした画期的な論文である．これらの報告を契機に，「キラルブレンステッド酸触媒」という研究分野が立ち上がり，キラルリン酸が，イミンのみならず，アルデヒドやアルケン，アルコールなど多くの官能基を活性化し，幅広い種類の反応を触媒することが明らかになった．

19 高活性な4-シロキシプロリン触媒の開発

Y. Hayashi, J. Yamaguchi, K. Hibino, T. Sumiya, T. Urushima, M. Shoji, D. Hashizume, H. Koshino, "A Highly Active 4-Siloxyproline Catalyst for Asymmetric Synthesis," *Adv. Synth. Catal.*, **346**, 1435 (2004).

有機溶媒に溶けにくいプロリンにかさ高いシロキシ基を導入することで，その溶解性が大幅に改善された．触媒開発がプロリンのカルボキシ基の誘導化ばかりといった状況において新たな方向性を示しただけでなく，その後有機分子触媒として最も汎用されているジアリールプロリノールシリルエーテル(Jørgensen-林触媒)が開発されるきっかけともなった．

20 高エナンチオ選択的アシルPictet-Spengler反応

M. S. Taylor, E. N. Jacobsen, "Highly Enantioselective Catalytic Acyl-Pictet-Spengler Reactions," *J. Am. Chem. Soc.*, **126**, 10558 (2004).

これまでにさまざまなルイス塩基部をもつキラルなbifunctionalチオウレア触媒が合成されてきたが，触媒内の二つの異なる官能基が求核剤や求電子剤と個別かつ直接的に相互作用するという点で，その反応機構は類似したものであった．しかしこの論文は，チオウレアでイオン対を捕捉するというこれまでとはまったく異なる触媒の活用法を提示した点で革新的であった．Jacobsenらは，不斉触媒のチオウレアがイオン対のアニオンを捕捉することで，対カチオンの活性化とチオウレアの不斉発現により，外部求核剤との反応を高立体選択的に実現した．捕捉可能なアニオンも多岐に渡り，最近では活性化剤を触媒量に低減できるブレンステッド酸の利用も可能となり，その適用範囲はより一層拡大している．

APPENDIX

21 エナミン，イミニウム塩を経由する両方の反応に有効な Jørgensen–林触媒

M. Marigo, T. C. Wabnitz, D. Fielenbach, K. A. Jørgensen, "Enantioselective Organocatalyzed a Sulfenylation of Aldehydes," *Angew. Chem., Int. Ed.*, **44**, 794 (2005).

Y. Hayashi, H. Gotoh, T. Hayashi, M. Shoji, "Diphenylprolinol Silyl Ethers as Efficient Organocatalysts for the Asymmetric Michael Reaction of Aldehydes and Nitroalkenes," *Angew. Chem., Int. Ed.*, **44**, 4212 (2005).

Jørgensen–林触媒とよばれるジフェニルプロリノールシリルエーテル型触媒は，2005年にJørgensenらと林らにより，独自に報告された．アルデヒドからはエナミンが，α,β–不飽和アルデヒドからはイミニウム塩が生成し，エナミン，イミニウム塩を中間体とする両方の不斉触媒反応に威力を発揮する優れた触媒と評価されている．シリルエーテル部位は電子的な要因ではなく，立体的にかさ高い置換基として作用し，エナミン，イミニウム塩が形成すれば，高い不斉収率が期待できるため，多くの反応に適用されている．プロリン型触媒として，最も広く使用されている代表的な有機分子触媒の一つである．

22 *N*–メシチル基をもつトリアゾリウム塩の登場

S. S. Sohn, J. W. Bode, "Catalytic Generation of Activated Carboxylates from Enals: A Product-Determining Role for the Base," *Org. Lett.*, **7**, 3873 (2005).

現在汎用される *N*–メシチル基(2,4,6–トリメチルフェニル基)をもつトリアゾリウム塩をNHC触媒反応に応用したはじめての論文である．BodeらはNHC触媒によるα,β–不飽和アルデヒドの分子内酸化還元反応を利用して，アルコールを求核剤とするエステル合成法を報告した．触媒前駆体の *N*–アリール基をかさ高いメシチル基とすることでアシルアニオン等価体によるベンゾイン生成反応やStetter反応などの副反応を抑制し，トリアゾリウム塩を触媒前駆体とすることで高い基質一般性を獲得している．その後，*N*–メシチル基をもつ光学活性トリアゾリウム塩が多数見いだされ，現在のNHC触媒による分子変換を発展させる契機となった．

23 水を媒体とする不斉触媒アルドール反応

N. Mase, Y. Nakai, N. Ohara, H. Yoda, K. Takabe, F. Tanaka, C. F. Barbas, III, "Organocatalytic Direct Asymmetric Aldol Reactions in Water," *J. Am. Chem. Soc.*, **128**, 734 (2006).

Y. Hayashi, T. Sumiya, J. Takahashi, H. Gotoh, T. Urushima, M. Shoji, "Highly Diastereo- and Enantioselective Direct Aldol Reactions in Water," *Angew. Chem., Int. Ed.*, **45**, 958 (2006).

水は不燃性であり，安心・安全な液体である．通常の有機反応においては，活性種が水と反応する場合が多く，無水条件下で反応を行う場合がほとんどである．そのため，水を媒体とする反応はごく限られている．間瀬，Barbasらは長い脂肪酸部をもつジアミンと酸を併せて用いることにより，ケトンとアルデヒドのアルドール反応が水を媒体として，高エナンチオ選択的に進行することを見いだした．林らも同時期に脂溶性の高いシロキシプロリンが，水を媒体とする不斉アルドール反応の優れた触媒になることを報告した．この論文以降，水を反応媒体とする不斉触媒反応が数多く報告された．水のみを反応の媒体とし，高い不斉収率を実現した画期的な成果である．

24 高効率的アルコール酸化触媒 AZADO と 1-Me-AZADO

M. Shibuya, M. Tomizawa, I. Suzuki, Y. Iwabuchi, "2-Azaadamantane *N*-oxyl (AZADO) and 1-Me-AZADO: Highly Efficient Organocatalysts for Oxidation of Alcohols," *J. Am. Chem. Soc.*, **128**, 8412 (2006).

アルコールの酸化に用いられる反応剤の多くは毒性，爆発性，環境調和性の観点で問題があり，とくに大量スケールでの適用を困難なものとしていた．この問題をクリアする方法として，有機ニトロキシルラジカルTEMPOを触媒とするアルコール酸化法が期待を集めていたが，触媒効率と基質適用性の点から改善の余地を残していた．この論文は，コンパクトな構造をもつAZADOと1-Me-AZADOが，TEMPOをはるかに上回る触媒活性と基質受容性をもつことを明らかにし，有機ニトロキシルラジカルに潜在する合成化学的有用性を示唆した．今日，これらは試薬として上市され，反応開発研究から医薬プロセス合成の現場で広く活用されている．

APPENDIX

25 キラルチオウレア系有機分子触媒の二機能性に関する理論的研究：C–C 結合形成への協奏経路

A. Hamza, G. Schubert, T. Soós, I. Pápai, "Theoretical Studies on the Bifunctionality of Chiral Thiourea–Based Organocatalysts: Competing Routes to C–C Bond Formation," *J. Am. Chem. Soc.*, **128**, 13151 (2006).

当初，bifunctional チオウレア触媒の反応機構としては，アミノ基が求核剤を活性化し，チオウレア部が求電子剤と水素結合する協奏機構が提唱されていた．しかしこの論文は，計算化学を用いた遷移状態解析の結果から，より安定な新規遷移状態モデルを提案し，チオウレア触媒研究のこれまでの常識を一変させた．すなわち，脱プロトン化されたアニオン性求核剤が触媒のチオウレア部と水素結合し，プロトン化により生じた触媒の第三級アンモニウム塩が求電子剤と相互作用した三成分複合体のほうがより安定であるというものである．この報告の後は，これまで提唱されていたものも含め，チオウレアをアニオン受容体とする協奏的活性化機構が主流となった．

26 アミン触媒と遷移金属触媒との協奏的触媒反応

I. Ibrahem, A. Córdova, "Direct Catalytic Intermolecular α–Allylic Alkylation of Aldehydes by Combination of Transition–Metal and Organocatalysis," *Angew. Chem., Int. Ed.*, **45**, 1952 (2006).

パラジウム触媒とアミン触媒とを組みあわせたアリル位置換反応に関する論文である．この論文では，まだ不斉アリル位置換反応を達成したとはいい難いが，アミン触媒は遷移金属に配位するため協奏的触媒反応への利用は難しいと考えられていたなかで，その可能性を示した点で重要である．

27 キラル対アニオン触媒

S. Mayer, B. List, "Asymmetric Counteranion–Directed Catalysis," *Angew. Chem., Int. Ed.*, **45**, 4193 (2006).

リン酸がキラルブレンステッド酸触媒として優れた不斉触媒能をもつことが明らかになってきたが，これは，中間体であるイオン対において，キラルなリン酸アニオンにより立体が制御されている．List らは，この概念をさらに一般化し，リン酸のアンモニウム塩が優れた不斉触媒作用を示すことを明らかにした．すなわち，ブレンステッド酸触媒反応以外においても，中間体のイオン対において，対アニオンの効果により，不斉が誘起されることを明らかにした．

28 ペプチド触媒を用いるエリスロマイシン A の位置選択的官能基化

C. A. Lewis, S. J. Miller, "Site–Selective Derivatization and Remodeling of Erythromycin A by Using Simple Peptide–Based Chiral Catalysts," *Angew. Chem., Int. Ed.*, **45**, 5616 (2006).

抗生物質 erythromycin A の位置選択的アシル化に関する論文．基質本来のもつ反応性とは独立した触媒制御による位置選択的なアシル化の重要性と戦略を示した点で注目に値する．基質に多官能基性の生理活性物質を選び，その位置選択的官能基化の端緒を開いた論文で，生理活性物質の late-stage functionalization の先駆けともなった．

29 有機分子触媒を用いた 3 連続カスケード反応による四つの立体中心の制御

D. Enders, M. R. M. Hüttl, C. Grondal, G. Raabe, "Control of Four Stereocenters in a Triple Cascade Organocatalytic Reaction," *Nature*, **441**, 861 (2006).

ジフェニルプロリノールシリルエーテル触媒を用いて，二つのアルデヒドとニトロスチレン誘導体を，マイケル反応，アルドール反応により光学的に純粋なシクロヘキセン誘導体へワンポットで変換した論文である．多数の不斉中心をもつシクロヘキサン誘導体が高いエナンチオ，ジアステレオ選択性で得られており，第二級アミン型有機分子触媒がカスケード反応（ドミノ反応）やワンポット反応に効果的であることを示した非常に重要な論文である．この論文以降，林らの研究成果も含めて，有機分子触媒を用いたカスケード反応やワンポット反応を鍵工程とする有用物質全合成が数多く報告された．

A P P E N D I X

30 プロリンを用いるアルドール反応の反応機構

D. Seebach, A. K. Beck, D. M. Badine, M. Limbach, A. Eschenmoser, A. M. Treasurywala, R. Hobi, W. Prikoszovich, B. Linder, "Are Oxazolidinones Really Unproductive, Parasitic Species in Proline Catalysis? –Thoughts and Experiments Pointing to an Alternative View," *Helv. Chim. Acta*, **90**, 425 (2007).

プロリンを用いる分子内アルドール反応は1970年代から知られていた．当時から反応機構に関していくつもの提案がなされてきたが，2003年にHouk，Listらがプロリンのカルボン酸部位がアルデヒドを分子内で活性化するモデルを提案した〔L. Hong, S. Bahmanyar, K. N. Houk, B. List, *J. Am. Chem. Soc.*, 125, 16 (2003)〕．これに対して2007年，有機化学の巨匠であるSeebach, Eschenmoserらはエナミンにカルボキシラートが付加することにより反応が開始する新たなメカニズムを提唱した．プロリンを用いたアルドール反応はいくつかの素反応が複雑な平衡の上にあり，単純ではない．この論文はアルドールのみならず，プロリンを用いた反応の反応機構を理解するうえで重要である．

31 遷移金属触媒を用いないビアリールカップリング反応の新たな可能性

S. Yanagisawa, K. Ueda, T. Taniguchi, K. Itami, "Potassium *t*-Butoxide Alone Can Promote the Biaryl Coupling of Electron-Deficient Nitrogen Heterocycles and Haloarenes," *Org. Lett.*, **10**, 4673 (2008).

ビアリール類の合成には従来遷移金属触媒を用いたクロスカップリング反応が用いられてきた．2008年，伊丹らは*t*-BuOKのみで，芳香族ハロゲン化合物と別の芳香族化合物とのクロスカップリングが進行することを見いだし，報告した．この反応は多くの研究者の注目を集め，その後さらに反応条件が改良され，関連する多くの論文が報告された．芳香環の遷移金属を含まない修飾反応の研究に大きな影響を与えた論文である．なお，ビアリールカップリング以外のクロスカップリングも可能であることも，他の研究者により報告されている．

32 有機分子触媒と光レドックス触媒の協同作用によるアルデヒドの不斉α-アルキル化反応

D. A. Nicewicz, D. W. C. MacMillan, "Merging Photoredox Catalysis with Organocatalysis: The Direct Asymmetric Alkylation of Aldehydes," *Science*, **322**, 77 (2008).

レドックス触媒である$Ru(bpy)_3^{2+}$錯体由来の$Ru(bpy)_3^{+}$とアルキルハライドより生成する電子不足アルキルラジカルが有機分子触媒であるMacMillan触媒とアルデヒドより得られる電子豊富エナミン中間体に付加することで，SOMO活性化によるアルデヒドの不斉*α*-アルキル化に成功している．有機分子触媒分野と光レドックス触媒分野を融合した革新的な論文である．

33 *N*-ヘテロ環状カルベン触媒による二酸化炭素から一酸化炭素への還元

L. Gu, Y. Zhang, "Unexpected CO_2 Splitting Reactions To Form CO with *N*-Heterocyclic Carbenes as Organocatalysts and Aromatic Aldehydes as Oxygen Acceptors," *J. Am. Chem. Soc.*, **132**, 914 (2010).

N-ヘテロ環状カルベン触媒存在下，芳香族アルデヒドを還元剤として二酸化炭素から一酸化炭素への還元に関する報告．*N*-ヘテロ環状カルベン触媒として1,3-ビス(2,4,6-トリメチルフェニル)イミダゾリニウムクロリドがよい還元効率を示す．有機分子触媒により，二酸化炭素が有用物質に変換できることを示した論文である．

34 有機カスケード触媒反応による天然物の集団的合成

S. B. Jones, B. Simmons, A. Mastracchio, D. W. C. MacMillan, "Collective Synthesis of Natural Products by Means of Organocascade Catalysis," *Nature*, **475**, 183 (2011).

APPENDIX

独自に開発した有機分子触媒によるカスケード反応により，複雑な天然由来アルカロイドを合成した論文である．鍵カスケード反応により得られる共通中間体から，6種もの異なるアルカロイド類の全合成を12段階以下の化学変換により達成した．そのなかには歴史的に数多くの有機合成化学者がその全合成に挑戦したストリキニーネが含まれており，総工程数12段階での全合成は驚愕すべき結果である．カスケード反応で得られる中間体の不斉収率もきわめて高く，全合成における有機分子触媒反応の有用性を証明するうえで最重要論文の一つである．

35 アニオン性キラル相間移動触媒を用いた求電子的不斉フッ素化反応

V. Rauniyar, A. D. Lackner, G. L. Hamilton, F. D. Toste, "Asymmetric Electrophilic Fluorination Using an Anionic Chiral Phase-Transfer Catalyst," *Science*, **334**, 1681 (2011).

リン酸をアルカリ性条件下で用い，求電子的フッ素化剤と組み合わせることにより，不斉フッ素化反応を実現している．リン酸アニオンをキラル対アニオンとして用いることにより，系中でキラルなフッ素化剤を調製することに成功し，高い光学純度で有機フッ素化合物の合成が可能になった．この概念は，フッ素化のみならず，他のカチオン種にも適用が可能であり，合成化学的に新たな概念を提出したたいへん重要な論文である．

36 有機分子触媒を用いた不斉マンニッヒ反応による(+)-パクタマイシンの全合成

J. T. Malinowski, R. J. Sharpe, J. S. Johnson, "Enantioselective Synthesis of Pactamycin, a Complex Antitumor Antibiotic," *Science*, **340**, 180 (2013).

有機分子触媒を用いた反応の利点として，官能基受容性に優れ，比較的複雑な基質に対しても選択的に反応が進行する点があげられる．(+)-パクタマイシンは，強力な細胞毒性や抗菌活性など多彩な生理活性を示す天然物である．母骨格にシクロペンタンをもち，そのすべてが不斉炭素かつヘテロ原子が置換した非常に複雑な構造をもつ．この論文では，シンコニジンを触媒とした不斉マンニッヒ反応を用いることで，不斉炭素の構築とヘテロ原子の導入を効率的に行い，わずか15工程で全合成へと導いている．

Part III 役に立つ情報・データ

覚えておきたい★関連最重要用語

ACDC
Benjamin List（マックス・プランク研究所，ドイツ）が提唱した概念で，Asymmetric Counteranion Directed Catalysis の略．キラルアニオンの効果により不斉を誘起する触媒反応．

Jørgensen–林触媒
Jørgensen と林により，同時期に独立に開発されたプロリンから簡便に合成される有機触媒である．イミニウム塩を経由する Diels–Alder 反応，マイケル反応だけでなく，エナミンを経由するアルドール反応，マンニッヒ反応，マイケル反応などにも適応できる，広い一般性をもつ触媒である．

MacMillan 触媒
MacMillan により開発されたフェニルアラニンから大量合成可能な有機触媒であり，イミニウム塩を経由する Diels–Alder 反応，フリーデルクラフツ反応，マイケル反応等において高い不斉収率を与える．

SOMO 活性化
エナミン中間体を一電子酸化してラジカルカチオン中間体とする活性化．ラジカルカチオン中間体の半占有分子軌道（SOMO）が反応に関与するため，電子豊富な化学種とのラジカル機構での結合形成が可能となる．

位置選択的触媒（site-selective catalysis）
複数の反応点をもつ基質の特定の位置での反応を触媒制御により行うこと．たとえば，分子認識能をもつ 4-アミノピリジン系触媒は，反応性が似通った多くのヒドロキシ基をもつ糖類の位置選択的アシル化を可能にする．

イミニウム機構
イミニウム中間体の形成を機軸とする反応機構．α,β-不飽和アルデヒドなどとアミン有機分子触媒の脱水反応によって形成されるイミニウムイオン中間体を求電子種として活用する．求核剤と反応したのちに加水分解されて，不飽和結合への環化付加体，あるいは β 位に置換基が導入されたアルデヒド類を与えるとともに触媒が再生される．このイミニウム機構はエナミン形成に基づく求核剤の活性化機構（エナミン機構）とともに，有機分子触媒による反応基質の活性化において根幹をなす．

エナミン機構
エナミン中間体の形成を機軸とする反応機構．アルデヒドやケトンとアミン有機触媒の脱水によってエナミン中間体が形成され，求電子剤と反応したのちに加水分解されて，カルボニル基の α 位が置換されたアルデヒドやケトンを与えるとともに触媒が再生される．

協奏的触媒反応（cooperative catalytic reactions）
二種類の触媒を同一反応系で用いる触媒反応の一種であり，それぞれの触媒が基質を独立に活性化し結合生成が進行する反応．二つの触媒が別々の反応を連続的に行う連続反応（リレー型反応）とは区別される．

サイト選択性
Miller による造語であり，同じ官能基を複数もつ分子における，特定の場所での反応の進行に関する選択性のこと．

酸化的カップリング
酸化剤，もしくは酸化剤と触媒の組合せにより，二つの求核部位を分子間および分子内で反応させ，結合をつくる方法．原理的に，カップリング基質からの副生は水素原子（おもにプロトンとして）のみになるため，有機化学反応の理想形ともいえるが，反応の制御が難しく，望みの生成物を効果的に与えるのは難しい．芳香環の酸化的クロスカップリングが，従来の有機金属反応剤やハロゲン化物を用いるカップリングの直截的な手法として，近年，特に精力的に研究されている．

終盤官能基化（late-stage functionalization）
生理活性天然物の直接的な位置選択的官能基化，ならびに生理活性物質合成の最終段階に近い段階での位置選択的な官能基化．標的とする生理活性物質のオリジナルな活性をある程度保持したまま，構造制御された多様な誘導体合成を可能にするため，近年特に注目を集めている．

水素結合供与触媒（hydrogen bond donor catalyst）
基質と共有結合を介さずに，水素結合相互作用により複合体を形成する触媒．求電子剤を水素結合により活性化したり，アニオン性求核剤の受容体として働く．ウレアやチオウレア以外にも，ジオール誘導体（TADDOL, BINOL など）が含まれるが，リン酸触媒のように酸性度の高い化合物はこの範疇には含めない．

相間移動触媒
水相と有機相といった互いに混じり合わない二相間を行き来することで，もしくはその二相の界面で，化学

APPENDIX

反応を促進させる機能をもつ触媒の総称である．代表的なものとして，第四級アンモニウム塩やクラウンエーテルがある．

速度論的光学分割
エナンチオマー間の反応速度の差を利用して，光学活性体を得る手法．一方のエナンチオマーを優先的に反応させることで，反応性の低いエナンチオマーとの分割を行う．したがって，エナンチオマー間の反応速度差が大きいほど，効率よく分割ができるが，収率 50% を超えて光学的に純粋な生成物を得ることはできない．

ターン構造
ペプチド中の特定のアミノ酸配列の部分で，アミド結合間での分子内水素結合に起因してペプチド鎖全体がヘアピンのように大きく折れ曲がってできた二次構造．

超原子価ヨウ素反応剤
ヨウ素原子は，オクテット則を超えた 3 価もしくは 5 価の超原子価状態をとることができる．高い求電子性と安定な 1 価の状態に戻ろうとする優れた脱離能を駆動力として，単体ヨウ素に比べ高い反応性を示す．一連の反応過程は，有機金属化合物と類似している．

二官能性触媒（二官能基型触媒）
二つの異なる官能基を同一分子内に導入した触媒を指す．役割の異なる二つの官能基を触媒骨格に適切に配置することで，単独の官能基のみでは実現が難しい反応性や選択性を発現することが可能となる．

二官能性チオウレア（bifunctional thiourea）
チオウレア化合物にそれと共存可能な官能基（アミノ基，ヒドロキシ基，スルフィニル基，ホスファニル基など）を近傍に導入することで，求核剤と求電子剤を同時に活性化し接近させることが可能となり，劇的な反応促進と高度な立体制御が期待できる触媒．

ホスファゼニウム（phosphazenium）
ホスファゼニウムはホスホニウムを形成するリン原子上にホスファゼン単位が結合してリン上の陽電荷を広く非局在化することにより安定化している構造をもっているものを示す．

ホスファゼン（phosphazene）
ホスファゼンは phosph（リン）と azene（窒素を含む二重結合）を合わせた造語と考えられ，リンと窒素の二重結合を含む化合物の総称である．強塩基性を示すホスファゼンは，リン上にさらに 3 個のアミノ基をもち，ホスファゼンの窒素にプロトン化したホスファゼニウムを共鳴安定化する．このホスファゼンのユニットを 4 個組み合わせた P4 塩基は有機超強塩基（organic superbase）の一つである．

丸岡触媒®（Maruoka Catalyst®）
丸岡により開発されたキラル相間移動触媒であり，従来のシンコナアルカロイド由来のものよりも，はるかに高活性である．不斉アルキル化反応をはじめ，アルドール反応，マンニッヒ反応，マイケル反応などに適用できる高性能有機触媒である．

Part III 3 役に立つ情報・データ

知ってておくと便利！関連情報

1 おもな本書執筆者のウェブサイト（所属は2016年10月現在）

秋山 隆彦
学習院大学理学部
http://www.chem.gakushuin.ac.jp/akiyama/

石川 勇人
熊本大学大学院先端科学研究部
http://www.sci.kumamoto-u.ac.jp/~ishikawa/ishikawa-lab/Top.html

伊津野 真一／原口 直樹
豊橋技術科学大学大学院工学研究科
http://ens.tut.ac.jp/chiral/

大井 貴史／浦口 大輔
名古屋大学トランスフォーマティブ生命分子研究所
名古屋大学大学院工学研究科
http://www.apchem.nagoya-u.ac.jp/06-II-3/ooiken/index.html

金井 求／小島 正寛
東京大学大学院薬学系研究科
http://www.f.u-tokyo.ac.jp/~kanai/

川端 猛夫／上田 善弘
京都大学化学研究所
http://www.fos.kuicr.kyoto-u.ac.jp/

北 泰行／土肥 寿文
立命館大学薬学部
http://www.ritsumei.ac.jp/pharmacy/kita/

工藤 一秋
東京大学生産技術研究所
http://www.iis.u-tokyo.ac.jp/~kkudo/

根東 義則
東北大学大学院薬学研究科
http://www.pharm.tohoku.ac.jp/~henkan/lab/henkan_top.html

佐藤 敏文／磯野 拓也
北海道大学大学院工学研究院
http://poly-bm.eng.hokudai.ac.jp/mol/index.html

滝澤 忍
大阪大学産業科学研究所
http://www.sanken.osaka-u.ac.jp/labs/soc/socmain.html

竹本 佳司
京都大学大学院薬学研究科
http://www.pharm.kyoto-u.ac.jp/orgchem/

田中 富士枝
沖縄科学技術大学院大学
https://groups.oist.jp/ja/ccbe

寺田 眞浩
東北大学大学院理学研究科
http://www.orgreact.sakura.ne.jp/index.html

長澤 和夫／小田木 陽
東京農工大学大学院工学研究院
http://www.tuat.ac.jp/~nagasawa/index.html

鳴海 哲夫
静岡大学大学院総合科学技術研究科
http://www.ipc.shizuoka.ac.jp/~ttnarum/

西林 仁昭／中島 一成
東京大学大学院工学系研究科
http://park.itc.u-tokyo.ac.jp/nishiba/

畑山 範
長崎大学大学院医歯薬学総合研究科
http://www.ph.nagasaki-u.ac.jp/lab/manufac/index-j.html

林 雄二郎
東北大学大学院理学研究科
http://www.ykbsc.chem.tohoku.ac.jp/index.htm

間瀬 暢之
静岡大学大学院総合科学技術研究科
http://www.ipc.shizuoka.ac.jp/~tnmase/
https://www.facebook.com/SECCbCb

松原 亮介
神戸大学大学院理学研究科
http://www2.kobe-u.ac.jp/~mhayashi/

丸岡 啓二/加納 太一/坂本 龍
京都大学大学院理学研究科
http://kuchem.kyoto-u.ac.jp/yugo/

三宅 由寛
名古屋大学大学院工学研究科
http://www.apchem.nagoya-u.ac.jp/hshino/top.html

APPENDIX

2 読んでおきたい洋書・専門書

[1] "Hypervalent Iodine Chemistry: Modern Developments in Organic Synthesis," ed. by T. Wirth, Springer (2003).

[2] A. Berkessel, H. Gröger, "Asymmetric Organocatalysis: From Biomimetic Concepts to Applications in Asymmetric Synthesis," Wiley-VCH (2005).

[3] P. M. Pihko, "Hydrogen Bonding in Organic Synthesis," Wiley-VCH (2009).

[4] "Science of Synthesis: Asymmetric Organocatalysis 1," ed. by B. List, Thieme (2012).

[5] "Science of Synthesis: Asymmetric Organocatalysis 2," ed. by K. Maruoka, Thieme (2012).

[6] M. Waser, "Asymmetric Organocatalysis in Natural Product Syntheses," Springer (2012).

[7] "Contemporary Carbene Chemistry (Wiley Series of Reactive Intermediates in Chemistry and Biology)," ed. by. R. A. Moss, M. P. Doyle, Wiley (2013).

[8] "N-Heterocyclic Carbenes: Effective Tools for Organometallic Synthesis," ed. by Steven P. Nolan, Wiley-VCH (2014).

3 有用 HP およびデータベース

日本化学会
http://www.chemistry.or.jp/

新学術領域研究「有機分子触媒による未来型分子変換」
http://www.organocatalysis.jp

日本薬学会
http://www.pharm.or.jp/

有機合成化学協会
http://www.ssocj.jp/

日本プロセス化学会
http://www.jspc-home.com/index.html

ヨウ素学会
http://fiu-iodine.org/

市販の有機触媒カタログ
http://www.wako-chem.co.jp/siyaku/info/muk/article/GreenChemistry_5.htm
https://www.sigmaaldrich.com/content/dam/sigma-aldrich/docs/SAJ/Brochure/1/j_cf07-09.pdf

ETH Zurich の Bode グループの Open Source Notes
http://www.bode.ethz.ch/open-source-lecture-notes.html

索　引

た

な

は

●ま

●や・ら・わ

◆執筆者紹介◆

（敬称略，50 音順）

秋山 隆彦（あきやま　たかひこ）

学習院大学理学部教授（理学博士）

1958 年　岡山県生まれ

1985 年　東京大学大学院理学系研究科化学専門課程博士課程修了

〈研究テーマ〉「不斉有機触媒反応の開発」

石川 勇人（いしかわ　はやと）

熊本大学大学院先端科学研究部准教授〔博士（薬学）〕

1977 年　埼玉県生まれ

2004 年　千葉大学大学院医学薬学府博士課程修了

〈研究テーマ〉「有機合成化学」「天然物化学」

磯野 拓也（いその　たくや）

北海道大学大学院工学研究院助教〔博士（工学）〕

1988 年　北海道生まれ

2014 年　北海道大学大学院総合化学院博士後期課程修了

〈研究テーマ〉「有機分子触媒による精密重合法の開発」「特殊構造高分子の精密合成と物性評価」

伊津野 真一（いつの　しんいち）

豊橋技術科学大学大学院工学研究科教授（工学博士）

1957 年　千葉県生まれ

1982 年　東京工業大学大学院理工学研究科博士課程中途退学

〈研究テーマ〉「不斉反応」「不斉触媒」「高分子触媒」

岩渕 好治（いわぶち　よしはる）

東北大学大学院薬学研究科教授〔博士（薬学）〕

1963 年　山形県生まれ

1991 年　東北大学大学院薬学研究科博士課程修了

〈研究テーマ〉「高選択的有機合成手法の開発」「生物活性天然物の立体制御合成」

上田 善弘（うえだ　よしひろ）

京都大学化学研究所助教〔博士（薬学）〕

1984 年　愛知県生まれ

2013 年　京都大学大学院薬学研究科博士課程修了

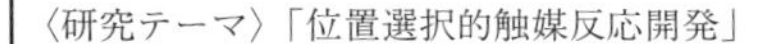

〈研究テーマ〉「位置選択的触媒反応開発」

浦口 大輔（うらぐち　だいすけ）

名古屋大学大学院工学研究科准教授〔博士（理学）〕

1974 年　北海道生まれ

2002 年　北海道大学大学院理学研究科博士後期課程修了

〈研究テーマ〉「有機イオン対の触媒化学」

大井 貴史（おおい　たかし）

名古屋大学トランスフォーマティブ生命分子研究所主任研究員，同大学大学院工学研究科教授〔博士（工学）〕

1965 年　愛知県生まれ

1994 年　名古屋大学大学院工学研究科博士後期課程修了

〈研究テーマ〉「有機合成化学」

小田木 陽（おだぎ　みなみ）

東京農工大学大学院工学研究院助教〔博士（工学）〕

1988 年　茨城県生まれ

2015 年　東京農工大学大学院工学府博士後期課程修了

〈研究テーマ〉「不斉触媒反応の開発と生理活性物質の全合成」

金井 求（かない　もとむ）

東京大学大学院薬学系研究科教授〔博士（理学）〕

1967 年　東京都生まれ

1992 年　東京大学大学院薬学系研究科博士課程中途退学

〈研究テーマ〉「触媒，有機合成，触媒からの化学システム創発」

加納 太一（かのう　たいち）

京都大学大学院理学研究科准教授〔博士（工学）〕

1974 年　愛知県生まれ

2001 年　名古屋大学大学院工学研究科博士後期課程修了

〈研究テーマ〉「有機分子触媒」

川端 猛夫（かわばた　たけお）

京都大学化学研究所教授（薬学博士）

1955 年　大阪府生まれ

1983 年　京都大学大学院薬学研究科博士後期課程修了

〈研究テーマ〉「分子認識型触媒開発」「動的キラリティー」

北 泰行（きた　やすゆき）
立命館大学総合科学技術研究機構招聘研究教授，同大学創薬科学研究センター長，大阪大学名誉教授（薬学博士）
1945 年　大阪府生まれ
1972 年　大阪大学大学院薬学研究科博士課程修了
〈研究テーマ〉「持続可能な合成手法に基づく医薬・機能性物質の創生研究」

滝澤 忍（たきざわ　しのぶ）
大阪大学産業科学研究所助教〔博士（薬学）〕
1971 年　神奈川県生まれ
2000 年　大阪大学大学院薬学研究科博士後期課程修了
〈研究テーマ〉「不斉触媒の開発と応用」

工藤 一秋（くどう　かずあき）
東京大学生産技術研究所教授〔博士（工学）〕
1963 年　岩手県生まれ
1993 年　東京大学大学院工学系研究科博士課程修了
〈研究テーマ〉「ペプチド触媒を用いる選択的反応の開発」

竹本 佳司（たけもと　よしじ）
京都大学大学院薬学研究科教授（薬学博士）
1960 年　大阪府生まれ
1988 年　大阪大学大学院薬学研究科博士後期課程修了
〈研究テーマ〉「不斉触媒反応の開発」「生物活性天然有機化合物の全合成」

小島 正寛（こじま　まさひろ）
東京大学大学院薬学系研究科 D3
1989 年　長野県生まれ
2014 年　東京大学大学院薬学系研究科修士課程修了
〈研究テーマ〉「有機合成化学」

田中 富士枝（たなか　ふじえ）
沖縄科学技術大学院大学教授〔博士（薬学）〕
1962 年　広島県生まれ
1992 年　京都大学大学院薬学研究科博士後期課程修了
〈研究テーマ〉「有機合成化学」「生物有機化学」

根東 義則（こんどう　よしのり）
東北大学大学院薬学研究科教授（薬学博士）
1958 年　三重県生まれ
1982 年　東北大学大学院薬学研究科博士前期課程２年修了
〈研究テーマ〉「有機超塩基を用いる合成反応開発」「機能性複素環化合物の合成」

寺田 眞浩（てらだ　まさひろ）
東北大学大学院理学研究科教授〔博士（工学）〕
1964 年　東京都生まれ
1989 年　東京工業大学大学院理工学研究科博士課程中途退学
〈研究テーマ〉「新規触媒設計による選択的かつ効率的分子変換反応の開発」

坂本 龍（さかもと　りゅう）
京都大学大学院理学研究科特任助教〔博士（理学）〕
1985 年　福岡県生まれ
2014 年　京都大学大学院理学研究科博士課程修了
〈研究テーマ〉「新規有機分子触媒の開発」

土肥 寿文（どひ　としふみ）
立命館大学薬学部准教授〔博士（薬学）〕
1977 年　福岡県生まれ
2005 年　大阪大学大学院薬学研究科博士課程修了
〈研究テーマ〉「超原子価種が触媒する合成反応の開発研究」

佐藤 敏文（さとう　としふみ）
北海道大学大学院工学研究院教授〔博士（工学）〕
1968 年　北海道生まれ
1996 年　北海道大学大学院工学研究科博士後期課程修了
〈研究テーマ〉「有機分子触媒による精密重合法の開発」「特殊構造高分子の精密合成と物性評価」「特殊構造高分子の自己組織化」

長澤 和夫（ながさわ　かずお）
東京農工大学大学院工学研究院教授〔博士（工学）〕
1965 年　兵庫県生まれ
1993 年　早稲田大学大学院理工学研究科博士課程修了
〈研究テーマ〉「有機触媒」「天然物合成」「ケミカルバイオロジー」

中島 一成（なかじま　かずなり）
東京大学大学院工学系研究科助教〔博士（工学）〕
1985 年　茨城県生まれ
2013 年　東京大学大学院工学系研究科博士課程修了
〈研究テーマ〉「均一系遷移金属錯体を触媒とする反応開発」具体的には，「光触媒反応の開発」及び「新規含リン環構築手法の開発」

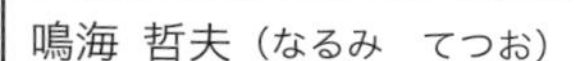

鳴海 哲夫（なるみ　てつお）
静岡大学大学院総合科学技術研究科准教授〔博士（薬学）〕
1979 年　シンガポール生まれ
2008 年　京都大学大学院薬学研究科博士課程修了
〈研究テーマ〉「含窒素複素環式カルベンを基盤とする触媒開発」「創薬を指向した機能性分子の創製」

西林 仁昭（にしばやし　よしあき）
東京大学大学院工学系研究科教授〔博士（工学）〕
1968 年　大阪府生まれ
1995 年　京都大学大学院工学研究科博士課程修了
〈研究テーマ〉「複数の金属を用いた時にのみ特異的進行する新規分子変換反応の開発」具体的には，「触媒的窒素固定法の開発」及び「新規触媒反応の開発」

畑山 範（はたけやま　すすみ）
長崎大学大学院医歯薬学総合研究科教授（薬学博士）
1951 年　岩手県生まれ
1979 年　東北大学大学院薬学研究科博士課程修了
〈研究テーマ〉「天然物合成」「不斉合成法の開発」

林 雄二郎（はやし　ゆうじろう）
東北大学大学院理学研究科教授〔博士（理学）〕
1962 年　群馬県生まれ
1986 年　東京大学大学院理学系研究科修士課程修了
〈研究テーマ〉「有機分子触媒を用いた不斉触媒反応の開発」「新規合成反応の開発」「生物活性天然有機化合物の全合成」

原口 直樹（はらぐち　なおき）
豊橋技術科学大学大学院工学研究科准教授〔博士（工学）〕
1974 年　埼玉県生まれ
2003 年　東京工業大学大学院理工学研究科博士後期課程修了
〈研究テーマ〉「高分子固定化有機分子触媒の開発」「有機分子触媒を主鎖に有するキラル高分子の開発」「機能性高分子微粒子の開発」

間瀬 暢之（ませ　のぶゆき）
静岡大学大学院総合科学技術研究科教授〔博士（工学）〕
1971 年　愛知県生まれ
1999 年　名古屋工業大学大学院工学研究科博士課程修了
〈研究テーマ〉「グリーン有機合成手法の開発」「高活性有機分子触媒の特定」「ファインバブル有機合成」

松原 亮介（まつばら　りょうすけ）
神戸大学大学院理学研究科准教授〔博士（薬学）〕
1978 年　千葉県生まれ
2005 年　東京大学大学院薬学系研究科博士後期課程中途退学
〈研究テーマ〉「光を用いた有機反応」「触媒反応」「生理活性物質の合成」

丸岡 啓二（まるおか　けいじ）
京都大学大学院理学研究科教授（Ph. D.）
1953 年　三重県生まれ
1980 年　ハワイ大学大学院化学科博士課程修了
〈研究テーマ〉「二点配位型ルイス酸の創製と合成的応用」「キラル相間移動触媒を用いる実用的アミノ酸合成」「高性能有機分子触媒のデザインと精密有機合成への応用」

三宅 由寛（みやけ　よしひろ）
名古屋大学大学院工学研究科准教授〔博士（工学）〕
1974 年　広島県生まれ
2002 年　京都大学大学院工学研究科博士課程修了
〈研究テーマ〉「均一系錯体触媒を用いた変換反応の開発」具体的には，「光触媒的反応の開発」および「機能性分子の効率的合成法の開発」

CSJ Current Review 22

有機分子触媒の化学——モノづくりのパラダイムシフト

2016年11月15日　第1版第1刷　発行

編著者　公益社団法人日本化学会
発行者　曽　根　良　介
発行所　株式会社化学同人

検印廃止

〒600-8074　京都市下京区仏光寺通柳馬場西入ル
編集部　TEL 075-352-3711　FAX 075-352-0371
営業部　TEL 075-352-3373　FAX 075-351-8301
振　替　01010-7-5702
E-mail　webmaster@kagakudojin.co.jp
URL　http://www.kagakudojin.co.jp

印刷　創栄図書印刷㈱
製本　清水製本所

ISBN978-4-7598-1382-1